建筑百家杂识录

杨永生 编

中国建筑工业出版社

图书在版编目(CIP)数据

建筑百家杂识录/杨永生编. —北京:中国建筑工业出版社,2004
ISBN 7-112-06108-3

Ⅰ. 建… Ⅱ. 杨… Ⅲ. 建筑学—文集 Ⅳ. TU-53

中国版本图书馆CIP数据核字(2003)第105920号

责任编辑 张振光
责任设计 孙 梅
责任校对 王金珠

建筑百家杂识录
杨永生 编

*

中国建筑工业出版社出版、发行(北京西郊百万庄)
新华书店经销
北京建筑工业印刷厂印刷

*

开本:787×1092毫米 印张:15½ 字数:330千字
2004年2月第一版 2004年2月第一次印刷
印数:1—3,000册 定价:**32.00**元

ISBN 7-112-06108-3
TU·5374(12121)

本社网址:http://www.china-abp.com.cn
网上书店:http://www.china-building.com.cn

编者的话

这本杂识录是建筑百家系列书的第九本。其内容涉及建筑学的各个方面，且认识又不完全一致，故曰“杂”；至于“识”，则指见解；“录”当是录自报刊或专著。至于“建筑百家”则含几代建筑师、人数众多之意，并非书中作者由此被封为建筑学家。上述整合在一起，即为《建筑百家杂识录》。

因为“杂”，很难分类编辑，而以发表年份为序似可看出不同历史时期建筑学界对一些问题的不同认识及其发展过程。

已故作者的文章，都是由编者选编的。有些年事已高的第二代建筑师的文章，也是由编者选定的。至于尚在设计、教学、科研第一线奋斗的作者，则由他们自己选送；也有人送来两三篇，委托编者选取。还有少数作者专门为本书撰写了文章。在此，一并致谢。

基本上是每人一篇，但也有个别人选入了两篇。每篇文章基本上是三千字左右，也有超出的，实属不忍删节。任何事，都不应划一，总有特例。

虽经编者慎而又慎地爬罗剔抉，难免有遗珠之憾，请读者谅解。

至于作者阵营，更难于周全。好在我也不是什么权威，谅不会影响任何人的学术地位或社会地位，更不会影响评职称、选院士、授大师…

作者简介，恕我不再编辑。因为建筑学界圈里的读者，大体上都了解，还因为现在的头衔实在太多，什么教授级高级建筑师，什么博导，什么国家级设计大师，什么长，什么主任，还有名誉什么，顾问什么，什么理事，什么津贴得主，等等等等，不一而足。难免挂一漏万，招惹是非。莫如一律不加介绍，既可避免挑剔，又不必自讨苦吃。

杨永生

2003年国庆节于北京寸屋

目　录

编者的话…………………………………………………… 杨永生

1930年～1949年

朱启钤　　中国营造学社开会演词 ………………………… 1
梁思成　林徽因　　什么叫做"建筑意"? ………………………… 4
范文照　　中国建筑之魅力 ………………………… 5
林徽因　　痛斥无赖 ………………………… 8
林徽因　　中国古代建筑的特征 ………………………… 9
陆谦受　吴景奇　　我们的主张………………………… 10
童　寯　　造园………………………… 11
龙庆忠　　中国建筑与中华民族………………………… 14

1950年～1978年

刘致平　　先民居住建筑之经验………………………… 17
梁思成　　曲阜孔庙………………………… 18
陈伯齐　　对建筑艺术问题的一些意见………………………… 20
卢　绳　　热河行宫在建筑艺术上的价值………………………… 22
卢　绳　　中国古代的剧场建筑………………………… 24
杨　耀　　明式家具的艺术地位和风格………………………… 25
刘敦桢　　漫谈苏州园林………………………… 28
夏昌世　莫伯治　　漫谈岭南庭园………………………… 30
徐　中　　论建筑风格的决定因素………………………… 33

1979年～1990年

杨廷宝谈北京和平宾馆（齐康记述） ………………………… 37
童　寯　　关于苏联构成主义建筑………………………… 40
王华彬　　古为今用　推陈出新………………………… 41
林乐义　　谈谈我们"建筑师"这一行………………………… 47
陈占祥　　关于北京市的城市规模………………………… 50
杨廷宝　郭湖生　　中国古代建筑的艺术传统………………………… 51
刘光华　　建筑·环境·人………………………… 60
陈明达　　园林绿化与文物保护………………………… 63

白佐民 绝非偶然或巧合…… 64
汪定曾 上海建筑在城市设计中迈进…… 66
佘畯南 建筑——对人的研究…… 69
罗哲文 论建筑文化…… 71
李允钚 建筑的思想和政策…… 73
陈从周 园林清议…… 76
孟建民 建筑设计的硬性条件及弹性条件…… 78
汪　坦 赖特…… 81
冯纪忠 “何陋轩”答客问…… 83
程泰宁 在历史和未来之间的思考…… 85
聂兰生 小城春秋…… 88
张驭寰 古建筑上的铁花刹…… 91
戴念慈 建筑学的社会因素…… 95
吴良镛 为什么提出“广义建筑学”这命题…… 97
张伶伶 建筑创作主体论…… 98
王建国 关于中国古代城市研究…… 102

1991年～2003年

钟华楠 “抄”与“超”…… 104
王其明 北京四合院调查漫记…… 105
张　镈 关于帽子、屋顶、亭子之我见…… 109
华揽洪 关于建筑创作的几个问题…… 111
赖聚奎 四代香港汇丰银行大厦的演变与启示…… 113
汪国瑜 建筑与气…… 117
蔡镇钰 世纪之交建筑随想…… 119
陈　薇 如何看待和考察中国的“后现代”…… 120
张开济 从避暑山庄的设计谈起…… 122
杨永生 由纪念建筑想起的…… 125
刘　业 建筑教学模块化的思索…… 127
齐　康 纪念的凝思…… 129
周卜颐 建筑创作漫谈…… 131
唐　璞 中国古建筑的哲学观…… 133
郭湖生 谈中国古代城市…… 138
王季卿 古建筑中的声学…… 142
赖德霖 无题…… 144
薛求理 再读贝聿铭…… 147
吴良镛 “广义建筑学”的哲学思考…… 149

潘谷西	从“园林”到“理景”	150
徐尚志	两点经验与两件憾事	153
张钦楠	历史地回顾过去　开拓地迎接未来	155
刘先觉	学习阿尔托	157
何镜堂	建筑创作与建筑师素养	159
布正伟	体验与思辩	163
杨永生	我国第一代建筑大师陈植	166
郑孝燮	关于历史文化名城的文态环境	168
彭一刚	也谈五大道的小洋楼	169
金瓯卜	略谈瓦当	170
傅熹年	学习《梁思成全集》的体会	172
钟训正	我国现代的建筑文化现象	174
陈世民	我们的设计理念	177
张十庆	中国古代室内装饰的特色	179
曹　汛	希望致语	181
王世仁	保存·更新·延续	183
王小东	非功能·非形式·非建筑	186
喻维国	关于建筑文化的保护	190
王天锡	呼唤“少即是多”的“归来”	193
常怀生	俄国建筑师日丹诺夫与哈尔滨	196
莫伯治	我的设计思想和方法	200
马识途	为创造新的民族形式鼓与呼	201
李道增	创造性转化	203
陈志华	五十年后论是非	207
吴焕加	建筑理论是什么？	212
费　麟	北京城市规划的三个“不”	213
吴焕加	莫为巨变心作痛	214
曾昭奋	《世界建筑》情结	216
王贵祥	建筑的精神之维	218
庄惟敏	关于建筑创作的泛意识形态论	221
沈克宁	消失的空间	223
常　青	从建筑性格看上海城市精神	225
钱　锋	从包豪斯到圣约翰大学建筑系	229
丁沃沃	对“中国固有形式”建筑意义的思考	233
戴复东	感受“建筑与文学”	237
吴庐生	关于同济大学逸夫楼设计的对话	240

朱启钤

中国营造学社开会演词

今日本社。假初春胜日。与同志诸君。一相晤聚。荷蒙聊袂偕临。宠幸何极。溯本社成立以及经过情形。与今后从事旨趣。有应举为诸君告者。请得以自由之形式。略抒胸次所怀。惟诸君察焉。

启钤个人。问学无成。年事又衰。曷敢以专门之学相标尚。顾一生经历。所以引起营造研究之兴会。而居然忝窃识途老马之虚名者。度亦诸君所欣然愿闻者也。溯前清光绪末叶。创办京师警察。於官殿苑囿城阙衙署。一切有形无形之故迹。一一周览而谨识之。於时学术风气未开。学士大夫所竞竞注意者。不过如日下旧闻考。春明梦余录之所举。流连景物而已。启钤则以司隶之官。兼将作之役。所与往还者。颇有坊巷编氓。匠师耆宿。聆其所说。实有学士大夫所不屑闻。古今载籍所不经觏。而此辈口耳相传。转更足珍者。于是蓄志旁搜。零闻片语。残鳞断爪。皆宝若拱璧。即见於文字而不甚为时所重者。如工程则例之类。亦无不细读而审详之。启钤之学。不足以横览古今。然心知故书所存。尚有零坠晦蚀。待吾人之梳剔者。实自此始矣。民国以后。滥竽内部。兼督市政。稍稍有所凭借。则志欲举历朝建置。宏伟精丽之观。恢张而显示之。先后从事于殿坛之开放。古物陈列所之布置。正阳门及其他市街之改造。此时耳目所触。愈有欲举吾国营造之环宝。公之世界之意。然兴一工举一事。辄感载籍之间缺。咨访之无从。以是蓄意。再求故书。博徵名匠。民国七年。过南京。入图书馆。浏览所及。得睹宋本营造法式一书。于是始知吾国营造名家。尚有李诫其人者。留书以诒世。顾其书若存若佚。将及千年。迄无人为之表彰。遂使欲研究吾国建筑美术者。莫知问津。启钤受而读之。心钦其述作传世之功。然亦未尝不于书中生僻之名词。诘夺之句读。兴望洋之叹也。于是一面集赀刊布。一面悉心校读。几经寒暑。至今所未能疏证者。犹有十之一二。然其大体。已可句读。且触类旁通。可与它书相印证者。往往而有。自得李氏此书。而启钤治营造学之趣味乃愈增。希望乃愈大。发现亦渐多。

向者已云营造学之精要。几有不能求之书册。而必须求之口耳相传之技术者。然以历来文学。与技术相离之辽远。此两界殆终不能相接触。于是得其术者。不得其原。知其文字者。不知其形象。自李氏书出。吾人然后知尚有居乎两端之中。为之沟通媒介者在。然后知吾人平日。所得於工师。视为若可解若不可解者。固犹有书册可证。吾人幸获有此凭借。则宜举今日口耳相传。不可长恃者。一一勒之于书。使如留声摄影之机。存其真状。以待后人之研索。非然者。今日灵光仅存之工师。类已踯躅穷途。沉沦暮景。人既不存。业将终坠。岂尚有公於世之一日哉。

虽然犹有进者。李氏生当北宋。去有唐之遗风未远。其所甄录。固粗可代表唐代之艺术。由此以上溯秦汉。由此以下视近代。若者为进化。若者为退步。若者为固有。若者为输入。此皆可以慧眼观测而得者也。然史迹之层累。若挟多方之势力。积多种之原因而成。李氏书其键钥也。恃此键钥。可以启无数之宝库。然若抱此一书。而沾沾自足。则去吾曹所拟之正鹄犹远也。故因李氏书。而发生寻求全部营造史之途径。因全部营造史之寻求。而益感于全部文化史之必须作一鸟瞰也。

夫所以为研求营造学者。岂徒为材木之轮奂。足以炫耀耳目而已哉。吾民族之文化进展。其一部分寄之于建筑。建筑于吾人生活最密切。自有建筑。而后有社会组织。而后有声名文物。其相辅以彰者。在在可以觇其时代。由此而文化进展之痕迹显焉。晚近王国维先生。著古宫室考。于中霤一名辨其所在。为礼记国主社稷而家主中霤一句。获一确切不移之解。知中霤为四宫之中央。则知明堂。为古代建筑通式。宜乎为一切号令政教所从出也。知中霤为一家之中心。则知五祀之所以为民间普通信仰。而数千年来盘踞民众心理者。其来有自也。循此以读群书。将于古代政教风俗。社会信仰。社会组织。

左右逢源。豁然贯通。无不如示诸掌。岂惟古代。数千年来之政教风俗。社会信仰。社会组织。亦奚不由此。以得其源流。以明其变迁推移之故。凡此种陈义。固今世治史学诸公所共喻。无俟繁徵曲譬。假若引其端而申论之。将穷日夜而不能罄。今兹立谈之顷。更不暇多所引述。总之研求营造学。非通全部文化史不可。而欲通文化史。非研求实质之营造不可。启钤十年来粗知注意者。如此而已。

言及文化之进展。则知国家界限之观念。不能亘置胸中。岂惟国家。即民族界限之观念。固亦早不能存在。吾中华民族者。具博大襟怀之民族。盖自太古以来。早吸收外来民族之文化结晶。直至近代而未已也。凡建筑本身。及其附丽之物。殆无一处不足见多数殊源之风格。混融变幻以构成之也。远古不敢遽谈。试观汉以后之来自匈奴西域者。魏晋以后之来自佛教者。唐以后之来自波斯大食者。元明以后之来自南洋者。明季以后之来自远西者。其风范格律。显然可寻者。因不俟吾人之赘词。至于来源隐伏。轶出史乘以外者。犹待疏通证明。使从其朔。然后不独吾中国也。世界文化迁移分合之迹。皆将由此以彰。此则真吾人今日所有事也。启钤於民国十年。历游欧美。凡所目睹。足以证东西文化。交互往来之故者。实难尽记。往往因为所见。而触及平日熟诵之故书。顿觉有息息相通之意。一人之智识有限。未启之闳奥实多。非合中外人士之有志者。及今旧迹未尽沦灭。奋力为之不为功。然须先为中国营造史。辟一较可循寻之途径。使漫无归束之零星材料。得一整比之方。否则终无下手处也。

启钤之有志鸠合同志。从事整理。盖始于此矣。近数年来。披阅群书。分类钞撮。其于营造有关之问题。若漆若丝若女红。若历代名工匠之事迹。略已纂辑成稿。又访购图画。摹制模型。亦颇有难得之品。曾于十七年春间。假中央公园陈列一次。嗣是以来。承中华文化基金委员会之赞助。拨给专款。俾得立社北平。粗成一私人研究机关。草创之际。端绪甚纷。布置经月。始有眉目。今兹所拟克期成功。首先奉献于学术界者。是曰营造辞汇。是书之作。即以关于营造之名词。或源流甚远。或训释其艰。不有词典以御其繁。则徵书固难。考工亦不易。故拟广据群籍。兼访工师。定其音训。考其源流。图画以彰形式。翻译以便援用。立例之初。所采颇广。一年后当可具一长编。以奉教于当世专门学者。

然逆料是书之成。亦非易易。何也。古代名词。经先儒之聚讼。久难论定。以同人之学识。即仅徵而不断。固已舛漏堪虞。一也。专门术语。未必能一一传之文字。文字所传。亦未必尽与工师之解释相符。二也。历代文人用语。往往使实质与词藻不分。辨其程限。殊难确凿。三也。时代背景。有与工事有关。不能不亦加诠列者。然去取之间。难免疏略。四也。

顾启钤以为不有椎轮。曷观大辂。是书姑为营造学索引而已。有此一编。不独读者。可以触类旁通。即同人编纂此书。亦于整比之余。得以濬发新知。平日所视为无足经意者。两相比附。而一线光明。突然呈露矣。同人今日原不能于此学。遽有贡献。然甚望因此引起未来之贡献也。

类乎此者之整比工作。则有各种工程则例之编订。盖考工之书。人患难读者。其字句无意义可寻也。平时连列盈架。展卷一视。则满眼数字。读之辄苦无味。检之则又费时。此非就其原料。重加排比不可也。试以表格之式编之。则向之臭腐。悉化为神奇矣。岂惟有助于所谓名词之训释而已。凡工费之繁省。物价之盈缩。质料之种类来源。构造之形式方法。胥于此见之。由此而社会经济之状况。文化升降之比较。随仁者智者所见之不同。尽有可研索者在也。

虽然平面之观察未尽也。启钤所有志者。更为一纵剖之工作。自有史以来。关于营造之史迹是也。初民生活之演进。在在与建筑有关。试观其移步换形。而一切跃然可见矣。周之明堂。为其立国精神之所寄。托其始于何时邪。其创邪其因邪。孟子记齐宣王有毁明堂之议。其遗留迄於何时而后毁邪。后之继起者。其规模有以异于其初邪。秦始皇并六国。然后有阿房宫之建。其以何因缘而成邪。出自何人之力邪。其创邪其因邪。其受影响何自邪。其遗留迄于何时。而后尽毁邪。其后有效之而继起者邪。其规模有尚存于后代者邪。

凡此皆史乘上绝巨问题。即其一而研究之。足以使吾人认识吾民族之文化。更深一层。是宜有一自上而下之表格。以显明建筑兴废之迹。

匪独此也。一种工事之盛于某时代。某地域。其背景盖无穷也。齐之丝业发达。自其始封时而已然。有周一代。惟齐衣被天下。齐之在周。正如曼彻司特之在今日。汉初犹有三服官。其后逐渐无闻。汉初绣业。盛于襄邑。而季汉以来。织锦盛于巴蜀。巴蜀之富。半亦以此。历唐迄宋。莫不皆然。此后亦复无闻。近年乐浪汉墓中。掘出之髹器铭文。多云蜀西工及广汉工官。始知汉之漆工。集中巴蜀。与金银釦器。同一地域。(见汉书贡禹传)而唐代漆器出产地。则移于襄州。试思此于社会经济势力之推迁关系为何等邪。

更不独此也。凡工匠之产生。亦与时代有关。名工师之生。有荟集于一时者。有亘数百年而阒然无闻者。契丹入晋。虏其工匠北迁。以达其北朝艺术。蒙古立国。亦屡徵天下名工。集之定州。其南方之工艺。则靖康南渡。名工集于吴下。洪武营南京。悉为吴匠。吴匠聚于苏州之香山。永乐营北京。复用北匠。聚于冀州。此其故皆不可不深察也。故工匠之分配。亦纵断之观察。所不可不及也。

纵断既竟。请言横断。吾国太古之文明。实与西方之交通。息息相关。近来治西北史地者。致力于是。已不少创获之新解矣。凡一种文化。决非突然崛起。而为一民族所私有。其左右前后。有相依倚者。有相因袭者。有相假贷者。有相缘饰者。纵横重叠。莫可穷诘。爰以演成繁复奇幻之观。学者循其委以竟其原。执其简以御其变。而人类全体活动之痕迹。显然可寻。此近代治民俗学者所有事。而亦治营造学者。所同当致力者也。有史以来。中外交通史迹之最显著者。若穆天子传为一期。汉通西域为一期。法显为一期。玄奘为一期。蒙古帝国为一期。郑和下南洋为一期。耶稣会教士东来为一期。试就循其往来之迹。此横断之法也。

有纵断之法。以究时代之升降。有横断之法。以究地域之交通。综斯二者以观。而其全庶乎可窥矣。

综以上诸说。本社胎孕之由。与今后进行之准则。差具梗概。抑有进者。启钤老矣。纵有一知半解。不为当世贤达所鄙弃。亦岂能以桑榆之景。肩此重任。所以造端不惮宏大者。私愿以识途老马。作先驱之役。以待当世贤达之闻风兴起耳。本社命名之初。本拟为中国建筑学社。顾以建筑本身。虽为吾人所欲研究者。最重要之一端。然若专限于建筑本身。则其于全部文化之关系。仍不能彰显。故打破此范围。而名以营造学社。则凡属实质的艺术。无不包括。由是以言。凡彩绘、雕塑、染织、髹漆、铸冶、抟埴、一切考工之事。皆本社所有之事。推而极之。凡信仰传说仪文乐歌。一切无形之思想背景。属于民俗学家之事。亦皆本社所应旁搜远绍者。今日在座诸君。学有专长。兴有独寄。或精神上。得互助之益。或物质上。假参考之便。无论直接间接。皆本社最亲切之友朋。即今日未惠临。而多少与本社之事业有同情者。亦无不求其继续赞助。且也学术愈进步。则大同观念愈深。民族观念愈淡。今更重言以申明之。曰中国营造学社者。全人类之学术。非吾一民族所私有。吾东邻之友。幸为我保存古代文物。并与吾人工作方向相同。吾西邻之友。贻我以科学方法。且时以其新解。予我以策励。此皆吾人所铭佩不忘。且日祝其先我而成功者也。且东方人士。近多致力于南部诸国之考索者。西方人士。多致力于中亚细亚之考索者。吾人试由中国本部。同时努力前进。三面会合。而后豁然贯通。其结果或有不负所期者。启钤向固言之。学问固无止境。如此造端宏大之学术工作。更不知何日观成。启钤终身不获见焉。固其所矣。即诸君穷日孳孳。亦未敢即保其收获。至何程度。然费一分气力。即深一层发现。但务耕耘。不计收获。愿以此与同人互勉焉耳。

中华民国十九年二月十六日

(原载《中国营造学社汇刊》一卷一期，1930年7月出版。)

梁思成　林徽因

什么叫做“建筑意”?

北平四郊近二三百年间建筑遗物极多，偶尔郊游，触目都是饶有趣味的古建。其中辽金元古物虽然也有，但是大部分还是明清的遗构；有的是显赫的“名胜”，有的是消沉的“痕迹”；有的按期受成群的世界游历团的赞扬，有的只偶尔受诗人们的凭吊，或画家的欣赏。

这些美的所在，在建筑审美者的眼里，都能引起特异的感觉，在“诗意”和“画意”之外，还使他感到一种“建筑意”的愉快。这也许是个狂妄的说法——但是，什么叫做“建筑意”？我们很可以找出一个比较近理的定义或解释来。

顽石会不会点头，我们不敢有所争辩，那问题怕要牵涉到物理学家，但经过大匠之手泽，年代之磋磨，有一些石头的确是会蕴含生气的。天然的材料经人的聪明建造，再受时间的洗礼，成美术与历史地理之和，使它不能不引起赏鉴者一种特殊的性灵的融汇，神志的感触，这话或者可以算是说得通。

无论哪一个巍峨的古城楼，或一角倾颓的殿基的灵魂里，无形中都在诉说，乃至于歌唱，时间上漫不可信的变迁；由温雅的儿女佳话，到流血成渠的杀戮。他们所给的“意”的确是“诗”与“画”的。但是建筑师要郑重的声明，那里面还有超出这“诗”、“画”以外的意存在。眼睛在接触人的智力和生活所产生的一个结构，在光影恰恰可人中，和谐的轮廓，披着风露所赐与的层层生动的色彩；潜意识里更有“眼看他起高楼，眼看他楼塌了”凭吊兴衰的感慨；偶然更发现一片，只要一片，极精致的雕纹，一位不知名匠师的手笔，请问那时锐感，即不叫他做“建筑意”，我们也得要临时给他制造个同样狂妄的名词，是不？

建筑审美可不能势利的。大名显赫，尤其是有乾隆御笔碑石来赞扬的，并不一定便是宝贝；不见经传，湮没在人迹罕至的乱草中间的，更不一定不是一位无名英雄。以貌取人或者不可，“以貌取建”却是个好态度。北平近郊可经人以貌取舍的古建筑实不在少数。摄影图录之后，或考证它的来历，或由村老传说中推测他的过往——可以成一个建筑师为古物打抱不平的事业，和比较有意思的夏假消遣。而他的报酬便是那无穷的建筑意的收获。

（本文摘自《平郊建筑杂录》一文，
原载《中国营造学社汇刊》第3卷
第4期，1932年11月。
本文标题是编者加的）

范文照

中国建筑之魅力

我们正在经历一个艺术不再是我们日常生活中实用事物之附属品的时代。我们日益懂得欣赏音乐、绘画、雕塑及文学，它们都给我们带来了真正的欢悦。我们把艺术的享受掺合于日常生活之中，并在所有的用品、衣着乃至食品中引入了美工设计。然而，仍然有一种艺术欢悦的渊源很少为人所察觉，一种凡是有人居住的场所均能遇到，一种我们芸芸众生每天路过却茫然无知的作品。这就是我们周围的建筑，建筑的艺术。

在所有的艺术中，建筑始终存在于我们眼前。要欣赏文学，就要去阅读它，并且要广学博览；要倾听好的音乐，就要去音乐厅或歌剧院；最高超的绘画与雕塑陈列于博物馆及画廊之中；但建筑却始终存在于我们眼前。我们居住于住宅中，工作于办公室或厂房之内。但是，尽管我们大半生花费在各种建筑之中，却有多少人曾经哪怕是瞬刻之间想到过他所处之建筑的美丑呢？然而，任何试图使建筑美化的微小举动均属建筑学之触探，假如我们经过而不予注意，我们就自己剥夺了生活中一项可能得到的丰富源泉。

建筑学为一种艺术，一种可以向我们提供愉悦的艺术，否则，就或者是它属于一项坏的艺术，再就是我们自己属于盲痴之列。拉斯金把建筑学定义为一种人们为各种用途的建筑加以处理或装饰，使他们的视觉得以提供精神的健康、力量及喜悦。这种喜悦是多方面的，也来自多种源泉。我们多数人只是模糊地感觉到它；但是，由于好奇心之不足，我们很少去探问自己为何总是选择行走某些街道而避开旁的。

建筑艺术能向我们提供的头一种喜悦就和所有美物一般使一颗能够理解的心脏得以温暖全身，使人以更高兴、更强壮及更良好的状态去从事其工作。这种对建筑美的喜悦感恰好类似于音乐、绘画或诗歌之美而不在于其智性内容。它主要地是一种感官上的、外在性质的愉悦，但是通过其外在的品质触及到我们最深处的情感。这就是节奏感和形式的平衡。它与风格无关，人们看到的可以是帕特农、华盛顿国会或北京的皇宫，却都能得到这种体验。这是一种普遍的愉悦感，在每个正常人的天质中均存在。任何符合某种形式要求的事物的知觉均能唤起它，而事实上人们内心中也在渴求着它。正是这种渴求的满足成为各种艺术愉悦之基础。因之，人们要对建筑学有真正智性的欣赏，就至少应当理解这些形式中的基本原理。

建筑艺术能提供的第二种喜悦来自一种意识到某一建筑特别适合于其用途的感觉。因为建筑学既是艺术又是科学，而建筑师的任务不仅在于美的建造，他还必须使自己的建筑做得坚固、耐久、有效、能抵御风雨并满足各种使用要求。我们往往对一幢尽管外观漂亮，但厨房气味散布各个角落、办公场所远在长廊尽头或者音响效果不良的剧院感到烦恼。好的建筑学总有两个因素同时存在：实用与美观，科学与艺术。因此，伟大的建筑师应当既是梦幻者又是工程师。

建筑学提供的又一种喜悦是在建筑中阅读到人类整个历史：各种斗争、理想及信仰。在罗马建筑的兴衰中我们读到了罗马政权的兴衰。同样，现代国家的建筑揭示了本国的发展现况。换言之，建筑学始终尖锐地意识到过去的影响，又能高度地表现现在。不论是埃及或希腊的神殿，罗马的富丽浴室，哥特式的教堂，轻快的法国剧院，或者中国宫殿中宁静和谐的庭院，在它们之中都有着对人类存在所作出的连续和生动的注解，一双善于观察的眼睛可以看到人类经验、国民理想和斗争中引人入胜的故事。所以，从这一角度看来，建筑学实是储藏广袤文化知识之宝库。

建筑学提供的另一种愉悦是建筑的情感表达。与音乐、绘画或诗歌相类似，建筑学是一种情感艺术，我们往往忘记建筑能够表达多种情感，也许是因为我们只用石、钢、水泥等术语来看待建筑，它们不能像字与画那样地叙述故事或再现实际事件。

建筑学被人称为“凝固的音乐”，因为在伟大的建筑与伟大的音乐中，人们都无法把“形”与“物”分开。“物”是作用于精神或智慧的因素，而“形”则是作用于眼睛的，拿走了“形”，它所表达的情感随即破坏殆尽。以中国宫殿为例，在自然环境中出现的优美屋顶曲线及表面给人带来了安宁的舒适及和谐感。设想把曲线屋顶拿走,这种情感也就烟消云散,因为它内含于"形"之中。

伟大的建筑表达一种力的情感,不论是底比斯或卡纳克阳光和煦的庭院,或是罗马角斗场强劲的拱圈,威斯敏斯特大教堂高耸的屋顶,中国长城赫丘力士式的威力均是如此,这是一种精美的自豪感,使人意识到至少在这些建筑中,人类得以长期生存,其作品将延传至千秋万代。

建筑还产生另一种情感:和平,它比力的感觉更为微妙,更为有益。当人们以设计的简洁性和细心推敲的比例和谐性去处理沉重的重量时,所提供的安宁及和平感就显而易见。再以中国宫殿为例,支托重型屋顶的有节奏的柱列以及令人注目的安宁的白色台阶,难道不就是安和感的完美的源泉吗?

建筑学所提供的各种喜悦中最重要的是人们在得到了真正的、高贵的灵感中取得的喜悦。当我们步入罗马圣彼得教堂或威斯敏斯特教堂或任何一座伟大的教堂时,就马上产生一种敬畏与尊崇的心理。这种心理常常产生于宗教建筑,但也往往来自一些小的建筑或纪念碑。建筑学总是把这种至高的揭示作为自己的目标。因之,当你站在某一建筑或某一壮丽的内部空间面前时,你会感觉到一种令人激动的灵感,一种宁静肃穆的崇敬从内心涌起,于是你就知道自己正处身于某个伟大的、真正的建筑杰作之前。

现在转到中国建筑,你或许已经发觉中国对世界建筑宝库作出了杰出的贡献,正如中国人作为一个有古老历史的民族以其伟大的绘画、精美的瓷器和刺绣丰富了世界美术一样。在中国建筑中,你看不到希腊建筑的壮丽和罗马建筑的豪华,然而,中国建筑以其独特的风格形成了一种真正的艺术——不是一种考古学中死去的艺术,而是一种活生生的实在的艺术,它满足建筑学的各种要求并具有建筑学的各种基本要素,即:实用、稳定及美观。

即使是由于第一手资料的匮乏,难以缮写一本恰当的中国建筑史,我们仍然可以有意义地追溯一下中国建筑的历史背景,并讨论一下中国的建筑复兴。中国的建筑学开始于公元前 249～前 210 年的秦朝,秦始皇在公元前 214 年左右修建万里长城,这是中国最有名的建筑工程,长达 1400 英里。他还建造了阿房宫和许多其他行宫及园苑。中国建筑继而在公元 618～907 年的唐朝和 960～1280 年的宋朝再次兴盛,建造了大量宫室、园林和艺术性的纪念建筑。

与中世纪欧洲一样,建筑技艺的培训是由匠师们口授的,门徒在宗师指导下通过自己的手完成各项工作,没有建造纪录,只有细心构作的模型用来代替图纸指导艺匠们从事建造,这些模型在建筑完工后随即销毁。因而现代建筑师就无从取得可资参考的建筑文件;同时,它也造成了人们对建筑学的漠不关心的态度,这种态度直接导致这种伟大建筑风格的逐渐淹没。

中国人从来也不是军事侵略性的,除了元朝皇帝忽必烈汗进行了中国历史上最大的领土扩张之外,在中国历史上没有延年的战争记录,因而中国没有凯旋门及战争纪念碑。中国人民的宗教热诚也不高,佛教或孔教均没有成为国教,这也是中国没有像欧洲那样巨大壮丽的教堂的原因。

从社会地位来说,中国老的艺术家及建筑师们都是像学者和诗人一样,把艺术的研讨作为个人的实验及表达;而在欧洲的中世纪,艺术家们被视为超人伟杰,由艺术的雇主们(如意大利的梅弟契家族)授予高度的荣誉,向伟大的建筑师提供了各种鼓励支持。当时的知名建筑师布鲁内莱斯基生前犹如皇族,死后进行国葬,各级贵族人士均来参加。

1750 年,意大利耶稣教士把西方艺术带进了中国。中国皇帝传令为自己的夏宫建造一群欧洲村落式的房屋,其设计为当时在欧洲已衰落的意大利巴洛克风格。这一引进的建筑——有名而丑劣的圆明园——在 1860 年英法联军侵入时被烧毁。

不幸的是,这种中西建筑的混合物现在在中国多数大城市中均能见到。就在这座城市中我们就看到有中国式的屋顶建在西方式的古典立面之上。试想苏格拉底戴上中国瓜皮帽或孔夫子穿上西式晚礼服是什么样子!这是违反优秀建筑最基本原理的一种罪恶,应当受到所有艺术鉴赏家的谴责。

东西方的接触表现为效率与美之争。旧的形式正在被新的所抹除,后者更倾向于生活的舒适、方便和安逸,但是缺少那些古老方式中存在的调和之美。美——东方美——连同其古老的悠闲的、非现实主义的艺术似乎处于行将灭迹之边缘。到近期为止,在这一艺术领域中存在着两个流派。理想派与现实派。前者毫不妥协地反对新的效率,而后者则一方面承认老的建筑形式和风格不应被忽略,同时又认为最好的做法是对迄今为止尚不甚可爱的新形式尽可能地加以美化处理。

然而，最近以来，又出现了一个新的、人数不多的组群，他们试图综合新老及东西中最优秀的部分。这些新的艺术家主要地是一些现代中国的建筑师，他们在与对西方建筑拙劣模仿的微弱斗争中开始受人注意。他们特别反对把东西方的风格及形式叠累起来而使许多中国城市变得难看的做法。他们认为，可以同样取得光、热、通风与卫生而又不必使房屋显得难看，他们试图既把现代的舒适及方便引入房屋而又保留中国古而有之的美观。

中国正在重新获得她的建筑智慧。中国的建筑风格，正如这一小群人以自己的作品所证明，具有端庄佳丽之品质，它不是仅仅作为考古研究之对象，而且是一种活生生的建筑风格，可以予以保留并适应现代中国之要求。

无可否认，中国建筑，尽管在宗教方面受到过佛教及伊斯兰教之影响，仍然保持了自己土生土长的风格，成为中国多年来社会文化背景的反映。

中国艺术之原理不是现实主义而是常规的；不是摄影式而是装饰式的；不是戏剧性而是表现性的。当您研究中国建筑的艺术时，就会发现同样的原理也适用于此。首先我们必须理解中国的建筑艺术是理想性及诗意重于物质的。中国人崇敬自然之美，他们感觉到人与自然的统一，人对自然之依赖。在所有的装饰中都显示了对太阳、月亮、土地、农业的崇敬以及对神秘性及象征主义之偏爱。作为精神力量象征之巨龙以及自然力量象征之虎，在各种装饰图案中比比皆是，天为阳、地为阴，二者构成中国人的宇宙，成为其艺术享受之深邃源泉。

人们接近一幢中国建筑时，总会有一种安宁的舒适及和谐感。因为我们不仅享受到建筑物与自然环境的统一感从而使我们自己成为景观图画中的一员，而且还感觉到建筑及其装饰都被赋予了自然之生命力，从而产生了这种完美的和平感。我们首先应当确定老风格中最本质及突出的特性，然后才能进而在适应性的过程中保持这些本质。这些特征就是：

1. 规划的正规性。表现在建筑物围绕庭院的正式布局和组合，以及穿越整个构图的轴线和它所提供的令人愉悦的平衡感。

中国建筑的基本构思是一个厅，往往通过附设一个入口厅或沿纵长接出一系列厅堂而加以延伸。它们的立面比较僵硬庄穆，梁柱的纵横效果强调了线的节奏。建筑的北、东、西面多数情况下用墙围护，但南面却转为窗饰花格，犹如被一组精细的网织所遮挡。机智的构架及斗栱加上板式门与屏障，提供了丰富多彩的装饰性。

2. 构造的真挚性。中国的建筑构造中没有虚假的概念。每一构件均有其结构上的价值，各种装饰都有一种启示性的实用性。建筑构架由梁、柱、斗栱组成，为一种开放式的木构造。屋顶构架用木柱支承，围护墙只是在立架之后才砌筑。这种古老的构造方式造就了钢架摩天楼的现代概念，后者在科学上实非新的发明。

3. 屋顶曲线及曲面的微妙性。正是这些曲线赋予了建筑以生命力及艺术美。这种精妙性更有效地保存在北方风格中，而在南方，它在形式上已走向奇幻。不管这种屋顶曲线的成因为何，这种柔和的线与面无疑地要比僵直的线条更能在周围不规则的景观中给人们以良好的和谐感。

中国建筑中最重要、最处于主导地位的屋顶，又由于其端部、顶部、脊部的各种陶土装饰变得更为有趣生动。人和动物的形体均被应用，它们具有宗教的意义，成为防护的保护神。

4. 比例的协调感。梁柱的纵横效果加强了线与体的节奏性。

5. 中国艺术基本上是装饰性的。建筑既为各种艺术之母，中国的装饰艺术也在装点建筑中达到其最佳顶峰。这也是中国高度发达的建筑室内设计可以适应于更实际的现代用途之原因。色彩组合成为建筑整体中的组成部分。丰富多彩的装饰细部以及遍布于柱头、天棚、托梁、斗栱、墙沿上的装饰图案受到了普遍的赞美。

以上这些是中国建筑艺术的本质特征，在我们适应于现代要求时，这些特征应当不作更改地予以保留。从基本观念上说，一幢中国的建筑应当在其主要因素的各方面都是中国的。换句话说，建筑的构思应当从内向外，而不是从外向内，外国的特征只是在需要满足现代的舒适及方便的要求时才被采用。

（本文原发表于 1933 年 3 月美国《人民论坛》，由张钦楠译成中文并发表于 1990 年第 11 期《建筑学报》）

林徽因

痛斥无赖

在这整个民族和他的文化，均在挣扎着他们重危的运命的时候，凭你有多少关于古代艺术的消息，你只感到说不出的难受！艺术是未曾脱离过一个活泼的民族而存在的；一个民族衰败湮没，他们的艺术也就跟着消沉僵死。知道一个民族在过去的时代里，曾有过丰富的成绩，并不保证他们现在仍然在活跃繁荣的。

但是反过来说，如果我们到了连祖宗传留下来的家产都没有能力清理，或保护；乃至于让家里的至宝毁坏散失，或竟拿到旧货摊上变卖；这现象却又恰恰证明我们这做子孙的没有出息，智力德行已经都到了不能堕落的田地。睁着眼睛向旧有的文艺喝一声“去你的，咱们维新了，革命了，用不着再留丝毫旧有的任何知识或技艺了。”这话不但不通，简直是近乎无赖！

话是不能说到太远，题目里已明显的提过有关于古建筑的消息在这里，不幸我们的国家多故，天天都是迫切的危难临头，骤听到艺术方面的消息似乎觉到有点不识时宜，但是，相信我——上边已说了许多——这也是我们当然会关心的一点事，如果我们这民族还没有堕落到不认得祖传宝贝的田地。

这消息简单的说来，就是新近有几个死心眼的建筑师，放弃了他们盖洋房的好机会，卷了铺盖到各处测绘几百年前他们同行中的先进，用他们当时的一切聪明技艺，所盖惊人的伟大建筑物，在我投稿时候正在山西应县辽代的八角五层木塔前边。

（本文摘自1933年10月7日天津《大公报·文艺副刊》第5期《闲谈关于古代建筑的一点消息》一文。标题是本书编者加的）

（上接第13页）

园林大抵以仄砖及碎石铺地。以砖为骨，以石填心，不加灰浆。碎石间作深浅色。苏州西园大门前十字花纹地颜色式样，独具匠心。留园、狮子林铺地，参用鹤、鹿、莲、鱼诸形，亦有精者。砖砌一般作人字纹；碎石最简便者有冰片式，稍复杂者有八方式，套六方式，海棠式。园林邀人鉴赏处，专在用平淡无奇之物，造成佳境；竹头木屑，在人善用而已。铺地砖石，加以分析，不过瓦砾。然形状颜色，变幻无穷，信手拈来，都成妙谛。有以碎瓷摆成鱼鳞莲瓣，则尤废物利用之佳例。李笠翁所谓“牛溲马勃入药笼，用之得宜，其价值反在参苓之上”也。

（本文摘自童寯1937年著《江南园林志》一书，1963年中国工业出版社出版。原文附图均删节。）

林徽因

中国古代建筑的特征

中国建筑为东方独立系统，数千年来，继承演变，流布极广大的区域。虽然在思想及生活上，中国曾多次受外来异族的影响，发生多少变异，而中国建筑直至成熟繁衍的后代，竟仍然保存着它固有的结构方法及布置规模；始终没有失掉它原始面目，形成一个极特殊，极长寿，极体面的建筑系统。故这系统建筑的特征，足以加以注意的，显然不单是其特殊的形式，而是产生这特殊形式的基本结构方法，和这结构法在这数千年中单纯顺序的演进。

所谓原始面目，即是我国所有建筑，由民舍以至宫殿，均由若干单个独立的建筑物集合而成；而这单个建筑物，由最古代简陋的胎形，到最近代穷奢极巧的殿宇，均始终保留着三个基本要素：台基部分，柱梁或木造部分，及屋顶部分。在外形上，三者之中，最庄严美丽，迥然殊异于他系建筑，为中国建筑博得最大荣誉的，自是屋顶部分。但在技艺上，经过最艰巨的努力，最繁复的演变，登峰造极，在科学美学两层条件下最成功的，却是支承那屋顶的柱梁部分，也就是那全部木造的骨架。这全部木造的结构法，也便是研究中国建筑的关键所在。

中国木造结构方法，最主要的就在构架之应用。北方有句通行的谚语，“墙倒房不塌”，正是这结构原则的一种表征。其用法则在构屋程序中，先用木材构成架子作为骨干，然后加上墙壁，如皮肉之附在骨上，负重部分全赖木架，毫不借重墙壁（所有门窗装修部分绝不受限制，可尽量充满木架下空隙，墙壁部分则可无限制的减少）；这种结构法与欧洲古典派建筑的结构法，在演变的程序上，互异其倾向。中国木构正统一贯享了三千多年的寿命，仍还健在。希腊古代木构建筑则在纪元前十几世纪，已被石取代，由构架变成垒石，支重部分完全倚赖“荷重墙”（墙既荷重，墙上开辟门窗处，因能减损荷重力量，遂受极大限制；门窗与墙在同建筑中乃成冲突原素）。在欧洲各派建筑中，除去最现代始盛行的钢架法，及钢筋水泥构架法外，唯有哥特式建筑，曾经用过构架原理；但哥特式仍是垒石发券作为构架，规模与单纯木架甚是不同。哥特式中又有所谓“半木构法”则与中国构架极相类似。唯因有垒石制影响之同时存在，此种半木构法之应用，始终未能如中国构架之彻底纯净。

屋顶的特殊轮廓为中国建筑外形上显著的特征，屋檐支出的深远则又为其特点之一。为求这檐部的支出，用多层曲木承托，便在中国构架中发生了一个重要的斗栱部分；这斗栱本身的进展，且代表了中国各时代建筑演变的大部分历程。斗栱不唯是中国建筑独有的一个部分，而且在后来还成为中国建筑独有的一种制度。就我们所知，至迟自宋始，斗栱就有了一定的大小权衡；以斗栱之一部为全部建筑物权衡的基本单位，如宋式之“材”“契”与清式之“斗口”。这制度与欧洲文艺复兴以后以希腊罗马旧物作则所制定的法式，以柱径之倍数或分数定建筑物各部一定的权衡极相类似。所以这用斗栱的构架，实是中国建筑真髓所在。

（本文摘自梁思成著《清式营造则例》一书第一章绪论，该章文尾署名林徽因，中华民国二十三年一月。本文标题是编者加的）

陆谦受 吴景奇

我们的主张

但凡从事艺术的人，对于他自己所从事的艺术，一定需要一个主张。这就是譬如行船之必需要一个方向，同样的重要。行船大海而未有一个方向，我们就知道它的危险。从事艺术的人，而未有一个主张，他的成功分数，也就可想而知了。

一种主张，从未有绝对是对的，亦未有绝对的不对。从来未有永远是对的，亦未有永远的不对。因为时代的轮，不停地在推进着，社会的组织，人类的心理，都会常常发生很大的变化。所以一种主张或理论，在某一个时代和某一种环境之下是对的，在另一个时代和另一种环境之下，就不见得是对了。但凡关于艺术的主张，大概如此。

现在我们暂时把理论搁开不谈，根据三句不离本行的原则，就目前对于建筑艺术的各种主张，实地来讨论一下。

这个问题，未免要复杂了。因为人心不同，有如其面，说到艺术的主张，就永远不会听到两种完全相同的见解。但是归纳起来，大概可以分作三派。第一，是复古派。第二，是求新派。第三，是折中派。

复古派的人，是主张要把中国古代的皇宫庙宇，重新建筑起来，不过用途就和从前两样。

求新派的人，是主张要仿效欧美的最新建筑方式，如所谓立体式，国际式，或未来式等。

折中派的人，是主张中西并用，今古兼收的。表面看来，倒有些像所谓集大成的主义。

以上三派，一派即有一派的见地和道理，对与不对，我们暂时不必去管它。主要的，还是在我们能够看清楚建筑艺术的本身，以及它的所以产生和进步的条件。

人类有生以来就需要居住的地方。所以住的问题，上自天子，下至庶民，都要想出一个解决的办法。在上古时代，人类的生活很简单，对于住的条件也是很简单。只要找到一处能遮风蔽雨及防止野兽侵入的地方，一个巢，或一个穴，住的问题，就算解决。到后来，人类的生活续渐复杂起来，住的条件也跟着发生变化了。大概起先是完全根据生活的需要来进展，其后便与美术发生关系。

因为人类的心理，是富于情感的，在各项生存的条件得到满足之时，一腔的情感，便得要找一条出路。于是文学，音乐，美术，以及凡可以作为抒情工具的东西，都应运而生。整个人类的生活，因此更加丰富。在这种情况之下，建筑当然不能是例外。

说到情感，大家都知道它是完全受环境所支配和影响的。环境不断地在变迁，所以情感也跟着不断地在变迁。然则一切发挥情感的东西，所谓抒情的工具者，决不能从古至今，丝毫不变，岂不是很明显的事实吗？

所以当我们看到在每一个时代和每一处地方的文学，绘画或雕刻，我们便可以推测当时当地社会的一切情形；至于建筑，自然也有同样的作用。

因此，我们对于建筑艺术的主张，一个很复杂的问题，得到一种答案了。我们以为派别是无关重要的。一件成功的建筑作品，第一，不能离开实用的需要；第二，不能离开时代的背景；第三，不能离开美术的原理；第四，不能离开文化的精神。

所谓实用的需要，就是说：建筑要能满足我们特别的需要。譬如一间戏院，就要能够使我们舒舒服服地看到演员的动作，和听到歌唱的声音。

所谓时代的背景，就是说：建筑要能充分地显出我们这一个时代进化的特点，不要开倒车，使人家怀疑着现在是唐还是宋。

所谓美术的原理，就是说：建筑的结构，颜色，形式，都要合乎美术的原理。不要因为标新立异，就不顾一切的将奇形怪状的东西都弄出来。

所谓文化的精神，就是说：建筑要能代表我们自己文化的精神，不要把中国的城市，都变成了欧美的城市。

所以在这四种原则之下，我们就应该努力创造一个新的风格出来，作为我们对于这一个时代文化的贡献。我们自己应当争点气，下点苦功，做点事业，不要老是跟在人的后面。必需这样，我们的建筑艺术，才有出头的日子。

（原载《中国建筑》第 26 期，1936 年出版）

童寯

造园

自来造园之役,虽全局或由主人规划,而实际操作者,则为山匠梓人,不着一字,其技未传。明末计成著园冶一书,现身说法,独辟一蹊,为吾国造园学中惟一文献,斯艺乃赖以发扬。造园一事,见于他书者,如癸辛杂识、笠翁偶集、浮生六记、履园丛话等,类皆断锦孤云,不成系统。且除李笠翁为真通其技之人,率皆嗜好使然,发为议论,非本自身之经验。能诗能画能文,而又能园者,固不自计成始。乐天之草堂,右丞之辋川,云林之清闷,目营心匠,皆不待假手他人者也。与计成同时之造园学家,则有明遗臣朱舜水。舜水当易代之际,逃日乞师,其志未遂。今东京后乐园,犹存朱氏之经营。明之朱三松、清初张南垣父子、释道济、王石谷、戈裕良等人,类皆丘壑在胸,借成众手,惜未笔于书耳。

园之布局,虽变幻无尽,而其最简单需要,实全含于"园"字之内。今将"园"(園)字图解之:"口"者园墙也。"土"者形似屋宇平面,可代表亭榭。"口"字居中为池。"𧘇"在前似石似树。日本"寝殿造"庭园,屋宇之前为池,池前为山,其旨与此正似。园之大者,积多数庭院而成,其一庭一院,又各焉一"园"字也。

园之妙处,在虚实互映,大小对比,高下相称。浮生六记所谓:"大中见小,小中见大;虚中有实,实中有虚;或藏或露,或浅或深,不仅在周回曲折四字也。"钱梅溪论造园云:"造园如作诗文,必使曲折有法,前后呼应,最忌堆砌,最忌错杂,方称佳构。"(见履园丛话)

盖为园有三境界,评定其难易高下,亦以此次第焉。第一,疏密得宜;第二,曲折尽致;第三,眼前对景。试以苏州拙政园为喻。园周及入门处,回廊曲桥,紧而不挤。远香堂北,山池开朗,展高下之姿,兼屏障之势。疏中有密,密中有疏,弛张启阖,两得其宜,即第一境界也。然布置疏密,忌排偶而贵活变,此纡回曲折之必不可少也。放翁诗:"山重水复疑无路,柳暗花明又一村。"侧看成峰,横看成岭,山回路转,竹径通幽,眼前对景,应接不暇,乃不觉而步入第三境界矣。斯园亭榭安排,于疏密、曲折、对景三者,由一境界入另一境界,可望可即,斜正参差,升堂入室,逐渐提高,左顾右盼,含蓄不尽。其经营位置,引人入胜,可谓无毫发遗憾者矣。

日本造园家小堀远州尝谓庭园以深远不尽为极品,切忌一览无余。此在中国园林,尤为一定不易之律。园冶论"相地",凡山林江湖、村庄郊野、城市傍宅,莫不可以为园。园建于平地者多。间有因山为园者,其起伏转折,更为有趣。如范成大居越城因山为亭榭。李笠翁缘云居山构屋,称为层园。袁枚随园,及现存之惠山云起楼,亦依山为高下者也。

或有平地限于广狭,用重台叠馆之法。进退盘折,多至数层。沈复所述皖城王氏园,即其例也。浮生六记:

"其地长于东西,短于南北。盖北紧背城,南则临湖故也。既限于地,颇难位置,而观其结构,作重台叠馆之法。重台者,屋上作月台为庭院,叠石栽花于上,使游人不知脚下有屋。盖上叠石者则下实,上庭院者即下虚,故花木仍得地气而生也。叠馆者,楼上作轩,轩上再作平台,上下盘折,重叠四层,且有小池,水不漏泄,竟莫测其何虚何实……,面对南湖,目无所阻。"

此种做法,以人力胜天然。既省地位,又助眺望,可谓夺天工矣。又有所谓借景者,大抵郊野之园能之。山光云树,帆影浮图,皆可入画。或纳入窗牖,或望自亭台。木渎羡园之危亭敞牖,玩灵岩于咫尺。无锡寄畅园有锡山龙光寺塔,高悬檐际,皆借景之佳例。或有由一园高处,而能将邻园一望无遗。昔苏州徐园,尽览南园之胜。斯非借景,真可谓劫景矣。

造园掘土,低者成池,高者为山,自然之势。故园林无水者,盖不多见。有水而鱼莲生其中,舟梁渡其上,舫榭依其涯。惟汪洋巨浸,反足为累。李格非论园圃之胜:"不能相兼者六,务宏大者少幽邃,人力胜者少苍古,多水泉者艰眺望。"如南浔数园,大而多水,有一览无余之憾。常熟虚霩居,幽邃不足,盖亦地旷而池宽也。

造园要素:一为花木池鱼;二为屋宇;三为叠石。

花木池鱼，自然者也。屋宇，人为者也。一属活动，一有规律。调剂于二者之间，则为叠石。石虽固定而具自然之形，虽天生而赖堆凿之巧，盖半天然、半人工之物也。吾国园林，无论大小，几莫不有石。李格非记洛阳名园，独未言石，似足为洛阳在北宋无叠山之证。王世贞亦谓“洛中有水、有竹、有花、有桧柏而无石，文叔记中不称有叠石为峰岭者可推也。”（见游金陵诸园记序）然据洛阳伽蓝记所载，洛在北魏，已早具叠山规模矣。

叠山为吾国独有之艺术，于“假山”章中详述之。记称纪元前一世纪，罗马名人西西洛酷爱其园中之石，谅不过天然岩石，偃卧原地。今意大利之名园，犹间有岩石，花草生于石隙，但无堆凿作峰形者。英国岩石园，亦与此无异。惟其以砖砌洞，外敷松石，象征岩穴者，有时几可乱真。日本庭园之石，多零块散处，称为“舍石”。或连组成阵，具含隐义。巨石成堆者，则象征枯山水。但他国园石，类不达就地取材之旨，与吾国湖石山迥异也。

园林之胜，言者乐道亭台，以草木名者盖鲜。三卷园冶无花木专篇，足见计成之“不知为不知”也。自来文人为记，每详于山池楼阁，而略于花丛树荫，独洛阳名园记描写花木，不厌其繁。如洛阳天王院花园子，有牡丹数十万本。扬州芍园花田，广至数亩。然天王院仍有池亭，芍园亦有长廊舫屋，所以为园者，非止栽花已也。洛阳名园所载，木有栝、松、桐、梓、桧、柏之属，兼有竹、葛及籐，花则至千种。记又述李氏仁丰园云：

“李卫公有平泉花木记，百余种耳。今洛阳良工巧匠，批红判白，接以它木，与造化争妙，故岁岁益奇。且广桃、李、梅、杏、莲、菊各数十种。牡丹、芍药至百余种。而又远方奇卉，如紫兰、茉莉、琼花、山茶之俦，号为难植，独植之洛阳，辄与土产无异。故洛中园圃花木，有至千种者。”

按三辅黄图载武帝初修上林苑，群臣远方各献名果异卉三千余种植其中。是花木之种，汉已早备。平山堂图志所载扬州各园，花有桂、梅、玉兰、绣球，树有棕榈、榆、椐、柳等。而筱园芍田，广可百亩。图志又云：

“扬州芍药甲天下。载在旧谱者，多至三十九种。年来不常厥品，双歧并萼，攒三聚四，皆旧谱所未有，故称花瑞焉。”

扬州画舫录：

“湖上园亭，皆有花园，为莳花之地。桃花庵花园在大门大殿阶下。养花人谓之花匠。莳养盆景，蓄短松、矮杨、杉、柏、梅、柳之属。海桐、黄杨、虎刺以小为最。花则月季、丛菊为最。冬于暖室烘出芍药、牡丹，以备正月园亭之用。”

园林无花木则无生气。盖四时之景不同，欣赏游观，怡情育物，多有赖于东篱庭砌，三径盆盎，俾自春迄冬，常有不谢之花也。西清诗话云：“欧公守滁阳，筑醒心、醉翁雨亭于琅邪幽谷，且命幕客谢某者，杂植花卉其间。谢以状问名品，公即书纸尾云：浅深红白宜相间，先后仍须次第栽，我欲四时携酒去，莫教一日不花开。”每日有花，真近于理想者，惟事实上只公园与公署有专人供浇培锄劚之役，私人园林，尤其主人偶然一至者，当使维持工作减至最少限度。否则如文震亨长物志所云：“弄花一岁，看花十日”，勿乃苦乐不均耶？徐日久柬吴伯霖云：

“园中初起手时，便约法三章：若花木之无长进，若欲人奉承，若高自鼎贵者，俱不蓄。故庭中惟桃李红白，间错垂柳风流，其下则有兰蕙夹竹，红蓼紫葵。堤外夹道长杨，更翼以芦苇，外周茱黍。前有三道菊畦，杂置苇麻玉膏粱，长如青黛。”

此法多任自然，不赖人工，固不必倚异卉名花，与人争胜，只须“三春花柳天裁剪”耳。

吾国自古花木之书，或主通经，或详疗治。尔雅及本草纲目，其著者也。他若旨在农桑，词关风月，则去造园渐远。唐贾耽百花谱，以海棠为花中神仙。宋范成大有菊谱、梅谱；欧阳修有洛阳牡丹记；赵时庚有金漳兰谱；王贵学有王氏兰谱；王观有芍药谱；陈思有海棠谱。明王象晋镌群芳谱，清初增为广群芳谱。惜王谱於栽培之道，语焉不详。明末王路又纂修花史。乾隆间，陈淏子辑花镜一书。园林主人之喜观而不善植者，此一助也。嘉庆间，查彬辑采芳随笔，详考花木果蔬。道光间，吴其浚著植物名实图考，亦涉及观赏。清末许衍灼编花卉图说，首言栽种，次按花开季节列约百五十种，最后兼及花之功用，实玩赏而关心经济者也。惟各书或缺图解，互异其说，读者不易名实对证。加以海通以后，舶来异种，时有增加，是有赖于今之治植物学者，加以科学整理矣。

园林兴造，高台大榭，转瞬可成，乔木参天，辄需时日，苟非旧园改葺，则屋宇苍古，绿荫掩映，均不可立期。计成所谓“新筑易乎开基，只可栽杨移竹；旧园妙于翻造，自然古木繁花”，此也。陈眉公论园，亦曰：“老树难。”

园林虽厅榭相望，然多资游赏，而不供起居。园内亦有划一角为居停者，其体式自稍有别。若江宁随园，则子才终年所寓，至有暖阁之制。今则住宅有采西式者，殊为不伦。通例宅园远隔，主人偶尔涉足，甚则一生不至。洛阳名园记称赵韩王园以扃钥为常者是也。香山诗：“今日园林主，多为将相官，终身不曾到，只当画图看。”看园似看画，是游于园之外矣。盖惟超然园外，始益见画图之美。然园中建筑物，每因此偏重局势外观，忽略其内部组织。高阁无梯，或有梯而不利登降，皆为常事。古时，其梯竟可撤焉。如陈寿三国志诸葛亮传所云：“琦乃将亮游观后园，共上高楼，饮宴之间，令人去梯。”他如曲桥无槛，径必羊肠，廊必九回。不求便捷，忽视安全，皆入画一念有以致之也。

吾国园林，名义上虽有祠园、墓园、寺园、私园之别，又或属于会馆，或傍于衙署，或附于书院，惟其布局构造，并不因之而异。仅有大小之差，初无体式之殊。间有设高堂正厅者，亦不足为规则式之特征。对称布置，则除宫室朝宇而外，征之园林，绝无仅有。明末袁小修记燕京李园(即清华园)，“奇花美石，分行作队”，讥其少自然之趣，有似拉丁作风，殊非吾国园林体制。至若日本之有茶庭、平庭、筑山各式，式又常区别为真、行、草三体；中国一园之内，则兼各式各体而有之也。

园林屋宇，方之宫殿朝堂，实为富有自由性结构。数千年来，吾国官民营造，历朝更张，布置丰杀，代有不同，木作石工，由简变繁。惟园林亭榭，可以随意安排，结构亦不拘定式，虽厅堂亦不常用栱。即帝王之离宫别馆，亦有如乐天之不施丹白，纯效文人之园。宋徽宗经营艮岳，伪托隐逸，崇尚山林竹石，美之曰取人弃物。宫室变为村居，禽兽号于秋夜，识者以为不祥。续资治通鉴：“帝……因令苑囿皆仿江浙为白屋，不施五彩。”自宋而后，江南园林之朴雅作风，已随花石而北矣。盖除受气候、材料、取景及地形限制外，无任何拘束。布置既无定格，建筑物又尽伸缩变幻之能事。如亭自一柱起，有三角、方形、梅花、五角、六角、八角、十字、圆形、扇形、套圆、套方各种。园冶所列屋宇，亭以外有门楼、堂、斋、室、房、馆、楼台、阁、榭、轩、卷、广、廊等，独未及“舫”。“舫”者，形与舟类，筑于水滨，往往一部高起，有若楼船，为园林中最富兴趣之建筑物，或称为舸，亦曰不系舟。

厅堂平顶，古称天花。计成谓之“仰尘”，李笠翁谓之“顶格”。其不露望砖木椽者，覆以板纸。李氏嫌其呆笨，乃以顶格作斗笠之形，四面皆下，独高其中(见一家言)。今此例之最佳者，当推南浔小莲庄中之静香诗堀。

门窗为屋宇之点睛，推陈出新，繁简不一。园冶装折各式，均由柳条递演至井字杂花，变化至今，难违斯例。李笠翁谓窗棂以明透为先，坚而后论工拙。窗棂密度，按明瓦大小排定，宽约三寸一格，长度则视棂条坚固程度伸缩。门之最简者，为长方入角，规则者由圆形至多边，不规则者有瓶、叶、花瓣及如意等形。雕镂、勾画，不如简洁为尚也。

廊为联络各建筑物之用，使成一气。廊、桥、栏、径，皆如文章中用虚字，有连贯作用。回廊古多直角，计成喜用“之”字。廊之升降者，阶级分段，廊槛及瓦顶高下作数步，或成斜坡。

墙则吾国园林不可或少。间有因山而构，难于设垣，如清初江宁随园是也。园之四周，既筑高墙，园内各部，亦多以墙划分。江南园林，多白粉墙。一家言、红楼梦、扬州画舫录所云之虎皮墙，江浙殆不多见。白粉墙多漏明，即李笠翁所称之“女墙”也。或作砖洞，或以瓦砌，式样变幻，殆无穷尽，各园不同，一园中亦少重复。最普通者为回文万字，自明已然，计成所不取也。李氏谓嵌花露孔，须择其至稳极固者为之，“不则一砖偶动，全壁皆倾”，危险孰甚！或有四周用规则花纹，而中心加嵌自然形，如花枝、瓶、篮之类。或纯用曲线，以苏州沧浪亭各墙洞为最佳。其墙洞外廓，亦以自然形表之。此种做法，任意弛放，不受制于规律，深合园林体制。墙中亦有嵌砖刻人物而不漏明，虽刻工精细，终欠雅致。又有镶琉璃竹节或花砖者，亦难免俗。墙顶则变化亦多，长墙每做起伏顶，以瓦为鳞，有似飞龙。惟真做鳞脊而加首尾，则计成所谓“雕镂花鸟仙兽不可用”者也。粉墙有时忽断，而叠石成壁续之，令人惊叹其意匠之奇。粉墙洁白，不特与绿荫及漆饰相辉映，且竹石投影其上，立成佳幅。光线作用，不止此也。漏明墙洞例深三寸至六寸，其正面之花纹，实赖侧面之深度而益醒目。且往往同一漏窗，徒以日光转移，其形状竟判若两物，尤增意外趣矣。

(下转第8页)

龙庆忠

中国建筑与中华民族

建筑乃为容纳人类在其中经营其生活而设之营造物也。故人与建筑之关系最为密切，建筑常依照其所用者之意志、情感、习惯等为最适合的设计之。从而建筑之表现，常为其中所使用人特性之表现，若扩而言之，则一国建筑之表现，常可反映其中所使用之民族之特性也。此余所以欲从中国建筑（中国建筑云者，乃指几及东亚全区域——包括朝鲜、日本、安南、交趾支那等处——之建筑而言，即世所谓东洋或东亚细亚建筑系之建筑也）之角度下，观取中华民族性之一面究为如何也。

此种研究，若自余为中国人之立场着眼，或不免有主观夸大狂之嫌，兹先将外国专家对于中国建筑之批评，介绍于后，以观究竟。

以现今外国人研究中国建筑，其始自不免有奇异鄙视之心理，然终以现今北京紫禁城之伟大（如日本伊东忠太先生在其所著之《中国建筑史》中称：欧美人见紫禁城惊叹为世界无比之宫殿，鄙人具有同感。更以其为日本宫殿之模范而称叹有深于彼辈者——如规模之宏大，宫室殿门之堂皇，色彩之鲜丽，雕刻之精巧——又如欧洲人勒·柯布西耶[Le Corbusier]在其《明日之城市》一书中，称北京城为基于预定的意念与计划而有科学的原理以建之者）、明孝陵气象之尊严（英人爱迪京[Gose Ph Edkin]在其所著《中国建筑》中，称明孝陵之布置形式乃完全中国式……，总之，此建筑足以代表中国建筑之艺术，……观明孝陵可以证明中国建筑艺术之进化已达最高点，且足令人惊叹其威严尊贵之气象为外邦所不及也）及各处宝塔之华丽（英人在其所著《中国建筑》中，谓多数宝塔甚华丽，为中国建筑之特别一种。又英人叶慈[W. Perseval yatls]博士在其所著《论中国建筑》中，谓中国塔为世界奇迹之一），而莫不倾心赞叹不止也。其他如对中国建筑之重整齐划一，亦重变化幽隐有所钦佩者，则可以乾隆时西洋画师王致诚[Ferire Attiret]致达索[M. d'Assant Toises]之函中数语："西国建筑取其雄厚高大，尤重整齐划一，北京宫殿，亦甚整齐，王公府第，宫中廨舍，以及民间富厚之家，亦以严整相尚，独此郊外别业，则抛弃整一之常规焉。盖其所营，欲备天然野趣，而得幽隐之妙。作者抱定此旨，故以规模之殿宇，散布园中，远近相间，为数甚多，而无一雷同之处"见之矣。于是外人由此种建筑之伟大及其文化之悠久，又进而欲追溯我文化之来源与我民族之由来，盖非无因也。然此尚不过为时代较晚、已经衰退之建筑，没将文献上所纪录之建筑与乡间及地下尚未掘出之较早建筑，一一研究，公之于世，恐更有惊人之处。

吾人既有如此值得外国专家所称道之建筑，则其中所表现我民族之特性又如何，如能一一研究之，则其结果或可作为今后我国建筑国策之参考也。

兹自余研究之论断中择其重要者之概略叙述于后：

一、从中国建筑之伟观堂皇而观之我民族性。中国建筑常表现有伟大气魄之感，此为中外人士所共知者也。此伟观一语，非仅指大建筑而言，即小建筑亦有难以言喻之伟大感，其中之精神，似有百世不能泯灭之感。试观北平紫禁城之宫殿，或曲阜之孔子庙，其建筑全体有屹然而立、泰然自若之概。即属其他小建筑，如亭阁牌楼等，亦有见大人难藐之之感。

此种伟大虽可以大陆风景之雄壮，阶级思想之发达，以及人力物力之充裕解释之，然我民族之健壮，社会之有组织，理智之明确，心地之宽宏，意志之坚定，气概之伟大，似与此不无关系。要之此等伟大处，并非骄佚不敬畏之表现，实为我民族致中和尽诚敬之发挥也。

二、从中国建筑之壮丽而观之我民族性。观赏中国建筑者，每赞其壮丽宜人，例如构架之呈材，房顶之自然，毫无掩盖，以示其构造之纯正，此质之为壮者也。至于再于其上作种种形态之变化（如斗栱之衬托，房盖之重檐），或作种种雕饰之点缀（如雕梁画栋，刻角丹楹），以示其匠心之富丽，此乃文之为丽者也。其中盖说明我国民族文质并重之好尚也。盖质胜文则野，文胜质则史，皆非我民族之所好也。语云：文质彬彬然后君子。中国建筑亦然，中华民族亦然。

三、从中国建筑之整体美以观之我民族性。中国建筑常表现有整体美之感，例如远视之则巍巍然与天地调和，若近视则似有不足之感，此盖以我民族爱好务其大者，并非粗野民族之表现也。语云：大德不踰闲，小德出入可也。务其大者为大人，务其小者为小人，若过于务其小者，则不仅文胜于质，且将陷于纤巧有犯毋作淫巧之制论也。

四、从中国建筑之布局而观之我民族性。中国建筑平面之布局中礼式布局，常为南面有中轴，取左右均齐之方式。如宫殿，府第，宅舍等是也。其礼式之布局，不仅为用最广（如庙观，官署，学校均用是式），且自古至今仍然不变，实为世界建筑中之奇迹也。此盖以我民族为有礼义生活之民族，其能广用此种布局迄于今者，实不足为奇也。盖中国社会乃礼教社会，而居不可一日无礼也。礼为社会秩序之实现，乃中国人所共由之道也。而伦常又为中国社会所重视，如男女有别，长幼有序。礼式建筑乃为实现此等理想之工具也，亦即实现中国民族生活之容器也。

五、由中国建筑之进化而观之我民族性。现今中国建筑乃经过悠久历史，于此土地上，由穴居进而为宫室之制，由席地而坐之居，进而为桌椅床榻之居，由土木茅葺之居，进而为砖石木瓦之居，可谓独创亦兼收，自尊亦宽容，始蔚为今日之伟观也（其中穴居、巢居之遗迹，尚见于四裔，而土木、茅葺、席地而坐之居，尚见于朝鲜、日本等处）。而其惟一未有多少变化者，厥为礼式布局与构架精神也。于此可见，我民族对于物质生活可求适应进化，而对于精神生活，则执其中而守其一，从不愿以夷变夏也。此亦盖可说明我民族仁智兼具，意志坚定，善变有方也。

六、从中国建筑之历史悠久而观之我民族性。中国建筑究历几万年虽不可知，而其历史实异常之古。当埃及建筑正盛，希腊建筑将欲发达之时，我周时即有独自伟大之建筑技术，后历秦、汉，更形发达，自东汉末以至南北朝，虽有印度佛教艺术以及西域西亚细亚诸国、希腊、罗马等国建筑艺术之流入，然仅摄取其装饰、花纹、雕刻艺术以为富丽之用，而在本质上仍未见受有若何影响也。经过此番兼收，后至唐时，即臻极盛境域，以后经宋至元，虽受异族压迫，更引入喇嘛教建筑及用外国人才，然在大体上亦仍未见若何影响也。至明朝以复兴唐宋文物之关系，建筑上又复有新气象可观。嗣后历清至今，虽又遇西洋文化输入，然我民族正在世界文化大激荡、大混合中求其出路也。

由上而论，我中华民族每遇外来建筑之输入，尚能宽容兼收，更进一步之发展，不失其民族之精神，且明达宽博，能竞存于世，实非世界其他古文化民族所可比拟也。

七、从中国建筑分布范围而观之我民族性。中国建筑原发达于黄河流域，后以种种关系，东北则散布至东北本土、朝鲜、琉球等岛，北至朔漠本土之区，西至本土西疆高原地带，南及江南吴越本土、安南、交趾支那以及炎荒之极。其分布面积之广，约达4000万平方华里，人口近5亿，占世界总人口之30%，实一奇迹也。此中虽有以我民族之迁徙而致如此者，然其族类之异者，国度之不同者，风土之差异者，咸愿仿效以为其居，此其故殆以我民族文化之优秀，性情之中和有以致之也欤。

八、由中国建筑之以住宅为本位而观之我民族性。世人常谓中国建筑中之居住建筑，如官殿、府第，每多富丽堂皇，过于宗教建筑，实与外国情形有异。不知此乃以我民族对于神、人有严格之区别，如望祭天地日月星辰岳渎之神则坎坛而祭，未有庙貌。而对于人鬼，则仍以人居居之。故凡所有道教等之神，均可以人鬼待之、居之，初无如外国宗教建筑特需崇丽之必要也。且除以坎坛祀谢天地日月星辰岳渎等神，及以庙寝尊敬祖祧圣贤忠义烈士外，余均认为淫祠邪庙皆在禁毁之列。此盖以礼为明神人，正名分，固不容有所潜越也。至于以住宅为本位之发展，乃以我民族重视天伦，实现人生所必然之归趋也。盖居室乃治平之本，礼义之居自须重视而设计也。其详见后。

于此盖可知我民族敬鬼神而远之，未知生焉知死之态度也。

九、从中国建筑之千篇一律而观之我民族性。外人不识，常以为中国之建筑乃千篇一律，如民居、官殿、寺院等皆陷于同型，无何变化。实则此种属于居住（或礼式）建筑，乃在居民计划时，为有等级之计划定型也。如宫室、宅第、馆舍、寝庙等，虽在高低大小多寡文质方面有所限制，然其平面之布局，礼式之尊重，则自天子以至庶人皆大致相同也。此其所以在大体上有千篇一律之感也。

原此种规定乃在都市计划(建国计划),殖民计划(居民计划)时为公营管理方便计,为贤能与享受之相称及惜物惜时计,乃一种官定制式之建筑也。至其平面之一定布局,如前所述,乃以治平之本,礼义之居所关。似为承天伦,率人性,育万物之天然型式。犹如蜜蜂之造窝,蜘蛛之结网,乃受之于天以营其生者也。故虽在物质上有如前所述之进化,然其人生规律,似欲至止于乐天伦、求治平、育万物之至善处也。

十、从中国建筑之构造技巧而观之我民族性。中国建筑中之构架方法,在现今日本建筑界中,特名之曰"柔构造",以示与现今西洋之"刚构造"有所区别也。此种构架不仅其呈材巧构,坦率纯真,有如今日新建筑所主张者,且其构架之势颇能以柔动耐暴动,此种力学精神甚为世人所注意。

又中国建筑中,古昔所使用之技巧中,如取正定平时兼用水平,与立表取影,以定经度,望筒观辰,以定方位,其法巧妙。其他如三角几何工具(规矩术)之早知使用,且运用甚妙,均为世人所称赞者也。此种知天文,悉地理,明物质,运用科学方法,可以构架一人生之空间,一事其伟大睿智处,至今犹为世人所称道也。

十一、从中国建筑之明快爽垲而观之我民族性。中国建筑常择爽垲之地以建之,且恒为南向。又其建筑中之门栊窗棂玲珑透彻,台基高起,飞檐翘举,廊庑漫回,院宇深沉,冬有炕,夏有楼,涂沟通,溷秽除。其他如井灶必洁,沐浴必勤,无不表示我民族居之善于摄生也。

十二、从中国建筑中之庭园布置而观之我民族性。中国建筑中之庭园布置,每爱筑山凿池,栽竹植卉,极尽天然野趣之能事,冀能与天地万物相调和,而抒其仁者乐山、智者乐水之情趣也。而园圃中建筑物之布置,每破礼式建筑均齐之常规,常随地形环境而变化。建筑乎,庭园乎,盖已浑而为一,斯亦我民族艺术高度化之一表现也。

观上所论,可知我民族之伟大,实与其文化所表示之印象(中国文化乃世界文化史上五大文化之一,中国建筑即由此文化中所产生之一现象也)为一致也。于此尚有一事须辨明者,即文化之优秀,恒与其土地条件有不可分之关系。然则我文化之发祥地——黄河流域——果何如乎?在此古昔,似由土圭法之考察,早知其为地中,乃天地之所合,四时之所交,风雨之所会,阴阳之所和,百物之所安阜,文化之所孕育之处也。今则认为温带、地大物博之区,最适于高度文化之孕育。至由此土而北,则为朔漠寒沍;由此而南,则为炎荒之极;由此而西,则为高原峻岭;由此而东,则为溟海汪洋,无一能与此地中媲美也。然则中国之民,居中和之地,受天地中和之气,而为中和之民,以尽协和万邦生育万物之人道,抑亦物理之所归趋也。

(原载《国立中山大学校刊》
第18期,1948年12月)

(上接第17页)
必须不断地努力发掘古代遗产,虚心研究,吸取教训,使民族优秀的文化传统,发扬光大,应用于世。

(本文原载刘致平《中国居住建筑简史——城市、住宅、园林》一书,2000年中国建筑工业出版社出版,标题是编者加的。)

刘致平

先民居住建筑之经验

我国居住建筑由于历代劳动人民的不断创造，发展，今天才有这样丰富优秀的成绩，这是不能不感到自豪的。建筑是当时当地社会一切事物的具体反映，广义地说建筑与社会内容是完全一致的东西。尤其是居住建筑更能反映出我们祖国过去是多么伟大美丽。我们的劳动先民们在居住建筑上(其他建筑有相同处)给我们留下了许多有益经验与教训，有极成熟的建筑设计理论：

(一) 凡过分奢侈浪费，大兴土木，不顾人民承受能力，如秦始皇、隋炀帝……等没有不败亡的。反之如汉高祖、隋文帝、唐太宗……等朝代省俭节用没有不兴起的(经济条件是建筑的基础)。

(二) 设计技巧能完全符合当时社会的需要(形式与内容的一致)，如历代有名的都市、宫室、园林……等。

(三) 能非常经济用料"就地取材"及节约用地面积(如四合院)。

(四) 善于与环境配合"因地制宜"。

(五) 注意整体的建筑等级制度(如历代《舆服志》所载)，建筑物相互之间，极有分寸。

(六) 平面布置，内外公私区划分明，"门、主、灶""宾、主、从"等位置都很注意，交通不紊。

(七) 大量运用大小院庭制度(外面不易看到内面)，区划分明而各院安静适于工作及休息。

(八) 善于利用每块空间及院庭。

(九) 用敞口厅堂，小天井及走廊等将户内户外连成一片。

(十) 住宅与园林成为统一的整体：左右对称；自然变化。

(十一) 主要建筑物以高大、宏敞、精丽、居中、向南……等表示；次要建筑则反是(南方主要建筑不尽向南)；主次非常明确。

(十二) 园林布置注意高低、大小、明暗、疏密、曲折、起伏、韵律……等，如做大文章则有各自的格调韵律，铿锵中节，尤注意"借景"与环境风景考虑在一起。它更善于利用山石、建筑物等来增大园林容积。此外并善于利用山石、水池、建筑物、走廊、花墙、栏杆、桥、树……等，区隔不同功用的各部分，使不相混乱而又能互相连贯。有些大园囿即是艺术化的生产园(艺术与生产之间毫无矛盾)。

(十三) 一切布置在使用上非常注意明确性、灵活性、伸缩性等。

(十四) 结构用料与外观一致，从不故意做作、乱用装饰，轻重分明，互相承托陪衬，极其经济结构、用料及布置，使建筑(尤其是农民住宅)外观"美丽天成"，不假人工。

(十五) 结构注意标准化，以便大量施工(如宋《营造法式》,《清工部工程做法》，所规定的即是如是，尤其是大式大木，只要一念"斗栱","间架"，全部工程做法大致即定)。

(十六) 居住建筑的结构形体是美丽多姿而有独特的民族风格的！它那丰富无比的民间的民族形式绝不是宫殿庙宇的台基、斗栱、琉璃瓦、大屋顶……死板的公式所能概括的。我们很清楚了，宫殿庙宇的形式只是统治者们用来威吓老百姓的，只是数量极少的特殊高级的建筑。这里并不是否定它的优美可观，它的艺术价值是全世界占着非常高的地位。不过若是长期住在里边，连皇帝自己也怕它那种光怪陆离严肃堂皇的面孔，而情愿在园苑里住着那灰色、卷棚顶无斗栱华饰的房子。所以在创造上很无必要专仿效封建帝王鬼神的大屋顶、琉璃瓦、斗栱……等，而忘记了广大民间最常使用最合用最经济而美丽多姿的住宅园林等建筑。

(十七) 关于城市方面的建置迁建、中心位置、分区、街道、居住、绿化、市场娱乐等，也都有肯定的看法，对目前的建筑创作上也有着很大的参考价值。

总之我们劳动智慧的先民们用了无限的血汗及长久不停的斗争，所得的经验教训是很丰富而可贵的；绝不是笔者这篇文字所能全面总结的。因此我们

(下转16页)

梁思成

曲阜孔庙

也许在人类历史中，从来没有一个知识分子像中国的孔丘(公元五五一至四七九年)那样，长时期地受到一个朝代接着一个朝代的封建统治阶级的尊崇。他认为"一只鸟能够挑选一棵树，而树不能挑选过往的鸟"，所以周游列国，想找一位能重用他的封建主来实现他的政治理想，但始终不得志。事实上，"树"能挑选鸟；却没有一棵"树"肯要这只姓孔名丘的"鸟"。他有时在旅途中绝了粮，有时狼狈到"累累若丧家之狗"；最后只得叹气说，"吾道不行矣！"但是为了"自见于后世"，他晚年坐下来写了一部《春秋》。也许他自己也没想到，他"自见于后世"的愿望达到了。正如汉朝的大史学家司马迁所说："春秋之义行，则天下乱臣贼子惧焉"。所以从汉朝起，历代的统治者就一朝胜过一朝地利用这"圣人之道"来麻痹人民，统治人民。尽管孔子生前是一个不得志的"布衣"。死后他的思想却统治了中国两千年。他的"社会地位"也逐步上升，到了唐朝就已被称为"大成至圣文宣王"；连他的后代子孙也靠了他的"余荫"，在汉朝就被封为"褒成侯"，后代又升一级做"衍圣公"。两千年世袭的贵族，也算是历史上仅有的现象了。这一切也都是孔庙建筑中反映出来。

今天全中国每一个过去的省城、府城、县城都必然还有一座规模宏大、红墙黄瓦的孔庙，而其中最大的一座，就是在孔子的家乡——山东省曲阜，规模比首都北京的孔庙还大得多。在庙的东边，还有一座由大小几十个院子组成的"衍圣公府"。曲阜城北还有一片占地几百亩、树木葱幽、丛林密茂的孔家墓地——孔林。孔子以及他的七十几代嫡长子孙都埋葬在这里。

现在的孔庙是由孔子的小小的旧宅"发展"出来的。他死后，他的学生就把他的遗物——衣、冠、琴、车、书——保存在他的故居，作为"庙"。汉高祖刘邦就曾经在过曲阜时杀了一条牛祭祀孔子。西汉末年，孔子的后代受封为"褒成侯"，还领到封地来奉祀孔子。到东汉末桓帝时(公元一五三年)，第一次由国家为孔子建了庙。随着朝代岁月的递移，到了宋朝，孔庙就已发展成三百多间房的巨型庙宇。历代以来，孔庙曾经多次受到兵灾或雷火的破坏，但是统治者总是把它恢复重建起来，而且规模越来越大。到了明朝中叶(十六世纪初)，孔庙在一次兵灾中毁了之后，统治者不但重建了庙堂，而且为了保护孔庙，干脆废弃了原在庙东的县城，而围绕着孔庙另建新城——"移县就庙"。在这个曲阜县城里，孔庙正门紧挨在县城南门里，庙的后墙就是县城北部，由南到北几乎把县城分割成为互相隔绝的东西两半。这就是今天的曲阜。孔庙的规模基本上是那时重建后留下来的。

自从萧何给汉高祖营建壮丽的未央宫，"以重天子之威"以后，统治阶级就学会了用建筑物来做政治工具。因为"夫子之道"是可以利用来维护封建制度的最有用的思想武器，所以每一个新的皇朝在建国之初，都必然隆重祭孔，大修庙堂，以阐"文治"；在朝代衰末的时候，也常常重修孔庙，企图宣扬"圣教"，扶危救亡。一九三五年，国民党反动政权就是企图这样做的最后一个，当然，蒋介石的"尊孔"，并不能阻止中国人民解放运动；当时的重修计划，也只是一纸空文而已。

由于封建统治阶级对于孔子的重视，连孔子的子孙也沾了光，除了庙东那座院落重重、花园幽深的"衍圣公府"外，解放前，在县境内还有大量的"祀田"，历代的"衍圣公"，也就成了一代一代的恶霸地主。曲阜县知县也必须是孔氏族人，而且必须由"衍圣公"推荐，"朝廷"才能任命。

除了孔庙的"发展"过程是一部很有意思的"历史纪录"外，现存的建筑物也可以看作中国近八百年来的"建筑标本陈列馆"。这个"陈列馆"一共占地将近十公顷，前后共有八"进"庭院，殿、堂、廊、庑，共六百二十余间，其中最古的是金朝(一一九五年)的一座碑亭，以后元、明、清、民国各朝代的建筑都有。

孔庙的八"进"庭院中，前面(即南面)三"进"庭院都是柏树林，每一进都有墙垣环绕，正中是穿过柏树林和重重的牌坊、门道的甬道。第三进以北才开始布置建筑物。这一部分用四个角楼标志出来，略似北京紫禁城，但具体而微。在中线上的是主要建筑组群，由奎文阁、大成门、大成殿、寝殿、圣迹殿和大成殿两侧的东庑和西庑组成。大成殿一组也用四个角楼标志着，略似北京故宫前三殿一组的意思。在中线组群两侧，东面是承圣殿、诗礼堂一组，西面是金丝堂、启圣殿一组。大成门之南，左右有碑亭十余座。此外还有些次要的组群。

奎文阁是一座两层楼的大阁，是孔庙的藏书楼，明朝弘治十七年(一五〇四年)所建。在它南面的中线上的几道门也大多是同年所建。大成殿一组，除杏坛和圣迹殿是明代建筑外，全是清雍正年间(一七二四至一七三〇年)建造的。

今天到曲阜去参观孔庙的人，若由南面正门进去，在穿过了苍翠的古柏林和一系列的门堂之后，首先引起他兴趣的大概会是奎文阁前的同文门。这座门不大，也不开在什么围墙上，而是单独地立在奎文阁前面。它引人注意的不是它的石柱和四百五十多年的高龄，而是门内保存的许多汉魏碑石。其中如史晨、孔宙、张猛龙等碑，是老一辈临过碑帖练习书法的人所熟悉的。现在，人民政府又把散弃在附近地区的一些汉画像石集中到这里。原来在庙西矍相圃(校阅射御的地方)的两个汉刻石人像也移到庙园内，立在一座新建的亭子里。今天的孔庙已经具备了一个小型汉代雕刻陈列馆的条件了。

奎文阁虽说是藏书楼，但过去是否真正藏过书，很成疑问。它是大成殿主要组群前面“序曲”的高峰，高大仅次于大成殿；下层四周回廊全部用石柱，是一座很雄伟的建筑物。

大成殿正中供奉孔子像，两侧配祀颜回、曾参、孟轲……等“十二哲”，它是一座双层瓦檐的大殿，建立在双层白石台基上，是孔庙最主要的建筑物，重建于清初雍正年间雷火焚毁之后，一七三〇年落成。这座殿最引人注意的是它前廊的十根精雕蟠龙石柱。每根柱上雕出“双龙戏珠”。“降龙”由上蟠下来，头向上；“升龙”由下蟠上去，头向下，中间雕出宝珠；还有云焰环绕衬托。柱脚刻出石山，下面由莲瓣柱础承托。这些蟠龙不是一般的浮雕，而是附在柱身上的圆雕。它在阳光闪烁下栩栩如生，是建筑与雕刻相辅相成的杰出的范例。大成门正中一对柱也用了同样的手法。殿两侧和后面的柱子是八角形石柱，也有精美的浅浮雕。相传大成殿原来的位置在现在殿前杏坛所在的地方，是一〇一八年宋真宗时移建的。现存台基的“御路”雕刻是明代的遗物。

杏坛位置在大成殿前庭院正中，是一座亭子，相传是孔子讲学的地方。现存的建筑也是明弘治十七年所建。显然是清雍正年间经雷火灾后幸存下来的。大成殿后的寝殿是孔子夫人的殿。再后面的圣迹殿，明末万历年间(一五九二年)创建，现存的仍是原物，中有孔子周游列国的画石一百二十幅，其中有些出于名家手笔。

大成门前的十几座碑亭是金元以来各时代的遗物；其中最古的已有七百七十多年的历史。孔庙现存的大量碑石中，比较特殊的是元朝的蒙汉文对照的碑，和一块明初洪武年间的语体文碑，都是语文史中可贵的资料。

一九五九年，人民政府对这个辉煌的建筑组群进行修葺。这次重修，本质上不同于历史上的任何一次重修：过去是为了维护和挽救反动政权，而今天则是我们对于历史人物和对于具有历史艺术价值的文物给予应得的评定和保护。七月间，我来到了阔别二十四年的孔庙，看到工程已经顺利开始，工人的劳动热情都很高。特别引人注意的，是彩画工人中有些年轻的姑娘，高高地在檐下做油饰彩画工作，这是坚决主张重男轻女的孔丘所梦想不到的。

过去的“衍圣公府”已经成为人民的文物保管委员会办公的地方，科学研究人员正在整理、研究“府”中存下的历代档案，不久即可开放。

更令人兴奋的是，我上次来时，曲阜是一个颓垣败壁、秽垢不堪的落后县城，街上看到的，全是衣着褴褛、愁容满面的饥寒交迫的人。今天的曲阜，不但市容十分整洁，连人也变了，往来于街头巷尾的不论是胸佩校徽、迈着矫健步伐的学生，或是连唱带笑，蹦蹦跳跳的红领巾，以及徐步安详的老人，……都穿的干净齐整。城外农村里，也是一片繁荣景象，男的都穿着洁白的衬衫，青年妇女都穿着印花布的衣服，在麦粒堆积如山的晒场上愉快地劳动。

(原载《旅行家》杂志1959年第9期)

陈伯齐

对建筑艺术问题的一些意见

一

要搞好建筑设计工作，技术与艺术手法虽然重要，但还不是首要的，首要的是主导思想是否正确。思想水平不高，对国家的方针政策体会不深，设计的主导思想有问题，纵使技术与艺术本领十分高明，也免不了失败的终局。给国家带来的是损失，而不是有所贡献。有关建筑艺术问题，更是如此。

我的政治思想水平低，要谈有关建筑艺术问题，是有困难的。而且牵涉的范围广泛，头绪纷繁，一时也无从下手。现在想通过谈几点与这问题有关的体会，用以说明我对建筑艺术问题的一些意见。不正确的地方，望予指正。

二

党所提出的“适用、经济和在可能条件下注意美观”的建筑方针，已很明确的给我们指出了处理建筑上所有问题的正确方向。建筑艺术问题，当然也包括在内。只要我们好好学习，深入而比较全面的体会，在建筑艺术处理上，会给我们很多启发，引导我们走上正确的道路。

对“适用、经济和在可能条件下注意美观”中的“可能条件”，不是单指经济条件而言，而是包括了“适用”与“经济”两个方面，是在适用与经济这两个条件之下来考虑“美观”问题。

“适用”，是指满足生产上和生活上的使用要求。换句话说，也就是建筑的功能。但同样的功能，在建筑设计上，也有许多不同的表现方法。在考虑满足功能的同时，结合考虑建筑的体型组合，使之与环境调合调和，比例恰当。就是在“适用”的条件下来尽量使建筑体型合乎“美观”的要求。这是处理建筑艺术问题的一个非常重要的关键。体型比例不好，无论怎样装饰加工，也是徒然的。反之，为了建筑造型和艺术处理而牺牲建筑的使用功能，虽然只是一部分，也是不适当的。

在功能的基础上来考虑建筑艺术问题，与功能主义有着本质上的区别。功能主义者单讲求功能，而否认建筑的艺术性的一面。功能主义者认为只要合乎功能，美就自然在其中，即所谓适用就是美。也就是说，用不到考虑美的问题，因为它是跟着功能而自然产生的。装饰更是多余的东西，用不到艺术加工。这已走到了功能的极端，是非常片面的。

“经济”问题，更是如此。用普通的材料和较低的造价，也可以建造出非常美观的房子。无论在城市或农村，这样成功的例子是不少的。要美观就得多用钱，要节约就顾不上美观，这是非常错误的思想。在“经济”的基础上来处理美观，就是通过合理的建筑面积与体积，材料与结构的合理性，为施工创造有利条件，直至建筑的全部工业化。通过一系列这样的措施，来达到节约资金的目的。在合理节约的基础上来考虑美观，那就是朴素大方，装饰不多，线条简明，比例合适的建筑表现。这也确有可能获得美观的要求。我们应把美观与豪华区别开来。美观是通过建筑体型组合与艺术处理而取得的效果。这个效果是在满足功能的基础上，并在经济合理，节约资金的基础上达到的。

三

“适用”是多方面的：要同时满足意识形态，文化传统，风俗习惯，和地理气候等自然条件各方面的要求。条件情况不同，建筑的处理方法就不一致。以风俗习惯与自然条件为例：前者是长时期以来逐渐形成的，也缓慢地起着变化；后者则年年如此，循环不已，基本上是不变的。在建筑上如何适应，这是长久以来存在的问题。我们的祖先通过不断的实践与改进，累积了丰富的经验。这是我们的宝贵的财产，应该十分珍视。但时代不同，建筑材料与技术水平也两样。原封不动的搬用，是无法适应我们现代的要求的。同样，因社会制度不同，地方远隔东西，风俗习惯互异，对欧美建筑的抄袭，更不能符合我们的要求。然而，欧美某些新材料，新技术，和某些平面与立面细部，只要对我们有用，还是可以学习的。总的来说，建筑艺术的处理，是根据风俗习惯，文化传统与自然条件，并在满足使用功能与经济合理的基础上来完成的。所以，东方的建筑风格与西方的就自然有所差异，完全相同是不可能的，就是我国各民族各地区，也不完全一致。

因此，谈建筑艺术问题，不可避免的牵扯到许多建筑设计上的问题。以自然条件的差别来说，东北地区与华南甚为悬殊。所以在建筑处理上，情况就完全两样。东北建筑，首先要考虑的是保温问题。华南的则着重降温与通风。反映在平面上，东北的建筑墙身厚度大，联系紧凑而集中，这对供热与保温提供了异常有利的条件。亚热带的华南则不然，外墙的厚度大了，通风就有问题。中走廊的平面组织，北向或西向的房间，不是不通南风就遭受西晒，夏季是不好使用的。单边走廊的布置形式，最为群众所欢迎。所以，在建筑造型上，秀薄而伸展开放，轻快疏朗，与东北的厚重而集中，各异其趣。

华南的炎热时间很长，以广州来说，最冷的一月的平均温度仍在10℃以上(13.6℃)。严格的说，是没有冬季的。因此，利用室外空间就非常有利，人民的习惯与喜爱也是如此。在居住建筑中，适当缩减一些室内建筑面积，而在每户设一宽敞的阳台或阴廊。可作生活，会客与夏季卧室的多种用途，使用效率很高。既适用又经济，也丰富了建筑的立面。这样就形成了体型秀薄，立面具有许多深远的阳台或阴廊的南方建筑造型上的特征，也就是广州地区的建筑风格。这就说明了在功能的基础上来处理建筑的艺术问题，是合理的，也是非常自然的。

四

直接采用国外的建筑形式，并加以消化发展，成为我国建筑的特征的例子也是有的。我国的宝塔是来自印度，千多年以来，已成为我国独特建筑形式之一。南方城市建筑的骑楼形式，也是由国外输入的。它能遮阳防雨，减弱太阳辐射热量，给城市居民生活提供了许多方便。在太阳照射角高，热量大，雨水多的南方，很有用处。有人说它是殖民地的建筑形式，在某些新建地方不再予以采用，群众对此很有意见。这可以说明对国外的某些建筑形式，只要对我们适用，群众还是欢迎的。我们应加以改进和发展，使之成为我们自己的东西。骑楼的建筑形式，不就已成为我们南方城市建筑的特征之一了吗？今后园林化的城市，可以想像，建筑不是沿街连成一片。在这种新情况下，如何使它适应新的要求，这有待于我们作进一步的研究。

五

前面谈了这些例子，是想说明这样一个问题：建筑的艺术处理，不是单方面由主观出发，而是要适应客观实际需要，在功能与经济的基础上来进行的。这样，自然就会导致“形式与内容的一致性”。所谓内容，就是使用上的功能。同一功能的建筑，在艺术形式上，也可以有各种各样的表现方法。所以虽然功能相同，反映在体型上，立面的门窗，阳台等的比例与组合上，也会有很大的差别，形成截然不同的性格。这也是自然而又合理的。

建筑是有艺术性的一面，但主要的仍是使用上的功能。它不同于绘画与雕塑等造型艺术能以形象直接表达思想意识。它能运用的只是有限的几种几何形体：如体量比例，门窗排列，壁面划分，颜色协调等。它所能反映的也只是庄严与雄伟。轻巧与明快，民族的气氛和建筑本身的性格。因为局限性很大，要求过高，在一般建筑中，是束手无策的。然而，假如我们住的房子是简明朴素，雅淡大方，有民族气氛，也有地方风格，而没有虚假而过多的装饰。这栋房子又是处于全面规划，整体布局，有宾有主，有重点有陪衬的建筑群体之中，在调和统一的基调上而又多样化，再衬以道路广场，园林绿化。身处其中，就会体会到环境的优美，幸福的生活，和前途的无限光明；体会到党对人民的无限关怀，和在党的领导之下人民无穷无尽的智慧与力量；更体会到社会主义社会的优越性，给人以精神的感受和无限的鼓舞。这就是我们对建筑艺术的要求。这样的形象，也就是我们今后创造新建筑风格的方向。

六

我们的生活方式与爱好，局限性还很大，跟工农群众还有一定的距离。建筑的内容与形式，都要适合群众的生活习惯与爱好。深入群众，与群众打成一

(下转第23页)

卢绳

热河行宫在建筑艺术上的价值

我国园林建筑的发展，已经有很悠久的历史。自宋朝以后，不管是在造园的理论上，或是在园林的实例上，都有过很高的成就，只是在园林建筑实物的保存方面，元、明以前的帝王苑囿，固属是原物无存，就是私家园林，布置特别优异，保存在苏杭和北京一带的，也是为数不多。清代的苑囿建筑，除掉北京的西苑（北海、中南海）和西山的各处园林，主要的就是承德的避暑山庄。而北京西山一带的园林，只有颐和园因改建较晚，保存完好以外，其他自圆明园、万春园、长春园以下，也都是荡为烟雨，遗迹俱灭；因此承德的避暑山庄，可算得是苑囿建筑中少数仅存的瑰宝了。

不仅如此，避暑山庄这一园林，它的本身在建筑的艺术上和技术上，还是有极高度的成就，总括起来，约可分为下列几点：

第一，避暑山庄的总面积为564万平方米，界墙周围长十六里三分，其面积比北京颐和园大，更比与之建造略同时的圆明、长春、万春三园的总面积为大，可以算得是现存的规模最大的苑囿建筑实物。

第二，避暑山庄利用了自然地形，园内有山岳、平原和湖沼等区域，地势变化复杂，不似圆明园基本上是建造在一个大平原的上面，中凿巨池，环列名胜，缺少山岳起伏之势。再与颐和园相较，颐和园有万寿山昆明湖，而平原地区狭小，且山形单调，也没有避暑山庄地形变化之妙。

第三，避暑山庄内不论山岳或湖沼地区，都大量的培植林木，栽种花草，在山谷之间，松树茂生，枫树点缀，在山麓湖沼的周围，则有古松老柳，万树园中，又散植榆树，湖沼之中，则满布莲花、苇蒲，当其盛时，实在是一个普遍绿化的园林。试从园中景物加以分析，其因林木花卉培植成景的为数很多，以松为主的有“万壑松风”、“松鹤清樾”，以枫树为主的有“青枫绿屿”，以梨花为主的有“梨花伴月”，以莲花为主的有“金莲映日”、“曲水荷香”、“观莲所”等，足见花树之盛，实是避暑山庄的一大特色。

第四，避暑山庄内有广阔的湖沼地区，上面容西北各山峪流下的溪水，东南又经文园水门出园，与武烈河相接，湖沼之中，又被如意洲、月色江声、芝径云堤、水心榭等洲、岛、桥、堰分割成东湖、如意洲湖及上下湖区域，如此不仅增加了水地交错的复杂性，又避免了一片苍茫的单调感觉，这是避暑山庄的湖沼比颐和园的昆明湖和圆明园的福海优胜的地方。甚至于在洲渚景物分布上，比杭州西湖还要平均而委婉。不仅如此，避暑山庄在对于水的引导上，按地势的不同，各加以动或静的处理，等到山水引下，渐入平原，就以回环慢流为宜，因此在山麓一带又有“暖流喧波”、“云容水态”、“远近泉声”等的以水为景。既入湖沼，与洲渚交错，大者就是云水苍茫，小者也成浅草微波，因此各就广狭的不同，按形取景。湖沼区域的“澄波叠翠”、“镜水云岭”、“泉芳岩秀”、“芳渚临流”、“水流云在”、“双湖夹镜”等等，也可以说出了湖水的百态，这是避暑山庄造园者对引水处理的成功。

第五，避暑山庄庭园以内，原有麋鹿数百，不加束缚，任其徘徊于树木之间，树木中又有文禽异鸟，翔翔不绝，湖沼中鱼、鼋、水族无数，万树园平原无际，又有牧马之地，总之，因为园内动物繁盛，平添了无限的生意。从园景中“驯鹿坡”、“试马埭”、“知鱼矶”、“莺啭乔木”等，也可以看出园中飞禽走兽的动态来，所以避暑山庄多少也有点动物园的意味。

第六，避暑山庄之内，不仅因地势的高下，水陆的分布，按照其中分散的自然形势，广建亭、台、楼、阁、桥梁、水榭等庭园建筑，并且更就幽峪奇峰，经营了不少的寺、观、庵、院。计有在湖沼区域的金山寺、法林寺（般若相）、汇万总春之庙，在平原边际的有永佑寺，而最多寺观是在山岳区内，如属于道教的广元宫、斗姥阁，属于佛教的珠源寺、碧峰寺、旃檀林、鹫云寺、水月庵等，是以有内八庙之称。于是到处是香烟缭绕，梵呗不断，而晨钟暮鼓与朝霞新月，增添了园林中无穷的幽情逸趣。并且庙宇的殿阁深远，浮图高耸，也足以为湖山增色。

第七，避暑山庄的周围，层山环抱，东方的棒锤山顶，奇岩挺秀，隔武烈河而遥望山庄，"锤峰落照"就是因此而得名的。自锤峰山麓以下，沿山而北，再转狮子沟而西。在山麓或平岗上，依次建有溥仁寺、溥善寺、普乐寺、安远庙、普佑寺、普宁寺、须弥福寿庙、普陀宗乘庙、殊像寺、广安寺、罗汉堂、狮子园等宏伟的寺庙和别园，个个形式巍峨，壮丽非常，且分别有模仿了新疆、西藏等少数民族建筑的造型，和关内各地建筑的风格，诡异奇特，与避暑山庄交相辉映。试登离宫北部界墙之上，于是自东到北的诸庙，尽能收入眼底，并与离宫形成了一个空间整体，而共同的构成了一个广大奇绝的风景区域，成为世界园林实例中的伟观。

第八，避暑山庄这一实例，在设计上，实是融合南方和北方建筑布局的特征，集中国造园技术的大成，它在整体布局上和园林气氛上，都兼有南方和北方的性格。譬如在正宫、松鹤斋、月色江声、如意洲等建筑组群的处理上，基本是应用北方民居四合院的规则布局，而在万壑松风、文园狮子林、烟雨楼等建筑组群的处理上，则又是大大地运用了江南园林建筑布局上灵活机动的技巧，而这两者之间，并没有表现出不协调的地方。还有在整个园林中，南部湖沼地带，有模仿镇江的金山寺、苏州的狮子林、嘉兴的烟雨楼，效法杭州西湖苏堤的芝径云堤，大大地显示出南方园林秀丽的气氛；而北面的平原地带，万树园中，有驯鹿坡、试马埭，并野宴蒙古王公，观其摔跤射箭，又充分地显示出北方淳朴豪迈和荒漠野犷的气氛。而北逾界墙，东望有伊犁式的庙宇，北望有类似前后藏的庙宇，更体现出边疆的气氛。可以说在避暑山庄南北数里以内，简直形成了中国整个领土的缩影，并从这些秀丽、淳朴、豪迈、奇特的气氛中，更好地说明了我们伟大祖国悠久文化传统的广泛性，我们应当热爱自己的祖国，也应当爱护这名震中外具有高度历史及艺术价值的建筑文物——避暑山庄。

（卢绳生前写于1961年，未曾发表）

（上接第21页）
片，了解生活习惯的每一细节，了解群众的想法与爱好，走群众路线，才能建造出为群众所喜爱的建筑。

例如门与窗，在立面处理上占着很重要的位置。大门向北，在一般情况来说，群众是颇难接受的，因为习惯不同，我们的大门，习惯于经常敞开，早开晚闭，与西方的出入必随手关门的习惯完全不同。对于窗的问题，我们总希望能开大一些，有越大越好的想法。但我们在汕头郊区公社设计的住宅，群众就反对大窗户。习惯是一个因素，该地东南面临海洋，经常性的风沙很大，也是重要的原因。同样的理由，群众不喜欢房屋之间的距离大，希望间距小，房屋比较密集，可以互相遮挡风沙。主观出发，自以为是，是不容易适应客观需要，此是一例。

这次来上海，经过浙江一些地方，在萧山一带，乡村的建筑衬着山清水秀的自然环境，景色优美，令人神往。建筑基本是两层楼房，白墙灰瓦木栏杆，开着小小的窗户，也很自然美观而别具风格。要求大玻璃窗才能达到美观的想法，在某些情况下，也是不一定的。

窗的面积小了，能相应的降低造价。而且在窗帘遮阳防雨等附属设备一时还不能普遍设置的情况下，窗户大了，夏季光线过强，辐射热也大，冬季则散热过多。是否适用，还是有问题的。平板玻璃的大量使用，供应也许还有困难。既是群众喜爱，小窗户的农村传统与风格，是可以采用的。

建筑的形式与风格，可以因地而异，它没有一定的公式，也没有一定的样本，更不是固定不变，而是随着时代的前进不断发展的。

群众的智慧无穷，深入群众，充分考虑群众的意见，对我们的工作，包括建筑艺术处理工作，是非常有利的。在党的领导下，走群众路线，科学技术艺术与群众相结合，又土又洋，通过实践，为群众所喜爱的，有民族气氛的新的建筑风格，就会逐渐形成。这是创造新的民族建筑形式的康庄大道。

（原载《建筑学报》1959年8期）

卢绳

中国古代的剧场建筑

《诗经》记载：舜时“击石拊石，百兽率舞”。

殷：“坎其击鼓，宛丘之下”(诗陈风)，以宛平为场地。西汉有“百戏”；东汉在洛西建平乐观，观下起大、小坛各一，坛建华台，天子住台下，设秘戏以示远人。

东汉有“角觝”戏(角斗)；六朝演戏于广场。隋有“场屋”，人在“看棚”中观剧。唐时有“歌场、变场、道场、戏场”。长安戏场多集于慈恩、荐福等寺内广场。在敦煌壁画“净土变”中的“歌舞场”一平台上、中演戏，两侧伴奏，戏台顶称“乐棚”，室内戏台称“舞筵”、“锦筵”等。

宋代有营业性剧场，称“勾阑”，“勾阑”集中一区称“瓦子”。“勾阑”舞台称戏台(乐台)，是有顶建筑，后台称戏房；出入口称“鬼门道”(或“古门”)，亦有在街头广场演出，称“打野呵。”

元代戏剧艺术繁荣，戏剧在乡村、城市街头演出，民间戏台大为发展，已由临时性的“露台”、“舞厅”、“歌舞台”发展成为砖木结构的戏台建筑。台背后有墙，观众在三面观看，继在后墙、两端筑短墙，再于台两侧亦以墙封上，后墙后有一室，为佛堂或后台。

现存实物据墨遗萍先生《记几个古代乡村戏台》一文中载：知道最早的山西万泉(万荣)桥上村后土庙被毁过的戏台，据碑文记载，建于1020年。

现存戏台中，北京城西琉璃渠村关帝庙的戏台也是辽金时期所建，后台卷棚硬山顶，前台卷棚歇山顶，前台宽仅一间，其特点是台旁有一小台，可能是场面(乐队)的位置。

元广胜寺、明应王殿、元泰定元年(1324年)戏剧壁画。

明代多建会馆，馆内多有戏台。建筑以戏台为中心，有耳楼、正厅和院落，形成一组完整的演出建筑。如苏州钱江会馆，戏台方六米，台高三米。

至于仰间露天演出的乐台，用以酬神与寺庙相结合，如晋祠水镜台，台宽三间，舞台高1.5米。

也有娱人的舞台，如大同代王府戏台、关帝庙戏台，都是单檐歇山式建筑。

豪门有戏厅，如明刻本《荷花荡》灯光效果有发展，小官僚家在室内铺氍毯为临时场所，如《金瓶梅》插图。

明末在北京前门外肉市，豪门查氏建“查楼”，乾隆庚子年被烧毁，是广和楼的前身。

清代是传统剧场建筑发展的成熟时期。宫廷有三处戏台最著：它们是热河福寿园清音阁；故宫宁寿宫畅音阁和颐和园德和园大戏台。德和园三层戏台称福、禄、寿，台面有一口深井，四个水池，用以增加音响效果和储水。

故宫的漱芳斋和颐和园听鹂馆皆两层楼的戏台。室内剧场如故宫的漱芳斋内的风雅存，宁寿宫倦勤斋的小戏台，只能演小型戏。

贵族家园有戏台。如北京郑王府戏台、那家花园戏台，北京南海春藕斋前凸出一段三开间的廊子也曾做戏台用。

乡村戏台简陋，南方以木竹搭棚成草台，永久性的戏台为太原晋祠的钧天乐台。也有些戏台设在二层楼上，戏台下面是庙的大门，如山东泰安城隍庙戏台。

鸦片战争以后，京剧有了广泛的流传，在上海有丹桂第一台，天福、天华、美仙、鹤仙、金桂、桂仙和春桂等不下十余处。

北京为京剧发源地，演出地点有广和楼、三庆、庆乐、广德、中和、同乐等园。这些剧场皆有楼座，客座分散在楼上下，楼上正面称散座，楼上两侧有以屏风隔出三、四间，称官座(包厢)，在包厢最后的高凳叫“兔儿爷摊”(车夫席)。

楼下中间称“池心”。池心设方桌条凳，舞台背面，靠近上下场门处，还有后楼，称“倒官座”。

舞台有前台和“戏房”(后台)，舞台后墙的上下场门，称“出将”“入相”，中间绣图样称“守旧”，做为舞台的背景，前放桌椅。

较早的舞台，乐队在守旧与桌椅之间，后改在下

(下转第27页)

杨耀

明式家具的艺术地位和风格

家具与建筑的关系

在人类社会中，自从有了盖房子的活动起，就有了做家具活动。我们的祖先、在掌握了石器工具时期，何尝不能在木头上打主意，制作出初期的木器呢？大概只因木器不能像石器、陶器、铜器一样耐久，所以没有给我们留下远年的考证实物。

我国建筑历史是自成体系的，至于家具历史几乎就是小木作构造技术和生活用具艺术的发展史。从世界的建筑遗产和家具遗产里我们完全可以看到两者的传统关系。我国家具的发展规律同我国建筑的发展规律是一致的，是相互促进，各有千秋的。

一般说来，建筑是表，家具是里。家具是建筑室内的必要组成部分。以住宅建筑为例，我们计算建筑内部面积，是以家具尺寸为依据，家具的尺度、比例、轮廓、姿态、造型是按照人的行动和活动尺度而定的。

古今中外建筑的尺度，可以随着阶级社会的需要而放大，但家具的尺度不能任意放大。即使有这样的功能要求，只能在轮廓、姿态上作适当夸大，以达到气氛的谐调，这一点与建筑上是略有区别的。

我国家具和我国建筑一样，同是我们中华民族在悠久历史和优秀文化传统里创造和发展起来的。几千年来，始终保持着一贯的独特的体系与风格，在世界建筑体系与家具体系中，各自占有着显著的地位。

从结构上说，我国家具与我国建筑有着一脉相承的做法。在我国建筑的特点中，木结构表现最为突出，在木结构里卯榫的技巧最为奥妙。我国家具自古以来，就使用与木结构建筑相似的梁、枋、柱子、承担“攒边板面”的合理构造方法，而在家具的卯榫技术方面，更有着高一筹的奥妙。用今天话讲就是具有科学性。

由极类似梁、枋、柱子承托板面而形成的家具，不论是桌子、凳子、椅子，都具有我国大木构架的特定感觉：忠实、稳定、简练、牢靠。我们可以从河北巨鹿出土的两件宋代家具上，窥见我国古典家具的精神面貌。

家具的双重作用与经济性

家具作为社会物质文化的一部分，是一个国家或民族的经济和文化发展的产物。它反映着一个国家和民族的历史特点与文化传统，正确地研究和继承这部分传统，对于发展现代家具具有很大意义，抹煞民族特点、割裂历史的观点都是不对的。

家具的双重作用比建筑表现的更突出，它是在人们日常生活中满足其物质需要，同时也满足人们的审美要求，它既是物质产品，又是一种艺术创作。既是实用功能和美感的统一，又是技术科学和艺术技巧的统一。

我国家具经过几千年的历史演进，到了明代进入了一个成熟时期。

明式家具按其功能可分六大类：

（一）坐具类；（二）几案类；（三）橱柜类；（四）床榻类；（五）台架类；（六）屏座类。

家具品种则以千百计，足见这部分遗产的丰富。

从家具造型上看，它满足人们日常生活中朝夕与共的视觉上、触觉上的感受，人们对于美的感受是紧随着思想认识水平和对民族文化遗产认识的积累和修养而不同的，从深入研究我国明式家具遗产中可以认识到我国家具的特殊风格和其经济性。明式家具在造型上呈现着质朴、雅净，在结构上保存着坚固、牢实的特点。明式家具既耐用，也是耐看的。

不少明式家具遗物，确有经过三、四百年的使用，直到今天仍然完美如新。我们在研究其科学性、艺术性的同时，也应重视它的经济性。

材料、结构及技术手法

制造家具的材料以木质为主。历史上是这样，今天也是如此。在这一点上我国建筑和家具有所不同。

建筑方面，自从有了钢材、钢筋混凝土，基本上取代了木材。在家具方面，到目前为止仍以木材为主，我们应当承认，制造家具的新材料，随着科学技术的发展，会不断的涌现，并会不断的代替一部分木材。但不会全然代替，一些高档家具、名贵家具，仍是离不开优质木材的。

古今中外的精美家具制造者，都以善于选用优质木材为技术上之能事。我国家具制造工匠在选用材料上有丰富的经验，从明式家具遗产上可以看到我国家具用材的广泛，选材、配料技术的高超。

常用的硬质木材有：黄花梨，紫檀，乌木，鸡翅木，花梨，铜糙，铁糙等。

常用的柴木有：榆、楠、樟、柞、椴、核桃木等。

制作家具的木料比盖房子的木料要求高。从质地来说，即要质地牢实，又要重量适宜。从质感上说，即要光色匀净，又要纹理美丽。明式家具遗产中以黄花梨木为最好。绝大多数黄花梨木制做的家具是属于明代或明式家具的范畴。

这些明式家具另一个鲜明特点是它本身具有的自然纹理，经过烫蜡处理后，呈现一种内在含蓄的美感，木质纹理的自然美经过人工处理后，形成优美的家具质感，是明式家具隽雅风格的必要组成因素。

家具不同于建筑的另一点，在于它的移动性，随着人们的活动而经常变动位置，要求家具达到一定程度的坚固性。家具的坚固，除材料本身所具有的特定条件外，主要在于合理的卯榫。

我们从明式家具遗产中，通过解剖分析得知中国家具的卯榫是十分科学的。归纳起来有：格角榫、棕角榫、明榫、闷榫、通榫、半榫、抱肩榫、托角榫、长短榫、勾挂榫、燕尾榫、穿带榫、夹头榫、削丁榫、穿楔、挂楔、走马楔、盖头楔等。实际上明式家具卯榫种类极为丰富，不只于此，种类极多，技巧高明，值得深入总结。

优美的线脚是形成明式家具风格的条件。明式家具线脚种类亦很多，多用自由曲线。这些线脚既不同于西方建筑线脚，又不同于我国建筑线脚，它是经过具有高度智慧的匠师们在传统技术手法上提炼而成的。既简洁又柔和，既流畅又有劲，这些优美的线脚对增进家具的中国风貌，起到不小的作用。

形成艺术风格的历史过程

我国明式家具造型简练轻巧，而不笨重沉闷。线条流畅活泼，而不呆板粗劣。雕刻恰当有趣，而不是繁琐无目的的。我们从明式家具上见到简美的雕刻图案中，发现它引用了铜器、玉器、陶器以及建筑上多种花纹。这些花纹一旦被采用到家具上，都具有较精炼的发挥，足以表明我国木雕技术到了明代已经有了进一步的发展。

总的说来，明式家具的艺术风格是优美的，是含蓄的，恰恰能够反映我国人民的民族意识。

从事明式家具遗产的研究，首先要了解如何鉴别它的年代。古家具与古画，古瓷不同，一般没有款记，我们只能用对照的方法作粗略的比较，对照的依据是古画、古版书、壁画等的相应器物。还有一种分析辨认的方法，是以木质，卯榫、线脚，雕刻手法，生产地区等作概括性的判断。当然不能分得很细，最重要的是看风格，也就是看造型面貌，这一关较为难能，必须经过一定时间的抚摸，见过的东西多，结合艺术鉴赏能力等，才可以有比较中肯的判断。

举例说：从材料上判断，我们必须了解黄花梨木的使用时间，从历史上看黄花梨木到清乾隆年间因来源不足而以老红木代替了。由此可以约略地导出一个假定：红木，花梨木的家具，当在乾隆以后。这只是经验的分析。至于从卯榫，线脚，雕刻手法上判断，就可以用科学的分析加经验的方法分析了。最后从风格上再作出比较。这些综合的因素加在一起，就可以大致判定一件家具的相应年代。

关于传统与革新的辩论

当前，在家具行业里，大家关心的问题是如何创造家具的中国风格问题。

正确认识和处理传统与革新的关系，对繁荣家具创作是很关键的问题。列宁说过："无产阶级文化并不是从天上掉下来的，也不是那些自命为无产阶级文化专家的人杜撰出来的，这完全是胡说，无产阶级文化应当是人类的资本主义社会，地主社会和官僚社会压迫下创造出来的全部知识发展的必然结果。"这里列宁说的显然是一般文化问题，但家具作为物质文化的一部分，当然也适用这个原则。

我国是一个具有丰富文化遗产的国家，也是一个具有丰富家具遗产的国家。在民间遗存着很多传统家具，但我们对此认识不足，注意不够，致使有些宝贵的家具遭到损毁或散失。

传统的东西是指古代劳动人民对家具设计所创

造的手法、技巧以及多种多样的形式，对这些东西进行认真的研究，吸取其中对今天设计有用的东西，结合今天的具体情况灵活运用。新的东西总是从旧的东西中间产生出来的。但时代的不同，生产力的发展，家具功能的新的要求，技术条件和审美观点等也会有所变化，因此，应该利用现在的物质技术条件，创造和设计适应今天生活所需要的家具类型和品种，而不是原封不动地搬用旧的形式(但以仿制传统家具为目的的外贸出口硬木家具则是另外的问题)。任何革新也不是完全否定旧的，而是要从旧的东西中吸取有用的东西，使革新更有基础和条件。

怎样革新？革掉我们的传统家具，搬用别国的家具传统或形式吗？这不是我们所说的革新，我们所主张的是从我国传统中发展和蜕化出来的，利用现代的物质技术条件，吸取古今中外家具上一切好的东西，消化而成为我们自己的东西，看去既非西洋古典，也非西方的所谓现代化的；既非中国古典的，又非不中不西的，而是具有明显中国气质的新的风格形式。

我国民间家具遗产里有着丰富的实物，既反映着中国的特点，又有浓厚的地方风格，应当引起我们的重视和研究。

创造富有中国风格的新家具

我国传统家具是丰富多彩的，由于长期历史的培育和劳动工匠的不停创造，在世界家具艺术中已形成一个独具特色的中国风格，代表这一风格的当是明式家具。

在现代世界家具潮流中，家具的形式普遍走着现代化的道路，即趋向于简洁、舒适、美观。各种流派也时隐时显，但一些较有艺术特点的成功之作也不断涌现。在我国家具事业正在蓬勃发展，在现代化道路飞快前进的时期亟需创造出一批优秀的达到国际水平的家具设计；但另一方面，我们还没有很好地结合我国的传统，没有对传统家具进行必要的研究总结，使人有脱节之感。因此家具设计中感到根底不深，传统东西不能很好地为今天的家具设计服务，这是使我们感到美中不足的。近几年来，有人注意了这个问题，但更多的人还没注意，这是不容否认的。

总结建国三十年来我们在家具事业发展的经验，系统地研究世界家具的发展趋向，深入调查研究我国家具的遗产，特别是明、清两代家具的成就，这对我们创造中国风格的新型家具是十分有益的。

新型家具的“新”字怎样理解呢？周总理给各省布置人民大会堂各厅馆的工作同志提出来的“轻巧大方”四个字，具体说明了对“新”的要求。我们应当很好体会“轻巧大方”四个字的辩证关系。它概括了对创造中国风格新型家具的方针。创造不是一件容易的事情。我们必须集合一批人才力量，付出艰苦的劳动，经过一段时间的钻研，才能得心应手地设计，为培养一代家具设计新人就成为今天一项刻不容缓的任务。

1962 年

(原载杨耀《明式家具研究》，中国建筑工业出版社 1986 年出版。本文编者作了一些删节。)

(上接第 24 页)

场门里或舞台两侧。台柱间距台面二、三米外有铁梁(轴棍)，以供武生表演。舞台顶盖有孔，舞台下设水缸，水池盛水能调节不同演出时的音响要求，或将舞台下部空着，也能改善音响效果。北京光绪后，最早建筑的戏园有文明茶园(1907 年)。

(卢绳生前写于 1961 年，未曾发表)

刘敦桢

漫谈苏州园林

苏州园林如同我国其他地区的园林一样，系以人工建造自然风趣的园景，作为设计的准则。所谓自然风趣，就是将大自然的风景素材，经过概括和提炼，进而创造成为人们理想中的各种意境。因此，它不是单纯地模仿自然或表现自然，而是自然的人为再现。不过各地园林都有其各自的特点，例如苏州的古典园林，就是受了江南一带的自然环境和传统文学、艺术的深厚影响，形成为一种秀丽的精巧的作风。这种作风是苏州古典园林的主要特征。

在功能方面，苏州园林为了满足过去园主们的生活需要，除了供游览观赏以外，还具有居住、宴聚等等用途。所以多在住宅的左右或后部营建园林，并以大量厅、堂、亭、馆错落于山池、花木之间。在一定程度上可说是住宅的延续而又兼具园林之美。这是它的另一重要特征。

我国传统园林的布局，一方面由于所追求的具有自然风趣的园景，要求作不规则的组合，另方面又企图在有限的较小空间内，创造更多的优美意境。因此，在疏密相间与主次分明的原则下，采用了划分景区的方法。在苏州园林设计中，也往往在园门内用假山、树木阻隔游人视线；或布置景色不同的大小庭院，时而幽曲，时而开朗，形成园中有节奏的变化，使人们几经转折而目不暇接，然后才进入空间较大的主要景区，自然而然地产生“柳暗花明又一村”的感觉。在各景区之间，除插入过渡性的小景以外，还建有似隔非隔的走廊和漏窗、空窗；或配植若干似断似续的花木；或在山池之间开辟一二水口，使空间组合既有分有合，互相穿插渗透，又增加了风景的层次和深度。这些优美而巧妙的手法，无疑地是在“诗情画意”的启示下，通过无数实践以后逐步形成的。

利用园内池水的空阔与明澈，在沿池一带布置假山、花木和各种建筑物，也是我国古典园林中的传统设计方法。在现存苏州传统园林实例中，多数均以曲折自然的水池为中心，构成风景幽美的主要景区。其水池的形状大致可归纳为二类：一般中、小型园林中，仅有一个面积稍大的水池，而于池的一角以桥梁分割为水湾，或从大池引伸为另一小池。大型园林的水面则有聚有分，而以聚为主，分为辅。如拙政园中部水沿着纵长的池面和苍翠满目的林木间，点缀着少数建筑，宛然一派江南水乡风味；而若干支流萦回于亭馆、花木之间，再导为娴静幽邃的水院，又令人有入桃源深处之感。池水的交汇与转曲处，每以桥梁为近景或中景，衬托得桥后的风景更为深远，这显然是从我国传统山水画的构图中脱胎而来的。

由于条件所限，在苏州诸园中，仅少数以山为主景。其余多与水池相结合，在池北或池南叠造假山，另于对岸建厅廊亭榭，构成依稀如画的对景。但也有若干例子是以假山环抱池的二面或三面的。山的形体，明末的五峰园以临池绝壁和深谷、飞梁、平台等相组合，使宾主、层次和虚实对比都能恰到佳处。清乾隆间戈裕良所造的环秀山庄假山，仍以绝壁、谷涧、飞梁等为其主要组成部分，且能青出于蓝，达到更高的艺术水平。可是清末所建的园林假山，已经不用纵深的组合方法，以致山形平板而缺乏变化。山上树木一般在体形高大和间距疏朗的落叶树中，添植若干姿态古拙的常绿树，使游者得以欣赏峋嶙山石与盘根修干。待深秋落叶时，一变而为萧瑟的古木寒林，又可给人们以另一种不同的景象。此外，也有在落叶树下杂植体形较小的常绿树及更低的灌木、竹丛，以形成一片郁郁苍苍的自然景趣山林，如沧浪亭和拙政园中部池北二岛山，即是此类手法的绝好典范。

园林中的建筑，无论是厅堂楼阁还是馆榭亭廊，既需满足其使用上的功能要求，又须利用其艺术形象，与园中的山池花木相结合，构成园景的高低起伏轮廓和各种复杂的意境。一般来说，园林中的建筑大抵少胜于多，疏朗优于丛密。例如以秀丽自然见称的拙政园、富于山林野趣的沧浪亭以及雍容华丽的留园等，其中建筑的形体、位置和色调的处理，以及与周围环境的配合，都达到了上乘的水准。至于曲廊两侧与庭院内外，往往点缀少量玲珑剔透的湖石峰，或叠石为山、峰、峭壁，再配以花、木、藤萝，无异是一幅幅罗列目前的精美小品图画，令人吟味无穷。

由于园林中的风景好像是一幅逐步展开的画卷，因此园中的游览路线在组织风景、适应人们在动静相结合的要求方面起着重要的作用。当地的小型园林，大都采取以山池为中心的环行方式。可是中、大型园林因面积较大，景观较多，所以游览路线往往不止一条。它们既有主要路线，又有若干辅助路线，或临池俯瞰，或穿林越洞，或入谷探幽，或循廊入室，或登楼远眺，使所观风景不断发生变化。对于位于厅堂、楼、阁、亭、榭、桥头、山巅和道路转折处等游人逗留时间较长的观赏点，则可根据衬托和对比的法则，并结合视点的高低、气候的风雨晴晦以及一年春夏秋冬四季的变化，构成各种美好的对景与借景。而这些对景与借景，又应多数符合人们的视角和视距的要求。此外，还应考虑到动观中的影响。因为人们在沿着游览路线不断前进，原来的近景消失后，一定距离外的中景逐渐变为近景，而远景则变为中景。这就要求园中景色的布置应有层次与深度，并有含蓄不尽之意，使既可以远眺，又能耐予近视。在以上这些方面，苏州的传统园林曾经创造了不少优秀的手法，大大丰富了我国园林艺术的内容。可是由于一般园林的面积较小而内中的建筑偏多，以致对创造自然风趣的风景方面产生了很大的矛盾，同时也无可避免地形成了若干矫揉造作和生硬堆砌的缺点。因此只有具体地进行分析与批判，吸其精华，去其糟粕，才能供今后我国园林绿化工作中的借鉴，也才是对待这份丰盛的古代建筑文化遗产的应有态度。

（原载 1963 年第 11 期《雨花》杂志）

（上接第 32 页）

亦有栽植一两株椿树或白兰、乌榄等，整个空间为浓荫覆盖，别有清凉感觉。至于别院平庭，常见有芭蕉、竹、红棉、棕榈等。另外，荔枝、龙眼、杨桃等果木，亦多结合平庭种植。

(2) 岸边植树，喜用水松，挺立水际，萧疏苍劲。或种植水蓊、刺桐、榕树和蒲桃等，枝横水面，另有风趣。洲渚水边，常见配植美人蕉、姜花、花叶荻芦竹（银丝荫）等。

(3) 配合立石或石景，植鸡蛋花作“悬崖”状，“疏影横斜”，另具简练圆浑的风趣。其他如九里香、罗汉松、米仔兰、鹰爪、勒杜鹃，或者棕榈和竹丛，都是最好的衬托材料。较大的假山石景，亦有运用榕树、朴树等来配植的。另外，作为石面被覆，常见有薜荔、凌霄、硬叶吊兰、吉祥草和蕨类等。

(4) 篱落多用观音竹和山指甲。棚架以葡萄、金银花、夜香、秋海棠、炮仗花为常见。

岭南造园，在运用材料上，多因地制宜，不紧扣用料原则，如用铁枝做漏花窗、用钢管做栏杆等。临海地方，还有利用海中珊瑚石（俗称咸水石）堆造假山者。这些都正符合就地取材之意。岭南庭园有它的特点和地方风格。如果人们以“稳重雄伟”来形容北方园林，“明秀典雅”形容江南园林，那么岭南庭园该称得上“畅朗轻盈”了。

（原载《建筑学报》1963 年第 3 期）

夏昌世　莫伯治

漫谈岭南庭园

岭南庭园在地区上的划分主要是广东、闽南和广西南部。这些地区不但地理环境相近，人民生活习惯也有很多共同之处。至目前为止，已调查过的庭园有三四十处。虽然这些庭园过去都是为少数统治阶级服务，在结构上有一定的局限性和不符合现代人生活要求的地方，而且不少已是残缺不全，但畅朗轻盈的布局手法还是有其可取之处的。它们的分布主要集中在经济富裕、文化水平较高的地方，如广州、潮汕、泉州和福州等地。

岭南庭园的发展具有悠久的历史，南汉时代创建的“仙湖”到现在还遗留一些残迹。广州教育路南方戏院旁的“九曜园”水石景，就是当日仙湖中“药洲”的一部分。从现存遗迹看来，有湖石、小堤和石洲等，准确地衬托出“洲渚”水型的特征。它可以说明古代岭南造园艺术已经有高度的水平。宋、明时代，“药洲”这一部分仍然是岭南著名的庭园，常为士大夫们雅集之地。米襄阳在“九曜石”上题刻“药洲”两字，还保存至今。除了“药洲”以外，较古老的庭园，已无痕迹可考，即使系明末清初的也只是传说罢了。嘉庆、道光以来的庭园现存实例还多，虽然规模和数量都不能与苏州的庭园相比，但是在布局、空间组织、水石运用和花木配植等处理上，有自己的独特风格和技巧。兹就一些特点简介于后。

一、布局

岭南庭园的规模都比较小，而且多数是和居住建筑结合在一起的，因此在谈及布局之先，就便提出“庭园”与“园林”这两个名词在含义上的区分。我们认为主要应从功能上来分析。庭园的功能是以适应生活起居要求为主，适当地结合一些水石花木，增加内庭的自然气氛和提高它的观赏价值。因而庭园的空间一般来说，是以建筑空间为主，山池树石等景物只是从属于建筑。假如没有周围的建筑环境，园景就会失去构图的依据，水石花木也就不能成“景”了。人们玩赏庭园中的景色，一般以“静态”的观赏为多，结合日常起居生活，停留在三两“点”上来欣赏一些特意创造出来的“对景”。所谓“开琼筵以坐花……”，正好说明庭园布局上的特点，这就是居室空间和自然空间结合在一起。园林规模比较宏大，功能则系为了游憩观赏。人们走公园的目的就是游览，因而随处要创造风景点来满足这一要求。园林的空间结构以自然空间为主，建筑只不过是园内景色的“点缀物”，从属于自然空间环境。虽然建筑成组成群，亦不过只是“园中有园”的局面。园内布景的安排，始终是透过一条“动态”的游览路线组织起来的。

这种关系明确了之后，我们认为“庭”系庭园的基本组成单元，由几个不同的“庭”组合成为一座庭园，而建筑和水石花木则系“庭”的空间构成。从调查资料看来，岭南庭园的“庭”按其构成内容可以分为五类：

(1) 平庭——地势平坦，铺砌矮栏、花台、散石和树木花草等，景物多系人工布置的。

(2) 水庭——庭的面积以水域为主，陆地所占比例较少。

(3) 石庭——地势略有起伏，散置园石、灌丛，或构筑较大型的石景假山来组织庭内空间。

(4) 水石庭——起伏较大，配合水面的不同形状及大小比例，运用石景和建筑来衬托出各种不同的水型，如“山池”、“山溪”、“壁潭”、“洲渚”等。

(5) 出庭——筑庭于崖际或山坡之上。

“庭”的平面形象，如《园冶》中所说的“如方如圆，似偏似曲”，是没有一定的。但由于“庭”的空间界限一般系由建筑围着，因而大体上可以归纳为方形、曲尺形、凹字形和回字形等四种基本平面，而“庭”与建筑的位置关系，就是位于建筑物之前或后，两侧或当中。至于庭园的组合形式，大致可以分为单庭、并排、串列、错列和综合等式。

岭南庭园布局，颇具一些地方特点，如余荫山房是吸收外来手法，采用几何图案式中轴线对称的平面处理；由两个“水庭”“并排式”组成，其中一个为“回”字形，另一个则为方形的中庭。可园则运用“连房”的布置，成组成群包围着一个大院子，内中当然有些穿插，很有点像小型街坊，和传统手法采用单幢分布，联以回廊曲院的平面布局迥然不同。另一个特点是空间处理一般比较清空疏朗，很少利用虚廊来分割空间，善于运用散石灌丛或果树林木作为庭园的景物。其他如注意庭园外边界的轮廓和整体建筑的透视空间等，也是布局上的特点。

广州西关逢源大街某宅西洋古典水阁(石景“风云际会”)

二、建筑

建筑物的体型一般轻快，通透开敞，体量也较小。单拿出檐翼角来说，没有北方用老角梁仔角梁的沉重，也不如江南出戗的纤巧，是介乎两者之间的做法。建筑的外形轮廓柔和稳定，朴实美观，而且构造上也较简易。在建筑类型运用上，也有它特别之处，几乎每所庭园都有一座“船厅”，位于水旁或者园的边界上。甚至如南海西樵山白云洞完全缺水的山庭也在临崖之处建了一座船厅，题匾为“一棹入云深”，这是以云为水的联想。船厅往往是作为庭园中的主体建筑来代替厅堂，它具有厅堂楼阁的多种功能。其平面一般为狭长形，三或五开间，以廊与其他建筑连在一起，形成一组轻巧活泼，高低起伏的建筑组群。登楼有内梯和外梯的处理，外梯有时与假山结合如蹬道，有时亦从旁屋用桥跨渡，如码头水直步的洋桥。另外有些建筑类型是不多见的，如高达四层的“可楼”(东莞可园)，深入潭底的水窟(潮阳西园的水晶宫)和“迷楼式”的楼房组群。

顺德大良清晖园船厅

建筑造型也有吸取外来形式，如广州西关逢源大街某宅花园，临涌建有一座西洋古典式的水阁，和假山互相配合起来，别饶风趣，从这里得到一点的体会，如果以现代建筑来衬托传统形式的山池树石，可能也是今天庭园一条新的发展途径。

三、装修

岭南建筑，用于装饰的手工艺很发达，细木工艺和套色玻璃画更是地方特有产品。细木工艺中有通雕、拉花、钉凸和斗心等做法，特色是精美纤巧，玲珑浮凸，在敞口厅或套厅之处，设一度花罩或洞罩，使内外空间有适当的约束，而又隐约相通，还可起到美丽的景框作用。罩也是以纤巧的斗心拼成连续几何图案，或者是钉凸花鸟等。这种雕刻本身就是一件美术巨制，它的尺度比例也都合乎室内装饰陈设的要求。

套色玻璃画的题材多为山水人物、花鸟、古钱币、彝鼎和名家书法等；刻制分阴纹阳纹，加工方法有药水、车花、磨砂和吹砂之别。玻璃画主要安设在两个明暗不同的空间之间，作为屏门、窗扇的门格或窗心，好像一幅幅透明的彩画。在庭园建筑的室内装修中，套色玻璃画往往是作为陈设组成的一部分，起着图轴挂屏的作用，因而它的比例尺度也就需要与这种作用相适应；如“满洲窗”(类似苏州的和合窗，但构造不同)当中一幅玻璃画，周围镶边就是根据斗方绫裱的轮廓来设计的。套色玻璃不仅本身多色多彩，透过它观赏园中景物还会有色彩的变化；同是一个园景，透过套红玻璃看去，好像正是风和日暖，阳光照耀；透过套蓝的，又会觉得雨雪重阴。这种动态多变的色调，是岭南造园喜欢运用的手法。至于潮州利用“贴瓷”来装饰建筑，鲜明活泼，都是国内独一无二的手工艺。

四、石景

广州一带筑山多用英石(产于英德)，英石的特点是形态嶙峋突屹，纹理清晰，折皱繁密，纹理多样，分蔗渣、小皱、大皱和斧劈等。其中“蔗渣”纹如丝束，小皱窍穴千百，正如苏东坡所谓“纹而丑”的石形，叠成石景，特别显得瘦、透、皱。潮州多数运用海边大块花岗岩孤石（石蛋），圆浑古拙，形体沉实，成山后又做好石缝掩蔽，披上苍苔薜荔，自有一种雄伟古朴的风格。由于石块体量巨大，所以筑山只能用起重的方法来“堆垒”，很难执石端详，细致砌叠。广州的“石塑”技法则和潮州恰恰相反，尽量利用小石块。所谓“石塑”，系先用砖或顽石做包裹着铁条的骨架（石胚），留出一些铁来支挑贴面石皮，之后按拟塑的形态，将英石皮用铅丝拴挂于铁条上，用水泥砂浆灌缝嵌牢，俟胶合干透才将露面的铅丝剪去。

从经济观点来说，由于石块较小，取材容易，可大大节省搬运费用，而且施工也较轻便。至于是否达到玲珑通透的境界，则要看造型和贴塑的技巧。不论如何，石块亦不宜过小，以免贴做起来容易有“百衲僧衣”之弊。

广州古山匠师有一套“古景图谱”。这是纵观名山气势，吸取大自然意境，并通过许多实践经验提炼得来的。历来石塑，就以这些图谱作依据。但由于建筑环境和比例尺度要求不同，变化仍然很大。所谓“谱”只不过是一个大体轮廓，妙在似与不似之间，令人遐想而不失天然山石的意境。石景分为壁型与峰型两大类，以其气势或形象的特征而得名。如“东坡夜游赤壁”壁型石景，主要特征为逶迤平阔，由几组峰石连绵相接组成，没有显著突出的主峰。“风云际会”峰型石景，主要特征系由几条石山梯径（象征龙），蜿转盘旋，忽离忽合，互相缠绕，向上发展构成许多悬崖复洞，最后会合一起成为石景的峰顶，造型比较陡峻。“狮子滚绣球”、“狮子上楼台”等狮形石景——也属峰型一类，比“风云际会”平易一些，造型像蹲着的狮子。劈峰作为支柱，主峰作顶盖，构成较大的“黄罗伞遮太子”峰型石景，造型特征有一大岩洞，岩下有石几，象征太子座位，悬岩比拟罗伞。“铁柱流沙”峰型石景，造型特征峭拔挺秀，孤峰屹立水中，有石滩逶迤而与另一较矮的石峰相连。“美人照镜”、“美人梳妆”、“仙女散花”等美女形石景均属峰型石景，主峰比较突出，象征美女，劈峰比拟美女的镜，或仙女的花篮。

佛山群星草堂石庭

五、庭木花草

岭南观赏植物极为繁多，品种丰富。由于气候条件有利，一年到头，到处都是树绿花红，新鲜活泼。除了华北、华中一些名贵品种如白皮松、牡丹、芍药、海棠、绣球之类不适宜于栽培外，常见的一般花木，如银杏、玉兰、腊梅等等大都可以生长。此外，当地植物，可观赏者亦多，不惟多系常绿，而且形态美观，如著名的“广东十香”：白兰、米仔兰、珠兰、含笑、夜合、夜香、瑞香、茉莉、素馨和鹰爪，均是色香妙绝。兹就其品种类别分别作简单的介绍。

（1）一般的亚热带花木：如夹竹桃、散尾葵、刺桐、苏铁等；竹的品种较多，而且美观，如佛肚、崖州、粉丹、撑篙等。

（2）外来引进树木：如南洋杉、榅树、银桦、台湾相思、千层、柠檬桉、大叶紫薇、后芭蕉、假槟榔和大王椰子等，原产南洋、澳洲及南美等地。

（3）乡土树种：如红棉、乌榄、仁面、白兰、黄兰、鸡蛋花、榕树、水蓊、水松等。这些树木除供观赏外，还有经济价值。

（4）岭南果木：如荔枝、龙眼、芒果、杨桃、蒲桃、黄皮等，不特系名贵果树，而且形态美丽。

（5）攀缘植物：如炮仗花、夜香、鹰爪、勒杜鹃、麒麟尾等。

另外还有肉质、水生植物等等

由这些树木花卉配植起来而构成的庭园空间，别具风貌。这也是岭南庭园主要特点之一。

庭园花木，一般作为水石、建筑的衬托和点缀，增加景物掩映的姿态。但在岭南庭园中，亦有以绿化为庭园景物的主要构成成份，庭中满栽翠竹，或者遍植果木（荔枝之类），绿荫馥郁，与以水石为主景者相比又另有其风韵。花木栽植，注重本地绿化材料的运用，又因不同类型的庭而配植不同的花木：

（1）厅堂前的平庭，多种桂花、玉堂春、荷花、玉兰等，是取“金玉满堂”吉祥之意。较为广阔的平庭，

（下转第29页）

徐中

论建筑风格的决定因素

《建筑师》杂志编者按：六十年代前期，徐中教授曾写了“发挥主观能动性，创造建筑新风格”一文，对建筑风格与人的主观能动性的关系，作了有益的探索。十年浩劫中，徐中教授的文章遭到所谓的“批判”，被无端指责为“大毒草”。当前建筑界又一次展开了关于创造建筑新风格的学术讨论，徐中教授又将该文中的部分内容，略加修改发表。

（一）建筑活动，总是在一定的社会条件和自然条件下，在一定的生产水平、文化水平和认识水平上进行的。在历史上，古埃及和波斯，古希腊和罗马，各各在其一定的历史条件下，在建筑创作上走着他们自己的路子。欧洲，在中世纪和文艺复兴时期，又各各在其一定的历史条件下，有他们自己的路子和手法，形成了他们自己的特点。中国古建筑，也一样走着自己的路子，而在各个时期、各个地区，譬如，唐、宋、元、明、清，南方、北方，又各有其不同的路子和手法，形成了中国古建筑的特点，和不同时期不同地区的特点。这些解决建筑问题的不同路子和不同手法，从而形成的建筑上的不同特点，就是在各个历史时期、各个地区建筑的不同风格。

近现代建筑，在近现代的社会生产、政治、经济、科学技术的具体条件下，走什么路子来解决建筑问题呢？近一世纪来，世界各国的建筑，从复古守旧，到标新立异，走的路子五花八门。现代资本主义国家，在建筑创作上流派林立，走着他们形形色色的“新”路子，产生了一定的“新”风格。风格有新旧高低之分，风格有文野粗细之别，他们的风格究竟怎样？当此欧风美雨阵阵袭来的时刻，为了我们能做到有批判地学习外国经验，而不是盲目的抄袭模仿，能做到既不是“全盘西化”，又不是抱残守缺，固步自封，而要在我们今天社会主义的条件下，走出一条创新的路子来。所以，在建筑界进一步深入讨论建筑风格问题，是非常必要的。

（二）关于建筑风格的讨论，五十年代末和六十年代初，全国各地的建筑工作者们，发表了许多意见，大部分的讨论，都集中在探讨“建筑风格的决定因素”这个问题上。我认为对这个问题的提出和讨论，是有它的现实意义的，因为讨论建筑风格的决定因素，也就是讨论产生建筑风格的原因。因果联系的认识，是我们实践活动的基础，首先弄清了产生建筑风格的原因，才能更自觉地加速创造和发展我们社会主义的建筑新风格，促进我国建筑事业在它的发展道路上不断前进。

在过去一段时间里，对建筑风格问题的讨论，大家的意见是有很大分歧的，但是，归纳起来，可以分为两大类主张：

一类主张材料、结构决定风格，建筑功能决定风格，地理环境、气候条件决定风格，经济基础决定风格等等。这一类主张，虽然论点各有不同，分歧很大，但是有一个共同之点，就是认为风格是客观条件决定的，在主张客观条件决定的同时，一般也都不否认思想意识，主观能动性的作用，但是认为存在决定意识，基础决定上层建筑，内容决定形式，这些是辩证唯物主义的基本原理，只有承认客观条件决定风格，才是唯物的，才是坚持了唯物主义，避免了唯心主义。

又一类主张思想意识决定风格，创作方法决定风格，主观能动性决定风格等等。这一类的论点也各有不同，其共同之点在于都主张主观条件决定风格。这一类主张也不否定客观条件对风格的制约作用，但是认为存在决定意识，意识在一定的条件下，又反作用于存在，只有承认主观条件的反作用决定风格，才是既唯物又辩证，这样才坚持了辩证唯物主义。

我认为，对建筑风格起决定作用的，是人们的主观能动性的特点，这里包括了思想意识和创作方法上的特点，也包括了人们的实践能力的特点。主观能动性的特点是原因，风格是主观能动性的特点作用于客观事物的结果。

所谓主观能动性，是指人们认识、分析和估量客观规律、客观条件的能力，和根据客观规律、客观条件，自觉地、能动地改造世界的实践活动。有的人，有意无意地把主观能动性理解为“主观主义”、“主观盲动性”、“主观任意性”，或者硬说提主观能动性就是提倡在建筑创作中“单凭主观”、“闭门造车”等等，这是没有根据的。其实，人之具有主观能动性，能动性之必然这样或那样反作用于客观事物，也是一种不以人们意志为转移的客观规律。

（三）建筑是人们在一定的历史条件下，依据客观条件、客观规律、客观要求，主观能动地变革事物而创造出来的生活空间。巧妇难为无米之炊，必要的客观条件是建筑创作的物质基础，客观规律、客观要求是建筑创作的客观依据。但是，有了这些基础和依据，不等于就有了建筑，更不必说建筑风格了，还必须加上主观的努力。所以和其他生产实践、艺术实践一样，建筑是客观规律性与主观能动性，客观条件与主观条件共同作用的产物。那么，在建筑创作实践的过程中，主客观条件哪一方面在起决定作用呢？是不是在建筑的任何问题上，在任何情况下，都是由固定的一方，譬如说，总是客观条件在起决定性的作用呢？我认为这里要具体问题具体分析，不能一概而论。

譬如，在谈到建筑功能和形式的关系问题时，我们说功能决定形式，一般讲来，这是没有错的，但是，从而认为功能也决定风格，并且认为从罗马建筑到今天的建筑，在功能要求上不同了，风格也不同了这一现象，就得出功能决定风格的论断来，我看就未必正确。因为，既然认为不同功能就有不同风格，那么，罗马建筑从神庙、法庭、浴室到斗兽场，功能各个不同，那就不可能有我们所统称的一种罗马风格了。再说，在后于罗马十几个世纪的年代里，在功能上与罗马时代截然不同的建筑，譬如说银行、图书馆等，居然又大兴罗马建筑之风，这又应该作怎样的解释呢？功能决定风格的说法，在这些问题上就讲不通了。

我们可以说建筑材料的性能、力学的规律等等，在一定程度上决定建筑结构的形式，决定建筑的坚固性、耐久性等等，但是，由于出现了新材料、新结构，同时也出现形形色色各种不同的建筑风格，从而就说材料结构决定风格，这个理由也站不住脚。因为用钢和钢筋混凝土结构，既可以复希腊、罗马之古，又可以复宋、元、明、清之古，既可以盖朗香教堂、纽约肯尼迪机场环球航空公司的候机楼，又可以盖北京车站和工人体育馆。同样用混合结构盖居住建筑，既可以盖上海闵行一条街，又可以盖长春第一汽车厂宿舍，这些建筑用同样材料结构，而风格显然不尽相同，这是为什么呢？

再说广州用骑楼，天津很少，这是因为广州地理气候条件不同，在建筑功能上对遮阳避雨有特殊需要而产生的，所以有人主张地理气候条件决定风格。（其实，从这一点讲，也可以归在功能决定说里。）但是，骑楼作为一种风格，也就是说，用骑楼的办法来解决特定的功能要求，是不是地理气候条件决定的呢？是不是世界上与广州气候条件相似的地方都用骑楼呢？广州这样的气候条件，是不是非用骑楼不可呢？而且建筑风格的变化，比地理气候的变化快得多，后者是以若干万年为单位而显现其变化的，如何能把它作为对风格的决定因素呢？！

现在谈谈经济基础决定风格的问题。这一说法，主张的人最多。的确，社会的经济基础和建筑有密切的关系，可以说有关建筑的各个方面，都和经济基础有密切的联系，因为不同的社会、不同的阶级，有不同的功能要求，有不同的艺术观和建筑观，经济基础直接对建筑的功能要求起作用，直接对建筑的设计思想、美学观点起作用，也可以通过促进生产力的发展，对建筑的材料、结构、工程技术等等的发展起作用。所以主张经济基础决定风格的说法，实质上就必须同时同意功能决定风格，材料结构决定风格，和思想意识决定风格这三种说法，要不然，所谓经济基础和建筑的联系就变成空洞的了。但是，在讨论过程中，持这种主张的人对上面三种说法都不同意，而要“归根到底”，“归根到底”究竟有什么好处呢？是不是能更全面而确切地说明问题呢？我看不见得。今天我们在社会主义制度条件下讨论风格问题，归结到经济基础之后，叫我们建筑工作者怎样努力呢？是让经济基础自动来决定风格呢，还是应该努力提高我们的社会主义觉悟，提高我们的设计思想水平和技术水平呢？

总之，我们不能把两个现象的先后同时出现，就理解为因果联系。功能不同了，材料结构不同了，风格也不同了，这里就没有必然的因果联系。同时，一个对象的原因，当然还会有产生这个原因的原因，我们研究一个对象的因果联系，只有把这一特定对象，从普遍联系中抽引出来，才能具体确定，研究建筑风格的决定因素，也只能这样。“归根到底”的办法，不是研究一定特定对象的因果联系的办法，因此也就不能确切地说明问题。

（四）那么，建筑风格难道和功能、材料结构等等没有关系了？它们难道对建筑风格没有影响了？我看，关系和影响肯定是有的，但是，对一个事物有关系、有影响的东西，不一定就是决定性的东西，不一定就是直接的因果联系。所以我们讨论问题，决不能满足于停留在事物的"普遍联系"、"相互制约"这个最一般的概念上；还没有弄清它们是怎样联系的，怎样制约的，就算解决了问题。

我们说建筑功能对建筑风格有关系、有影响，这是因为在解决建筑功能问题的过程中，就产生风格。功能问题的解决，一方面固然取决于这个矛盾的性质，譬如，建筑功能矛盾的性质，决定它必须用建筑空间的方法去解决。但是，矛盾的具体解决，在必须用建筑空间的方法的规定性下，又可以有各种不同的方案；也就是说，解决同一矛盾又可以有不同的路子。这个不同路子，就不决定于功能问题本身了，而决定于人们怎样理解和用什么手法来处理、解决功能问题，决定于人们怎样理解、处理、解决功能和建筑里其他方面矛盾的关系等等。用一定的原则、方法来对待、处理和解决，就产生一定的风格，如果见仁见智，用各种不同的原则和方法来解决，就产生不同流派，不同风格。

同样的道理，材料结构问题、艺术造型问题、建筑经济问题等等，都和建筑风格有关；而风格则决定于对这些问题的认识如何，观点如何，在这些矛盾性质的规定下，采取什么具体的途径和手法来解决这些问题。

所以，建筑风格就是人们在一定的历史条件下，在建筑创作过程中，由于对建筑里的诸矛盾和矛盾诸方面的认识和观点的不同，对建筑创作的技巧和修养的差别，因而在解决建筑问题时采取了在一定程度上不同的方式方法，从而在建筑上表现出来的形式特征。简单地讲，建筑风格就是由于人的主观能动性的特点，体现在建筑形式上的特征。这里，人的主观能动性的特点是风格的决定因素。

我们可以清楚地看到，建筑历史上，哥特风格之所以让位于文艺复兴风格，是在资本主义萌芽时期这个历史条件下，首先在文学艺术方面，然后在建筑观方面，形成了一种复兴古罗马文化的文艺思潮，在这种思潮指导下的建筑创作实践，就形成了文艺复兴的建筑风格。它是时代的产物，但是它主要通过人形成思潮，思潮反作用于建筑创作，才能形成风格。近现代资本主义国家建筑上形形色色的流派和风格，苏联建筑1954年前后风格的大转变，也都可以到创作思想上去找到原因。这里有复古折衷和反复古反折衷主义的斗争，现实和反现实主义的斗争，一种形式主义和另一种形式主义的斗争。这些也都是在一定的历史条件下，这样那样的世界观、艺术观在建筑创作上的反映。新中国的建筑，也刮过一次复古风，它也是一种不正确的建筑创作思想在作祟，而纠正这种风气的，是党的建筑方针，这里更可以明确地看到，建筑理论、党的方针政策等这些意识形态的东西，对建筑风格如何起着决定性的作用。我对建筑历史是门外汉，想建议研究中外建筑史的同志们，能不能系统地编写一些"建筑创作思想史"一类的东西，贯彻薄古厚今，古为今用的精神，这对我们今天的建筑创作是会有一定帮助的。

欧洲文艺复兴的建筑思潮和风格，首先产生于意大利，然后传播到欧洲各国，这种思潮和风格，又结合了不同的国家，不同地区的传统习惯和爱好，又形成了各国不同的文艺复兴风格。这里，传统习惯和爱好的继承，也是人的能动性。

文艺复兴时期的建筑大师，现代同一流派的建筑师们，现在我们的各个设计院，设计院里的各个设计室乃至个人，尽管有基本相同的主张，而具体的建筑创作风格，又有所不同，这里又和个人的性格、修养和技巧等等相联系，从而形成了因人而异的风格。

风格主要是手脑并用，最后体现在建造起来的建筑作品上的。建筑创作过程，应该包括设计过程和施工过程，在设计过程中，设计思想固然起着主导作用，但是，设计施工的实践能力，如设计施工的基本功、技巧的熟练程度等等，也对建筑的风格面貌，起着决定性的作用，正如没有盖叫天的一举手，一投足的基本功，要想像盖叫天那样，独创出生动有力的舞台形象的风格来，也是不可能的。物质变精神，精神变物质，这两个"变"，都是人的主观能动性，都包涵着实践的能力，正是"变"的特点形成风格。所以，我认为风格不能单说是思想意识决定的，而是人的主观能动性的特点决定的。

从一个时代的思潮，到个人的性格和实践能力，都关系到创作风格。所以风格里有时代风格，民族和地方风格，集体和个人风格等等。创作风格总是人的风格，时代风格是人的时代共性，与其他时代相比较，又是不同时代人的创作风格的时代特性，同样，民族风格，地方风格，集体和个人风格，都是人的创作风格的民族共性、地方共性、集体和个人的创作上的共性，也是不同民族、不同地区和不同集体与个人在创作上的特性。风格的共同性寓于风格的特殊性，建筑的社会主义新风格，就是新的时代风格，新的民族和地方风格，新的集体和个人风格的结合，是新的社会主义时代人的创作风格，是社会主义风格的一致性和多样性的统一。

（五）建筑风格的创造，既然是人的主观能动性的特点，作用于建筑创作实践的结果，那么，要创造社会主义现代建筑新风格，就得充分发挥人的具有社会主义特点的主观能动作用。我认为应该提倡：一要解放思想、敢于创新；二要重视理论研究；三要加强文化修养和建筑设计的基本功。

解放思想，就是要在我们的思想认识上和创作方法上，克服片面性，避免盲目性。要高屋建瓴，继往开来。目前，在建筑创作中，下笔踌躇、莫衷一是的现象，抱残守缺、固步自封的现象，照搬照套、盲目抄袭的现象，都是一种片面性和盲目性的表现。有了片面性和盲目性，我们的思想就无法解放，人的主观能动性就无从发挥，更谈不上创新。解放思想是前提，敢于创新是目的，人的主观能动性的可贵，也就在于创新这个目的上。

但是，思想的解放不是自发的，人的主观能动性也不是任意的、盲目的，而是要有正确的理论指导。所以还要重视理论的研究工作。我们建筑界过去害怕谈理论，甚至认为理论无用，把理论和创作割裂开来，这已经造成了我们创作思想上的僵化和盲目。我们国家那么大，情况那么复杂，文化遗产又那么丰富，理应有众多的学术流派，在理论上各抒己见，百家争鸣。关于建筑理论中的一些基本问题，诸如建筑与美的问题，建筑形式美的问题，建筑中功能与艺术的关系问题，建筑的艺术性问题，结构在建筑中的地位和作用问题等，我都曾提出过一些看法，但也都未能展开深入的研究和探讨。我国传统的古典建筑、园林艺术中也蕴有丰富的理论遗产，有待我们去发掘、总结和提高。

掌握了一定的理论，是不是就能在建筑创作中，充分发挥我们的主观能动性了呢？我看不行，这仅仅是一个方面，虽然是主导的一个方面。如果我们仅仅知道了怎么干，而没有行之有效的具体办法和手段，也一样办不成事情。建筑创作人员没有深厚的文化修养和建筑设计的基本功，是断然创造不出什么新风格的。在现代社会中，建筑常常是作为一个民族，一个国家的文化标帜，是一种文化产物，不能设想缺乏文化修养的创作者，能为我们祖国文化增添宝贵遗产。我是主张兼蓄并包、广采博录、古为今用、洋为中用的，修养的深浅常常是我们发挥主观能动性的基础和出发点。过去有句俗话，所谓“眼高手低”，我们建筑设计人员绝不能做那种眼高手低的理论家，我们应该切实加强基本功的训练，做到言之有理，得心应手！

总之，只要我们钻研理论，加强修养，刻苦训练基本功，我们就能做到解放思想，敢于创新，我们的主观能动性，也就应运而生，势如破竹，创造我们社会主义现代化建筑新风格，指日可待！

（原载《建筑师》第 6 期，1981 年 4 月出版）

齐康　记述

杨廷宝谈北京和平宾馆

26年后，杨廷宝教授于1978年又来到了他解放初期设计的北京和平宾馆。一进院，杨老首先问道："这儿保留的几组四合院怎样，还住旅客吗？"和平宾馆的同志回答说："地震后不住了，但不少外宾还特别喜欢住四合院，有一次，斯诺夫人来，就想住四合院，因为地震，不能住。"

杨老接着说："是啊！其实住四合院很好。有的外宾很喜欢，他们住惯了高层建筑，住一下四合院别有风味。目前，国外旅游旅馆不少就是两层的。我们有时是一股风，一讲高层，各地不论城市大小，地段状况，一律想建高层。为什么不可以结合实际情况修缮一批民居、四合院作为旅游旅馆呢？你看那阳光透过四合院的花架、树丛，显得多么宁静，住家的气氛多浓，还是个作画的好题材呢。"

来到大楼前的广场，一眼看到的是两棵大榆树和地面上划成"S"形的步道。在同一块地坪上运用不同的材料，既适合于人的尺度，又指明了步行路线，还可供停车，使人有不同的空间感觉。这一广场和一般公共建筑前的广场迥然不同，舒坦而又憩适，有一种亲近的空间感。杨老告诉我：

"为了保留这几棵大树、一口井和部分平房，我在设计构思时着重研究了环境。基地前后是两条平行的胡同，都是单行道。我决定采用主体建筑一字形，用过道穿透底层的办法，解决了停车和交通问题。把厨房和餐厅放在西边，这就尽量地避开这几棵大树，并把它们组织到室外空间中来，使之能够继续为人们"造福"。记得当时把固定起重架的钢索拴在那棵树上，真叫我耽心了一阵子。现在，基建工作中还是有人为图一时方便，不爱惜树木。例如，南京五台山体育馆西面一片松树群本应保留，但施工时全砍掉了，真可惜！"

我们经过转门进入门厅，感到空间组织得十分紧凑，运用设计手法把不同功能的体形围绕门厅这个中心加以连贯。门厅面积不大，使人感到空间流通而凝固，安排得体而合理。杨老说：

"门厅是旅馆出入口交通的核心，旅客一到要办手续，看到服务台、楼梯、电梯、小卖部等，一目了然。我将它安排成一个'港'。旅客休息处占门厅的一个角，不受来往交通的干扰。大片玻璃窗面对院内景色，使室内外空间互相呼应，浑然一体，到了这里就好似到了'家'。我认为，一般旅馆的门厅没有必要设计得那么堂皇。"

陪同的同志首先带我们上顶层，那里是会议厅（当时曾作舞厅）。再上屋顶平台，我们极目远眺北京风光，又俯视南北四合院群组。杨老不禁回忆起当年建房的经过：

"开始设计时，原是利用解放初社会上的游资，修建一座中等旅馆，且已建了四层框架。后来因为要在北京开"亚洲及太平洋地区和平会议"，临时改为宾馆。当时正是建筑界复古主义"大屋顶"成风，审批这个宾馆建筑设计时不予通过，不给执照。后来几经周折才批准了。施工时工人们日日夜夜辛勤劳动，进度很快，只用了50天就建成了，及时交付使用。我为什么采用这种设计手法呢？就是因为它便于施工，快，能及时赶上需要。"

接着，陪同的同志带领我们进入标准层。看了单间带脸盆的客房、单间带厕所的客房、双套间客房以及公共厕所卫生间等，觉得房间、楼梯间、走道的尺度都十分得体。话题转向使用情况。

"当时设计是考虑单间单床，现在摆的是双床，还是有前后挡板的床。有什么办法?！你看，这么紧的房间，还要放一张圆桌，真挤。客房的设计应当是整体的。你看天花板上的吸顶灯，当时条件下把灯泡半露出来，这是个简便方法，然而简便的方法有时会取得很好的效果。"

回到底层，我们在宴会厅的后台休息了一会。陪同的同志又介绍说，这些年来，几乎每年都有人来参观。教师、学生，还有设计工作者，他们一致都有好评。当年，敬爱的周总理曾多次来到过宾馆。他说："这个建筑不是设计得很合理吗？"谈到这儿，杨廷宝老教授激动地说：

“宾馆建成后曾一度招致了许多人的非议，尤其是当时莫斯科一批建筑师说这是方匣子。听说有一次，报纸上的批判稿已经准备好了。总理说：‘这个房子解决了问题嘛！’这才制止了报纸上的公开批判。之后，中央提出了‘适用、经济、在可能条件下注意美观’的方针，为我们设计人员在设计原则上指出了方向。”

陪同的同志又说：总理曾多次来到宾馆，使我们一些老工作人员十分怀念。有一次总理乘电梯，电梯稳而快，总理问：“这是什么厂家的产品？”服务员回答说：“OTIS，是美帝货。”总理说：“这说法不妥当，这是美国劳动人民的成果，不能混为一谈。”至今，这位服务员还牢牢记住总理的教诲。有一年，在这儿开全国性会议，总理常来宾馆，告诉我们说：“我天天来上班，别把我当外宾”。每当我们回忆起人民的好总理的一言一行，大都不禁热泪盈眶。

大家想着，走着。杨老打破了沉默说：“我来带你参观宴会厅。”面对舞台的活动隔板，装饰着中国式的花纹，杨老说：

“这后台可以接待客人，又可以作为小型演出的后台。活动隔板拆掉，可以从两边台阶通向宴会大厅，扩大空间，上下一气呵成，举行较大的报告会。你从小楼梯到回廊看看，如听报告、看演出，不又增加了座位吗？空间虽不高，用了槽灯，并不感到压抑。现在吊上了大吊灯，就不太好啦。”

从南边小楼梯转下，还布置了一个小服务台。空间利用可算是尽善的了。我们穿过小餐厅、厨房，发现原保留在厨房内的那棵大树已经锯掉，现改作贮藏间。厨房面积并不大，但布置得经济合理。步出厨房，来到了民居式样的茶室，当年曾对外营业。我们看到了那口井。

“当年我想办法搬来了石望柱栏板做井栏。井水可以用来浇花，不很好嘛！”

看看宾馆的立面，虽然有点陈旧，但处理得朴素大方，进门处雨篷下花格的尺度与门框陪衬得相得益彰。

“呵！这木料真不错，20多年了，还没有变形”。

穿过了过街通道，看了理发室和当年的弹子房，后来已改作临时住宿之用。出过街楼往北，杨老还带我们寻找了后来被砍去的另外两棵大树的位置，回转身看到两边的防火梯，形式现在看来也还新颖，杨老指着它微笑着说：

“就这个，在当年也是忌讳的。”

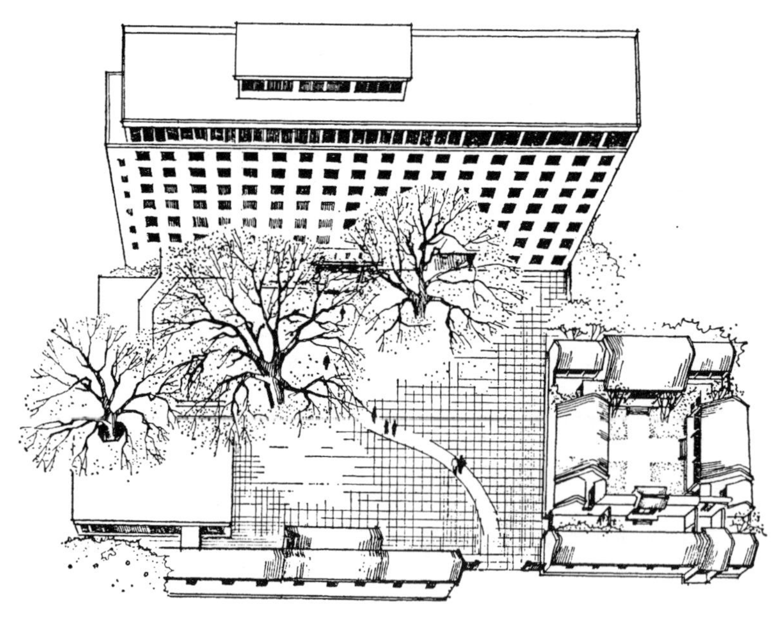

图1

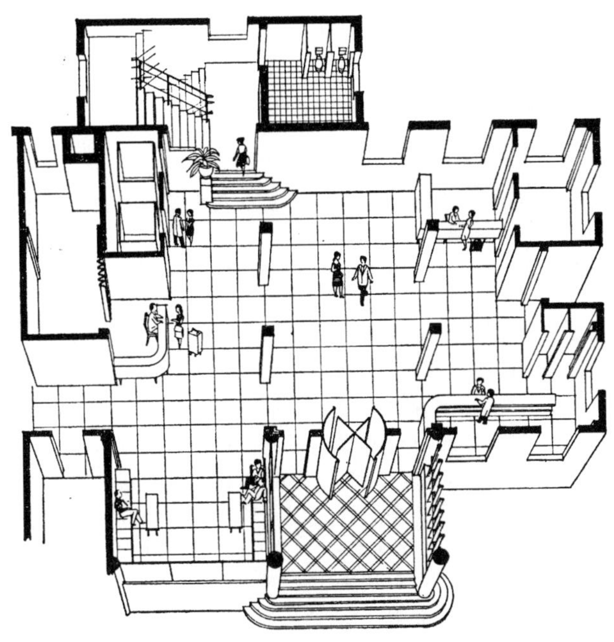

图 2

参观就这样结束了。归途中,我脑海中回旋着这样一些印象:环境的设计,合理的空间组织,多功能的使用,室外空间交通组织,朴素简洁大方的立面,还有那几棵大树……。我问道:"这样的'方匣子'怎样解释'民族风格'呢?"

"我的看法是:那种功能性为主的,如旅馆、医院、体育馆,首先强调的是使用合理,建造经济,空间组合紧凑,有准确的比例尺度。至于那些有纪念性的公共建筑,成为象征的建筑,代表一个时代,一个国家,一个地区,那民族风格、地方风格,不言而喻,要强调一点。同时,还需要创新!"

(原载《建筑师》第 1 期,中国建筑工业出版社,1979 年出版)

童寯

关于苏联构成主义建筑

自来建筑风格本随时代推移而演变，是经过较长时间形成的。至于主要出自国家方针政策的影响，以至几年之间，一再改换形式，这只发生在十月革命后苏联早期，是历史孤例。

从1910年开始，西欧传统艺术观念遭受前所未有的震撼。新兴的德国表现主义、法国立体主义、意大利未来派以及荷兰风格派相继出现，促使建筑创作不破旧翻新就无出路。但这还仅仅停留在理论和方案阶段，而堪称具新风格的实际作品，屈指可数，只有德国格罗比乌斯设计的鞋楦厂和科隆博览会办公与车间合用楼等几处先进成就。经过一系列演进摸索，互通声气，终于由苏联建筑家于1920年提出“构成主义”一词，并引起其他国家广泛重视而产生影响。但构成主义在20年代的苏联并未展开的持久运动。相反，甚至遭到冷遇排斥。到30年代，莫斯科在构成派与古典作品之间，出现杂然并陈，举棋不定的局面。直至卫国战争以后，作为现代建筑风格先驱的构成主义竟然一蹶不振，使苏联建筑倒退至带巴洛克色彩的新古典作风，造成与时代精神显然不相称的形象。只是从60年代开始直到今天，才又回过头来以反浪费为理由重新拾起源出构成主义的现代风格。这一段出尔反尔、迂回曲折的路线，值得深思借鉴。究其原委，不外乎在初期由于技术配合不上艺术造型要求，使理想难以实现；后来又由于好大喜功，铺张浮夸思想在作怪，在1950～1953年间虚掷大量财力物力，造成损失，然后始翻然改途，实事求是，1967年起无约束地现代化，追赶时代潮流。当然这新倾向也是工业发展的结果，是经济基础稳固的自然产物。

近20年来，苏联建筑家们在工作中谋求现代化的努力和成果，应予赞扬。不久前又兴起提高质量运动以克服预制装配工业化施工在造型上带来的呆板单调。这番可贵实践经验，更值得参考借鉴。

1979年10月

童寯补注

本文写到1973年为止。接着又陆续作少量补充。当时苏联与东欧各国从60年代就与西方现代建筑工程标准和设计风格靠拢。以致已难分辨国家民族区别和特点，这就使继续叙述苏联及东欧建筑事业发展和成就，除非有值得特写的必要，似乎已不那么迫切了。

从十月革命直到30年代初期，构成主义是苏联建筑创作主题，也是影响西方的一种潜在动力。虽然在苏联本土1933年以后不再提构成这词，但在西方不用说，即远如日本也从20年代开始就有左派建筑家走访苏联构成派成员，回国后发行刊物介绍，于1934年出版切尔尼考夫 Tchernykhov(1890～1951)幻想建筑造型画册，资本主义世界激进思想建筑家，总是断断续续重温构成主义旧梦，一次又一次赋与新评价。1979年巴黎蓬皮杜文化中心继柏林举办构成派作品展出之后，又陈列切尔尼考夫构成主义幻想彩色画稿百多幅。尽管这些幻想在今天有的还不易实现，尤其是充满彩色的建筑外观，但所指出明天创作方向还是令人神往的。

（此文为《苏联建筑——兼述东欧现代建筑》一书的前言，标题是本书编者加的。该书由中国建筑工业出版社于1982年出版。）

王华彬

古为今用　推陈出新

《建筑师》杂志编者按：本文是作者在今年四月召开的中国建筑学会第四届第二次常务理事扩大会议上发言的后两部分。这篇发言的题目是“提高艺术水平，实现建筑现代化”；前两部分是“立意传神，创造形象”和“表现气氛，体现思想”。

我国古代建筑不论在工程技术上，还是在建筑艺术上，都具有很高的成就；都充分地反映了劳动人民的聪明才智和创造能力。在光辉灿烂的我国建筑艺术传统中，我认为，有下列几点本质的特征，值得我们进一步发扬光大。这些特征，不仅可以古为今用，适应现代建筑的需要，而且，今天它在世界上还得独树一帜，永放光芒！

1. 大自然与建筑有机的结合

我国优秀的传统建筑，从古到今，都体现了对于大自然的密切联系。前代匠师们，十分重视建筑与大自然相结合，十分讲究人类社会与自然环境相协调。例如，造房子首先要看好“风水”，然后定点进行设计。在布局上，他们往往尽量顺从自然，随高就低，蜿蜒曲折而不拘一格。他们还充分利用周围环境、树木和地势等的自然美来衬托建筑，并通过对景、借景等手法，把大自然的美与人的艺术作品溶为一体。河北承德市普宁寺（1755年建）和须弥福寿庙（1780年建）等建筑群都是利用地形起伏自由布置建筑的优秀典型。又如塔，虽然总是保持着隔离状态，耸立城外孤山上，但仍和整个大自然的景色规划有着密切联系。

前代匠师们，还十分重视居室空间和自然空间结合在一起。在布局上，他们善于利用由一个或几个庭院组成的四合院形式，使院落和庭园都成为建筑组成部分。他们往往以不同形状的院落（如纵横正方等）与不同体形的建筑相配合，构成不同气氛的封闭式空间。这样的布局，使建筑与庭园相结合，使居室空间与自然空间相结合，让大自然在布局中占着主要地位，以避免人们活动受到建筑格局的约束。北京典型四合院住宅就是具体的例子。

前代匠师们在造园艺术上，很讲究效法自然，往往利用自然地形，开池引水，堆山叠石，自成天然之趣。从北京的宫廷花园、江南的私家园林和岭南的庭园，都可以看到我国造园效法自然的高超的艺术传统。

总而言之，我国建筑传统中因地制宜，因地成形，因山就势，因势利导，“境”“意”结合，格式随宜，巧于因借这一切的手法，使大自然与人的作品——建筑，溶为一体，构成了任何其他文化所未曾超越的有机的形式！

2. 群体建筑的整体性与含蓄性

我国前代哲匠们，在群体建筑构图中，往往首先考虑了整体的气势，从全局着眼，合理地安排整体与局部的关系，以及局部彼此之间的联系，形成主次分明的有机的组合。为了使气势生动完整，处理手法是多样化的。宫廷院落的空间处理手法是：变化多端，重点突出，鲜明得势，多样统一。园林空间的处理手法是：曲折幽深，明朗开阔，疏密相间，互相衬托。建筑与园林相互关系的处理手法是：气势贯通，遥相呼应，有机联系，溶为一体。北京故宫、北海和景山等群体建筑具备了以上所述艺术特点。在总体布局上，整齐严肃的故宫和幽美自然的北海等联系在一起处理，格局显得特别生动活泼、完整和谐。

特别在规模较大的群体建筑布局中，我国前代匠师们，十分重视藏与露问题。藏与露，目的都是为了表现。“景愈藏，境界愈大，景愈露，境界愈小。”为此，前代匠师们在群体布局中的特殊贡献是：强调主要轴线用直线贯通南北，从而取得气魄，有意识地把主题建筑垂直排列在主要轴线上，布置成一进又一进，运用层层推进的门、阙、院子等手法，来划分空间和增加空间深度的作用。当人们从一个院落进入另一个院落时，一定要绕过或走穿排在主要轴线上的主要建筑。这样就会延长了渴望，增加了期待，从而扩大了空间感，吸引了注意力，使主题建筑在群体中显得格外突出，而且使空间层次产生深不可测之感。北京故宫的总体布局就是这样含蓄的布局一个典型的例子。这种以隐为显，以藏为露的手法以及耐人寻味的含蓄的布局与国外经常使用的布局形式——把主题建筑排在中轴的尽端，而沿中轴两侧，遥相呼应地排列次要的建筑，以便观赏者一览无余、光露不藏的手法，是大不相同的。我们传统建筑艺术的"藏"不是不表现，恰恰是为了更好的表现，国外建筑艺术的"露"，不见得都是表现，往往是露得越多，表现力反而越小。所以在总体规划中要想引起观赏者共鸣，不可暴露无余，要让观赏者去联想，去补充，去回味，这才能体会到艺术创作的真味。由于这个隐蔽的、含蓄的、使人"思而得之"的布局因素，我国群体建筑艺术在世界上得独树一帜，久放异彩。

3. 流动空间、时间观点

我国前代匠师们，早就把空间当作建筑的最主要的要素，千方百计地把利用空间作为人们建造房屋的主要目的。两千多年前，我国哲学家老子，在他的《道德经》中早就说过，"凿户牖以为室，当其无，有室之用。故有之以为利，无之以为用"，为建筑空间理论奠定了基础。特别值得提出的是：古代匠师们早就注意到，随着人们在空间中移动观赏，建筑艺术形象所表达的内容，是在时间的过程中，从片断逐渐汇合成为整体。因此，他们处理三度空间组合时，总是把时间当作与空间不可分割的要素，因借时间，层层引导，渐渐展开，处处更新，步步深入，步移景异，引人入胜。这种流动空间、时间观点，普遍地体现在我国前代的园林、民居、府第、宫殿、庙宇等的建筑布局上。苏州园林中的留园和拙政园、无锡寄畅园、北京北海中的静心斋和画舫斋等，可以说，都是流动空间、自由布局的优秀的例子。通过这些优秀的园林建筑，可以看出：古代匠师们都很了解，空间艺术的成败关键在于如何掌握空间的流动性、连续性和多样性；在于如何精心地考虑观赏路线的位置，把风景联系起来，使人们在欣赏过程中有个"琢磨劲"。由于观赏者在建筑空间中移动，从不同的角度进行观察，这就会使建筑形象在时间上的连贯发展，构成一连串相互更替、变化多端的综合效果。丰富多彩的空间艺术像交响乐那样，能够奏出完美动人的乐章，能够表达各种情感的变换。通过各种强烈对比的手法等，那怕是互相对立的强大力量的斗争波澜，也可能在空间的气氛上得到鲜明的体现。我们的传统空间艺术就是这样，像音乐一样，在潜移默化中教育人们。同时，它又是有趣的欣赏对象。

前代匠师们对空间处理的高度艺术水平和独特风格，不但在我国古代文化遗产中占有重要的地位，而且在现代世界文化宝库中也放射了灿烂的光芒。西方和日本等国的现代建筑大师们，曾经吸取我国建筑传统惯用的空间处理手法，加以发展，标新立异，做出许多成绩。我们自己有什么理由不继承这一项优秀的遗产，结合实际，加以发扬光大呢？

4. 技术与艺术的高度统一

我国前代建筑基本上是建立在木框架结构系统上。据宋代《营造法式》所反映的木构建筑的造型，它是密切和构件的形式和组合方法相结合的。匠师们常常坦率地显示结构、美化结构，使构件与配件的作用和它的艺术形式达到高度的统一。匠师们也往往直率地暴露建筑材料本身的色彩和质感。他们很少矫揉造作，弄虚作假。如果木结构上需要彩色装饰，也是以建筑部件为根据而进行美化。这些建筑特征和手法，特别在各地民居上，是可以普遍看得见的。

值得研究的是，我国传统的装配式木构框架和幕墙系统，它具有很多优越性。它提供了大跨度、多功能的建筑空间，为使用灵活创造条件。而且，这种木构框架系统的基本平面，可向纵横展开，重复扩建或加建外廊及抱厦。房屋内部可以利用活动隔断，灵活分隔；竖向则可以加建各种形式的楼层，如高内厅或几层走廊围绕着内部一个高空间，在这里加上丰富多彩的装饰，如辽代建的河北蓟县独乐寺观音阁的内部木构。此外，木结构的发展，还带来精致的大屋顶，形成了突出的挑檐。这种深远的挑檐加上庄严的台基，是决定我国传统建筑外观的主要因素。由此可见，我国传统建筑最令人注意的特征，也许就是它在功能上和结构上的处理手法是高度直率和诚实的；技术条件与艺术形式是高度统一的。

5. 标准化，多样化，通用化

标准化、模数化、装配化、多样化、系列化、通用化相结合，是我国传统建筑中另一个非常令人钦佩的特征。我国前代建筑标准化的传统手法，首先是尺度单位统一化。宋朝的《营造法式》和清朝的《营造则例》曾经规定以斗口作为尺度单位。《则例》上定斗口共十一等。斗口宽度由一到六寸。一座宫殿式建筑，只要定一斗口尺度等级，则各部尺寸因之皆备。更重要的是，匠师采用了标准化、装配式的构件组成标准建筑单元，进一步发展了由几种标准单元拼连组成为群体形式。他们善于利用建筑形象重复与变化的统一而取胜的。说是构件千篇一律，却又建筑千变万化。例如，江苏无锡县和吴县一带的农民住宅，当地匠人们利用了标准化、系列化、装配化、通用化的构件，如挞门、屏门、槛窗、活动壁板及后门等等，塑造了多种多样的空间组合和建筑形式。标准化与多样化相结合，赋予了当地农民住宅以一种独特的地方风格。尤其难能可贵的是：在我国建筑传统中，构配件的标准化，带来了构配件通用化，从而进一步发展成为建筑本身通用化。如世俗性的建筑和宗教性的建筑之间，从来没有任何区分和界限。如宫殿可以作为庙宇使用，庙宇也可以还俗作为学校使用……等等。由此可见，当前世界上各先进国家所追求的建筑标准化、多样化、通用化，它在我国文化中已早被普遍地而不是偶然地应用着；它也是一种操作规则，而不仅是一种美学原理。

以上这些我国建筑传统本质的特征，不仅是在我国世世代代传下来，不断地发展着，而且已成为今天世界各国建筑师创新立论的理论基础，它使我国建筑艺术在世界上独树一帜，久放异彩。

我国的建筑艺术传统经验固然是丰富多彩的，但是，要用它来表现今天社会主义和“超工业时代”[1]鲜明的特色，就显得很不够用，而且有的艺术传统至今已成为糟粕。因此，对待建筑艺术传统，要去粗取精，去伪存真，继往开来，推陈出新，从而创造出更加光辉灿烂的现代化建筑。

推陈出新指的是：推封建主义、资本主义之陈，出社会主义和“超工业时代”之新。推陈是为了出新。推陈是起点，出新才是目的。

建筑创作推陈出新，有两条途径：第一，在民族传统本质的特征基础上，实事求是地从实际出发进行革新创造；第二，吸取国外有益的经验，结合实际，加以改造，使它成为广大群众所能接受的东西。其中，我认为，首先考虑前者，比较合适。因为，艺术中的民族性格、民族气派是承前启后和传统经验一脉相通的。如果割断了民族传统，排斥了前代建筑艺术的基本原理和基本技巧，不把它融化于表现新内容与新形式之中，很难设想新的创作能够十分成功。不过，当我们说，“建筑不应割断传统”，这并不是指要单纯地模仿建筑传统形式，也并不意味着要接受传统形式的统治。它意味着，也总是意味着，通过总结传统经验，在今天我们的创作中，赋予建筑形象以我们历史的精华。“法古是为了变今”！我们既要学习传统，又要突破传统。就是传统中的精华也要突破它，提高它，才能继续发展。

对这个问题，必须指出的是，建筑艺术形象是随着时代的发展而发展，而决不是一成不变的。建筑艺术传统，也是在不断地发展变化中。有了前代的创造，现代才会找到可以遵循的艺术传统。以往的传统，总是具有一定的创造性，才会受到今天的爱戴和敬仰。有了今天的创造，明天才会有所继承，有所借鉴。历史证明，继承与创新推动了文化不断地发展，而创新是主要的一面。可以说，在我国建筑艺术传统中，精心创新本身就是崇高的传统。前代匠师们就是这样，世世代代，承前启后，继往开来，在优秀的传统基础上，有所创造，有所前进，把建筑艺术不断地发展下去。

另外，还必须指出的是，建筑艺术传统不可能成为推动建筑创新的动力，更不是创新动力的源泉。今天，我们建筑创新的动力，客观上是社会发展的需要；主观上是人的主观能动性。建筑艺术形象，是人的主观能动性作用于客观事物的创造的结果。只要能够掌握先进的知识、技术和艺术并坚持实事求是精神，就会解放思想，敢于面对现实，敢于突破传统，大胆创新。历史上优秀的建筑形象都是为了表现自己的时代而创造出来的，它必然不可能适应或不可能完全适应今天社会发展的需要，所以我们没有理由习惯于向后看，而生吞活剥地模仿传统；更没有理由盲目

[1]“超工业时代”是指工业时代之后出现的一个理想时代。它的主要特征是：理论学术挂帅，新兴科技飞跃，环境污染消除，生态循环平衡，“三大差别”缩小，社会自然协调。

地迷信传统，把它当作创新的动力。我认为，传统的作用实际上仅能像化学的催化剂那样，在化学反应中起促进和催化作用；但它本身不能遗留在所造成的化合物之中。所以说，传统在建筑创作中能起一定的作用，但传统本身不是创新动力的源泉。

为了证明上述论点，让我分析对照一下国内外对待建筑艺术传统的一些经验。首先，从国内谈起。这里，我带着遗憾的心情来分析我国三十年代里，在发扬建筑艺术传统中，走上歧途的教训；介绍一下当时的建筑现象、设计思潮、具体表现和建筑实质。

三十年代里，我国建筑界曾掀起了一阵发扬建筑艺术传统，探索"民族形式"活动思潮。在探索过程中，出现了"宫殿式"、"混合式"和"现代式"等建筑形式。所谓"宫殿式"，其特点主要是：以"发扬光大本国固有之文化"，"…凡古代宫殿之优点，务当一律施用…"为目标。在近代的平面布局和新结构的建筑上，披上我国古典宫殿式的外衣。特别是，以运用宫殿式的琉璃屋顶为主要表现手法。例如，南京中央博物馆。所谓"混合式"，其特点主要表现在：建筑基本上以近代布局和外形为躯干，而局部或重点仍施用传统琉璃屋顶等装饰，以表"中西合璧"。例如，青岛水族馆。所谓"现代式"，其特点主要是：突破了宫殿式屋顶形式的束缚，而在西方建筑造型的躯干上，局部点缀一些传统的装饰，使观赏者在建筑形象上得到"似曾相识"的感觉。例如，上海八仙桥青年会大楼。

三十年代里，我国建筑艺术的发展，不管形式如何多样化，而设计思想上却具有极其重要的共同的特征，即形式主义思潮泛滥！当时，设计中一个致命的弱点，就是在"保存国粹"的号召下，顺着潮流，舍本逐末，离开内容，追求形式。当时，不少设计人员侧重于对"民族形式"美的探讨，使外在形式的探求，脱离了表现内容的要求，以及使形式美本身脱离了它的历史的根据和时代的审美观点。他们往往把《营造法式》看作永恒不变的法则，当作创作思想的源泉，从而生搬硬套。另外，还有一部分刻意调和矛盾，往往把中外建筑遗产中的精华与糟粕混淆在一起，把拼凑遗产当作创造。就是这样，他们错误地围绕着"民族形式"兜圈子，分别走进了复古主义和折衷主义的死胡同。

在复古主义和折衷主义思潮泛滥的影响下，当时不少建筑"创作"离开了我国优秀的建筑传统的基本原理和基本技巧十万八千里。例如：有的设计根本忽视自然环境和群体建筑的整体性，不顾地形地势，不顾左邻右舍，而习惯于孤立地进行个体设计，猎奇矜异，自我陶醉。这种设计，当实地就位，组合成群时，就难免产生自发性，偶然性，支离破碎，景色涣散的疵病。有的设计根本不懂在空间、时间的处理上表现气氛、体现思想，而把传统装饰当作建筑形象外在形式的永恒不变的语言，把外在形式美的相对独立性绝对化，使建筑形象丧失了它的真实性。有的设计在物质技术条件上，不去真实地反映现实，不去考虑和利用现代建筑材料的特点，往往硬要以现代材料去服从古代建筑形式，矫揉造作，弄虚作假，使技术与艺术严重地脱节。有的设计，根本没有建筑工业化，标准化、模数化的理想。为了迎合少数统治阶层人物，投其所好，不惜东拼西凑，繁琐堆砌，以手工艺技巧取胜，把建筑形象庸俗化了。1929～1935 年建的武汉大学建筑群是形式主义的典型例子之一。

令人惊奇的是，无论复古主义或折衷主义的建筑，当时都是反革命的文化"围剿"的产物。当时，文化"围剿"政策反映到哲学上就是鼓吹"中庸之道"；反映到建筑上，就是宣扬复兴"中国固有之形式"和倡导"保存国粹"。其政治目的就是要利用建筑艺术创作来宣扬"不偏（离）""不变（革）"的形而上学，散布倒退、保守、复辟的反动思想，梦想"以古范今"，来麻痹人民群众的革命斗志，从而缓和矛盾，维护旧事物，借此以巩固他们垂死挣扎的统治政权。可叹的是，当时在明明暗暗的"围剿"面前，不少建筑界人士，由于学术水平和政治觉悟不高，随声附和充当了反动派的驯服工具，为发扬光大"我国固有之形式"服务。

三十年代里建筑艺术发展的经历，虽然在历史上仅是一个十分短暂的阶段，但这却是我国建筑艺术发展史的一个十分重要的阶段。它对其后我国建筑有着深远的影响。例如，解放后一个时期内建筑创作思想的曲折发展，复古主义风行，难道不是三十年代的思潮老谱新唱吗？直到现在，难道没有建筑思潮倾向于走三十年代的老路吗？难道不是有人还想让古代宫殿的形象在高楼顶尖冒头，为建筑现代化增添光彩吗？这一切与正确对待建筑传统，古为今用，推陈出新的要求都是背道而驰的！效果恶劣，值得警惕！

那么，究竟如何正确对待建筑艺术传统呢？我认为日本继往开来，推陈出新的经验，值得我们学习。现在试谈：日本如何引进传统和突破传统，以及为什么在日本仍存在着“逃避不了的传统”。

日本建筑传统是与我国建筑传统本来就是一脉相通的。由于日本善于抓住我国建筑艺术传统的精神实质，它从古到今，一贯地保持了从我国引进的基本原理和基本技巧，如建筑与自然环境的结合，室内空间与室外空间结合，流动隔断，显示结构，暴露材料，模数协调以及建筑装配化等等特征，但日本对我国建筑传统艺术，不是单纯地移植，而是继往开来、推陈出新来适应自己发展的需要。它的发展过程是从引进、改造到独创一格，自成一套传统，世世代代发展下去。因此，日本的古代建筑风格，虽然脱胎于我国建筑传统，但早就突破了我国传统形式的束缚。我国建筑艺术传统，在日本建筑发展中，仅起了像催化剂那样的促进和催化作用。随着时代的变迁，日本建筑生产过程，逐步地从直接依靠劳动者的手工操作技巧中解放出来，转向依靠科学技术的应用，实现了建筑工业化、现代化。生产方法的变化，带动了建筑设计的变化，促进了建筑风格不断地飞跃。如果将日本传统的建筑风格，与近来的对比一下，可看到：一般地已从轻巧玲珑的发展为雄伟大方的；从简朴严肃的发展为丰富活泼的；从浪漫优雅的发展为理智精确的。在百花齐放中，现代化的日本建筑形式还在新陈代谢，不断地发展，逐步代替了传统的形式。

奇怪的是，日本建筑无论发展得多么快，但它一贯地保留着一定程度的传统气味。当前，日本建筑仍是世界上最富有传统风格的。这是国际上公认的。据《日本建筑新动向》(1978 年出版)一书中报道：“现代的日本人，几乎每走一步，都显示了他对传统的认识，并且慎重地企图摆脱对传统肤浅的模仿。”又说：“虽然，现代日本青年建筑师们尝试摆脱传统，把它当作是感情用事的和有拘束性的，但是，他们往往逃避不了日本传统形式的吸引力。”例如，日本建筑师丹下健三为 1964 年东京奥运会所设计的高松体育馆等建筑群，虽然采用了悬索结构，创造各种崭新的建筑形式，但他不仅在建筑气氛上仍然保持了日本传统的轻巧玲珑、简朴严肃、浪漫优雅的风格，而且在建筑轮廓上，仍然逃避不了日本传统形式。为什么在日本往往出现逃避不了的传统呢？丹下健三在 1959 年早就提出声明。他说，在他的作品中，或者在他这一代建筑师的作品中，存在着显著的传统气味。这是由于他们的创造能力还没有成熟，这也是由于他们目前向建筑创新进军中还是处于一个过渡时期。他强调说：他没有任何愿望把他的建筑作品表现为传统形式！丹下健三的名言和他对待传统的态度，值得我们反复地思考！根据日本的经验，我们自己有什么理由死抱着传统建筑法式不放，特别是大屋顶的形式不放，把模仿遗产当作创作呢？

历史的经验为我们指出：对待建筑艺术传统我们应当采取这样的态度，即“师其意”不“套其形”，要“神似”非“形似”。今天，时代变了，那么，作为反映时代特点的建筑形象也必然要跟着变。传统建筑形象难免随时过时，对它要不断地推陈出新，有所创造，有所发明。建筑创造好比飞机发明。飞机的发明，不是由单纯地模仿飞鸟形式而实现的，而是利用从飞鸟的结构所得到的认识，以及从飞鸟动作的构造方法上所学到的经验，把这些知识汇总起来，设计成为人造的飞行用具。对于飞鸟来说，飞机的发明，仅是“师其意”不是“套其形”；仅要“神似”而非“形似”。建筑创作与传统的关系也应该如此，要“神似”而非“形似”。要“神似”就必须熟悉传统，了解传统。只有熟悉它，了解它，既了解它的外表特点，又熟悉它的内在性格特征，做到“默识于心”，在继承和创作中，才能胸有成竹，得心应手，意在笔先，达到这样的目的：即在内在形式上，既表现了传统的性格特征，在外在形式上，又独创一格；而且在总的形象上，还能使欣赏者感觉到“似曾相识”。为了发扬要“神似”非“形似”的精神，我们在创作中，就是传统形象中的精华也要突破它，推陈出新。只有这样，才能实现建筑现代化。

历史的经验，还为我们指出：为了表现我们今天鲜明的时代特点，在建筑创作方面要不惜标新立异。所谓标新立异，是标社会主义和“超工业时代”之新，立地方色彩和民族艺术之异。虽然，地方色彩和民族艺术是那样单纯、坦率、简朴、生动，值得我们学习和借鉴，但对待地方色彩和民族艺术特点，务必讲究时代性、特殊性、独创性和多样性，使它真实于时代、地点和民族。其中，时代性是关键。如果要把地方特色和民族艺术特点吸收溶化在自己的创作里，首先应当注意时代背景，要推陈出新，要能够反映今天的科学技术和物质条件，要能够表现今天的时代精神，千万不要错误地把古典遗产当作今天的民族形式。当设计者失去对自己时代的脉搏的理解和掌握时，他的创作必然会给时代风格带来混乱。无可争论，不同时代的不同地方和民族总是各有自己的特殊性。只有把各个的特殊性充分地表达出来，建筑创作才会出现百花齐放。百花齐放最需要民主与自由，最容不得机械划一，武断专横。特殊性与独创性是有着密切的联系。要表现特殊性，还要强调独创性。无可争论，建筑艺术形象，从个体上说，必须要有个人的独创性，否则就没有存在的必要。从总体上说，必然要有多样性，否则也就取消了个人的独创性。因此，在建筑艺术中必须保证设计者对地方和民族特色的处理上有创作和个人爱好的广阔天地。对不同时代、地方和民族，在建筑艺术上，一定要让不同形式和风格自由发展。提倡独创性才会有多样性；强调多样性，建筑艺术才能做到真实于时代、地点和民族。为此，我们要坚决地防止建筑艺术专制化！要防止少数“长官意志”武断专横，以狭窄的艺术趣味统治建筑创作，把某些地方特色和民族艺术特点公式化、刻板化，到处生搬硬套，从而造成百花凋残，万马齐喑的局面。在今天，如果有人仍然顽固不化地对陈旧的地方特色和民族艺术特点肤浅地崇拜，盲目地跟从；如果不顾现代的建筑内容、技术条件和时代气息，错误地把模仿遗产当作创造，那么，实际上，这是借继承传统之名，行宣扬封建思想之实，让三十年代“保存国粹”之风死灰复燃。这对实现建筑现代化，是十分有害的！

以上讲了如何在传统基础上进行推陈出新的问题。这里扼要地交待几句关于推陈出新的另一条途径——即借鉴和吸取国外的有益经验，使洋为中用。这是必要的，对丰富我国建筑艺术的表现力和提高技术水平有积极意义。实际上建国以来，国外经验已经在我国建筑创作上普遍地运用了，并取得了一定的成就。如北京和平宾馆、首都体育馆、上海体育馆、广州白云宾馆、桂林火车站和南宁剧院等都是比较成功的作品。但令人遗憾的是，过去曾有一个时期，部分建筑工作者焦急如何在建筑形象上推陈出新，有点手忙脚乱。他们往往盲目地向国外吸取所谓先进经验，错误地把国外折衷主义建筑艺术移植到我国来，竟然把没落的夕阳，错误地当作旭日东升，刻意模仿。谬种流传，误人不浅。特别是，从苏联移植过来的建筑设计，如中苏友好大厦、广播大楼等等，处处要严肃对称，处处要豪华壮丽。洋专家们企图采用东拼西凑，繁琐堆砌，弄虚作假，华而不实的手法，来表达新时代的宏伟气概。其实际艺术效果恰恰相反，却是笨、重、大、费，反而启发人们联想起一副咄咄逼人的封建统治者的面孔！

尤其令人不能容忍的是，错误并未就此结束。不久，在“民族形式，社会主义内容”的号召下，移植来的折衷主义建筑竟然变本加厉向“中西合璧”发展了，具体表现是：在苏联古典建筑格局的基础上，不同程度地“焊接”上我国建筑传统装饰，如亭阁式屋顶、琉璃檐口、漏窗、彩画、花饰、纹样等等，形成了不伦不类的“集仿”风格。这种把“洋而古”和“中而古”的东西，“焊接”在一起的“中西合璧”，它是物理的混合，而不是应有的化学的化合，完全脱离了融会贯通、同化而合一的原则！北京全国××展览馆建筑群的综合馆等等可以算是“混合”建筑的典型。当时与此类似的华而不实的作品确实不少。奇怪的是，国外折衷主义建筑的发源地，近年来，都在大搞建筑革新，不少新建的城市面貌焕然一新。唯独移植到我国的折衷主义建筑仍然经常出现，好像还在生根繁殖。如果不端正设计思想，与过去遗留下来的旧观念和旧艺术趣味彻底决裂，折衷主义还可能大规模地借尸还魂！正因为如此，我们在反对“以古范今”越搞越古的同时，还必须坚决反对盲目崇祥和单纯的移植，越搞越洋。

（以下删节——编者注）

（原载《建筑师》第1期，1979年8月出版。）

林乐义

谈谈我们“建筑师”这一行

我们正在为实现四个现代化迈开步伐，建筑界当然也不例外。但是建筑工作者在消除余悸里多少还有些复杂中带点观望、矛盾中带点沉默的心情。《建筑师》的创刊和发行对建筑界有一件好事，因为它为建筑工作者和建筑师们又提供了一块新的园地，让大家对广大建筑界存在着的问题，各自都有更多发表自己的想法、看法、做法而自由地“抒己见”的地方。即使不必大“争”，也大可“鸣鸣”，从而使大家得到相互了解、相互学习、相互启发、相互鼓舞的益处。总之，多一块园地比少一块好，会使同行们感到天地更广阔些，更便利些。

回顾二十年前，中国建筑学会曾专门为了建筑创作问题召开过“建筑艺术”座谈会（虽然“建筑艺术”这一概念，今天需要从新估价了）。当时“争鸣”的热烈活跃气氛，还深深地留在我们的记忆里。二十年很快就过去了，目前，全世界的科学技术正以从来未有的高速度向前发展；我国正为实现四个现代化而努力奋斗，相距 2000 年只有二十年多一点，而到 1985 年只有六年了。“时乎时乎，不再来”，摆在我们建筑工作者面前的任务是十分光荣而兴奋的，但也是十分艰巨而紧迫的。然而，问题似乎还并没有被我们所透彻了解。各地走走，就会碰到目前对建筑界还有不少这样或那样的议论与反映：一种是建筑师或建筑这个工种过剩论。一些设计规划单位成天说缺这个工种，缺那个工种，就是不缺建筑工种，学建筑学的人员“不务正业”而改作别用的还是大有人在。由于社会上对建筑师好像并不那么急需，在全国有建筑学专业的七、八个大学里，建筑学专业的招生远不及“工民建”那么多，总的来说比过去是减少得相当的多，据说全国每年也不过招五、六百人，有些大学的建筑学专业还没有恢复。一种是建筑师无用论。认为搞一个工程，由工艺、结构决定之后，建筑工种只要“配合配合”就可以了，甚至于即使没有建筑工种“配合”照样也可以盖房子，而且可能还要经济一些、坚固一些。国外不是也有“没有建筑师的建筑”有时“更合理”的论调么？英国皇家建筑师学会在六十年代颁发的金牌奖章，有三次的受奖者都不是“建筑师”，也不是英国人（一次是意大利的结构工程师奈尔维，一次是澳大利亚的结构工程师阿拉普，另一次是美国的技术革新家福勒，是颇令人玩味的）。再一种是“建筑是艺术”的纯艺术论。虽然建筑作为造型艺术的专有领域这一传统的学院派观点早已过时，并已转向与人类科学技术的高度发展和人类生活发展联系在一起了，但时至今日仍有人（而且还相当的“不少”）认为建筑师就是搞艺术造型、画立面、研究房子外表的线条、体形和装饰的，和四十年代外国有些人认为“建筑是装饰了的构造”异曲同工。如果说今天广义的理解，建筑是通过房屋形成人的环境，因而建筑设计是“环境设计”这一新的概念的话，那么我们许多建筑师（外国也颇有人在）却还在把大量的功夫花在室内环境和室外环境的交界那片墙上（而且是室外那一面所谓外立面上）。有些人评价建筑师的“高低”，似乎也把重点放在立面、透视图、渲染画面的绘画技巧上，甚至于还遇到把建筑师和建筑工作者与美术家和美工人员区别不清、混为一谈。还有一种是盲目服从的思想。以为搞建筑设计，是非真理很难说清，“谁大谁说了算”，因此只要摸透某些“领导”的脾气，听其意志，投其所好，安心地做“驯服工具”，这样做出来的设计才是与“通过”和“选上”成正比的。在“四人帮”横行霸道的日子里，这确是一种比较“安全可靠”的办法。很明显，这不是一种实事求是的科学态度，不是听从各方面意见的民主作风，而是对党的事业极端不负责的表现！说实在，各种各样的思想在建筑界还有很多，我想同行们肯定会举出更多的实例和问题。这些现象和观点，如果大家不共同摆出来议论、讨论和评论，无疑地会妨碍建筑事业的发展。建筑师是否过剩？建筑工种是否无事可做？建筑学有无前途？归根到底我认为是对“建筑”和“建筑师”的现代含义、前途与任务的认识问题。

目前，我们有许多人对“建筑”和联系在一起的“建筑师”，好像有点“似曾相识”但混淆不清的现象。

日本的《新建筑》杂志1977年12月一期增刊中曾提到中国“现在没有建筑师的资格制度”，看来是一个“善意的误解”。原因是这些年来我们许多人把建筑师所学的那个“建筑学”的“建筑”(architecture)与“建筑物”或“房屋”(building)及“建造”或“营造”(construction)混在一起来理解，因此，“建筑师”(architect)也以“工程师”(engineer)来代替了。而建筑师这个行业和称号却渐渐地被人模糊了，遗忘了。为了更符合客观实际的需要，为了在国际交往中避免常常发生的不必要的误解，将“建筑”与“建筑工程”(房屋及建造)分开，将“建筑师”和“工程师”分开，恢复建筑师职称，我看“正正名”是更有利于我们专业化工作开展的，也是符合我们事业的发展和国际交流的需要的。

目前，世界平均每千人大约有0.12个建筑师，欧洲各国这个数字是0.3～0.5人，美国约有三十万个建筑师，平均每千人中有1.5个建筑师，平均数字是很高的；在我国，根据学会不完全的统计，搞建筑的建筑师约六千人左右(这个数字是根据建筑学会六十年代初期登记过的建筑专业的工作者的大致估计。国外许多大学建筑专业毕业就算建筑师了，我们甚至有些毕业一、二十年还是技术员的，即使提级也只称“工程师”。这里只称建筑专业的人员为建筑师，而非建筑专业毕业的与非建工系统的均不包括在内)。就九亿人口的国家来说实在太少了，而不是多了。

问题还应当回到建筑师的时代任务这个核心问题上。建筑事业的发展和任务从来就是而且越来越明显地受到各种科学技术发展的影响和制约的。世界上两次划时代的科学技术革命，对建筑业都带来极其深刻的影响：第一次工业革命以蒸汽机发明为标志，它大大地解放了人类的体力劳动，引起了生产的极大发展，也导致了世界现代建筑工业化的产生和发展。现代建筑经历漫长的曲折道路终于取代了学院派的学术领导地位。第二次工业革命是以电子计算机的发明为标志，它极大地解放了人类的脑力劳动，而且其发展速度远远超过了第一次工业革命。有人估计，机械承担工作量的增长，几百年来平均约为人力所承担工作量的十倍；而电子计算机帮助一部分人的脑力工作，其处理信息能力在几十年中却增长了五十多倍。日本著名建筑师丹下健三在1959年就预言：建筑师“在向现实的挑战中，必须准备为一个正来临的时代作斗争，这个时代必须以新型的工业技术革命为特征……，在不久的二次工业革命中，将改变整个社会的特征。”我们正处在这个时代，它已经和正在触动整个科学技术的新发展并引导出许多新科学技术的产生，以致建筑师的任务和建筑的意义也随之改变了。

今天，摆在建筑师面前的任务，已经不是三、四十年前那种情况了。如果说学院派(BeauxArts)时代的建筑是以处理造型艺术作为它的主题的话，现代建筑的产生和成长就是为与现代科学技术的相适应而斗争的过程；它并不排斥艺术的作用，但它是受科学技术所制约的，它起着当代建筑师们称之为“第二功能”即“精神功能”的作用。正如现代建筑第一代先锋大师密斯讲过的：“如果工业化、社会经济、技术问题解决了，艺术问题也就解决了。”现代建筑如果要用最简明的说法来阐明，就是“技术加艺术”；而且是前者制约着后者。尽管国外在建筑创作上派别很多，“主义”不少，但我们应该看到的是大方向和主流，不要为一些枝节所迷惑。美国已故著名的老一辈大师赖特，生前就提出过：“建筑是用结构来表达思想的科学性艺术”。日本的建筑师们就曾提出：人的创造要与技术的高度发展相结合，因为技术和人一起在变化，技术在改变着人的生活和工作的面貌；人和技术的关系，就是人的重要的生存条件，人们不用相适应的科学技术去维持活力与创造性，就难以生存下去！

现代建筑发展到今天已经几十年了，按国外一些建筑师的说法，现代建筑已由第一代到了第三代，甚至有人认为已经到了第四代了，建筑师的任务又远远地超出过去那种孤芳自赏的狭隘范围而成为包罗万象的大天地了。它已广泛涉及到从一个国家的政治、经济、法律、社会到各种具体政策；从一个单体建筑到一个小区、一个城市、一个地域的发展；从环境设计、交通问题、城市污染、能源节约到生理学、心理学和生态学的研究等等。而且还在迅速地不断地向广度和深度继续发展。

在建筑教育上，从长期占领建筑教育阵地的“波沙”学派发展到“鲍豪斯”现代建筑教育，又发展到今天，变化很大，特别是所谓第二次工业革命以来的二十多年中，变化是惊人的。如“波沙”的主要课程为构图、柱式和渲染，后来加上工艺、结构、设备、材料等技术课程也只不过十多门课；现在建筑教育的课程就多的多了，例如，美国较著名的麻省理工学院和哈佛大学的建筑学专业课程，包括必修的和选修的就达一百八十门之多。据粗略的估计，一个人要把全部建筑学课程学完就要二十年左右。而且新的课程随着科技的发展还在不断的增加，很多课程都是前所未有的，例如：电子计算机及其软件编制在建筑各种领域中的应用；环境设计、工业化体系设计、行为程序设计、视觉设计和模型模拟设计的新概念；再如与建筑各方面有关的，在设计施工中利用综合的科技成就有条理地处理问题的科学学和系统学；对于发展事物的研究而作出科学的预见的未来学以及优选法、运筹学在方案、施工和设计中的具体应用等等，都是新发展的事物。虽然我国的实际情况与外国不尽相同，但大多数的科技发展将是共同的。相形之下，我国建筑业许多地方和部门仍处于差距较大的地位，像住宅问题、城市规划问题、环境污染问题、道路交通问题……以及一切新技术新材料新设备问题，都是急亟解决的。

我们是生活在如此迅速发展的科技变革的时代，正如第三代建筑发言人之一文丘里(Venturi)所断言，建筑师面临的挑战是越来越复杂，越矛盾。建筑师对社会的责任和要解决的问题也与日俱增。专业分工对我们的要求也更深、更广、更细了，一个人的能力实际只能学习其中一部分，解决处理问题的一部分，要想像过去那种搞个人“小天地”，个人奋斗成名成家的日子已经或将近结束了。西班牙有个建筑师在国际建协十三届会议上曾说：“荒谬的是建筑师常常把自己给局限起来，除了自己的个人兴趣外，缺乏判断事物的知识，这常常造成自高自大与空虚。”外国多数建筑师已肯定，在七十年代里，没有一个建筑师能够单独地进行一个较大的设计工作了，高度技术、工业化都需要专业化的协作。像美国较大的私人建筑事务所史奥美(SOM)，一代大师格罗皮乌斯的建筑师合作社(TAC)，就集中了许多专家和建筑师在一起工作，完成了不少较出色的设计。应该指出，在我国，已经树立起来的集体设计和发挥集体智慧的创作作风，正是我们社会主义制度优越性的反映，这是使我们感到自豪的。它对走向专业分工创造了极大的方便。

现在之所以存在着一些错误的认识和不正常的现象，原因是多方面的：有关领导没有充分地估计和理解建筑师今天和明天所面临的任务而作出全面的适当的安排；建筑教育部门在“四人帮”捣乱时期与世界建筑教育脱节，以致一些建筑教育内容仍受到旧学院派的某些影响，与其他科技的发展“同步”不起来；一些关键性的新的学科缺乏师资开课，近年来出现一些好设计，但也有的设计水平还停留在较保守的水平上(一些工程的方案和二十年前十周年国庆工程的设计方案水平相差无几，有人称之为“二十年一贯制”水平)，相对于迅速发展的社会需要来说就等于质量下降。再说我们建筑工作者和建筑师对自己时代所负的职责还模糊不清，停留于一般地完成任务的观点上，由于“四人帮”的干扰，对新的发展缺乏深入的学习和研究，“争鸣”的风气还没有充分树立起来。因此要改变旧有面貌，取得新的突破，各方面都要把这些问题提到日程上来，加以研究和解决。

看来要根本解决问题还应该从教育开始，因为建筑教育是培养建筑师工作能力的基础。已有的几千个建筑师虽然少得可怜，但仍然是发展我国建筑事业的主要力量；应该有领导有计划地组织建筑师进行学习和研究。“工欲善其事，必先利其器”，建筑工作者还应该提高自己的水平，掌握世界各国建筑业的基本“行情”和“动向”。要承认差距，要不甘心落后，才能迎头赶上。

摆在我们建筑师面前的任务是如此艰巨，应该做的事又是如此之多，但只要我们共同努力、团结一致，消除余悸、肃清余毒，冲破禁区、破除迷信，解放思想、努力学习，探讨新事物、熟悉新动向，研究新问题，实事求是、提倡科学和民主，我们的建筑事业在党的领导下，肯定将会在悠久的文化传统结合近代科学技术最新成就的基础上，为实现四个现代化放出光芒，做出贡献！

(原载《建筑师》第1期，1979年8月出版)

陈占祥

关于北京市的城市规模

按北京现有规模来看，北京早已不是一个大城市，而是一个大都会区——所谓 Metro politan Area。

大都会区是近几十年来出现的新概念，它有别于以前的一百万人口上下的大城市。北京今天市辖区范围已经达一万六千平方公里；到 2000 年，在这一地区内人口将达一千万。这是一个十足的“大都会区”，就规模而言与世界上各大都会区没有什么区别。有的同志提出，到 2000 年城区人口控制在 350 万。这样提法似乎在北京地区内今后会存在一个相当集中的建成区，叫做“城区”，外面还有一个相当广阔的农村地区；为保持两者之间的平衡，中间有一系列“小城镇”。伦敦这些年来在周围地区修建了 17 个新镇，其中一个位于伦敦大都会区(大伦敦市行政区)，其余都在外缘地区。这些新镇建设并没有有效地阻止伦敦继续向四郊扩展，同时却又产生了新的问题，即旧市区的衰落。当然，在资本主义制度下，城市发展是受市场经济左右的，产生这种现象也很自然。我们有可能有计划按比例地进行建设，比他们更有把握控制城市人口与规模，但这不等于说我们可以照主观意志办事。

大都会区的出现是工业社会发展到现阶段的必然产物。它不同于以前城市的概念，这是由于(一)除了大都会的中心领导地位(即行政中心)外，还得设置大量的加工工业和服务工业——或者说第二和第三级工业；(二)经济活动分工越来越细，专业化程度越来越高；(三)现代交通运输的高度发展，使人的流动能力越来越大；(四)就业与居住地点的选择性越来越大。结果是大都会区面积空前扩展。这使规划概念也起了相应的变化。街道、广场、建筑群一类的尺度已经不能适应新的需要；单一的功能分区不能满足分工与协调的需要；生活水平的提高对游憩文娱要求更高；城市居民要求更方便地接近自然等等。不断变化着的社会需要对环境设计提出新的要求。当然我国城市现在尚未发展到这种阶段。但我们终究要进入世界先进工业国的行列。因此，西方目前在城市建设中所走过的道路值得我们认真研究。看来大都会区的形成不能单单归咎于资本主义制度下市场的作用，恐怕技术的高度发展、经济建设的迅速发展是形成大都会区的一个重要因素；这两者是相辅相成的。我看有些因素在我国城市中会起同样的作用。我们起步晚，但由于社会制度的优越性，我们完全可以避免西方在处理城市化问题上所经历的困难与危机。例如，旧市中心的衰落，促使大量企业外迁；居住面积的提高造成大量占用郊区良田；过分强调个人的流动性，导致居民点的过分分散等等；还有因此而引起一系列社会问题：地区内发展不平衡；居民贫富在地区上明显地表现出来；就业机会不平衡等等一系列所谓危机。

多少年来，各国的规划指导思想总是千方百计控制城市过分的发展，三、四十年代的城市规划的编制总是以此为目的。可以说，没有一个大城市在这方面取得过任何成就。苏联做得比较好一些，但也远远没达到控制的目的。我们也是如此。虽然比起第三世界其他各国来，我们没有像孟买、马尼拉等亚洲地区大城市所经历的爆炸性的城市危机，充分证明了我们社会制度的优越性；但是规律性的东西是客观存在，由于我们的社会制度和先进思想，我们可以认识这些规律并且驾驭它，但不能取消它。城市建设必须为早日实现四化而创造条件，如果工业化要求有大都会区这样的城市规模，我们不能不这样按规律办事，如果非要为控制而控制，那么必然会事与愿违。这不等于说控制是不可能的，问题是要按照规律来控制。

有同志提出到 2000 年把北京市城区人口控制在 350 万。我觉得这样控制的根据是不足的——当然我也仅仅是从概念出发。我想提出的是：在城市规模问题上，我们是否应当研究一下，在北京市一万六千多平方公里范围内，人口估计为一千万的情况下，在四个现代化过程中，如何利用一切资源(从最广泛意义上说)来承担起首都的全部职能。目前我们是否要

(下转第 59 页)

杨廷宝　郭湖生

中国古代建筑的艺术传统

世界各国不同历史时期遗留的著名建筑物，反映了这些国家或民族的经济文化发展水平和各自的民族特色。人类所创造的各种事物中，建筑居有特殊地位：重要的建筑往往是集中了全社会的劳动和智慧的成果，具有历史里程碑的性质，持久地对后世产生影响。

建筑，无非就是使用天然或人工的材料，利用其某些特殊属性来形成人们所要求的空间环境；建筑作为艺术手段，则以所形成的环境气氛，或者说感染力，给人以预期的精神影响。建筑艺术有自己的特殊规律，并且在不同民族的历史发展中形成各自的特殊风格。不过，一切成熟的建筑体系，都表现为善于运用材料，结构合理，手法洗炼，富于表现力。古代两河流域的人民是使用黏土材料的能手；古代埃及人、希腊人、罗马人是运用石料的巨匠；中世纪欧洲哥特式建筑的巧匠们，把夯笨粗糙的石料，变成非常迷人、优雅、庄重而又轻扬、柔和的艺术品，令人钦佩不已。

说到中国古代的工匠，则称得起是运用木料的大师。在这一体系中，木料的一切特质和优点可说是发挥得淋漓尽致，毫无遗憾了。当然，在中国，木料不是惟一使用的材料，石、土、陶质材料、琉璃、金属等等，都有重要用处，也有以砖石为主要材料的建筑，但是，总的看来，木建筑体系是主流。

比之砖石材料，木材在力学性能、防火防腐等方面有显著弱点。然而，它也有不少优点：容易采伐运输，容易加工，施工快，灵活适应性大；尤其造型上有丰富的表现力，可以赋予不同性质的建筑以各种表现：庄严、肃穆，秀雅、华美、简朴、奇谲，等等。这是它在一定条件下得以存在和发展的原因。

中国古代建筑体系，如参天大树，叶茂根深，独立不群。不过，中国历史上许多伟大的建筑物、宏伟的城市、精美的园林、瑰丽的宝塔等等文化珍宝，多已毁灭无存。现在保留的，多数是较晚期的遗物。虽然如此，其中蕴藏的文化财富仍然值得珍惜，足可引作借鉴。中国地域广袤，又是多民族国家，有很多地区和民族的差别，因此，这里只能举其大要加以论述而已。

一

中国古代建筑风格独特，它最根本之点，就是结构和艺术造型合理地融洽一致，而不是削足适履，相互抵牾；许多造型艺术上的特点，实际上来自结构本身的要求，并非矫揉造作。我们首先说明这一点。

木结构的施工步骤：首先选择木材，截料取长，审曲面势，斫削成形；然后，在基址上组合安装。因此，计算用料，绳墨卯榫，要求精密准确，否则会造成施工困难，甚至不能组装。然而，误差总是难免的，为了防止因误差而出现不利情况，须采取预防措施。例如，柱和枋的结合，依靠相互之间榫卯穿插来结合，在节点处应当形成压力，避免出现外倾拔榫。为防止外倾，采取有意使柱内倾的做法；柱的截料加工，计入这个倾斜度，这在宋代的《营造法式》中称作“侧脚”。我们观察许多古建筑物的外围柱，就能明显看出这种内倾做法。外围柱由中心向隅角逐渐加高，也是为了使重心内倾，《营造法式》称为“生起”。这种做法使屋檐成为曲线，檐角微翘。同样，为了使重心内倾，屋脊和房檩也有从中间向两端增高的“生起”。屋面纵坡呈微凹的曲线，也是出于构造要求；因为，屋面铺瓦，如果垫层凸起，容易出现缝隙，引起渗漏，匠师术语叫“喝风”；为了避免喝风，宁可使屋面微凹，实际也是预防措施。中国古代建筑的屋面加工为奇妙的曲线，固然有艺术的夸张成份，但它源起于构造要求，并非故弄玄虚。

其次，简单分析一下中国古代建筑的单体的特征。

中国古代木结构是骨架系统（Frame System），屋面和楼层的各种荷载，由梁柱负担，传至基础。通常，外围的墙体不承重，厚重的外墙用来增强骨架刚性，抵抗水平荷载（风、振动、摆动等作用力）；因此，中国古建筑的平面形式，以构架柱网的布局为基础。由于木料的天然尺度和力学性能，柱网常呈矩形，而且尺度变化幅度有限。建筑的规模即用柱网布局和尺度来表示：四柱形成一“间”，正面叫“面阔”，纵深叫“进深”，建筑术语称以“面阔几间、进深几间”表示规模。

复杂的平面，往往由几组简单矩形柱网合成。中国古代建筑很少用曲线平面，若用，也是构件尺度比较单一的扇形、正圆形之类。这都是由于木结构的特性所致。

木结构的构件，以梁、柱、枋为主，还有一种特有的“斗栱”构件。它本来起重要的结构作用：一，层层出跳，来承托深远的出檐；二，承于梁、枋、檩下，增加支点长度，减少挠度；三，在内外柱列上形成纵横交错的结构层，用以增强整体性、刚性。后来，它逐渐失去结构性能，蜕变为装饰性的构件，如所谓如意斗栱和南方常见的象鼻昂，造成华靡奇谲的外感。但是，由于斗栱曾是用料数量较多的构件，唐宋时期形成了以栱的用料尺寸作为基本单位来确定其他构件的用料尺寸的制度，在《营造法式》中称作“以材为祖”，“材”就是栱的断面高。清代官式做法中殿阁大型建筑的构件尺寸则以“斗口”为基本单位。这样，斗栱的结构作用虽已减弱，但仍保持了作为尺度单位的性质。

早期（唐以前）中国木构建筑很少纯装饰的附加件，一般即对结构构件本身施以适当的艺术加工，而且和构件的力学性质相适应。例如，柱，有称为“梭柱”的做法，柱身有轻度柔和的卷杀（Entasis），上段收杀稍甚，增加柱的稳定感。再如梁，选用木料，利用其天然曲度向上拱起，以减少挠度；于是，着意加工为曲线优美的弧形梁，称为“虹梁”或“月梁”。构件加工所依循的原则是，反映构件的力学性质，给人以简捷轻快、有弹性而不沉重压抑的感觉。柱、梁、栱的卷杀，似乎增添了弹性和韧度，虹梁、飞檐，给人以轻扬的快感。其他如驼峰、托脚、蜀柱，一经加工，变平凡为神奇，夯笨的原料成为生动的艺术品。这就是中国古建筑处理构件的内在旨趣。

中国古代建筑的单体造型中，屋顶占有重要地位。从简单庄重到繁复华丽，变化幅度很大。早期屋顶型式简单，唐代开始渐渐复杂。例如敦煌壁画中，除了习见的庑殿、悬山、攒尖、歇山，还有圆、八角、十字脊等；宋画黄鹤楼、滕王阁等著名建筑，以唐代建筑写真为粉本，形体相当复杂。正如杜牧《阿房宫赋》所写：“廊腰缦回，檐牙高啄，各抱地势，钩心斗角”，十分华美。现存的古代建筑如山西万全飞云楼、北京故宫角楼、承德普宁寺大乘阁，都足可表现古代重楼杰阁的高度造型艺术水平。外形表现性格。北京天坛祈年殿就是一个典范。它整体稳重、庄严、和谐，三重檐圆攒尖顶，用闪耀金光的宝顶结束；具有崇高、向上的态势，这和祈祷上苍赐予福祉的思想是相适应的。

在古代中国，有经验的匠师处理建筑群，非常重视建筑单体之间的型式、体量，高下关系。屋顶构成建筑群轮廓线，必须避免单调雷同，要有主有从，跌宕起伏，疏密相间，富于节奏韵律。这方面，北京故宫建筑群是个范例。各地一些民间建筑，屋顶组合自由活泼，切合实用，不乏优美动人的例子。

木构建筑所发展起来的种种造型和装饰艺术手法影响了砖石建筑。许多砖石建筑的构件形体脱胎于木构建筑，乃至整个是木构仿制品，早期就是如此。例如汉代石阙，即模仿木构阙，以至栌栱楣椽，瓦当脊饰，无不毕具。又如砖石塔，早期自有体系，形体简洁优美，如北魏嵩岳寺塔和唐法王寺塔所代表者；然而唐代中期开始逐步发展仿木倾向，愈演愈烈，乃至用砖石雕砌出柱、枋、斗栱、椽瓦、门窗、栏杆、平座等等，尤以辽金密檐塔系突出。这种现象，在砖石结构的墓室、无梁殿、亭、牌坊等类型上也很普遍。从砖饰面工艺发展起来的琉璃饰面工艺，也沿袭了这种仿木倾向。

仿木倾向促进砖石雕刻和琉璃饰面的发展：花纹题材丰富，构图细腻活泼，出现不少精美的作品，但对砖石结构本身，如不摆脱木构体系的窠臼，就会受到束缚。中国古代石工，只有石拱桥这些类型，摆脱木构影响，得以出现隋代赵县安济桥那样技术和艺术成功结合的惊世杰作。

总起来看，木结构始终占有中国古代建筑的主流地位。它有自己的结构、造型、艺术处理和组合布局等方面的特征。我们由此进一步来分析一下几个方面的问题。

二

中国古代建筑通常以组群形式出现。

把使用功能上不同的若干空间包容在一个单栋建筑之内，中国某些山区住宅也是有此式的；但是，空间数量超过一定限度，就会引起屋顶排水、采光、通风和结构安排上的困难。因此，通常采取把不同功能分属于若干单栋建筑、而把使用上相互有联系的单栋组成单元的办法来解决。这样的单元通常就是由单栋建筑(主要的与附属的)、入口(门)、廊庑(交通联接)、墙垣(分隔)等所围绕形成的“院”。一个大建筑群,由若干不同性质要求的“院”组成。组成院的建筑,其型式、尺度、数量等,取决于使用功能要求。

例如住宅,最简单的只有一个院,如云南的“一颗印”式住宅和江南的三合头天井院,由主房(楼房)、配房、垣墙组成院。典型的北京四合院住宅,用垣墙和中门(垂花门)界分内外。内院为居住生活部分,由上房、厢房等组成,外院是客人所到处,大门位于侧近。内院是住宅的主要部分,比较华美的装饰,富有生活趣味的树荫、藤架、花台、鱼池、陈设等等,都聚在内院。复杂的大型住宅,则有多组居住内院。

再如祠庙,主要空间是献祭偶像的殿宇和对面赛神的戏台所组成的院,两侧是观剧的楼廊。其余的院,则是从属的。主要空间占有宽敞的足够众人活动的庭院,精美华丽的装饰也集中于此。

再如宫殿。故宫的中心是太和殿,皇帝大朝会所在,因此,主要殿宇要表现皇帝的崇高尊严,殿前有可容万人的广庭以供朝会仪仗和百官班列的回旋。殿庭周围建筑,并没有实用意义,它们属于礼仪性质,其空间体型的艺术要求占主要地位。

一个大建筑群,在到达主要空间之前,要经过一些空间单元作为过渡性层次,逐步加深印象,前后对比,使高潮的到来感觉更为强烈。这和中国绘画中长卷形式的道理一样:你不能一览无余,必得逐步领略。晋代大画家顾恺之,吃甘蔗总是从梢端开始,别人问他为什么,他答:“渐入佳境”。空间艺术尤其要有过程、有层次,来达到预期效果。

例如故宫,在到达高潮太和殿区之前,先要经过两组性格不同的过渡部分——天安门和午门。天安门是皇城的正门,前临金水桥的广场,以宏伟壮丽为特色,它以从大清门开始的千步廊纵长通道为前导;午门是宫城(紫禁城)的正门,以森严威猛为特色,雄大的城楼,踞于高峻城阛之上,气氛肃杀,给人压抑之感;它以端门开始的千步廊为前导。穿过午门的逼仄空间,到达太和门前广场,顿觉开阔宏大,气象万千;然后进入巍峨壮丽的太和殿广庭空间。

从进入正阳门起,故宫主要建筑层次全在一条中轴线上,前后连贯,采取严肃对称的布局。而故宫的轴线,延伸为北京全城的轴线,北起鼓楼、钟楼,南抵永定门,长达七公里半。这一安排,使故宫居中为尊的地位更为突出。故宫建筑群的强烈空间效果。不是以单体建筑的体量取胜,而是依靠空间层次的处理和纵贯全城的轴线构图来突出它的伟大壮丽。这是中国历史上长期都城规划经验积累的结果。

在到达主题建筑之前经过的空间层次,要为突出主题作铺衬。例如北京天坛祈年殿一区。进入天坛外垣,是参天的柏树林,肃穆绝嚣,似乎隔离尘世。经过幽静冗长的林间道路,登上祈年门前高台甬道,宽敞坦平,解除了闭塞的感觉。进入祈年门,优美庄重的祈年殿呈现眼前,孤兀特立,超出林海之上,四望寥阔,惟见天际浮云,令人产生神圣静谧,与天相接的心情。这正是祭天场所所要求的气氛。这里,密集的树丛为突出主题作了很好的铺衬。祈年殿一区的造型、尺度、色彩、绿化都很成功。

同为祭祀建筑,太庙与天坛不同。太庙四周也用柏树林形成隔绝的气氛。但是太庙本身用高大墙垣封闭,太庙大殿与两庑,均踞于高台之上,进入殿庭,人所处位置低卑,产生严肃敬畏的气氛。这和天坛的孤立而开阔的空间性格全然不同。可见,空间的封闭与开放,建筑的尺度和型体,乃至色彩、绿化、装饰手法,都是影响空间性格的因素。

在组成院的各单体中,主建筑体形大、地位高,居于正中;次要附属建筑,则列于两侧,形体较为低卑;入口门庑,常正对主建筑物。从古代建筑的若干例子看,门庑与主建筑的距离和尺度大小,存在一个基本原则,即:从入口处当门而立,通过门庑的柱、檐楣(或门券洞)所构成的景框看主建筑,应是一幅在景框内剪裁得体的完整画面。从蓟县辽代的独乐寺山门与观音阁,到明清故宫、天坛的门殿关系,均遵守这一基本原则。这显然是一种长期传统的建筑空间构图手段。从这里可以看到中国古代建筑那种斟酌入微,须得细心体察才能发现的艺术手法。许多细节,都经过深思熟虑,都表现出高度的文化艺术素养。

中国古代建筑长期形成对称的布局方法。这是因为建筑群内总是有主有从,为突出主建筑的地位,最明显直接的办法就是中轴对称布局;举凡住宅、官署、宫殿、庙宇等,莫不皆然。但是,由于地形或地基位置不能采取对称布局时,也表现为灵活巧妙,颇惬人心的非对称的高超手法。中国名山大川,许多寺庙错落其间,不乏优秀的非对称布局杰作。最常见的方式是主殿与门庑一组保持对称，而附属各院与过渡部分采取灵活自由的安排。例如镇江金山寺，以山巅宝塔为主。杰峙江头，为运河入江处标识；周围随地形高下，自由布置亭、廊、小殿，而在山麓的山门大殿一区，采取局部对称布局。拉萨的布达拉宫，是非对称构图的杰作。宫踞于山巅，建筑和山岩联成一体，轮廓线也高低参差如峰峦起伏，气势愈觉雄伟。至于中国古代园林，取法自然山水，尤其摒弃规则对称布局，着意自然情趣，发展了自由构图，有很高成就。这些，都表示中国古代处理非对称构图建筑群的范围，也很广泛；特别南方民间住宅，有很多空间组合、形体都很巧妙而又切合实用的佳例。

中国古代在处理建筑群或整个城市与自然环境的关系时，表现为利用和改造两个方面。中国古代重视利用，因此就重视选址。除了地形、水源、交通、防御等因素之外，城市、建筑群在艺术构图方面的要求，也常是选址考虑的重要因素。例如秦始皇造朝宫（阿房宫），“表南山之巅以为阙”（《史记·秦始皇本纪》），以高峻的山峰当成宫前双阙，构图意境气局很大。隋炀帝建洛阳宫，指定以伊阙为宫阙，也是此意。陵墓建筑群和自然环境关系尤为密切，中国古代优秀范例不少。第一数秦始皇陵。陵以骊山主峰为屏障，负山面河，俯临平原，左右岗峦环抱，拱绕陵体，其间数十里苍茫原野，以陵体为中心。这个气局宏伟的环境，本是天造地设，只有陵体是人工筑成。再如唐乾陵，以梁山主峰为陵体，前有两次峰对峙，作为陵域阙门，筑高台，数十里外遥可望见，突兀天际，极为壮观。这些山峰也是天然既存，只是善于选择利用，顿成佳妙。再如明十三陵，以天寿山为中心形成陵区，周围山峦萦回，中为广阔的河谷盆地，形成完整的内向的环境；南侧入口处两小山对峙，恰如门阙，其前选址建石牌坊，正遥对天寿主峰，构图效果极好。整个陵区，自然地貌并未改造，只是在适当位置缀以适当建筑，形成前导和层次，便收到画龙点睛的妙用，是高超的利用手法。

其次为改造。为建筑群环境气氛所需，对自然面貌加以改变，高者堕之，低者培之。例如故宫后景山，是故宫构图终点，乃人工所筑。园林中更多人工峰峦洞壑，制造山林气氛。然而中国古代历史上，城市最大改造自然的工程，是治水，除河渠运漕所需之外，绿化、美化环境亦是目标之一。例如汉长安昆明池，魏洛阳天渊池、南朝建康玄武湖、北宋开封金明池、北京颐和园昆明湖与杭州西湖等等。均为人工拦截溪流、汇成水面，成为著名的风景胜地；许多水面，也是城市景区空间的主要成分。

中国古代建筑外部空间艺术包含单体合为群，群组合为城市，建筑群、城市与周围自然环境的关系等问题。在这些方面，中国古代建筑有自己的特点和高度成就。

三

中国古代建筑采取木骨架系统，给室内空间带来很大的灵活性。

内部空间范围，可以由地坪直到屋面底层，因为许多情况下，梁架范围也可以使用。所以，由屋顶、外墙所包围的全部建筑体积内，可供使用的内部空间比率常常是相当高的。

中国古代建筑的外观分层和内部可以不一致。外观是单层的房子，内部可以局部是两层；这种方式南方民居常可见到，宫廷府第也有，例如故宫宁寿宫养性殿和乐寿堂、恭王府的锡晋斋等。或者反是，外观是多层楼阁，而内部却是完整的单一空间，例如大佛阁一类建筑。唐代密宗倡行，开始造大佛像，常高达20～30米，超过木料的常用尺度，不得不叠接数层来容纳佛像。这种楼阁形成空腔，佛像穿透各层，直达屋顶。例如蓟县独乐寺辽代所建观音阁（两层），正定隆兴寺宋铸千手观音铜像所在的大悲阁（外观三层），承德清代建造的普宁寺大乘阁（外观三层）等等。藏族寺院经堂供佛处也常为高楼，亦属同样性质。

以上两方面，都说明中国古代木结构体系内部空间竖向布局的灵活性。

室内顶部处理，基本上分两种方式。第一种，敞露梁架结构，最为简洁，宋《营造法式》称为“彻上明造”。梁架各构件既敞露于外，例如月梁、驼峰、托脚之类，有时并加雕刻和彩画。屋面底层和椽条也可以组成明快的图案，加以彩绘。这种装饰方法在敦煌石窟中北魏窟中可以见到，起源很早。露明梁架在南方极为普遍，从简单的住宅到寺庙的殿宇楼阁均有采用。

第二种方式，是在室内顶部做天花层，起源也很早。古书上称为“承尘”、“重橑”、“平綦”等等的，都是这种天花层。它有减少室内灰尘、稳定室内温度，增加室内亮度的作用，更是室内装饰的重点。天花层用料纤小，结构轻巧，附着于梁架，不承担屋面荷载，因此，它的位置高低可以在一定范围内调整。于是，室内不同处所可以有不同高度、面积、形状的天花。加之，对它的装饰，可以非常华丽，也可以极其朴素，这样，在不同的室内环境情趣要求时，可以有很大的选择幅度。一般地说，天花层力求轻快、明亮，避去屋顶高处容易产生的阴暗和压抑的感觉。

较早期的天花，用木支条组成小方格，上加背版，不再加修饰。例如唐代佛光寺大殿所用，是简洁的型式。方格网距大，背版面积也大，可以绘彩画图案，后世更发展用贴雕，成为华美的装饰面，故称之为“天花板”。

在室内中央位置，用装饰更为华丽的“藻井”或“斗八”，它们向上隆起，形成较高的空间，以强调作为室内重心的处所。藻井源起很早，东汉班固《两都赋》有：“渊源方井，倒植荷蕖”的句子，用水藻荷蕖作图案，有厌火的含义。应县净土寺保存的辽代藻井，加有斗栱、天宫楼阁等小木细雕；而明清宫殿的藻井，中央雕盘龙，龙首下垂衔宝珠，称为“龙井”，全部贴金，辉煌灿烂，极为豪华，是最高级的顶层处理。故宫太和殿、乾清宫等重要殿宇内均用龙井。

“斗八”是在八边形底架上用弓形支条形成的一个隆起的空间，它用于佛像上方，可能是由伞盖原型转化成的小木作装饰。如著名的独乐寺观音阁和应县佛宫寺塔，就采用斗八作佛像顶盖，其上还可以加彩色装饰。

民居的顶层变化更多。北方常用纸裱顶棚，比较素净。南方民居有的露明，也有用复顶层的，形式很多，素雅轻快，尤其弧形顶更觉轻巧。复顶层用椽与望砖组成。一屋之内，可以有高下不同、弧形不一的几种顶层，也可以一部分用复顶层，另一部分露明，自由不拘。苏州住宅厅堂用的各种“轩”，可以作为代表。在复顶层以上隐蔽部分的屋架用料，只需满足结构要求，不加整形，称为“草架”；这种结构在宋《营造法式》和明代《园冶》一书中均有记载，源起很早。

由于中国古代建筑采取骨架系统，室内空间分割相当灵活；柱网之间可以自由分隔，也可以完全敞通不加隔截；已经分割的空间，可以根据需要重新调整。这种内部空间分割的灵活性是承重墙系统建筑所无法比拟的。

完全分隔，办法就是在柱间镶板或砌薄砖墙，适当位置留门作交通用。但是，中国古代建筑室内最具特色的是多种形式的半分隔——即室内空间彼此沟通而又稍作区别的划分办法，如：

碧纱橱：硬木细料所制轻质槅扇，槅心糊薄纱，呈半透明状，或裱以字画，雅洁可喜；裙版镂雕，或可透空；槅扇或镶嵌螺甸玉石。槅扇可以拆移，可以开阖。

博古架：博古，是指鼎彝洗盂之类古铜器，以及古玩、名瓷、琴、剑、钟表、瓶花、盆景、鱼缸之类陈设，用来置于架上供赏玩。架界于二室之间，两面穿透；庋物处依器物外廓布置搁板，错落枕椅，组合成壁面，两方面都可以观赏，又有空透感，极富生趣。

罩：由附着于柱间的细木拼花或木雕形成的分间手段。一般，下至地面的为“落地罩”，形式甚多，随类赋名，如栏杆罩、圆光罩、花瓶罩、芭蕉罩等。细木拼花常作几何图案或软锦；木雕则题材多用植物、花卉、动物，最为喜闻乐见的如“岁寒三友”——松、竹、梅以及相应的松鼠、仙鹤等，或用藻蔓葫芦，浓密厚重，细腻华丽。另一种，只及柱半而止，仅附于梁楣作示意性质之分隔，称为“飞罩”。飞罩更为轻质空透，构图意匠层出不穷，使室内空间穿通，气氛活泼，极有魅力。迄今中国室内设计仍常采用。

屏风：是中国古代最常用的室内分隔手段，也是装饰的重点部位。早期屏风独立不倚，后来附着于梁柱的屏版是由它演变而来。屏风用木制骨架，表面裱糊大幅绘画，置于室内正中位置，是厅堂内最主要的装饰。唐宋时期的宫殿、官署、住宅普遍采用。故宫乾清宫、养心殿用裱糊屏版，书写古训箴言。苏州住宅园林的厅堂常用硬木实拼屏版，施以细腻雕刻的山水花卉及书法等，填以白粉或石绿，极温润素雅，充分运用中国绘画和书法艺术和室内环境布置相结合的传统手段。

独立的屏风本身有支架，或数片相互勾连，彼此倚扶，乃可稳定。用作室内分隔手段，优点是轻巧便利，随时随地可设可移。屏风面可用纺织品，可裱糊字画，可镂刻镶嵌，方式种种不一，或素雅或华美，富于变化，迄今仍然是普遍使用的室内分隔物。

中国古代常用帷幕在室内构成一个独特的空间。帷幕范围有限，只限于把活动空间——例如生活起居处——和其他范围分隔开来。帷幕本身有支架，可以不依附于建筑结构物。帷幕用麻、毛织物或丝织物；高贵者质轻如烟，隐约朦胧，似无还有，饰以金玉，缀以明珠，十分富丽。室内帷幕唐以后渐趋淘汰，只留下床帐形式。

室内与外部空间的联系。由于中国古代建筑的围护结构一般不承重，可以由完全封闭到完全敞开，因此，不同角度的要求，如通风、采光、出入、眺览等，均能以适当方式予以满足。古代出入用门。采光通风则用窗，窗口用帘帏调节光暗通风量，用竹篦编织网眼来防雀虫。早期槅扇槅心图案，和织篦图案有承替关系。帘网会产生影闪动效果，宋《营造法式》记载的“闪电窗”的就是利用窗棂的光影效果产生闪耀波动，寓动于静，造成趣味。有时，门窗的开辟，还讲究轮廓和方向——使之成为眺览景物的画框，选择适当的轮廓尺寸，剪裁景面，使景物更为生动突出，园林中的各种空窗、地穴，常起画框作用。至于登楼极目，挹揽江山，抒发胸臆，这种可以不受拘束、纵览四方的观赏范围，中国古代建筑体系可以毫不费力地办到。中国古代的这些传统手法，细腻、贴切，服务于现实生活，有很强的生命力，迄今仍在运用、发展。

四

中国古代建筑有丰富的装饰手法。

装饰有多种类型：一种是构件本身的成型和雕饰加工，例如瓦饰，月梁、梭柱、雀替、驼峰等，前已述及；一种附丽于结构体，本身不是独立成份，但为增强艺术气氛、表现建筑性格所必需，例如建筑上的木雕刻、石雕刻件；一种是独立的雕刻或陈设，用于室内外环境布置，常常是组成空间的成份之一。例如华表、门狮、碑碣、器座之类。从广义上说，许多小品陈设、联匾、书画、家具、盆景、帐帏之类也起装饰作用。这里，只就木雕、石雕、砖雕、琉璃、瓦饰、金属件几方面作简单说明。

中国古代建筑的屋顶是触目的部位，因而瓦饰是重要的装饰内容。瓦当、瓦钉、脊兽等，最初都是由结构用构件转化而来。尤其正脊，构成建筑主要轮廓，常用特制的脊砖或金属件作脊饰。正脊两端，常设“龙吻”，是高级建筑物通用的瓦饰；它原作鱼形，称为鸱尾，传说是海中有鱼可以灭火，以其形置殿屋上为避火用。它虽然来自迷信，然而确实为建筑增添了生动矫健的态势。

屋顶用金属件作装饰起源也很早。汉武帝时建章宫风阙屋脊铜凤，高一丈，张翅迎风，有转轴可随风向而动，这是最早的风标，又是装饰品。曹操建铜雀台，用铜雀为脊饰。屋面铜饰件进一步发展为镏金件：北魏永宁寺塔的宝瓶，通身镏金；唐武则天造洛阳明堂，顶端火珠金光灿烂，与星月同辉。经元代的发展，明清时期的镏金件相当普遍。如故宫的角楼、中和殿、交泰殿，天坛祈年殿等镏金宝顶，映于晴空，朝霞夕晖，光彩夺目，奂美无伦。

中国藏族的寺院有纯用镏金铜版制成的屋顶，非常富丽。级别高的寺院如拉萨大昭寺、布达拉宫（达赖驻地），日喀则扎什伦布（班禅驻地），青海湟中塔尔寺（宗喀巴诞生地）等，均有此类金殿。清朝乾隆年间在承德避暑山庄近侧造须弥福寿庙，主殿遍用镏金铜瓦，脊饰镏金行龙；故宫雨花阁也仿造此式。实际上这种屋饰已成为精致的高级工艺美术品。

中国古代建筑使用石材，约可分三种：一是全用石材造的塔、亭、殿、桥。二是建筑本身的构件如台基、栏杆、踏级、柱础、石柱等。三是建筑群内列置的石刻品。如石阙、华表、版坊、碑、石兽等。

中国古代石建筑少。汉代有一些阙、祠，以后各代有石塔、石亭、石殿之类，但比之木构，数量微不足道。大量使用石料的是石构件和列置用石刻品。举要说明于下。

秦汉曾在宫殿前列置铸铜工艺品如翁仲、飞廉、铜驼之类。列置石刻品，最早是汉末坟墓。后来，宫殿、陵墓的前导，入口部分所列置的石刻品题材逐渐丰富，艺术质量逐渐提高，成为建筑艺术的重要内容。

华表。秦汉时立木柱于桥头、渡口、邮亭等处，作为标识，行旅遥望可见。后来，石柱用于宫门，陵墓神道口。散布于南京附近的梁朝陵墓所置神道标、天禄、辟邪等像，比例匀称，造型优美，是南北朝最称文物鼎盛时期的代表作。明代华表作盘龙柱，柱上贯以云版，顶盖蹲有朝天吼，是揉合历史上华表（望柱）造型的几种特色而成为一种新柱型，天安门前华表，明十三陵碑亭华表是其代表。

碑，常见的列置石雕刻品。汉碑简朴，南北朝碑造型和雕刻已相当精致，碑首、碑身、碑座三者已明确。唐代是碑型发展高潮，有的碑硕大华美，如陕西华阴庙碑、河南登封嵩阳观碑，有的碑刻工细腻，花纹秀丽，如西安碑林诸唐碑。重要建筑群如陵墓、祠庙常有碑亭。明长陵的神功圣德碑，碑亭体制宏巨，是著名的代表作。

石牌坊常用在入口处，由木构的棂星门、牌楼演变而来，因此带有明显的木构特征。明代石牌坊盛行，十三陵牌坊形制宏伟，比例、雕刻俱佳。民间各地均有遗物，上乘精品亦不少，富有地方特色。

建筑所用石构件，如台基、栏杆、踏道、柱基、螭首之类，唐宋时期逐渐发展，明代臻于成熟。其中，须弥座式台基，原型是佛座，后转为塔基及用于殿阁门阙基座。明初南京营建宫殿陵墓，其石须弥座线脚简练健劲，很少繁缛花纹，最为得宜。北京故宫遵循南京成法，三大殿须弥座台基三重，全用汉白玉石雕琢，色调洁白纯净，布局宏伟壮观，可称建筑石雕刻登峰造极的作品。其中保和殿后阶石，是建筑石雕刻件尺度最大的一件（16.57 米×3.06 米×1.70 米），遍镌云龙，刻工极精。

宋代出现用石柱代木柱的办法，柱身镌刻花草人物，活泼生动，别开生面。明清出现盘龙石柱，曲阜孔庙大成殿石柱是其代表。福建惠安石雕水平很著名，盘龙石柱用透雕方法，龙形腾踔欲飞，矫健有力。

各地民间建筑也大量使用石构件，其中门枕石、柱础、栏杆数者，由于位于经常出入经过、接近视觉，也是着意加工，装饰性最强的品类，手法细腻，富于生活气息，南方各省尤为突出。

细木工装饰分两类：一类是细木工镶拼活，如槅扇、挂落、飞罩等，一类是雕花活，如各种木雕刻。二者匠工属于不同专业分工。早期朴素简洁，雕饰不多，宋代以后，细木工日益精巧，木雕刻愈演愈繁，发展了多种雕刻技法，如圆雕、深浮雕、浅雕、透雕（垂莲、花篮、绣球、狮、龙等）、贴花（用于天花、槅扇裙版），并有与镶嵌珍珠、玉石、象牙、贝壳等精致的工艺美术相结合。木雕集中的部位，通常就是装饰要求高的部位：大门、中门（垂花门）、厅堂正面槅扇、栏杆、室内的屏槅和顶棚等处。广东、云南一带木雕常以黑漆为地填金，极为富丽；宁波木雕则喜朱红填金，各有强烈地方特色。浙江东阳以传统木雕技法著名，常用黄杨木雕贴华于槅扇、装修上，内容多为戏曲故事，活泼有趣。徽州明代住宅，木雕集中于天井周围的槅扇、靠、栏杆上，刀法委婉丰满，简繁适中，堪为明代民间木雕代表。泉州开元寺大殿梁架间的木雕伎乐飞天，手执乐器，姿态各异，非常罕见。以上所举代表性例子，可以大致表明中国古代建筑如何运用木雕装饰，它们又如何影响环境气氛。

砖饰也是起源很古的工艺，分为模制装饰砖和砖雕刻两类。模制装饰可以溯源到战国、汉代的空心砖图案。南北朝时有大幅由模制画像砖的画面，如“竹林七贤”、“羽人戏狮”等。辽、宋、金代的砖塔、砖墓则盛行砖雕刻仿木构的槅扇、栏杆、挂落、平坐、门窗等。明清时期，民居广泛施雕刻于砖照壁、门罩、山花、墀头等处。因为民间不许用彩色琉璃饰件，促成了砖雕普遍发展。北方的北京、山西地区，南方的苏州、徽州一带，迄今保存着传统的砖雕工艺；北方厚重，南方纤巧。苏州雕刻用砖为特制的，质地细腻均匀，可以透雕或浮雕三、四个层次。当地习俗最讲究住宅中门门罩砖雕，奇巧繁缛，成为争奇斗富的题目。

琉璃，是色泽鲜丽而明亮的建筑材料。最初用于屋面瓦饰（北魏），用于贴面首先是开封祐国寺塔（北宋）。琉璃的大量使用，还是元、明时期的宫殿陵墓坛庙建筑。除了屋瓦、脊饰、影壁、山花、门脸用琉璃以外，还有全部用琉璃件拼组成的牌楼、无梁殿、宝塔。琉璃影壁的最华美形式是九龙壁，北京北海明代九龙壁可为代表。琉璃饰面工艺的最高级作品是琉璃宝塔。明代初年在南京所造的报恩寺塔，高逾 100 米，全用彩色琉璃砖饰面，光耀夺目、瑰丽无匹，是中国历史上最宏伟壮丽的大塔，可惜已毁。幸山西赵城广胜下寺明代琉璃塔犹存，可以看到琉璃饰件的动人效果。琉璃饰面须经过精心的设色图案设计，分块制坯着釉入窑，烧成后再组装为完整无瑕的成品，这是精密复杂的过程，由此也可以看到中国古代工艺的高超水平。

五

中国古代建筑，是色彩的建筑。到过北京的人，都会对故宫、天坛等古建筑群的壮丽而强烈的色调深有印象。

对于用色，中国古代建筑的发展过程中有很大变化。用色大体涉及基本色调、彩画、壁画三个方面。

大面积的屋面、木构和墙体的涂色，成为建筑外部基本色调。中国古代木质表面涂红，墙面以蜃灰涂白：红白两色成为早期基本色调，温润鲜明，悦人心目，如以树丛绿荫为衬，尤觉美丽。汉赋中说：“丰冠山之朱堂”、“皓壁耀以月照”，就是指的红白两色基调。从汉代历魏、晋、南北朝以迄隋唐，一直保持这种朴素明朗的用色，并对当时的日本深有影响。

宋代以后，用色变化大，这和大量使用琉璃瓦从而增加了屋面色调的比重有关。宋代多绿色琉璃瓦。金代奠都燕京，宫阙以青琉璃瓦为主，但是开始有纯用黄琉璃瓦的殿宇；同时，广泛用汉白玉石制作台基、栏杆、石桥、华表等；木构部分以红为主，整个色调趋于浓重强烈。金代奠定了此后宫殿建筑用色基调，而与宋以前淡雅风格大相径庭。

元代琉璃生产有大发展，量大色多，有青、红、黄、绿、白诸色，出现几种颜色琉璃瓦组拼屋面图案的尝试，例如永乐宫三清殿；但是，未得到发展。明代强调用色单一，宫殿陵墓全用黄琉璃瓦，遂形成最终风格。

外部基本色调趋于浓艳，促使外檐彩画也要变化。唐代外檐彩画重点在柱身，作束莲或团窠，赋色颇杂。宋代彩画重点移至斗栱额枋，用色自五彩遍装至单色刷染，品类亦多，但趋向是突出青绿为地的冷色调彩画，即碾玉装；这明显地是为了加强与邻接的大面积原色的对比效果。明代以青绿为地的旋子彩画，由碾玉装发展而来，占宫殿彩画主要地位，这在色调总效果是好的：赋色对比层次清晰，使整体色彩鲜明强烈。

明代旋子彩画简繁适中，技法细腻，是彩画发展的炉火纯青阶段。现存的少量明代彩画，令人信服地说明这一点。明代旋子花瓣丰满婉转，以青绿为主，间以少许朱红，花心贴金，非常秀丽清新。

室内木构的彩绘起源很早，《论语》说的“山节藻棁”，就是指此。现存的早期彩绘，如敦煌窟檐和辽代义县奉国寺大殿彩画，大同下华严寺薄伽教藏殿内彩画，设色构图都比较自由。奉国寺的飞天，薄伽教藏殿平綦的牡丹，都很出色。明代宫殿内，除了素雅的旋子彩画，也有华丽的锦文彩画，用意如一幅锦缎裹在梁上，故谓之“包袱”；色彩艳丽，灿如锦绣，实际上是古代用丝织品装饰梁柱的遗意。故宫尚有后世重绘的此类彩画，而皖南一带住宅祠堂仍保存多处明代包袱彩画，至可珍惜。

皖南明代住宅内还有浅色作地，画木纹及团窠彩画，设色明快淡雅，表现民间活泼朴素的风尚。

清代盛行于北京园林宅第的苏式彩画，用退晕色带勾成边框。内画山水风景人物故事，成为绘画与彩绘相结合的新形式，颇富有趣味；但整体色彩效果逊色，而且画工技法拙劣时，不免流于粗俗。

清代沿袭明代旋子彩画，此外，创造了和玺彩画，其特点是：以龙凤为主要题材，大量贴金，成为宫廷建筑最高级彩画。彩绘上贴金，最初见于敦煌石窟隋塑佛像的衣缘、缨络、臂镯贴金。宋《营造法式》亦有贴金方法称为“明金作”。金有良好折光性能，贴在凸起的底层上，可以多角度折射光线。在屋檐阴影下的彩画，以青绿为地，衬出金光闪耀的龙凤或菱花图案，很远就可以感到金质折光的强烈效果，正所谓“金碧辉煌”。清代主要宫殿内，藻井、斗栱、梁架、柱身几乎全部贴金。金箔有成色差别分偏赤和偏白两种，用于图案的不同部位，互为对比衬托，层次丰富，更为醒目。

汉唐时期，盛行壁画。也成为建筑色彩绚丽的一个原因。壁画起源早，战国屈原《离骚·天问》，就描述祭祠墙上所绘壁画的情景。不久前发现的咸阳秦代宫殿遗址有壁画残迹。汉代主要宫殿画古贤烈士容像于壁，魏晋相沿不改；唐凌烟阁绘功臣像，也是壁画。从晋代起，宗教壁画盛行，大画家顾恺之、张僧繇均曾为佛寺作壁画；下逮唐代吴道子、尉迟乙僧等，都以壁画杰作震惊世人。敦煌等处石窟为我们留下古代壁画的珍贵实物。古代画师在大幅壁画上创造了气势磅礴，构图潇洒，彩色缤纷的画面，千载之下，令人神往。

我们现在还能看到金、元以来的佛、道庙宇中的壁画，虽然已经是壁画趋于衰落的时期，仍然有宏伟的巨制，设色绚丽，用笔遒劲，不失为佳作。山西繁峙岩上寺金代壁画、芮城永乐宫元代壁画，都是珍贵遗物。明代壁画如北京法海寺，青海乐都瞿昙寺规模均宏大可观，但是受到藏族喇嘛教寺院壁画的影响。藏族壁画精致工整，设色浓郁，有独特风格和技法，是中国古代建筑彩绘的重要分支。

建筑外部色调，还要顾及周围环境：要能突出建筑群的轮廓，就须有明显的色调对比。因此，宫殿、陵墓、寺庙等大建筑群，常用赭红色墙垣、琉璃瓦、灿烂闪光的金顶等，和周围灰沉色调的民居、青翠的田野树丛，形成强烈的对比，引人注目。南方民居常用大面积粉墙构成基本色调，接近中性，与葱茏遍地的自然景物对比不强烈，毋宁说是调和融洽。这又是一种用色方式。许多地方，民居强调轮廓线，用起伏婉转的山墙，或在墙面绘彩色图案、加缘带，来达到使建筑轮廓在自然背景中更为醒目活泼的目的。

世界由千差万别的特殊事物所组成，丰富而且活跃。艺术尤其要有特色，没有差别和个性，艺术也丧失了活力。我们主张发展民族文化，尊重传统，在建筑艺术领域也是这样。在中国，古代建筑艺术传统一贯受到重视，并且不断创造，推陈出新。

中国古代建筑的若干原则，今天仍可研究学习，特别是它讲究空间层次，讲究造型和灵活的构图，讲究建筑与自然结合等方面；它有非常丰富的用色和装饰手法，使建筑得以表现其个性。中国古代建筑艺术，由多种专门工艺所组成，并经历了长期的发展。

中国古代建筑艺术是成熟的，富有感染力的，它为今天的中国建筑师所取法，也受到世界人民的重视和喜爱。本文的浅显介绍，如果能引起世界上更多的人对中国古代建筑艺术产生兴趣，有进一步欣赏的愿望，我们将由衷地感到愉快。

（本文由杨廷宝、郭湖生合著，系受国家文物局委托，为联合国教科文组织出版《中国建筑艺术与园林》专辑而作，原载《南京工学院学报》1982 年 3 期）

（上接第 50 页）

认真研究一下西方大都会区的发展史，把有用的经验集中起来以为我用。譬如说，法国的“整治区域”的做法就是很值得我们深入研究的问题。又如，国外按照大都会区进行规划的已经有斯德哥尔摩、哥本哈根、多伦多和 2000 年的华盛顿，而且前三城市已开始有了实践。这都是我们研究的对象。

研究规模归根结底是为了解决一个远期的问题——城市人口最终控制在哪一个水平上。这是很不好解决的，但在不久将来我们总要得做到心中有数。不过，更重要的或许是当前的现实。所以，我想在研究远期规模的同时，还需研究目前面临的现实问题；譬如说，到 1985 年，北京建设规模应该是什么，现在我们可能做些什么，等等。

我认为，对于首都总要有个远期设想。这设想应当是很具体的。要做到这一点，关键是善于学习，明确我们自己的目标；然后从今天的实际出发，一步接一步去达到我们的目标。这样做或许能更早些看清我们将来的目标（包括规模在内），也能结合当前实际解决一些迫切问题。

（原载《建筑师》第 2 期，1980 年 1 月出版）

刘光华

建筑·环境·人

编者按：1982年11月13～17日，《建筑师》与《世界建筑》在北京天文馆联合举行了学术报告会，吴良镛，汪坦，刘光华，罗小未四位教授作了学术报告。会后，在《建筑师》和《世界建筑》上分别发表了他们的讲稿，这篇文章即是刘光华先生的讲稿摘要。

建筑与人造环境(Built Environment)的设计与建造，是人类改造自然使之适应人们物质和精神生活需求的重要活动之一。改造得好与坏，是否能满足广大人们的需求，在很大程度上体现了当地人民的文化水平和文明程度，反映了一个国家所处的时代与所实行的社会制度等，特别是反映了建造者和参与设计的人们的意志和力量。

在过去，它是技术和艺术的综合；在今天，它又具有更多更复杂的和崭新的意义。一方面，它所为之服务的人群在数量上要多得多，在范围上要广得多；另一方面，它在社会上、生活上和心理上对人所发生的影响也大得多。这些远远超越造价、功能、美观等方面的影响，而给人们的生活创造了一定的活动范围和环境，又为人类的文化发展开拓了新的前景，并提供了新的机会，在科学技术日益发展的情况下，它在控制和防范科学技术的进步不致损及整个生命体系的工作、危及生命的延续、对古迹和风景自然资源产生破坏、延缓人类文化的发展方面具有重要的作用。

一、二十世纪的两次建筑革命

本世纪来，由于工业继续发展、科学不断进步，建筑发生了两次革命。第一次革命1910～1920年间发生在欧洲，是机械化生产、随之而产生的新的社会需求、新的建筑材料和新的艺术理论决定的。这一时期的建筑师和艺术家们都摆脱了过去那些非理性的传统式样的束缚，遵循结构、材料和功能要求，创造了新型的、表面光洁的、不加虚饰的建筑空间，使之符合人们各方面生活的需求，因而具有时代感。从五十年代起，建筑界又开始酝酿着第二次革命。到七十年代，建筑处在第二次革命的高潮之中。它的特点是：工业自动化，电子计算机的应用，人口大规模向城市集中引起的城市化，进一步发展空间概念和艺术，以及社会性的决定环境设计的过程。这种为广大群众规划设计、让居民参予设计的过程，是这次革命的最大特点。在形式和内容上和第一次革命有很大的不同；但它又是在第一次革命的基础上发展起来的。

五十年代之前的建筑理论和实践有一个比较大的局限性，那就是不注意环境设计。因而五十年代初期的现代主义者对环境设计没有做出什么贡献。有史以来，人们对自己所住的环境都以最能动的方式加以增减改造，使之更为完美。但建筑形式和风格对之起不了多少作用；本世纪提出的由城市规划者决定大规模的三度空间设计、由建筑师填补局部和细部的办法也似乎成效不大，因为一座座孤立于空间中的建筑物很难对环境做出贡献。

勒·柯布西埃曾设想把巴黎全部拆毁，然后建造他那些处在公园中的高层建筑。更重要的和更具破坏性的是他要打倒街道。这一观念毒害了五十年代前的环境设计，因为街道或交通体系乃是环境的主要“发生器(Generator)。密斯对城市设计则不感兴趣，他只满足于建筑比例匀称、细部精致的钢框架建筑。他无视建筑与环境协调，而一心一意地研究孤立的建筑。赖特注意到环境协调，他的设计与地形密切结合。但他不喜欢城市，他的“广亩规划”就是反城市的、空想的。直到五十年代末，人们都未能发展出任何新的城市理论，城市设计一直沿用传统概念，只注意城市的外貌，而忽视了人的生活和广大群众在新的环境设计中应起的作用。

1959年，一些荷兰人首先使用了“人造环境”这一词，自此以后广为全世界建筑界所应用。如果这个人造环境的设计和建造是整体的和有机联系着的，那它就可以提高人们的生活质量。这里包含着美学性，空间美学是决定生活质量高低的主要条件之一。

一座建筑物与另一座建筑物有着潜在的联系，这一联系必须用“整体设计”(Holistic design)来表现。整体设计或“整体主义”(Holism)意味着内外空间的设计过程是不可分的。规划必须通过建筑去实现它的意图，而建筑也必须通过规划来实现自身的目的。因而，建筑和规划应该作为城市发展的一项完整的工作，由一组人自始至终地去进行设计，并在这一过程中，抓住它们之间不可分的关系去形成有机的人造环境，把规划和建筑统一起来，形成整体设计，也就是说，“环境的形式是整体的统一和局部的变化；房屋是局部，环境是整体。”中心问题是，单个建筑物的表现力必须根据人的需求、爱好形成多种形式，而环境则应有统一性。这项工作只有让群众参加才能奏效，因而这也是民主化的过程。

1959年出现的“整体设计”一词，就是表现这一思想的。它是“一种将事物联系起来去解决现实或问题的观念，”它认为局部和整体是不可分的。整体设计主要是把城市当作一个有机整体去看待，即一个局部和另一个局部是相互依存而发挥作用的；预见到自然界和城市的未来变迁，不论是好的还是不好的，都是人们今天活动的结果。但是在设计工作和规划工作和实践中又常不把它们当作一个整体去看待，而是认为：“规划不仅是使城市美，不仅是要建造住宅和公路等，也不仅是发展应用在管理方面的法律和法规。它绝不仅是这些东西，它比它们的总和还要多，它是一个活的过程。这一过程依靠的是那些组成社区的人们的愿望和爱好，并将这些愿望和爱好翻译成城市的物质形式。”整体设计的目的，就是要清除这些零星的和局部的工作，而全面地去解决人类生活的环境问题。

今天，我们对建筑和环境方面应做怎样的考虑呢？应该主要根据人们在生活方面的爱好和需求去创造美的整体。一般说来，人们生活中有三个主要问题：我是什么人？我做什么工作？我生活在什么地方？其中第三个问题主要取决于人造环境，这是使环境和居住在其中的人有机结合而赋予环境与个人同一特征的办法。我们可以这样说：居住和使用某一环境的人是城市的真正统治者，是城市的主人，他们有权在建筑——环境中寻求达到他们个人的爱好的表现，而由建筑师去设计出符合于人们的爱好的、有特征的形式。

第二次建筑革命就是要求我们把建筑(局部)、环境(整体)和社会(人群)结合在一起，在设计过程中把它们当作一个有机整体去设计，使它既能满足今天人们物质上和心理上的需要，还能对未来的建设负责。今天的建筑工作者怎样用建筑的手段和力量去完成人造环境设计，去改善人民的生活条件，应是我们最关心的问题。

二、住宅和住宅区

建筑是根据人的社会活动而建造的。人的活动和年龄有关，可以分为不同的阶段。建筑师则应按照人的成长过程、人在不同阶段中的社会需求和心理要求而设计不同的建筑物和环境。由于生活是多样的，人的性格是多样的，因此大小空间的变化也是千差万别、富于变化的。建筑作为表现人的生活、行为和思想的物质因素也应不断地变化。

住宅建设得好坏，是否够用等，在很大程度上反映了国家的社会制度、人们的生活习惯以及居住者的个性特征，因此，不同文化的民族就有不同的居住建筑。

新加坡在发展住宅建设中不但数量增长快，同时注意质量的提高。设计目的是要创造出新型优质的居住环境，同时注意整个城市的面貌。因此，要求规划和建筑设计能同时满足物质功能和精神功能的需要。首先从整个城市住宅区的总体规划着手，注意各区所处地段的环境和地形特点，设计独具特征的住宅区。采用的手法是先将各区的边缘作为分隔各区的地带，然后将干道与各区的建筑在视觉上联系起来。在住宅区入口处选择一些建筑为视觉焦点，作为该地区的建筑标志，以区别于其他住宅区。各区内高低层建筑物所用的材料、色彩各异，这就丰富了区内建筑的面积和轮廓线。房屋间的小庭园和标高不同的绿地提供了足够的游憩场地，创造了优美宁静的住宅环境。其他小品建筑，如候车棚、指路牌也精心设计。

新加坡的住房建设给人的印象是用整体设计方法，建设速度快，全面解决生活福利设施，造一处完成一处，环境宁静清洁，住宅区的人都热爱自己的环境，保护自己的环境。这就说明设计者和建筑者把建筑设计和环境设计统一起来，便可以创造一个生气勃勃的整体协调的环境。这环境能唤起居民维护和爱护它的责任感，使居民们产生一种生活其间的自豪感。

这就是有机建筑，也就是整体设计所要实现的目标。

（作者在这里还列举伦敦丘吉尔花园住宅区、丽琳顿花园住宅，罗汉普顿住宅区，爱菲尔铁塔附近一处高层住宅区，以及新加坡金文泰新城等实例并加以分析，此处从略——编者注）

三、公共建筑

公共建筑设计较住宅设计复杂得多，除了功能需求以外，应先考虑上述的社会和心理的因素，然后再用它的适用性去衡量其优劣。这里介绍一些较特殊的建筑物和设计人的构思，他们是怎样利用规划和建筑手法去达到社会目的的。

（作者在这里介绍的实例有：美国印第安那州的哥伦布斯小城、纽约古根海姆美术馆、华盛顿国立美术馆东馆，法国蓬皮杜中心等实例，此处从略——编者按）

四、人造环境设计

人造环境是狭义的环境，它主要指建筑与其邻近的建筑、道路、广场的设计问题。人类的生存、文明的进一步发展均有赖于有利的城市环境，因此城市的整体规划是人类及其文化能获得最佳发展的必要条件。

街道是城市的主要活动体系，是主要的活动空间，也就是表现城市面貌的主要地点。现在大城市的街道主要作为交通之用，这是一维的，然而街道的作用应是多维的，不但作为交通，同时还要作为商店、餐馆、线状公园。设计各种不同功能的，如为步行而设的街道、车行街道等……均是寻求达到多维的手段。

人们生活习惯有相似的一点，就是喜欢到市场和商业街道买日用品，并在街旁的小花园或街道上的小饭店吃酒聊天，或像我国小城市居民喜欢到茶馆吃茶，或到图书馆阅览，去剧院看戏一样，然而大都市中街道挤满了汽车，既污染空气又不安全，因此一部分小城市把商业街道两端堵起来不允许机动车进出，街上布置座椅花坛，人们称之为“步行天堂”，又称这种办法为“重新发现街道”。街道、广场都是人们进行接触的地点，“人生活在社会里，生活在一定的社会关系中，时时和别人交往，和别人相互作用，从社会方面接受各种影响，所有这些都制约着他的心理活动。人的生活条件在人的生活中起着决定性的作用，这不仅指围绕他的那些物质环境条件，更主要的是他跟他生活于其中的社会和周围人们所发生的整个的社会关系的总和。”城市应该为居民提供适当的生活空间，吸引人们到这一和生活密切相关的空间中去有助于接触人们，进行交流，接受各种影响，这些不仅制约人们的心理活动，而且是发展文化的必要条件。当然，供人们接触的地点是多种多样的，例如前述的哥伦布斯法院与公共广场是一例，图书馆和国立剧院组也是另一种，但是在国外还喜欢创造适当的室外生活空间，把它和商业、文化、行政组成一个整体，吸引大量人到里面去活动、去交流。

（作者在这里介绍了哈罗新城，英国史蒂文奈琪新城、巴黎德方斯新城、洛杉矶音乐中心，西雅图21世纪博览会太平洋科学中心、伦敦南岸文化艺术中心建筑群等，并作了分析研究，此处从略——编者注）

从以上住宅、公共建筑和城市设计的例子中，我们不难看到两次建筑革命的使命不同，但又是相互联系的。第一次革命注重的功能和空间概念在第二次革命中又有了很大的发展，它不但致力于物质功能或注意到影响人心理因素的精神功能，强调建筑为人们的生活提供恰当的有人性的空间，而且还强调规划的社会性，让人们参与或至少了解规划过程的各个方面，使规划的空间更符合人运动的需要，要做到这一点，就应把城市规划和建筑设计统一起来。另一方面又发展了建筑的空间概念，空间上下左右的渗透、翻滚，不论在室内抑或室外，均形成了极其丰富的四度空间。

（本文节自《世界建筑》1983年第1期。）

陈明达

园林绿化与文物保护

北京有许多园苑、坛庙，保留下来并进行园林绿化，是必要的。这些地点大都由市园林局保护管理。可惜有人不问文物古迹的意义何在，特点何在，一律看待，都是按一个固定模式绿化和改建，这是很有商讨余地的。以天坛、地坛、日坛、月坛、社稷坛、太庙为例，它们都在向那固定模式改变：堆山、叠石、亭廊、花坛，还必须有儿童乐园。全市所有公园，似乎一律要如此。

这些坛庙，本来有两个共同特点。其一是古柏参天，以天坛为最。天坛原面积近3平方公里，除中线上少数建筑物外，全是树龄三百年以上的古柏，是历史为我们留下来的瑰宝。这宝贵之处不仅仅在古柏本身，还在于它位置在人口密集的市区中，绝妙的市内森林公园，举世不多。倘若纽约、巴黎能下决心在市中心开出3平方公里土地，建植成森林公园，至少要过三百年以后才能与天坛相比。我们却有宝不保，定要建成与一般公园一样，岂不可惜？而那些新建设，现在、将来，必定会影响树木的生长，中山公园便是明证，现在所存古柏，较30年代减少很多了。

其二是太庙的戟门以内，各坛的遗墙以内，不植树木花草。这是中国古代建筑的重要特点：善于利用环境，创造环境，使建筑群体具有各种特定的效果。一定的范围内不植树木，可以取得严肃的效果。到故宫去看一圈，三大殿一区的气氛多么严肃，站在那里精神总觉得受拘束。这并不是建筑高大造成的，而是那么大的庭院，竟无一树一木的效果。再到东、西六宫看看，就完全不同了，满院树木花卉，顿时使人精神轻快。这都是应当注意保存、保护，勿使改变的原状。如太庙那样挖开铺地砖，种上树木，不是绿化而是破坏文物；在它的外墙之内随意盖新房，缩小森林面积，也是破坏文物。

园林绿化与保护文物，是可以结合而且不难结合的。关键在于要依据文物的具体性质、特点，采取相应的结合方式。不能简单化地一律按固定的模式增改，一律修缮得“焕然一新”，千孔一面。试想，如果七百五十平方公里范围内，有几个森林公园，该有多好啊！

（原载1984年5月21日《人民日报》）

白佐民

绝非偶然或巧合

在世界建筑丰富的遗产中，最早又最细腻地处理建筑的视觉形象，当举希腊雅典卫城的帕提农神庙建筑的视差校正。中国古代建筑造型之完美，建筑群平面及空间构图之严谨，其中隐含了许多奥秘，当我们深入探究时会发现大量满足视差校正和满足几何视觉需求的事例，甚至有些令人惊奇。

1. 梁思成先生在《清式营造则例》一书中指出：中国古代建筑“最庄严美丽，迥然殊异于他系建筑”，“为中国建筑博得最大荣誉的，自是屋顶部分”，“在科学美学两层条件下最成功的，却是支承那屋顶的柱梁部分”。我们在研究中国古代木结构建筑物屋顶怎样如此“庄严美丽”时，仅提出“举架”和“推山”两则，就能证明它们是在满足结构需求的同时，是为视觉形象服务的。

“举架”，清式建筑的屋顶分五举、六举、六五举、七举，最大可到九举。其选取是由房屋的檩数决定，五檩房屋只取五举、七举；七檩房屋，可取五举、七举、九举；九檩房屋，则取五举、六五举、七五举、九举。当我们把五檩、七檩、九檩建筑都置于18°垂直视角之下进行比较时，可以发现建筑规模越大，建筑越庄重、越宏伟，在设计时就越强调屋顶的表现力，在建筑视觉形象中，通过“举架”的处理，修正了屋顶部分在整体中所占的比重，五檩小式建筑在该视点的观赏下屋顶只占整个建筑高度的30%，而七檩大式建筑可占40%，九檩大式建筑则占45%，可见我国古代曲线形屋面并不是以追求一般的形式美为出发点，而是以视觉效果的校正为前题，最终达到形式完美为归宿。

“推山”，我们研究的结果，确认它的作用是拉长正脊，通过视差校正，将透视条件下被缩短了的正脊重新拉长开来，以创造完美的视觉形象。以故宫太和殿为例，如果不做“推山”，由于建筑物进深特大，正脊退离檐口甚远，同檐部比较，正脊必然变得短促。但做了“推山”以后，校正了变形，使建筑形象保持了应有的舒展与壮观。这个结论我们仍然是运用18°垂直视角的视点位置并绘出太和殿屋顶平面的视觉分析图，结果发现：相对于檐口来讲，太和殿所做的“推山”，正好等于正脊不做“推山”的真实长度的投影，也就是“推山”被拉长的正脊正好补偿了正脊在透视条件下的缩短。由此也证明了“推山”并不是为了创造垂脊的曲线以及“免去机械性的呆板”，应该看作是清醒的视觉修正手段。

2. 我国古代建筑的拱券之制，也应看到它的视差校正的内在价值。我国古代砖石结构的拱券，大多数立面投影均非半圆、按规定(《营造学社汇刊》卷二第二册第16页)；假如面阔一丈五，中高二丈，将面阔折半，得七尺五寸，又加十分之一，即七寸五分，并之，得八尺二寸五分。将中高二丈内除八尺二寸五分，得平水墙高一丈一尺七寸五分。如是则使拱券或筒拱的立面形成尖拱状。一般高大砖石结构的墙体都有明显的收分，也就是说拱券的最高点向后倾斜，脱离假想的垂直墙面有一段距离，当视线抵达倾斜的拱尖时，则在投影图上形成一个视差，这一视差正好可以由提高的1/10面阔拱矢来给予相应的补充。如果拱矢没有提高而是采用半圆拱，那么透视只好得到一个扁平的非半圆的印象。显然拱尖加高1/10面阔应该具有透视校正的意义。

3. 我国古代建筑不单纯在单体建筑和细部上注意了视差校正以求建筑形象的完美，而且在建筑群布局的整体效果上，也多注意人的视觉要求，以求建筑形象在理想的视觉条件下得到完美的体现。在这方面应该首推北京天坛祈年殿的建筑平面和空间尺度的把握。按常规对一个建筑群进行视觉分析所使用的18°、27°和45°，在这里三个视点都不在一个水平面上，然而却又都得到了充分的满足，真是耐人寻味。观赏祈年殿的第一视点当然应该选在祈年门的中央，此时祈年殿正好以十分恰当的尺度展现在祈年门的额枋、雀替以及汉白玉栏杆构成的画框之中。祈年殿在视线以上的高度正好是从这一视点到祈年殿中心距离的三分之一，符合观赏全景18°视角的要求。走下祈年门的踏步，到登上祈年殿的踏步之前，整个庭院是观赏祈年殿的主要地段，选取庭院的中点，视线以上祈年殿的高度同视距相比变成了一比二，恰是最佳观赏视角27°。当登临祈年殿圆形台阶到最上面平台边，仰视祈年殿又正好是观赏单体建筑的极限视点45°。尽管我们还找不到证据证明当时的匠师就进行过视角分析，但从因果关系来看，如果匠师们不从视觉效果层面上去关注，无论如何也不会变得如此巧合。

4. 我国古代建筑群大多数是比较低平的，总体上呈水平展开，在这种情况下，注重人们水平视野的观赏效果就变得尤为重要。在我们分析老北京天安门前的丁字形广场时可以发现，在千步廊纵横转折处的典型视点，用54°水平视野的标准去检查，十分明显，恰恰包容了石狮、华表、五座金水桥以及天安门城楼的全部。在分析故宫建筑群午门至太和门、太和门至太和殿，尽管这两组建筑群的庭院深度距离不同，但其观赏效果同天安门一样出现了异乎寻常的一致，即都满足了54°水平视野的要求。自午门门洞向太和门望去，54°水平视野恰恰包容了太和门两侧的贞度门和昭德门，太和门至太和殿的距离比前者加大了许多，而此时地处太和殿两侧的中左门和中右门也比前两门推开了许多，因此自太和门向太和殿望去的54°水平视野，又恰好包容了太和殿以及两侧相陪视的中左门和中右门的全部景观。

5. 如果上述事实还可能是巧合的话，那么下面的事例就不能不使我们惊叹。前面我们曾在研究北京故宫太和殿“推出”问题的时候，曾经提到用18°垂直视角去检查，那么这个视点从太和殿总平面上看又在那里呢？事情就如此巧合，这个视点正处于太和殿至太和门的纵轴线同弘义阁至体仁阁的横轴线的交义点上。显然它不仅从理论上（纵横轴线的交义点）而且从实践上（仰视角18°）都是观赏太和殿这个建筑群最佳观点。此时我们再用54°最佳水平视野来检查，这一视角又包容了登临太和殿三重汉白玉大平台全部三重御道和三重踏步以及平台上的日晷和嘉量，而且太和殿更是完整而从容地展示其中。所有这一切视觉条件的满足，难道不使人感到惊奇吗？

如果有人说我国古代建筑匠师们不会如此自觉地运用这些视觉规律，不会如此明确地探求其视觉效果。我以为这更加说明了我国古代建筑在其独特体系达到纯熟阶段以后，步入了自由王国，必须把上述内容写入《法式》或《则例》，匠师们已经熟能生巧地处理这一切。如果你认为这些附合建筑学视觉分析理论的现象是偶然或者巧合，那么我们可以说这些偶然或巧合，都是孕育在一个深思熟虑的建筑创作的必然之中。

（本文原在1984年2月出版的《美术史论》（季刊）上发表，题目是“中国古代建筑对视觉效果的探求”。现又根据本书编者要求改写成此文。）

汪定曾

上海建筑在城市设计中迈进

我作为从事上海城市规划和建筑设计的一员，抚今追昔，提出下列三点体会，就正于读者。

1. 精在制宜。精心规划，精心设计，因地制宜，因景而异是我国建筑设计的优秀传统。建国初期建成的曹杨新村，设计结合地形，组织交通和建筑空间，创造美好的生活环境等，可以说是规划设计的初衷。但不足的是在文化商业中心布局中，缺乏发展观点，加以建成后缺乏严格的规划管理和市政管理措施，以及规划设计缺乏连续性，以致目前新村河浜遭受污染，新村中心环境质量不高。最近，通过上海市城市总体规划方案的编制，进一步明确在四平路改建中形成新的城市居民区，取名“虹临花园”由城市规划设计院和民用建筑设计院的建筑师们共同规划设计，既使建筑设计有一个整体的布局概念，又使城市规划有一个比较扎实的建筑体系。规划的中心思想是因地制宜地创造一个高质量的环境，包括城市艺术质量在内。其规划原则：一是打破过去一条街线形规划的概念，而是结合四平路道路两侧居住区的整体布局而编制的规划；按照相对集中，分期实施，结合开发的要求进行系统性的城市设计。二是土地利用与城市交通相结合，形成环境质量较高的步行系统。在整个38.75公顷规划用地范围内，形成三片新的住宅组群。这些住宅组群是相对独立的。其间的住宅区中心，形成一个科技、文化、商业、贸易、旅馆等的综合区，把三个住宅组群有机地结合起来。因四平路系城市的主要干道，需要限制通至沿线公共建筑的人和车辆直接在四平路出入。故而需要规划人行天桥系统，使四平路两侧的公共活动中心既有便捷的步行联系，增加中心的完整性，又不妨碍四平路的干道交通。三是重视环境质量，创造独具特色的绿化系统。具体规划手法是使三组20～30层高层住宅组群都环绕于集中的大面积绿地周围。旅馆、文化、科技中心等大公共建筑都精心规划配置，并有集中的绿化广场，利用多层商业、贸易、服务综合楼错层的屋面作为绿化，形成点线面相结合的绿化系统。四是重视街景的空间艺术，形成多向对景，美化市容。规划的旅馆宾馆，用突出的体量和高度作为重点对景点。另一端则以高层工业楼作为道路转折的对景，中间以排列整齐而有规律的高层住宅群作为这一地区的基调。开阔的文化科技中心与高层建筑形成鲜明的对比，使城市形成高低错落，活泼有序的城市空间。通过这一规划，使建筑设计扩大到城市设计，可以说为上海建筑创作和规划活动迈出了可喜的一步。

2. 责在创新。回忆20世纪50年代，虽然当时受到认识上的限制，对交通与商业活动处理不全面，设计面仅是薄薄的一条线等，没有考虑社会学因素，存在不少问题。但是当时各级领导放手让设计人员搞成街设计，这可以说是已经孕育着城市设计的胚芽。也是今日上海建筑设计的一个大收获。例如，闵行饭店在设计过程中，坚持出入口不直接开在一条街上，使旅馆的环境质量得到保证，同时解决了对主要干道的交通干扰。在处理交通与城市建筑方面，上海通过中山北路改建规划中，妥善处理了快速交通干道与文化商业中心的相互关系。原来人们设想沿中山北路设商店，后来经过反复研究协商，提出传统的沿街设置商店，不适宜于在交通干道上设置，而可以参照新加坡城市中心区改建经验，采用内向的步行绿化广场型的商业中心，既使交通流畅安全，又保证人们在购物或其他文化娱乐、社交活动过程中有一个优美的环境，免受交通噪音和灰尘的干扰。目前中山北路光新路口采用的步行绿化广场型商业中心，也是由于市区领导在城市设计中，大力支持设计创新的结果。这个广场采用高台阶式，广场下设立半地下室的公共停车场。沿中山北路控制出入口，拓宽人行道，增设绿化。步行区内由建筑、绿化、雕塑形成几个建筑空间，由高层旅馆、办公楼、多层综合商场、文娱设施、餐厅等各种文化商业贸易服务设施，组成一个高低错落、空间变化有序、交通方便又不受干扰，方便居民购物、娱乐、游憩的新颖的地区文化商业中心。这个城市设计方案将大大改变过去沿交通干道建设带形商业中心的传统，促使城市文化商业活动向现代化高质量的城市环境迈进。同时在这个规划设计中，赋予这个地区具有特定

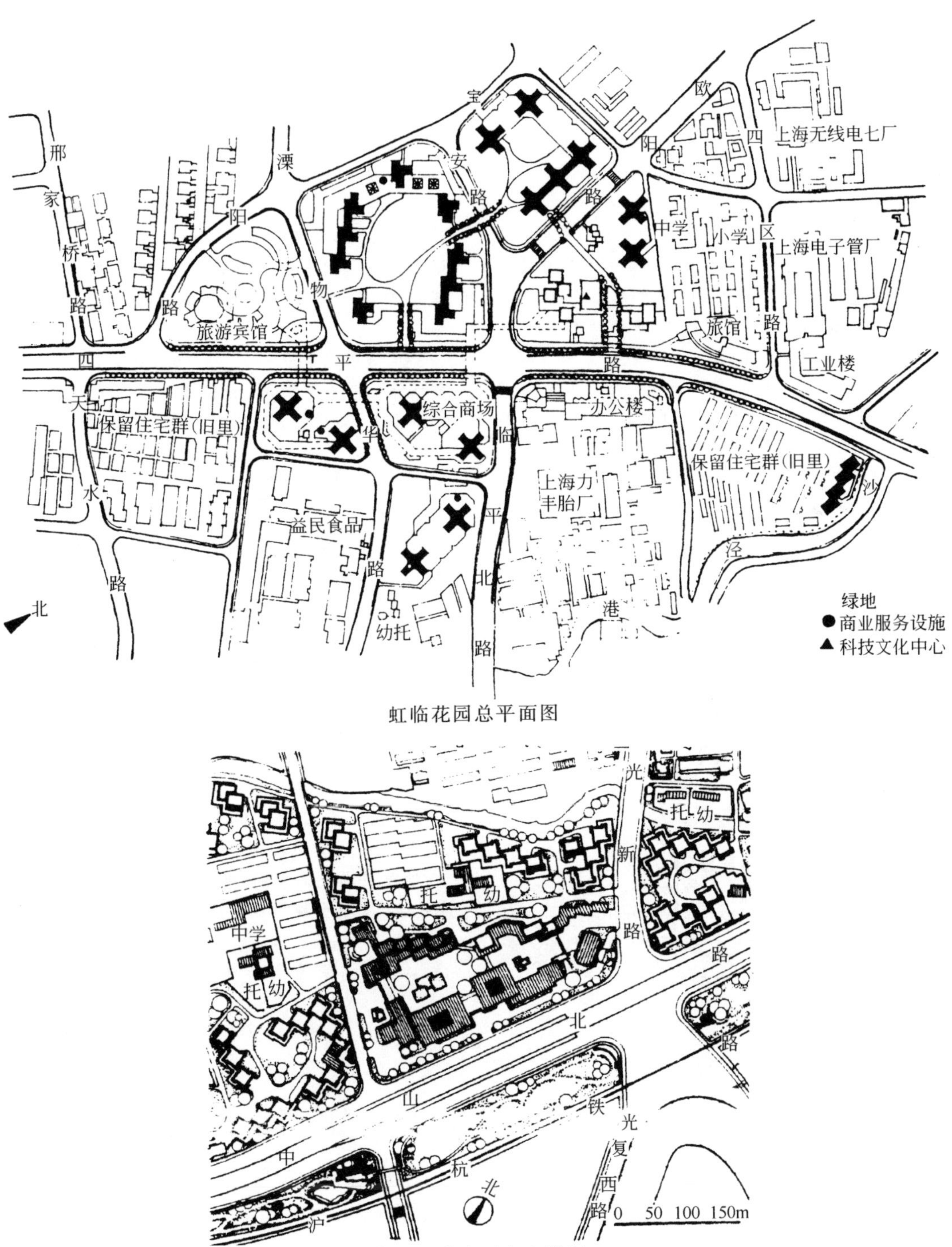

虹临花园总平面图

中山北路地区中心规划

的识别性和有意义。城市建筑的识别性和有意义，是我国城市规划、建筑设计所应该努力的方向。关键在于我们工作中要立足于创新。

3. 期在宏观。现代化、社会化对建筑设计、城市设计提出新的课题，就是着意宏观结构和公交建筑的处理手法问题（Megastructures and transit architecture's approach）。这种处理手法要求从社会、经济、环境效益出发，建设一些较大的综合大楼，用天桥或地道将有关建筑物相互沟通起来，以解决人车分流的问题。同时创造室内外空间或广场来美化环境，为人们创造静和动相结合的逗留空间，并且巧妙地将交通、停车、步行、游憩、绿化、消防、安全等设施统一结合在建筑广场以内，形成一个和公共交通有联系的建筑群，以提高城市的生活质量。环境质量和艺术质量，着意于宏观结构和与公共交通有联系的建筑。这是现代化建筑创作向城市设计迈进的一个标志。就是在设计一个单体建筑物时，必须考虑城市有关的因素，如交通容量、社会和经济特征等，使建筑设计不仅

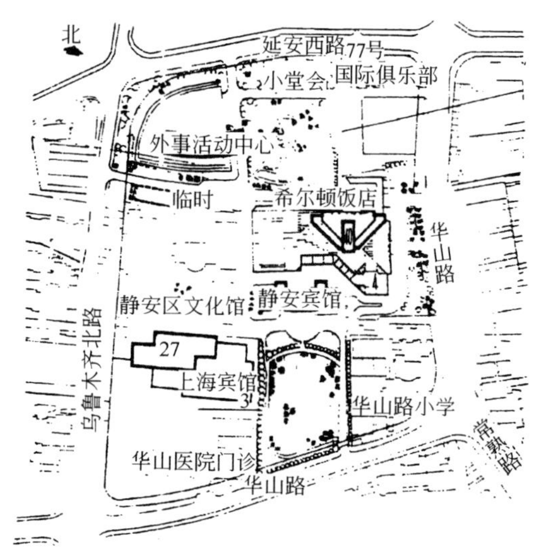

延安西路33号街坊规划

考虑建筑本身的艺术，而且考虑到城市整体环境质量；不仅考虑近期的建设，而且要展望未来的发展，为今后建筑创造性设计提供物质基础。同时建筑师和规划工程师必须在他们的工作中保持城市设计的连续性，使建筑物能与毗邻的不同时期的其他建筑和社会活动发生联系。

上海在建设上海宾馆时，既考虑建筑单体的实用性和艺术性，又考虑与已有静安宾馆的相互关系，同时考虑这一街坊未来的发展，规划酝酿其他几个旅游旅馆的规划布局，为吸引外商投资建设旅馆创造条件。

上海市为了进一步实行开放政策，决定新开虹桥新区作为对外活动区，它将成为发展对外经济贸易、旅游事业，提供外商、外侨办公、居住、业务活动条件和相适应的商业、体育、游憩娱乐服务设施的场所；并集中建设一批外国驻沪领事馆。

上海虹桥新区规划，说明了城市建设是分阶段建设的，为保持城市设计的连续性，除了着意宏观结构以外，还需要从城市规划管理入手。上海市在编制城市总体规划方案时，提出了《上海市土地使用规划管理规定》（草案）。这项规定对土地使用性质、建筑覆盖率（建筑密度）、建筑面积密度、建筑体量等均作了定性、定量的规定。这项规定在许多先进国家的城市均已颁布，像上海这样一个大城市，面临改革和进一步对外开放的大好形势，在大量引进外资、引进先进技术，以及国外建筑师负责设计一些建筑时，我们迫切需要在提倡宏观结构处理手法的同时，加速颁布《上海市土地使用规划管理》，大力提高城市设计质量，继续鼓励设计创新，精心规划，精心设计，因地制宜，把上海城市建设得具有更高的环境质量和艺术质量。

（本文承柴锡贤、黄富厢等同志协助，并此致谢）

（原载《建筑学报》1985年2期，
编入本书时略加删节。）

佘畯南

建筑——对人的研究
——谈建筑创作基本功及建筑师的素质

什么是建筑？怎样练创作基本功？怎样培育好的素质？都是值得探讨的问题。学校培育的基本功是重要的，它是建筑创作的基础。建筑是为人，空间组织、环境设计是为人，人是建筑创作的服务对象。建筑师应像文学作家，深入生活，了解人，熟悉人，才能创作好的作品。作家的笔墨功夫虽好，它只能起帮助写作的作用。好的作品有赖于对人的研究的深度和广度以及思维活动的能力。一个具有优良技术基本功的建筑师，应该认真对人的研究下功夫，才会创作出为人喜悦的建筑。从某种意义来说，建筑的含义也是对人的研究。

如何理解建筑意味着对人的研究，首先，要探讨建筑是什么这个问题。对此，人们各有不同的建筑观，因为他们的宇宙观和所处的空间和时间有所不同。英国建筑史家宾尼斯特·弗来彻认为建筑是艺术之母，这是从古希腊帕提农神庙而至文艺复兴时代的圣彼得大教堂等建筑艺术名作的观点去歌颂建筑。法国奥格斯特说："建筑是组织空间的艺术"。他强调建筑空间的艺术性，但还未谈到建筑与人的关系。路易·康是一位哲学意味很浓厚而对音乐很有感情的建筑师。他说："每一个建筑师都在狂热地表现他的交响曲的全部。"又说："当你创造一座建筑时，你就创造了一个生命，会跟您谈天。"他阐述了建筑与人的关系，一个好的建筑作品应该是一个具有生命的建筑，它具有动人的感染力，它会表达建筑师的思维活动的意志。它像一首交响曲有韵律的有节奏的给你以思想感情。只满足功能和牢固要求的建筑，只是一件没有生命的工具。

埃罗·沙里能是一个表现主义者，认为建筑使人在美好的环境之下，提升了个人生命的情操。伟人的建筑，其品格在于哲学与思想的表现。建筑师独到的信念，借助于建筑实体来默然告诉世人。他阐述了建筑对人的影响和能表达作者的意志。前英国首相丘吉尔是一位对建筑很有兴趣的政治家，他说："起初是人塑造建筑，随后建筑塑造人。"这句话是有深刻的哲理意义的。有个家庭主妇说，住在高层公寓的儿童的性格比住在低层房子的儿童的性格孤独。

勒·柯布西埃认为房子的功能要求要有像机器一样的准确和精密度。他对人的研究颇有独到之处。他探索一种适应建筑的量度体系，它除了具有表达尺寸数值的功能之外，还具备三个要素：(1) 与人体的尺寸和比例有关系；(2) 有利于建筑工业化的生产；(3) 符合美学的要求。他综合这些因素，提出以人体高度为6英尺的一系列模数，称之为模量(MODULOR)。黄金比为1∶1.618。

现代建筑师们对椅子的设计很有兴趣。20世纪30年代阿尔瓦·奥托设计的第一把可以大规模生产的夹板椅子，取得很大的成就，马歇尔·布鲁耶尔设计的卫士礼椅(WASSILY CHAIR)，令他声誉大显。它与米斯·凡·德·路设计的不锈钢椅子已成为珍贵的陈列品。其他如沙里能、伊米斯(EAMES)等人都有椅子的名作。为什么建筑大师们对椅子的设计有如此的兴趣和重视呢？椅子是今天人们生活不可缺少的工具。对椅子的研究可说是对人的研究的起点。人类的第一个动作是从坐态变为为站态的运动。他从母胎里的坐态伸直双腿意味着变为站态来到人间。从此在他的一生历程中，千万次重复这个以坐态为主的动作。他花在坐态的时间最多。不同年龄、不同性别、不同习惯的人，由于生理、心理的差异和变

化，对坐态的舒适的要求不同。怎样令不同的人在坐态时取得肌肉松驰、心身平衡、呼吸顺畅是一项极其复杂的对人的研究。建筑师们十分重视椅子的设计，把它看作是对人的研究的重要组成部分。他们的成就与研究人的深度和广度分不开。

瓦尔特·格罗庇乌斯认为一个真正的建筑应该是一项科学，同时是一项艺术。作为科学，它分析人们的种种联系；作为艺术，它协调人的活动，使它成为结合的文明。路易·沙利文(赖特的从业老师)明确指出："建筑是对今天美国人民的研究"，他的哲理为后人的建筑创作突破几何三度空间进入以人为中心的四度空间作出重要的启发。

建筑创作应该把人的活动与几何学三度空间作为一个整体去进行构思。这样就扩大了我们思维活动的领域。这是四度空间的概念。如果将四度空间与周围事物如动植物、水石景、声、光、色、时令季节等结合成为一个整体来进行思考，多因素的构思丰富了建筑空间构图。这是人们思维活动的意志塑造出来的实体空间，称之为五度空间，这个动态的实体空间反映到人们的头脑里，塑造了思想感情，这意境空间的创造意味着六度空间的概念。意境是没有固定界限的空间，其界限之深度、广度及层次是取决于创作才华及人们的感受程度，广州白天鹅中庭的泉声、鸟声把人们的情感带到深谷的溪涧意境中去，"故乡水"会令远方归来的游子倍思亲。触景生情意味着有生命的建筑跟你谈天，如果要塑造能塑造人的建筑，我们应该从生理上、心理上加深对人的研究。对人的研究也是创作的基本功。练好这基本功，有助于从创作的必然王国走向自由王国。

建筑师的素质体现于创作才华和为人哲理。建筑师是人的一种职业。因此其素质的形成以为人素质的共性为基础。我们的根子生长在祖国的土壤里。这里蕴藏着四千年的悠久历史，具有优秀的哲学思想、道德观念和现代科学的马克思列宁主义毛泽东思想。它培育我们的才智，让我们在创作的百花园里盛放中国社会主义现代化的花朵。它培育我们为人真诚优良传统美德。许多先辈为我们树立榜样，他们平易近人，爱护晚辈，教人不倦。他们虚怀若谷，向不同观点的同志学习，他们认为谦虚谨慎是成才必须具备的美德。缺乏这素质会失去成才的机会。他们力戒华而不实的作风，不虚耗时光于无原则之争，把精力的全部投入创作之中，让作品去阐述自己的观点，让实践去检验自己的哲理。以运动的观点去观察运动中的世界，以发展的眼光去看发展中的事物。他们懂得在科学技术日进千里的年代，技术最易老化，"吃老本"的问题根本不存在。只有刻苦钻研，知识不断更新，才能与时代同步前进。青出于蓝而胜于蓝，后浪推前浪，是历史发展的客观规律。历史赋予中国建筑师的任务，要培育比自己更强的年青一代建筑师。

一件成名之作，决非一人之功。要有宽阔的胸怀，大公无私的精神，远大的理想，坚定的信念，才能团结大多数人去完成任务。待人接物如处理建筑空间一样，要掌握恰如其分的尺度，理想的深度和层次，良好的比例。好的品德，好的作风和风度会留给后人以难忘的印象。正如伊索寓言"老妇人与酒瓶"的故事：一个曾经在不久之前盛过美酒的空瓶，老妇人爱酒香，时时将酒瓶放在鼻尖去尝受酒香，她说，"好香啊！这酒本身不知多么香呢。美酒啊！我怀念你！"现今，我们晚辈以同样的心情来怀念先辈大师梁思成、杨廷宝先生他们。

一件成名之作，往往不会一帆风顺的，天才常常走在时代之前十年、几十年甚至百年。新生事物的出现往往是对旧习惯势力的冲击，常常遭到无理的指责和无情的批判，但真理不会被压倒的。一件建筑作品受到批评也不是坏事。千篇一律的作品是无生命的工具，它不会说话，就不会惹人瞩目。建筑师要有坚强的意志，经得起狂风暴雨的袭击，也经得一片歌声的赞扬。建筑师要有突破记录的冲刺力，不要因责骂而裹足不前。创作才华与天聪有关，但也要经过多年的精心培育，思想的逻辑性，正确的建筑观，创作哲理，过硬的创作基本功的形成，非一朝之功，要经多少岁月的磨炼。

创作是耐心的探索，耐心来于热爱业务，把工作与爱好结合起来，把创作看成享受，因而乐在其中。

(下转第 75 页)

罗哲文

论建筑文化

五百余年多少事
风云幻变自纷争
繁华罗散笙歌静
宫阙巍峨紫禁城

这里说的是明、清两代王朝五百多年历史已经风流云散，然而昔日的巍峨宫殿仍然留在人间，诉说着多少兴亡旧事。曾经有人这样说：当所有的诗歌、音乐都已经沉默的时候，而建筑却还在说话。我认为这话是有道理的。

建筑艺术的产生，首先是来源于适用。在满足实用功能的基础上，加上匠师们的美化处理，即产生了建筑艺术。如中国建筑的坡形大屋顶就是为了排水和遮阳的实际用途而产生的。被称作“飞檐翘角”的屋檐，也是为使排水抛远，多纳阳光的需要而做成的。中国古代建筑中许多木质构件的加工美化，都是因结构功能上的需要而产生的。木构建筑中柱子的“侧角”和“生起”，本来是为了建筑物稳定坚固的需要，但却形成了优美圆和的弧线形构架。至于单体构件的加工，如梭柱、月梁、斗栱等的卷杀、断曲等，则是在不损减原材料功能的基础上又增加了美观的效果。

人和建筑物，朝夕与共，起居、饮食、工作、文化娱乐以及接待宾客、举行筵宴等等莫不在建筑物之内。为了美的享受和礼仪制度、法权象征等的需要，建筑装饰艺术不断发展。油饰彩画、砖石雕刻、木雕、金属饰件及墙壁粉刷、贴锦、挂毯等等，由简单朴质，逐渐繁复，踵事增华，达到了豪华富丽的地步。

建筑是由技术与艺术共同构成的综合体，它即满足了人们工作和生活的需要，又满足了人们美的需要。

衣、食、住是人类赖以生存的最基本需求，就是在原始社会阶段也是不能缺少的。翻开人类的文明史，与其顿亚历山大的武功，大流士的改革与专制，释迦牟尼、耶稣基督的说教以及中国的秦皇、汉武、唐宗、宋祖的伟业丰功都如大江之东流，一去不返，但埃及的金字塔，希腊、罗马的神庙、城堡、剧场，亚洲的佛寺和欧洲的教堂，秦皇、汉武的高坟巨塚，却巍然屹立。可以说，建筑是各个国家、各个时期文明的标志。

公元前2世纪，安蒂伯特尔曾编制了一个（上古）世界七大奇迹的名单，以集中而突出的形式表示出人类文明的创造。以后又有一些人编制了中古七大奇迹的名单。而这两个七大奇迹的内容几乎都是建筑。埃及的金字塔，罗马的大斗兽场，中国的万里长城、故宫，意大利的比萨斜塔。土耳其的索非亚大教堂，以及印度的泰姬陵和日本的法隆寺，直到近代美国的帝国大厦、澳大利亚的悉尼歌剧院等等，它们像是镶嵌在地球上的颗颗明珠，闪耀着人类文明的光辉。的确，最能够形象具体地表现出人类文明的莫过于建筑物了。建筑不仅反映了各个时期建筑本身技术与艺术的水平，而且也反映出科学技术、文化艺术的成就及社会的政治经济的力量。可以说，建筑是各门科学技术、文化艺术的综合体。没有各门科学技术、文化艺术的成果，没有雄厚的社会经济基础，豪华壮丽的建筑是建立不起来的。

建筑既是科学技术的产物，同时又是文化艺术的成果。这是从人类几千年甚至更长时间的历史发展中可以看出的，但是，近百年来，由于多方面的原因，建筑在文化方面的意义似乎没有引起必要的重视。其实，从广义来说，科学技术也应属于文化的范畴。例如，中国所保护的历史文化遗产在文物保护单位类别中，古建筑所占的比例最大，而且其他几类如古遗址、古墓葬、石窟寺等本来也是建筑的遗迹。除了个别的石碑、石刻之外，所有的不能移动的文化遗产几乎都是古建筑。

不仅古代建筑如此，现代建筑也是如此，许多著名的现代建筑都是现代科学技术与文化艺术的集中表现。它们终将逐步地被载入人类文明的史册。

因此，我们说建筑是人类文化财富中重要的组成部分，是人类文明的标志，并不夸张。

建筑技术与艺术是从不同的民族地区发展起来的，是民族文化的重要组成部分。各个国家、各个民族的文化都有各自的特点。不同的民族文化特点都是在不同的客观物质条件下，长期形成的。地理环境及气候等都对建筑产生直接的影响，加之其他因素，遂形成了不同的民族建筑形式，反映出不同国家、不同民族的文化特点。

当我们看见高大的方锥形金字塔和狮身人面像的时候，立刻想到埃及的古老文化，纸草、棕榈及漩涡、钟形等柱头形式和丰富的墙壁浮雕反映出古埃及文化的繁荣。帕塞隆神庙、雅典卫城、丘比特神庙、大斗兽场以及制度谨严、雕刻精美的多立克、爱奥立克、科林斯柱式，反映了曾经辉煌一时的古希腊、罗马文化。君士坦丁堡的圣索非亚大教堂宏伟的外观及华丽的内部雕刻，充分表现出受到了希腊、罗马文化影响，又对其有所发展的拜占庭文化的特点。

不仅西方如此，东方也是一样。当人们看到起伏于崇山峻岭之间的万里长城、金碧辉煌的故宫、亭台廊阁组成的园林的时候，必然想到中国文化；看到法隆寺的塔景、唐昭提寺的大殿、枯山水花园的时候，必然想到是日本的文化。

就是在同一个国家，也会因地区和民族的不同而产生不同的特点。拿中国来说，由于地域辽阔，地理环境、自然条件的差异很大，加之多民族的文化因素，因而形成的建筑风格也各不相同。华北地区的四合院，南方各省的干栏式建筑，西藏的碉房、广西、湖南的侗寨、苗寨，内蒙古草原的蒙古包等等，不仅建筑结构，而且连建筑形式都大相径庭，各具特点。

世界上各个国家、各个民族，都是在他们自己国家、自己的居住环境里，按照自己的意愿建立自己的生活，创造出自己的民族文化、民族建筑。这许许多多不同的民族建筑，好像一朵朵不同色彩、不同形式、不同大小的绚丽花朵，开放在世界大地上。

世界各个国家、各个地区、各个民族虽然各自在本国、本地区按照不同的自然条件、民族传统创造了不同特点的民族文化与民族建筑，但是他们绝不是孤立的，而是无时无刻不在彼此进行交流。从现存许多古建筑上都可以发现明显的文化交流的痕迹。

公元前四五世纪，各诸侯国家的使节往来及士、匠流动更促进了文化的交流。赵武灵王的“胡服骑射”政策把北方少数民族的文化带到了中原。几次北方民族大迁移，又把北方和中原文化引向长江以南和南海沿岸。汉唐时的“和亲政策”，也促进了民族之间的文化交流。

中国在建筑文化上的一次大交流要算是公元前3世纪秦始皇统一六国之后的盛举。他为了安抚和监督被统一后的六国贵族，下令模写六国原来的宫殿建筑形式，建于咸阳北坂上。这些宫殿的建筑形式与艺术来自全国各地，可称得上是建筑的百花园地、建筑的展览。

国际之间建筑的交流自古就存在。有些东西可以说是不谋而合的，如埃及的金字塔（坟墓）与中国古代的坟墓对土“方上”基本相同。它们的外形都是一个四方形的锥体。这种形式从秦汉以前一直到宋代，延续了两千年左右的时间。吉林集安的距今一千五百多年的将军坟，也是用大石块砌成，形式与埃及金字塔相似。曲阜的太昊陵也是这样。其与金字塔究竟有无关系尚待研究。在建筑文化上，由于所处的自然条件相同，同时产生相同或相近的形式也是有可能的。我们不主张哪一个国家的文化是承继另一个国家的，或是哪一个民族的文化是承继另一个民族的说法，但国与国之间的文化交流，相互影响，有时甚至是相互模仿，彼此移植，确是存在的事实。

世界上每个国家、每个民族都有自己的生活习俗，自己的民族文化，自己的爱好。民族文化是民族的骄傲，是民族自尊心的表现。而民族的建筑艺术则是民族文化中的重要组成部分，保存并发扬各民族的建筑文化传统，不仅能满足人们居住和工作的需要，并且会使世界建筑艺术园地百花盛开。

简单化、一律化的满城鸟笼子、火柴盒子式的建筑格局，已经被一些走过弯路的国家和建筑师所察觉并开始摈弃。我认为在现在的建筑新潮流中，提出反对简单化、一律化，提倡多样化、民族化还是有必要的。

建筑不仅是人类物质的财富，而且也是人类智慧的结晶。建筑集各种技术与艺术形式于一身，举凡各种科学技术的新成就，莫不用于当代建筑之上，各种艺术形式，更是汇集于建筑物中。因此，建筑作为人类文化中十分重要的一部分是毫无疑义的。同其他历史文物一样，古建筑一旦毁坏就无可挽回，所以我们称一座重要的古建筑的毁坏为不可挽回的损失或不可弥补的损失。

（下转 75 页）

李允鉌

建筑的思想和政策

封建社会以儒家的“经典”来作为办事的指导思想，其中有关建筑的语句和论点就逐渐被引用作为设计的思想基础。

古代的建筑者，尤其是代表官方的人物都是首先喜欢“考究经史群书”来取得有关建筑的基本概念的。因为，一切主张和意见都要寻求有力的根据来支持，于是，一些“经典”就被反覆地引用。“经典”中有关建筑的文字就被宣传起来，因而就产生了颇大的影响，渐渐地形成一种建筑的思想基础。

其实，中国的“经史群书”没有一本是专门研究建筑的，有关建筑的记述本身的目的也并不是讨论建筑问题，因此考究经史群书，只不过是从一些政治经济论文，或者从一些哲学论文，涉及房屋问题的历史记述寻找一些建筑方面的论据而已。本来它并不代表一定的建筑思想的，但是一般都被引用下来用作参考，作为理解当时对建筑的一些见解。

“经典”中有关建筑的文句本来是和本身的“理论”关联起来的，由此就涉及政治哲学的问题。不过将它们割裂开来之后，有时就只能代表一种历史的事实，或者反映某一种对事物的观念，《易经·繫辞》是儒家的哲学思想基础，它当中有段“上古穴居而野处，后世圣人易之以宫室，上栋下宇，盖取诸大壮”的谈及建筑起源的话，自古以来都被看作是中国最早的有关建筑概念的基本“理论”。“栋”是指梁木，亦代表整个构架，“宇”就是指一个封闭而有规限的空间，“取诸大壮”意即构造坚固。这个基本定义在科学技术观点来看也是没有问题的，而且是对问题的一个高度概括。

墨子对这个观念作了进一步的引申：“古之民未知为宫室时，就陵阜而居，穴而处，下润湿，伤民，故圣王作为宫室。为宫室之法曰：室高足以辟(避也)润湿，边足以围风寒，上足以待霜雪雨露，宫墙之高足以别男女之礼。谨此则止，凡费财力，不加利者不为也。……是故圣王作为宫室，便于生，不以为乐观也。”墨子的文章就充满了各种观点了，他的主题是反浪费，因而强调了房屋的功能意义。历代的引述者都引至“以别男女之礼”为止，大概对他下面的话都不大欣赏，他完全否定了建筑是一种艺术，是绝对的“功能主义”者。

在另外的一个哲学思想体系中，也有涉及房屋的话。韩非的《五蠹篇》一开始说：“上古之世，人民少而禽兽众，人民不胜禽兽虫蛇。有圣人作，构木为巢，以避群害，而民悦之，使王天下，号之曰有巢氏”。这是从另外一个角度来看房屋的产生，把“房屋”看做是人的生存斗争的产物，提出它本来就是一种“以避群害”的防御性的工具。“构木为巢”有解释作为树上的木屋，“巢”其实也可理解为“居住的地方”。这种论点很有意思，从“以避群害”出发，就没有了发展的局限性，比墨子的说法进取性强得多了。《五蠹篇》其实是一篇政治论文，说说房屋的起源只不过是用以作为一个开场白，说明事物在变化中发展而已。

“百家争鸣”时代对于建筑问题曾经发生过争论，主要就是“侈靡”与“节俭”的矛盾，不同的经济政策自然产生不同的建筑计划观念。

公元前五世纪至二世纪春秋战国至秦汉的一段期间，是中国历史上不同的思想展开颇为尖锐斗争的时候，不同的政治哲学观点引起了对建筑不同的态度或者说是思想学说。一方是提倡“积极地进行大规模建设”，一方是“反对铺张浪费以节省民力”，就是所谓“侈靡”与“节俭”之争。“侈靡”就是主张大量消费用以活跃经济，自然大量展开建筑工程也就包括在“活跃经济”的措施之内。《管子》[1]有一篇《侈靡》论，主张“百姓无实，以利为首，一上一下，唯利所处。利然后通，通然后成国。……故上侈而下靡，而君臣相得，上下相亲，则群臣之财不私藏。然则贪动枳而得食矣”(动枳(肢)指工作)。在另外的篇章也就有“非高其

[1]《管子·侈靡篇》据郭沫若说：《管子》这部书不是管仲作的而是战国，秦汉的人假托《管子》的文字的总汇一样，这篇文章也断然不是管仲自己的文章。

台榭，美其宫室，则群材不散”以及“不饰宫室则材木不可胜用”等说法[2]

实际上，《侈靡》与《节俭》并不只是停留于纸面的言论，而是出现于其时的“政策”。战国时代出现了“是时也，七雄并争，竞相高以奢丽，楚筑章华于前，赵筑丛台于后”的“大兴土木”的局面。到了秦代，这种政策更发展到了一个顶峰，据郭沫若的“《侈靡篇》的研究”一文说：“秦始皇帝是在吕不韦的影响之下长大的人，他的政治作风可以说是一位最伟大的侈靡专家。请看他的筑阿房宫，筑骊山陵，筑长城，筑直道吧，动辄就动员几十万的人役来兴建大规模的工事。”[3]到了汉代，这种主张提倡消费的思想仍然得到了继续，因而也出现了汉长安城中的各种伟大的工程。

单纯在建筑上说，这种政策是促进了城市规划，建筑的技术和艺术的发展的。或者说，中国建筑在春秋至两汉间打下了一个很好的基础，实在与当时的“高其台榭，美其宫室”之风有关。对这种现象，“节俭”派是大为不满的，因而就出现了批评的文章，汉扬雄写了一篇《将作大匠箴》，这并不是官方的政策性文告，而只是反对建筑中浪费之作。这篇“箴”是这样的：

侃侃将作，经营宫室，墙以御风，宇以蔽日，寒暑攸除，鸟鼠攸去。王有宫殿，民有宅居，昔在帝世，茅茨土阶。夏卑宫观，在彼沟也。桀作瑶台，纣为旋室，人力不堪，而帝业不卒。诗咏宣王，由俭改奢，春秋讥讽，书彼泉台，两观雉门，而鲁以为恢，或作长府，而闵子以仁。

因为汉代自武帝之后，儒家就占了“正统”的地位，董仲舒把战国以来各家学说以及儒家各派在孔丘的名义下，在《春秋公羊》学名义下统一起来，于是，儒家的崇尚节俭的言论开始抬头，于是在“正统”的文献上所看到有关建筑的意见就以《将作大匠箴》一类为多了。有些近代的中外研究中国古典建筑的学者，看到这些资料，就下出了一个这样的结论：中国自古以来都是崇尚节俭的，因此在建筑设计上坚持简单朴素的原则。有人进一步说，这些原则和风气就是造成了建筑不发达，技术和艺术没有很大的发展的原因；成为了“中国古典建筑无价值论”的一个论据。

儒家的哲学和理论不但将建筑纳入一个模式之中，同时由于这种意识的影响使建筑在各方面的发展都受到局限。

其实，并不是提倡在建筑上节约的文章很多就反映了历史上的建筑一直都是在节约的原则下兴建的，只不过是反映出官民之间，贫富之间在建筑上的一种对立的现象，批评自然是一种压力，但是这种矛盾是决不会消失的。在普遍的心理上，对于奢华壮丽的皇宫帝殿虽然也可使人感到骄傲，但对其浪费人力物力是存在着一种抵触的情绪的。秦始皇帝建筑了一座“阿房宫”，将近一千年后的唐朝还有一个诗人杜牧写了篇《阿房宫赋》来议论它。这些情况我们也得看作是中国人所存在的一种对建筑的态度和思想，显然，反对奢华浪费从来都是中国人民的一种浓厚的意识。

中国古代重大的建筑工程基本上都是官方的建设项目，历代的皇朝都有其建筑的政策，各个时代的建筑都是官方政策控制下的产物。

因为几千年来重大的工程建设基本上都控制在官家的手里，即使是宗教的庙宇也多半都是官“立”的。因此，建筑就能在一种“政策性”的控制之下发展，大体上说，由于以“正统”的经典作为理论的根据，政策在于“满足最大限度的要求”和“尽量节省人力物力”的矛盾下制定出来的，这种矛盾就迫使在技术上来想办法加以解决，中国人之所以放弃发展永久性、纪念性的砖石结构建筑，专注发展混合构造的木结构，相信就是解决这一矛盾的一个办法。在经济上说，“木结构”到底是比“砖石结构”节省得多的，包括人力，物力和时间在内。在秦汉的时候，中国是有过在建筑上利用金属(主要是铜)作为构件以及构件上的装饰的，并且将很多贵重的材料如玉，象牙，宝石等用于建筑装饰上。此外，在建筑上采用大量的木雕，石雕，在彩画上贴金等奢丽的设计和装饰倾向在各个朝代都曾经不断地产生，每当这些风气盛行起来的时候很快就受到“仁俭生知”[4]的皇帝的反浪费政策所禁止。

在中世纪之后的各个朝代中，一般都执行反对建筑上铺张浪费的政策，除了言论的宣传之外，还颁

[2] 见《盐铁论·通有篇》引《管子》。据说只不过是《管子》文章内容大意，并非原文。

[3] 郭沫若：《奴隶制时代》人民出版社出版，1973 北京。第 186 页。

[4] 李诫对宋徽宗的“颂语”。其实赵佶是一个颇醉心于建筑和装饰工作的皇帝。

布一些法规和法令。例如宋代禁止在彩画上贴金,除了皇宫庙宇之外不得用雕镂的柱础,不得施用藻井。唐代之后,对于官员们的住宅门屋的规模和式样一直都有限制,除了强化等级制度观念之外,它还有一种防止铺张浪费的意义。[5]

中国建筑二三千年来都是在受到种种制约下发展的,它的特点在于不断解决存在的矛盾和困难,顽强地表现出最大的适应性。

虽然,自古以来,中国的确是存在着反对在建筑上奢华浪费的思想传统,而且它们是以“正统”的“经典言论”或者法典而出现。但是,并不是说建筑的设计就完全因此而受到制约,相反地,歌颂都城宫阙,第宅园囿的富丽堂皇,美轮美奂的文章比较来说就比反奢华的言论更为流行和多得多。只要具备条件。大兴土木,美其宫室之风就会出现,其实,历代之所以一再提出建筑上的节约问题,实质上就是说明了其时建筑上存在着严重的奢华浪费。不过,无论如何,我们必须认识到中国的建筑思想是在矛盾下产生,发展,在种种清规戒律下表现出其顽强的适应性和生命力。

(摘自李允钚《华夏意匠》,
中国建筑工业出版社 1985 年出版)

(上接 70 页)
热爱创作是建筑师应具备的优良素质,这是个性问题,也是在实践中逐渐培育出来的思想感情。比如,当他看见病人在他设计的医院得到诊治,他感到人民是需要他的创作,当他看见天真的儿童在他设计的少年宫欢乐地游戏,他的内心会同他们共享这幸福的空间,他懂得他为人民而创作,不虚度年华而感到快慰,他会不为名不为利把自己的一切投入创作之中——这是最幸福的享受。

(原载《建筑学报》1985 年第 10 期)

(上接 72 页)

然而,古往今来,不知有多少高楼琼阁、玉砌雕栏、弥山别馆、跨谷离宫、寺塔宫观、坛庙陵墓等,在人为及自然的破坏之下,顷刻之间化为了灰烬。因而,对于古建筑的保护应当引起人们足够的重视。

(本文节选自作者 1985 年在日本东京建筑技术交流协会邀请的座谈会上的讲演。原载《古建园林技术》1986 年第 10、11 期)

[5] 如《唐会要》有:“宫室之制,自天子至于庶人各有等差”,《唐六典》则正式规定:“王公以下屋舍不得施重栱藻井,三品以上堂舍,不得过五间九架,厅厦两头,门屋不得过五间五架;五品以上堂舍;不得过五间七架,厅厦两头,门屋不得过三间两架,仍通作乌头大门,勋官各依本品;六品,七品以下堂舍,不得过三间五架,门屋不得过一间两架,非常参官不得造轴心舍及施悬鱼,对凤,瓦兽,通袱,乳梁装饰;…士庶公私第宅皆不得造楼阁监视人家。…又庶人所造堂舍,不得过三间四架,门屋一间两架,仍不得辄施装饰…”

陈从周

园林清议

今天很高兴有机会来与大家谈园林问题和中国园林的特征。中国园林应该说是“文人园”，其主导思想是文人思想，或者说士大夫思想，因为士大夫也属于文人。其表现特征就是诗情画意，所追求的是避去烦嚣，寄情山水，以城市山林化，造园就是山林再现的手法，而达明代造园家计成所说“虽由人作，宛自天开”的境界。

中国古代造园，当然离不开叠山，开始是模仿真山的大小来造，进而以真山缩小模型化，但皆不称意，看不出效果，最后，取山之局部，以小见大，抽象出之，叠山之技尚矣。明清两代的假山就是遵照这个立意而成的。今天遗下了很多的佳构，其构思也是一点一滴而来的。山石之外，建筑、水池、树木，组成巧妙的配合。体现了“诗情画意”，而建筑在中国园林中又处主要地位，所谓亭台楼阁、曲廊画桥，因此谈到中国园林，便会出现这些东西。在这些如诗如画的园林里，便会触景生情，吟出好诗来，所以亭阁上面还有额联，文化水平高者，立即洞悉其奥妙，文化水平低者，藉着文字点景便能明白。正如老残到了济南大明湖，看见“四面荷花三面柳，一城山色半城湖”，老残豁然领会了这里的特色，暗暗称道：“真个不错”。

文学艺术往往是由简到繁，由繁到简，造园也是如此。李格非的《洛阳名园记》没有叠石假山的记载。明清时才多假山，假山有洞有平台，水池方面有临水之建筑，有不临水之建筑，佛祖讲经，迦叶豁然了释，而众人却不懂，造园亦具如此特点。明代园林，山石水池厅堂，品类不多，安排得当，无一处雷同。清乾隆时，产生了空腹假山，当时懂得用ARCH[1]，便用少量石头来堆大型假山。到晚清，作品趋于繁褥。然网师园能以简出之，遂成人品。而能臻乎上品者，关键在于悟，无悟便无巧。苏东坡亦是大园林家，他说：“贫家净扫地，贫女巧梳头。”净即简，巧须悟，又云：“不识庐山真面目，只缘身在此山中。”或曰：“欲把西湖比西子，淡妆浓抹总相宜。”这景立即点出来了，造园不在花钱多，而要花思想多。二月间，我到过香港，那里城门郊野公司的针峰一带，正是“横看成岭侧成峰，远近高低各不同”，造园家要指出与众不同的地方，那么景观便有特色了。

清乾隆以前，假山有实砌，有土包石；到乾隆时，建筑粗硕，雕刻纤细，装修栏杆亦华丽了；在嘉庆、道光间，戈裕良总结当时新兴叠山做法，推广了空腹假山。是利用少量山石来叠山，中空藏石室，气势雄健，而洞则以钩带法出之，不必加条石承重，发挥券拱的作用，再配以华丽高敞的建筑物，形成了乾隆时代园林的特色，这种手法，可谓深得巧的三味。宋代李格非《洛阳名园记》未言叠山，亦是“巧”的构思，它是利用洛阳黄土地带的特殊性，用土洞、黄土高低所成的丘壑土壁来布置，因此说“因地制宜”是造园的基本要素。太平天国后，社会出现了虚假性的繁荣，假山以石作台，多花坛，叠山的艺术性衰退了，建筑物用材瘦弱，做工华而不实，是一个时期经济水平的反映。过去造园，园主喜购入旧园重整，这是聪敏办法，因为有基础，略事增饰即成名园。太平天国后，有些园林中原演昆曲，亭榭厅中皆可利用演出。自京剧盛行后，很多园林就有戏厅戏台的产生。园林中有读书、作画、吟咏、养性、会客等功能外，再掺入了社交性的娱乐。然而娱乐只不过逢场作戏，士大夫资本家炫富而已的设施。

建设大山水池树木本是慢的，苏州留园，在太平天国后修建时，加了大量建筑，很快便修复了。

造园未能离开功能而立意构思的，因为人要去居、游，而要社会经济基础、生活方式、意识形态、文化修养等多方面来决定，其水平高下要视文化。造园看主，就是看文化，是十分精确的一句话。

计成在《园冶》中说过：“雕栋飞楹构易，荫槐挺玉成难。”中国园林，越到后期，建筑物越增多，最突出的

[1] 英文，意拱形结构。

是太平天国以后，“中兴”将领、皇家都是求速成园，有许多园林，山石花木在园中几乎仅起点缀作用。上海豫园原为明代潘氏园，是士大夫的园林，清代改为会馆，大兴土木，厅堂增多，形成会馆园，园性质改，景观也起变化，而意境更不用说了。文章书画演戏讲气质，园林亦复如是，中国人求书卷气，这一条是中国传统艺术的命脉，色彩方面，要雅洁存质感。假山用混凝土来造，素菜以荤而名，不真了。

真善美，三者在美学理论中讲得多了，造园也要讲真，真才能美。我说过“质感存真”，虚假性的，终是伪品，过去园林中的楠木厅、柏木亭，都不髹漆，看上去雅洁悦目，真假山石终比水泥假山来得有天趣，清泉飞瀑终比喷水池自然，园林佳作必体现这真的精神，山光水色，鸟语花香，迎来几分春色，招得一轮明月，能居，能游，能观，能吟，能想，能留客，有此多端，谁不爱此山林一角呢！

能留客的园林是令人左右顾盼的，令人想入非非，园林该留有余地，该令人遐想。

有时，假的比真的好，所以要假中有真，真中有假，假假真真，方入妙境。

园林是捉弄人的，有真景，有虚景，真中有假，假中有真。因此，我题《红楼梦》的大观园：“红楼一梦真中假，大观园虚假幻真”之句。这样的园林含蓄不尽，能引人遐思。择境殊择交，厌直不厌曲，造园须曲，交友贵直，园能寓德，子孙多贤，故造园既为修身养性，而首重教育后代，用园林的意境感染人们读书、吟咏、书画、拍曲，以清雅的文化生活，从而培养成正直品高的人。因此造园者必先究理论研究与分析，无目的以园林建筑小品妄凑一起，此谓之园林杂拼。

中国造园有许多可继承的，继承的并非形式，是理论、“因借”手法，因就是因地制宜，借即借景。其他对景、对比、虚实、深浅、幽远、隔曲、藏露……以及动观、静观相对的处理规律，这是有其法而无式，灵活运用，以清新空灵出之，全在于悟。

过去造园，各园皆具特色，亦就是说如做文章，文如其人，面貌各异。现在造园，各地皆有园林管理机构、专职工程师、工程队，所以在风格上渐趋一律，至于若干旧园，不修则已，一修又顿异旧观，纳入相似规格，因此古人说：“改园更比改诗难”。我很为若干历史上遗留下来的名园担心，再这样下去的话，共性日益增多，个性日渐减少，这个问题目前日见突出了，我们造园工作者，更应引起警惕。所以说不究园史，难以修园，休言造园。而“意境”二字，得之于学养，中国园林之所以称为文人园，实基于“文”，文人作品，又包括诗文、词曲、字画、金石、戏曲、文玩……等等，甚矣学养之功难言哉。

此文就我浅见所及，提出来向大家求正，还望有所教我。

（此文为 1986 年 2 月在香港中文大学的报告，1986 年 9 月修改后在日本建筑学会 100 周年年会上的报告）

孟建民

建筑设计的硬性条件及弹性条件

"设计，建筑设计，公共建筑设计，宾馆建筑设计……"

从以上逐次具体化的表述中，我们不难领会设计的限定作用与意义。建筑的类型、功能、规模、选址、投资及时限等都是建筑设计的限定设计与依据。在设计过程中，设计条件限定的程度有大有小，有宽有严，有的规定十分具体，有的条件笼统宽泛，这就表明建筑设计条件有些是硬性的，有的又有较大的弹性范围。

什么是设计的硬性条件及弹性条件

在设计过程中，建筑师主要受来自三方面条件的约束和限制：其一是业主根据自身需要、实力及偏好给出的条件，如对建筑投资、性质、规模、选址或风格等方面的规定；其二是社会性的规定条件，如城规要求、消防规范、建筑技术与材料发展水平等形成的条件；其三是建筑师的自我规定，即建筑师累积的经验和习惯所形成对其自身的约束与规定。

对前两种条件而言，一般不容建筑师随意修改，他们必须遵守这些条件，这类条件即称为设计的硬性条件，如业主要求设计剧院，建筑师就不能将其设计成电影院。又如消防规范要求楼梯最大疏散距离为25米，建筑师就不能设计为30米，违反这些硬性条件就等于建筑师对承接项目自我否定。然而业主在给出各种条件时，对某些方面并未加限定，或者限定笼统，可使建筑师在一定范围内按自我意志选择和确定，这种没限定或笼统限定的条件及建筑师的自我规定即可称为设计的弹性条件。如业主要求将建筑粉饰为绿色，这种规定只限定了建筑物的基本色相，而在颜色的纯度、明度上却有很大的弹性，可由建筑师自由发挥和决定。

硬性条件与弹性条件的对应性

德国哲学家黑格尔说：概念不是僵化的而是流动的，概念具有"变易原则"。设计的硬性条件与弹性条件同样遵循这一原则，它们的含意是相对的。应当讲，两者之间存有内在的辩证关系：

第一，硬性条件与弹性条件实质上是一种规定的两个方面。因为规定的具体程度不可能达到"具体"的极限，必容有一定的自由度，那么规定要求中不可逾越的界限即为规定的硬性方面，而硬性界限的另一侧容有的自由度即是规定的弹性方面。比如设计某幢建筑，在形体上给出长、宽、高尺寸，据此，建筑师不可能从尺寸上再有大突破，但在建筑形体的几何形式上则可按其意志进行选取，建筑平面或是八边形，或是椭圆形等等。因此说，这种规定在尺寸方面是硬性的，而在几何形式方面却具有较大的弹性。

第二，硬性条件与弹性条件之间成反比关系。即硬性条件限定得越具体，弹性条件的范围就越小（图1）。本文句首列出的："设计，建筑设计，公共建筑设计，会展建筑设计……"，便是设计限定具体化的过程，即硬性条件越多，弹性条件范围就越小。若设计规定的硬性条件趋近于"具体极限"，那么建筑师在设计过程中几乎只能充当一名描图员，其想象力与创造力则被降至"零"发挥。这种状态下，对建筑师设计水平的高低评价就难以做出正确的判断（图2）。

第三，从社会限定条件的角度讲，各种设计规范制定得越具体越强制，或者建筑技术与材料可选择性越少，则社会潜在的弹性条件就越小。我国与发达国家相比，由于建筑技术与材料发展较滞后而使社会条件的弹性范围相对减小，因此我国建筑师在设计方面所能发挥的空间受到很大限制。

设计能力与两种条件的关系

从某种意义上讲，设计条件既是建筑设计的依据，又会成为束缚建筑师创造与想象的枷锁。如何对待、运用建筑设计的硬性条件和弹性条件，是衡量建筑师设计能力的重要标尺。归纳设计能力与两种条件之间的关系，基本可分为六种形式（图3）。

第一种：设计能力低下。设计者非但不会运用弹性条件，甚而对硬性条件都难满足（图3a），表现在设计中，即建筑功能处理得既不合理，建筑形式设计得又很拙劣，这类设计者可谓是建筑师中的"低能儿"。

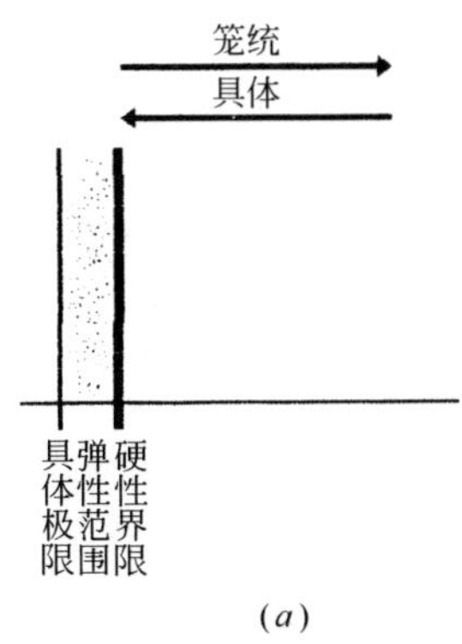

(*a*)

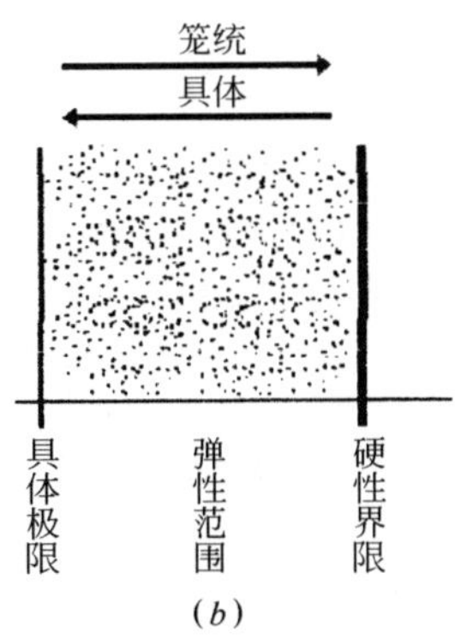

(*b*)

图 1 硬性条件与弹性条件相对关系示意

(*a*) 条件具体时状况;(*b*) 条件笼统时状况

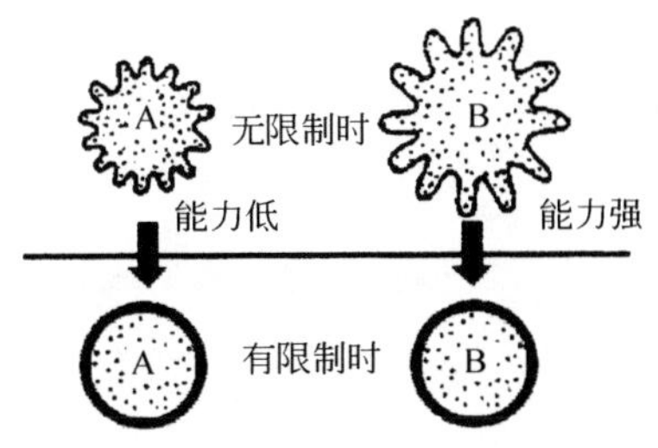

图 2 硬性条件趋于"具体极限"时设计能力受抑制示意

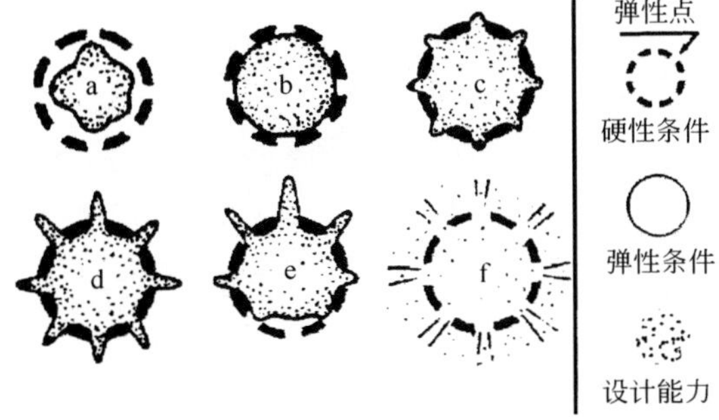

图 3 设计能力与两种条件关系的六种关系

第二种:设计能力一般。设计者在设计过程中能基本满足硬性条件,但对弹性条件缺乏开发与运用(图 3b),其建筑设计多是功能关系处理适当,而建筑形式无特色可言,这类建筑师为大多数。

第三种:设计能力较强。其在设计过程中不仅满足硬性条件,而在一定程度上也能开发利用弹性条件(图 3c)。其建筑设计在形式上已有自己的风格特点,这类建筑师可谓设计队伍中的优秀分子。

第四种:设计能力很强。设计者在满足硬性条件的同时,还能充分开发、运用弹性条件(图 3d),他们的设计作品表现出超凡的个性与风采,这类建筑师才真正能被称为设计大师,如柯布西埃和赖特等可属此类。

第五种比较特殊,即设计者的设计能力畸形发展,他们在开发、运用弹性条件方面颇为独到,表现出色,但时常又对硬性条件不能很好满足(图 3e),其设计作品常是构思绝妙,形式奇特,这类设计者可谓是建筑师中的"怪才",戈地、伍重等浪漫主义大师即是这类建筑师的代表。

第六种亦属超常类型,即设计者的能力"过强",以至在设计过程中丝毫不计硬性与弹性条件的约束,设计者仅凭空想象,随意发挥(图 3f)。这类设计者或是未来建筑的预言家、或是自说自话的"癫狂者"。他们的设计作品只能纸上谈兵,并无现实可言。

从以上设计能力与两种条件的关系来看,建筑师能否充分开发、运用建筑设计的弹性条件是鉴别设计能力之关键,因此对如何开发、运用设计的弹性条件,我们仍有必要作进一步探讨。

如何开发、运用建筑设计的弹性条件

据上文所述,建筑师设计能力的高低主要表现在如何利用和满足硬性条件,及如何开发、运用弹性条件两个方面。如果给出的硬性条件比较合理，那么满足前一要求并非难事，而对怎样开发、运用弹性条件，则为建筑师发挥潜能的用武之地：一般来讲，开发、运用建筑设计的弹性条件应从以下几个方面进行：

首先，建筑师对业主的要求和社会的约定做必要的分析，划分出哪些条件是硬性，哪些条件属弹性，先认清发挥想象与创造力的范围，然后才能有效、迅速地进行建筑设计。事实上很多人早已运用了这类方法，但不足的是他们并没真正有意识、有目的地区分两种条件，缺少对弹性条件的深入理解和分析，使其设计方法只能处在纯粹的经验阶段。

其次，建筑师在分析硬性条件之际，应力求发现硬性条件中的"弹性点"，了解和认识硬性规定的具体程度及空留的弹性范围，以便寻找想象与创造的突破口。比如设计某建筑物时，甲方给出的条件在体量上有规定，建筑师则可在体形上多做文章；若对体形再有规定，则可在建筑材料上多动脑筋；再若材料也有规定，那么在色彩上还有处理的可能。总之，在现实世界中，"硬性条件"与"具体极限"决不会完全重合，两者之间必然存在弹性领域，因此说，无论在什么样硬性条件的规定下，建筑师总有自己的文章可做。

再次，建筑师应注意拓宽自我规定中的弹性范围。假若让研究古建筑者设计现代建筑，那自然不如专门研究现代建筑者，原因当然在于前者缺少后者所具有的设计词汇和经验，即在现代建筑设计方面，前者自我规定中的弹性范围较后者为小，反之亦然。这就告诉我们，建筑师要设计得更好，就必须注意积累丰富的建筑词汇，掌握更多的设计语法，以拓宽自我规定的范围。

最后，建筑师应力求解脱陈旧观念的束缚，打破自我规定中老化的词汇和语法。建筑师积累的经验与形成的观念中，一部分仍有实用价值，但另一部分却老化过时，进而成为建筑师发展道路上的羁绊。建筑师在设计实践中常会遇到这种现象：一些可能限制设计质量提高的障碍不是来自于业主或社会，而是来自于建筑师本身，这是人的惰性本能在建筑设计中的自然反映。要克服这一点，建筑师就必须敢于怀疑自己的经验和观念，大胆更新旧有知识体系，充实新的思想内容，树立符合时代发展需求的新理念。

（原载《建筑学报》1987 年第 5 期，
编入本书时又作了删节和修改。）

汪坦

赖特

赖特，F. L.（Frank Lloyd Wright 1867～1959）美国建筑大师。1867年6月8日生于威斯康星州里奇兰森特。曾在威斯康星大学攻读土木工程，但成绩平平，差3个月毕业，即离校去芝加哥进入建筑界。深受建筑师D.阿特勒和L.沙利文的影响。1893年创立事务所，直至去世，共设计出800余座建筑物，其中建成的约400处。1959年4月9日卒于美国菲尼克斯。

住宅建筑　赖特的作品约有四分之三是住宅。1901～1909年，他以“草原住宅”显示出革新的胆识和卓越的才能。这种住宅不设阁楼和地下室，低层高，深壁炉，小卧室，缓坡屋顶，大出檐。底层除了辅助房间外，形成一个大空间，屏隔为读书、就餐、会客等不同空间。外部造型突出水平起伏，与草原韵律相呼应，建筑尽量利用当地材料。这比当时流行的住宅适用、合理和经济。当时，美国自国外涌入大量移民，经济危机频仍，社会剧列动荡，与自然相融合的草原住宅颇能满足一些中产者对平静单纯生活的憧憬，赖特因之声誉鹊起。罗比住宅（1908）和威利茨住宅（1902）是赖特这方面的代表作。罗比住宅紧靠闹市，重叠的水平形体有韵律地交错着，坡顶出挑很大。威利茨住宅的平面是民间常用的十字形，风格也为民间所喜闻乐见。流风所及，美国中西部出现不少类似住宅，在建筑界形成草原学派。

1936年的“美国人住宅”是赖特试图解决美国人居住问题的另一次尝试。同“草原住宅”相比，这种建筑多靠近街道一侧，结构紧凑，尽可能扩大内院面积。不讲究进餐和宴客，因而只是在起居室靠厨室处放一张餐桌。采用2×4英寸模数格网组装预制镶嵌木板墙，不加油漆粉刷和其他装饰。没有汽车库，只设车棚。这些作法旨在鼓励户主自己动手建筑房屋。新闻记者H.雅各布斯的住宅（1937）即为一例：面积124.5平方米，造价5500美元。此时，美国刚经历过1929～1933年的经济大危机，这种住宅符合当时中产者对生活上精神上属于个人的小天地的要求，赖特于1939年设计了低造价预制装配式四户三层公寓，用地省，密度高。1956～1958年又设计出四种预制装配式住宅。赖特设计的住宅中最负盛名的是流水别野。其他有突出特征的，还有六边形格网模数的P，汉纳住宅（1936）和以大小圆鼓形房间组成的R．杰斯特的适应沙漠气候的住宅（1938）等。

广亩城市　赖特目睹资本主义城市化的阴暗面，1932年在《正在消失的城市》一书中提出“广亩城市”的纲要。所谓广亩城市即带有田园风味的城市，1935年做成模型在纽约展出。1911年建的东塔里埃辛住宅，1938年建的西塔里埃辛冬季营地，1938～1954年建的佛罗里达南方大学和1936～1946年建的约翰逊公司总部大楼等建筑的设计，都可以说是这方面的片断试验。

“东塔里埃辛”是赖特的老家，在那里绿树丛中隐蔽着一座恬静的庭院，房屋环绕着低而长的屋檐，既和外界隔绝，又融合在大自然之中。“西塔里埃辛”是暴露在沙漠中的游牧部落帐幕，舒展蔓延，乱石墙垛犬牙交错，粗犷豪放。这两处都是生活、劳动、工作结合在一起的场所，可算广亩城市的意境写照。

约翰孙公司是一家制蜡企业，当地居民全属约翰逊家族。企业为家族所有，实行家长制管理。赖特设计的公司总部大楼，整体布局是封闭式的，意在避免同外界接触。内有演出场所、餐厅、电影厅、运动场等，而以办公用大空间最为著名。这个空间的柱高7.3米，上粗下细，亭亭玉立，上面是圆形平板组成有似睡莲浮叶的天花，平板间为细玻璃管作成的波纹状天窗，新颖夺目。

1952年，赖特设计建成的普赖斯大楼，他自称体现了广亩城市的又一个特征。大楼所在地巴特尔斯维尔是个小城镇，到1960年还只有27000人。建筑物的平面布局反映了手工作坊时代作场和住处的混合。塔楼17层，外观别致，垂直线条和水平线条相同，体形凹凸交错，完全不同于城市中那些方匣子般的高层建筑。

其他作品　1906年建造的联合教堂显示出赖特的创新精神。这里没有用常见的象征性的尖塔和陡坡顶。他认为这样的象征太像文字。他认为教堂应作为公众集会和游乐的场所。因此，他设计了这座平屋顶建筑。由于投资少，现浇混凝土内外墙面均未修饰。教堂形状为正立方体，四周边长、高度都相等，以节省模板。赖特着意处理好内部空间，力图打破匣子般的感觉。

1922年建成的日本东京帝国饭店以经受住1923年东京大地震的考验而闻名于世。他对抗震措施，从轻型屋顶到混凝土灌注浅而密的桩基，乃至管弯接，都经过仔细考虑。建筑略带“和风”，反映出赖特对当地文化的尊重和有机建筑的风格。

1943年开始设计，到赖特去世后才建成的纽约古根汉姆美术馆是他的最后杰作，也是在他所厌恶的闹市建造的唯一规模较大的建筑。他不考虑建筑同周围环境——纽约第五街协调，建筑外部完全封闭。展览廊长约0.41公里，由顶层盘旋而下，巨大的玻璃穹顶覆盖着通天中庭，形成连续而有变化的整体和局部统一的空间，取代了各个独立展览室串连的传统方式。这座建筑在功能上曾引起一些美术馆管理专家的非议，但赖特坚持个人的观点。此馆专供抽象派绘画展览之用，施工极为复杂。

有机建筑理论　赖特在1901年题为《机器的艺术和工艺》的报告，以及1908年和1914年两次题为《为了建筑》的报告中提出了有机建筑的概念。他一生的全部著作和实践都以此为核心。1953年，他给建筑上使用的“有机”一语下的定义是：“有机的，指的是统一体；也许用完整的或本质的更好些。”他认为：“土生土长是所有真正艺术和文化的必要的领域”，“像民间传说和民歌那样产生出来的房屋比不自然的学院派头更有研究价值。”

赖特曾于1918年访问中国。他极推崇中国古代哲学家老子。常引用《道德经》中“凿户牖以为室，当其无，有室之用”来阐述他的空间概念。

（原载《中国大百科全书建筑园林城市规划卷》
中国大百科全书出版社1988年出版）

冯纪忠

"何陋轩"答客问

松江方塔园规划中为了从东南部取土，顺应土丘竹林分布原状，凿河北通方池，西接河叉，构成连贯水系，而东南形成了一个景区。拟建简单竹构的饮茶休息设施。

记得三年前曾有客与笔者来游。信步过土埂，登小岛，披着没膝荒草，打量着地势，客高兴地说："是个好去处，略施些亭榭廊桥，真是另有洞天"。笔者想了一想，没有说什么。

后来，总算经费有了着落，一个竹构草顶的敞厅，一波三折，差强人意，将要建成了，姑名之为"何陋轩"。

客恰好又来游。一同过小桥，绕土丘，进入竹厅。客愕然良久，搭讪道："园里这一圈，可真有些累了。"笔者应道："坐下喝杯茶再逛罢。久动思静，现在宜于静中寓动，我设计时正是这样想的，不然的话，大圈圈之中又来一番小圈圈，那不就乏味了。"

客道："原来这就是不采取游廊方式的道理。这个厅确也荫凉轩敞。游廊在楠木厅那里已经有了嘛。"

笔者道："那里不同，那里是游览主题广场之后，收一收神。"

跟着笔者指点着介绍说："全园有几个重点单位，除了主体文物宋塔、明壁之外，有天妃宫、楠木厅、大餐厅。这个竹厅在尺度上和方位上须要和那些单位旗鼓相当，才能各领一隅风骚罢。看！竹构结点是用绑扎的方法，原拟全无榫卯，施工中出于好意，着意加工，显出豪式屋架的幽灵难散啊。上部杆件施以彩漆，用意是想在朴实中略见堂皇。"客道："噢，会不会授人以不伦不类的口实?"

笔者笑道："不论竹木，本色确是我素来偏爱的，但要因事制宜。为了耐久些，木能敷彩，竹为什么不可以？木料着意雕镂，适足减弱强度；竹林细施榫卯，岂非违背肌理；却都不以为怪，唯独怪此，那是为什么?"

客扫视四周，猛然诘问道："规律在哪儿？令人迷离惝恍，茫然若失，这又有什么说法?"

笔者笑道："果然好像吹皱了一池春水，倒很使人高兴。若说规律却是有的。

请先看台基：三层，依次递转三十、六十度，似大小相同而相叠，踌躇不定的轴向正所以烘托厅构求索而后肯定下来的南北轴心，似乎在描述那从未定到已定的动态过程，这叫引发意动罢。方砖铺地，间隔用竖砖嵌缝，既是为了加强方向感和有利于埋置暗线，而且所有柱基落在缝中，不致破损方砖，又好似群柱穿透三层，而把它们扣住了。三层台基错叠所留下的一个三角空隙，恰好竖立轩名点题。

再看墙段：这里并没有围闭的必要。墙段各自起着挡土、屏蔽、导向、透光、视域限定、空间推张等等作用；若断若续，意味着岛区既是自成格局，又是与整个塔园不失联系的局部。"

客道："厨房忽然又是几个正方块，大盖是求变化、求对比?"

笔者答道："也对，说是曲直对比，轻重对比，想像它是帆船的系桩，引鸟的饮钵，均无不可；但我想的是为什么厨房非是附属的次要的不可？

总之，这里，不论台基、墙段、小至坡道水落、大至厨房等等，各个元件都是独立、完整、各具性格，似乎谦挹自若，互不隶属，逸散偶然；其实是有条不紊，紧密扣结，相得益彰的。"

客道："哦！这里包含深一层的观念"。笔者应道："对。所谓意境，并非只有风花雪月才算"。

客道："我是清楚了，但是总不能经常依靠导游员解说?"

笔者说道："当然，那不可能也不必要嘛。一般，要欣赏戏，就得把戏看完；要欣赏乐曲，也得把乐曲听完，听完了也未必就懂；其实这都不用说；同样，只要有了了解建筑的意愿，那不也要花点时间和气力，进行独立体验，才能从元序发现有序，从有序领会内涵吧？另一方面，就多数人来说，来到这里是为了品茗闲谈，并不存心了解建筑，然而不自觉有所感受，却是事实。哦，我想这或许就是你担心令人迷茫进而受到一定影响的缘故吧！涉及建筑的感受问题，那是不能单谈建筑客体的，也要看主体一面罢。譬如，高峰绝顶，一览众山，荡胸沁脾，心情爽朗，这是诗人之所歌，哲人之所颂，上下古今，群体总合出来的常人之情；又哪里晓得，不是也有失魂落魄舍身一跃的吗？那是主体的内心世界不同嘛。再说得近一点，当此园中的堑道建成的时候，不也有人怕它易于藏污纳垢吗？再说，为什么对无锡寄畅园的八音涧却没有听说什么叨叨？是古人风雅附庸者夥吗？古人雷池难越吗？也许这样推度仍然流于书生之见。"

说着说着，日影西移，弧墙段上，来时高处现在暗了，来时暗处现在亮了，花墙闪烁，竹林摇曳，光、暗、阴、影，由墨到灰，由灰到白，构成了墨分五彩的动画，同步地凭添了几分空间不确定性质。于是，相与离座，过小桥，上土坡，俯望竹轩，见茅草覆顶，弧脊如新月。

客道："似曾相识！"

笔者道："是呀，途中松江至喜兴一带农居多庑殿顶，脊作强烈的弧形，这是他地未见的。据说帝王时代民间敢用庑殿是冒杀头之罪的，其中必有来历，那就有待历史学家们去考证了。这里援来作为设计主题，所谓意象，屋脊与檐口、墙段、护坡等等的弧线，共同组成上、下、凹、凸、向、背、主题、变奏的空实综合体。这算是超越塔园之外在地区层次上的文脉延续层，也算是对符号的表述和观点罢。"

客点头道："我有同感。符号怎能趋同，不是贴商标，不是集邮标，也不是赶时髦。"

笔者道："农村好转，拆旧建新，弧脊农居日渐减少，颇惧其泯灭，当呼吁保护或迁存，又想取其情态作为地方特色予以继承，但是又不甘心照搬，确是存念已久了。"

客道："这样看来，小岛设计的灵感盖出于此啰？"

笔者答道："也可这么说。就艺术创作活动一般来说，意念一经萌发，创作者就在自己长年积淀的表象库中辗转翻腾，筛选溶化，意象朦朦胧胧地凝聚起来，意境随之从自发到自觉。从意象到成像而表现出来，意境终于有所附托。建筑设计更多的情况是，结合项目的分析，意象由表象的积聚而触发，在表象到成像的过程中，意境逐渐升华。不管怎样，三者互为因果，不可分割。我们争取的是意先于笔，自觉立意，而着力点却是在驰骋于自己所撑握的载体之间的。

至于这个方案，那是逐渐展开的。举一点来说：本来因为南望对岸树木过于稀疏，所以有意压低厅的南檐，把视线下引，而弧线挡土墙段对前后大小空间的形成，原是出于避开竹林，偶尔得之的，却把空间感向垂直于厅轴两侧扩展了，纵横取得互补。

我总觉得，一片平地反而难作文章……"

客笑道："提起文章嘛，这一番动定、层次、主客体、有无序等等的议论，不觉得似有小题大作之嫌吗？"

笔者不以为然道："'二京''二都'俱是名篇，或十年而成，或期日可待，禀赋不同，机遇不同，不在快慢。子厚'封建论'，禹锡'陋室铭'，铿锵隽拔，不在长短。建筑设计，何在大小？要在精心，一如为文。精心则动情感，牵肠挂肚，定斟句酌，不能自已，虽然成果不尽如意，不过，终有所得，似属共通，发而为文，不是很自然的吗？"

客仍坚持道："小题终究是小题，大题谈何容易！"

笔者语塞，嗫嚅道："噢，噢，非我这钝拙孤陋者所知"。

（方塔园由 张遴伟 俞霖协助设计）

（原载《时代建筑》1988年第3期）

程泰宁

在历史和未来之间的思考

十字坐标——在横向交流中突破

人类文化,包括建筑文化的发展,存在着一个由纵向与横向、时间与空间、传统与现代所形成的十字坐标参照系,每一种文化在这个十字坐标中都有自己运动和发展的轨迹,而一种文化发展的快慢和它的运动轨迹,亦即在不同时期所处的坐标有关。一般有两种情况,一是在历史发展过程中,不断增加新质,基本上沿着纵向——时间的轨迹发展;另一种情况则是通过吸收外来文化、在横向比较中演变。包括建筑在内的中国传统文化,尽管在历史上有过秦汉的闳放和盛唐的兼容,但从总体来看,其发展基本上属于前一种类型,即通过对传统的继承和发扬来实现的。到了近代,由于中国传统文化中的消极因素与社会的发展产生了尖锐的矛盾,于是,随着闭关锁国的状态被打破和外来文化的引入,在本世纪初产生了中国现代文化。无可否认,无论中国现代文学抑或现代绘画、音乐的形成和发展,主要是通过横向交流,通过接受外来文化的影响而实现的。而建筑,则由于受到传统观念在这个领域中的顽强抵抗,也由于建筑在反映时代问题上不如文学绘画来得直接敏感,因此长期以来,中国现代建筑仍然沿着纵向轨迹缓慢的运动。

尽管从本世纪以来,一些老一辈的建筑师在探索中国建筑发展道路上作了许多努力,但从总体上看,解放前那些古洋杂陈的建筑物只能看作是半封建、半殖民地畸形社会的写照,而解放后所提出的"创造中国社会主义建筑新风格"以及"民族形式、社会主义内容"等口号,则是一元化的宇宙观和"左"倾政治路线相结合的产物。对传统的简单化理解,特别是对外来文化的粗暴排斥,直接造成了我国建筑理论和创作的单调贫乏。中国现代建筑一直在高墙夹峙的小胡同中艰难前进。今天,问题已经尖锐的呈现;在改革开放中,如果我们不去大胆吸收以西方现代建筑为主的外来建筑文化,在十字坐标系上重新调整自己的运动轨迹,中国现代建筑要取得突破性的进展绝无可能。

为使包括西方建筑在内的外来文化真正成为推动中国现代建筑发展的"他山之石",应该特别注意横向比较,在比较中学习、吸收。

西方现代建筑形式、风格流派的多元化和开放性,对于打破我们单一的思维模式、开拓我们的创作思路十分有益;因而使很多建筑师感到兴趣。但是,西方现代建筑注意与社会科学、自然科学的多个学科交叉结合,注意从社会角度来认识建筑,尤应引起我们重视。和中国传统文化注重感性,注重内心体验相比较,西方现代建筑比较注意理性,注意与社会实践的结合。以哲学、美学、心理学、行为科学以及高度发展的科学技术为依据,使得一些建筑和城市设计,具有较强的内在逻辑性。即以形式而言,拓扑学、仿生学,使得一些建筑创作出于意表之外而又在情理之中。尽管西方建筑中也有不少哗众取宠、浅薄庸俗之作,但应该看到,强调建筑与科学、社会、环境的结合正是西方建筑充满活力,而且具有多元化色彩的根本原因之一。

在进行横向比较同时,还要注意对西方现代建筑的整体把握,只是从一个时期,一个流派来认识西方建筑,既难窥其全貌,也不利于交流吸收。当前,不少人认为,西方建筑出现了"混乱"、"危机",其实这是一种对艺术发展规律缺乏了解而产生的错觉。实际上,西方建筑文化本身就是一个互相矛盾的多元化的综合体。从一个流派来看,它们的局限性往往十分明显;但从总体上看,它们相互补充、相互映照,却又显得十分丰富多彩。对我们来说,与其急于参与某些流派孰是孰非的争论,倒不如冷静地对这些流派、大师的主张作一番认真的分析研究。长期封闭之后,我们需要学习的东西实在太多了,更何况,有益的、完整的经验往往包括在看来观念完全相反的流派之中。在我看来,后现代是现代建筑的一个补充,而功能主义的一些原则对于我们今天的建筑创作仍然十分有益。如果我们总是把一种流派奉为圭臬而排斥其他,其结果往往是得之东隅、失之桑榆,既不能真正了解西方现代建筑，也就谈不上吸收提高了。

提出横向比较，当然也必须考虑我国与西方国情不同，处理好形式与内容、技术与艺术、学习与创造的关系，照抄照搬是不能进步的。至于不顾国情、不区别环境，把镜面玻璃和铝合金墙面作为创新的条件，甚至把那些张扬浮躁的西方建筑师的作品奉为方向，以致造成资金浪费，又形成新的千篇一律，那就更不足取了。

总之，在横向交流中突破，在横向比较中发展，将是中国现代建筑发展过程中不可逾越的阶段。

在发展中对传统进行再认识

传统与现代历来是一对难解的结。长期以来，传统文化中的消极因素——封闭内向的心理结构，“定于一尊”的单向思维模式，再加上几千年遗留下来的重意轻器、轻视建筑的陈腐观念，给中国建筑的发展戴上了沉重的枷锁。今天，在现代化的召唤和外来文化的冲击下，如何对待传统，成为人们所关心的“热门”话题。和其他文化领域一样，当前在建筑界，存在着明显的“反传统”倾向，这种倾向的出现，是对传统中僵化落后因素的挑战，也是对长期以来片面强调发扬传统的逆反，因而有其进步和可以理解的一面，同时也有它的必然性。但是如果我们历史地来看待这个问题就可以发现：传统，在文化发展过程中作为一个向度是客观存在的，尽管多少年来，特别是近百年来，曾经出现过多少像未来主义那样主张“与传统决裂”的流派，但直到今天，传统仍然在困扰以至吸引我们，传统从来没有被一笔勾销，问题在哪里呢？我以为，问题出在对传统的理解和认识上，由于对传统的不同理解，不仅引起一些“三岔口”式的争论，而且也影响了对传统的正确阐发和运用。因此，在中国现代建筑变革和发展的过程中，对于传统进行再认识，仍然是十分必要的。

我认为，传统，首先是个系统概念。尽管古人把建筑贬之为“器”，但客观上，中国传统建筑作为一种文化形态，是传统文化这个大系统的一部分。因此，我们应该全面的，多层次的来认识传统。大屋顶、马头墙是传统，中国的园林空间意境是传统，故宫所显示的震慑人心的封建皇权，青藤书屋所表露的洒脱不羁，甚至愤世嫉俗的文人心态也是传统……。如果对此进行美学的结构层面分析，那么，前者为物——可见的物化形态；次者为心物相照，即基于有形形态所产生的联想；而最深层的则是哲理，即一个时代，一个民族或地区所特有的心理素质、价值观念、审美趣味、思维方式等等。对传统发掘越深，其内涵亦越丰富。大音唏声、大象无形，如果我们用中国传统文化特有的审美方式来分析传统建筑——例如浙江地区的传统建筑，我们就会发现，仅仅从形式出发，就认为“传统千篇一律无可继承”，并以此来否定传统，实在显得过于简单片面了。

同时，传统又是一个延续的概念，不能割裂，也无法切断。随着时代的变化和技术手段的不同，传统建筑中某些方面，例如在手工业生产基础上形成的外部形式，以及与现代生活不相适应的思想情调等等，将逐渐淡化，以至消失，但是传统作为一个整体，在传统文化长期薰陶下产生的一个民族、一个地区的心理素质、审美情趣，以及人们对人生、艺术的思考等等，总是能够在与现代生活的结合中，在与世界文化的交流中找到相互联系的交汇点，从而不断变化发展，而又保持自己的特色。这种情况，可以用文学、绘画、建筑等各个文化领域中的很多例子来说明。张大千与徐悲鸿虽然开始所走的道路相反，但他们的作品(特别是张大千的后期作品)，都在不同程度上找到了传统文化与现代艺术的契合相通之处，使他们的作品既有鲜明的现代意识，又保持了中国绘画传统的美学风貌。同样，川端康成和丹下健三都是在 20 世纪时代背景下产生的大师，在他们的作品下，体现了日本传统文化和现代意识十分有机的内在的融合。在题材风格等方面他们显然不同于过去日本的文学、建筑作品，但是“古都”和“草月会馆”室内空间所蕴含的韵味深长的日本民族传统的审美特色，和富于东方哲理气息的心理素质，使它们和海明威、约翰逊的作品又有极其鲜明的差别。传统在延续，传统在与现代交汇中发展变化，现代蕴含着过去，未来蕴含着现代，这就是传统的生命力，也是它不可能被切断、否定的重要原因。

当然，传统又是一个外延和内涵十分丰富的概念，它没有一个统一具体而又固定不变的解释，每一个人完全可以根据自己的素养、爱好，从不同角度，不同层次去理解传统，应用传统，槙文彦从日本传统建筑中看到了“奥”——空间的层次感；黑川纪章则在对传统的思考的基础上提出了灰调子文化；而丹下健三则把照搬传统形式贬之为“向后看”，认为“传统是通过对自身的缺点进行挑战和对其内在的连续统一性进行追踪而发展起来的”……作为审美主体的人，作为创造现代建筑文化的建筑师，不仅在认识和运用传统，也是在丰富传统。这样，在传统不断注入新的因素，阐发新的内容。过去，我们把传统看成是僵化不变的东西，或把传统简单地理解为民族形式，或机械地归纳为几大特征，……这使人们对传统产生了严重的谅解，甚至激发了人们对传统的“逆反心理”，这对我们正确理解传统，发扬传统是十分不利的。

由此，不禁令人联想到，多年来我们不仅曾经粗暴地排斥外来文化，即使对于我们自己反复强调的传统，实际在理论上并没有进行过系统的、实质性的研究。近几年来，在较多接触西方建筑的过程中，在与西方文化的比较中，我深深感到，包括建筑在内的中国传统文化犹如一座只经过浅层开发的矿藏，有待我们进行更有深度的发掘。如果我们能从注重形式、空间等视觉形象，进而深入到内省和静观的层次，联系传统文化对建筑中的“无状之状，无象之象”作一番思考和探索，可能会使我们的创作进入一个更高的境界。因此我认为，今天西方建筑界有些人在研究“老子”，甚至认为只有石涛的艺术思想才能使西方建筑摆脱混乱，找到出路，这并非猎奇，更不是哗众取宠，而是有它一定道理的。

中国传统建筑文化有其消极落后的一面，也有其独特的一面；东西文化有矛盾的一面，也有其互补的一面。对于中国建筑师来说，有横向交流中发展传统，运用传统，说不定还是一条跻入世界之林的捷径呢？

多元化动态结构的方向

关于历史与未来，关于如何对待传统建筑和外来文化等问题的争论已经在我国建筑界展开，可以预见，随着时间的推移，这场争论必将在更广泛的范围内，以更加尖锐的方式表现出来。我认为，对于这些问题作出一具体的结论既不可能，也不重要，重要的是随着这场争论的深入，中国的建筑师将逐渐摆脱内心的封闭状态和单向思维模式，开始面向世界，在传统与外来文化的相互碰撞中，在多元化色彩十分浓烈的西方建筑思潮和流派的相互比较中，中国建筑师必然会在理论和创作上进行多方面的思考和探索。由于理论和创作基础的薄弱，尽管在一个时期内，各种思潮将处于一种不断调整深化，甚至相互易位的不稳定状态，在创作上也将出现抄袭模仿、因循守旧与创造革新并存，劣作、伪作、浅薄平庸之作与力作、新作同在的局面，但通过一段较长时间的实践，中国现代建筑终将形成一种多层次、多方位、多元化的动态结构。这种多元化结构的逐步形成，符合艺术发展规律，符合信息社会人们审美心理多样化的需要，同时，多元化也是与整个世界文化的发展趋势相一致的。

在形成这个多元化结构的过程中，外来文化、传统文化都将起着重要的作用，特别在现阶段，加强横向交流，对于推动中国现代建筑的发展，将是一个决定性的因素。但我始终认为，发扬传统也好，引进外来文化也好，都是手段，而非目的。如果能在深入学习传统和外来文化的基础上，做到无今无古，无中无外，能放能收，能入能出，我们就获得了创作的自由，具备了创新的条件。因此，我不反对“立足传统”，也不反对“先抄后创”，但我更欣赏立足此时，立足此地，立足自己。只有立足于中国的物质环境和精神环境，立足于中国各民族、各地区以至各个工程的具体条件，同时特别注意发挥建筑师的个人创造，那么，建筑创作一定能推陈出新，建筑理论也一定能更加活跃。一个丰富多彩的，具有现代中国特色的多元化格局，一定能更快地到来。

（原载香港“建筑”杂志，1988 年 7～8 月）

聂兰生

小城春秋
——吉首市旧城改造随想

近年来中小城镇正以惊人的速度改变着面貌。城市建设事业长期以来引而不发所积蓄的能量，一旦喷射出来，其冲击力将远远超过想像。

一、新街与旧巷

在我们这个历史悠久的国度里，任何一个地区，新旧建筑的共存似乎都是永恒的现实。新建筑在旧环境中诞生，它带来了生机和新意。一条繁华热闹的新街出现，好像是给旧肌体换上了新器官，整个城市随着它活跃起来。完备的市政设施，高楼栉比的街道，新兴的材料，五光十色的商品，熙攘的人群，预示着现代生活已经走进了城市。

湘西自治州吉首一条新兴的商业街给这个边陲小城带来了无限生机。它使本地人和外地人都感到这条街是现实生活的需要，因而备受青睐。纵然是仓促上马，人们还是感到它姗姗来迟。从细处去看，未经深思熟虑的建筑好像应该再做一轮方案方能出图；五颜六色的饰面，好像还没有认真与建筑对好台词便唐突登场。如果有时间、有力量，可以做得更好些，但它实用、经济，大大地改善了当地的城市环境。现代建筑设计对于我们来说，毕竟是近几十年才接触到的课题，尤其是近十年，大规模的城市建设要求建筑师们高速度地去完成它，谁来写，恐怕都是一笔不太成熟的急就章。

新街的背后是旧巷，透过一层灰暗的薄雾可以看到它的肌理：坚实的木构架，深深挑出的屋檐，青石板地从里铺到外，檐下是家的继续。这里的“家”似乎私密性不那么强，户牖开敞，面对着街道，雨天街上的行人可以从一家家的檐口下走过，小街又是一条放大了的走廊，两侧的人家可以隔着街对话，彼此是熟悉的。“街”这人社会空间，在这里和家庭空间自然地交融在一起。这种独具个性的环境结构，为这里的人所接受。现代式的单元住宅，一住30年尚不知对面楼房里住的是何许人，比起这里来，人情味少多了。然而，人们并不情愿就此下去。这些祖辈传下来的遗产，到如今已经陈旧不堪，过了时的格局也难以满足现代生活和现状城市的要求，连起码的卫生设施都不具备的住宅，叫它伴随着人们进入现代化社会是难以实现的。旧巷的落后面掩盖了它文化上的风采，物质功能要求总是第一性的，谁也不会把第二性的要求摆在第一位上来，在这里画饼充饥。急切的改造，难免带来建设中的破坏，新街在旧巷的消失中诞生。

二、喜新与怀旧

• 现代城市、现代生活和现代人

小城在向现代转化的过程中，抛开了几千年来积存下来的家当。现代城市是科学技术的集中点，科学的进步使人们“重新来组织自然、改造社会”[1]，因而也直接影响了人的价值观，传统文化在现代文明的冲击下，在这里不得不退出一部分阵地而偏安一隅。建设现代化的城市，要引进现代城市设施和能够包容体现现代生活的现代建筑。当这一切进入这个边陲小镇之后，这里的人会自然地意识到，用现代化手段完成的物质环境，与远祖留下来的特质财富不可同日而语。于是，小城沿着现代化道路奋进。先进的工业技术代替了传统的手工操作，信息、流通、竞争打破了当年的生活格局。生活内容向大处扩散，生活空间向小处压缩，小城里遍布的五六层单元住宅楼已经司空见惯，现代生活、现代人、现代环境随着时光的推移而逐渐完善起来。模式上是大城市的缩小，形象上是大城市的缩影。在城市化过程中，用同一种思路、同一种手段改造星罗棋布的小城市，那就很可能带来同一种面孔、同一种格局的新型城镇。

• 小街的风韵和已逝的韶华

[1] 城市化与现代人，田涛

“科技革命到处引起消费心理的流行，导致人对精神文化价值的漠视，技术革命加快了消费品的更新换代，刺激了人们追新逐异的情绪……稀释着严肃的文化内涵，也冲击着人们对严肃文化的兴趣，商品化、情绪化的浅文化形态迎合了人们的潜意识要求。”[2]这段话不能说是我国现代城市生活的写照，但我国已显露出这种兆头。不少传统建筑在文化上是高层次的，但又常常被一些简单、粗俗的新建筑所取代。峒河两岸的吊脚民居，和古城凤凰一样是湘西名胜，构成了吉首市特殊的风貌。高高的吊脚伸向峒河，人家临于河上，两岸的天然石头驳岸，和岸上的民居构成了一幅景色绝佳的画面。在这里，自然烘托了建筑，建筑也点染了自然。然而，这一切都是可以远观而不能近赏的。一走近它，怜惜之情便由然而生，这些民居早已老朽得不堪使用了。翻新修缮抑或是自消自灭，究竟如何选择？

并非有怀古癖，岸边的吊脚楼和小街上的人家一样，总有它风华正茂的年代，历尽沧桑之后，尚能辨识出它当年的风韵，如果着意修整，不难唤回它逝去的韶华。现代化城市中保留这幅充满自然情趣的历史图像还是值得的。

三、保留一点个性

大凡名城都有它独具一格的风采，或以山水称著，或以古迹闻名。这些反映出城市的特色，成为一个城市的标志。这些特色使当地人民引为骄傲，进而成为地区的心理标志。外地人仰慕这些特色，从而被更大范围的公众所认同，一旦丧失之后，它带来的文化上和心理上的损失不是用物质手段可以弥补的。

不同地区的自然环境和历史环境造就了每个有特色的城市。城市建设中，对于保持城市特色和城市标志性景观的研究，也应该从环境入手。保持自然生态环境似乎得到一致认可，但认可和执行并非是一致的，因为经济毕竟是基础。在工业化起步阶段，破坏自然几乎是通病，至于历史环境的保护，更是无暇顾及了。保持城市个性，做起来并不容易，要在认识的不断深化过程中逐步得到解决。这当中，政策和措施又是关键。

湘西吉首的峒河两岸和名城凤凰都已列为保留地区。既然要“保”，就得有措施，不得任意拆、建，否则“保”不住的。要“留”也得落到实处，修整、改善旧民居的环境质量，使之满足现代生活要求，否则也是“留”不住的。

四、尊重一点现状

• 在协调中发展

日本建筑评论家神代雄一朗曾对20世纪60年代的日本城市改造有过这样的评论：“大城市一经开发便面貌全非，小城市一经开发便送掉了性命。”[3]高度现代化的城市，可以满足高效率、快节奏的现代生活要求，高水平的城市设施改善了城市的居住环境。同样的物质手段，大致相同的功能要求，造就了风格雷同的城市。同一水平，同一模式，现代城市好像身不由己地向这个万象归一的结果走去。

旧城市是手工业时代的产物，保守，落后，但它包容了当地的自然和文化。当人类改造自然的能力还不强的时候，更多地表现为依附和顺应自然。生产力不发达的时候表现为取之于自然。在这种经济基础上形成的城市，半城半乡，充满了牧歌情调，这只能是历史的陈迹，生活不会退回到前一个历史时期中去。城市向现代化转变的今天，我们可以向历史学到不少有用的知识并用其来完美现代。

一条河流通过城市，各有各的用法。没有卫生设备的城市可以看出城市生活对河流的依存关系。住宅紧贴着河，人的生活紧连着河。当五六层住宅在河两岸建起来的时候，生活远远地离开了河流。如果不是人为的阻隔，生动的都市生活景象依然会跃然于河上，当然它是以现代的方式出现。这里不妨向历史街区学学，把河流“活化”起来。

南北流向的河，两岸人家都是东西朝向。日照和地理环境的限定，使住宅平面多为窄面宽、大进深的格局，贴切地解决了西晒的问题并满足了户户临河的要求。一条繁华的商业街犹如一条河，每个商店都要在面街方向争得一席之地，常常是南北走向的大街上，两层皮似的建筑并列两厢。因为急于形成街景，拉长了店面，减小了进深，太阳从西窗一直晒到东墙。在空

[2] 城市化与现代人，田涛。

[3] 现代建筑评论，神代雄一郎。

调设备不完善的情况下，这里最难忍的大概是营业员了。如果从民居中撷取一些有用的知识，一条街可以容纳更多的店面，人在这里生活也舒服些。这些浅显的办法之所以未被采用，也许是追求的目的和价值观的差异带来的结果。

城市中新旧建筑的协调发展是个棘手的课题。尊重环境，解决好时空的关联问题，在城市建设设计中应该被看做是当务之急。

• 乡音未改的新民居

峒河两岸的旧建筑群中出现了不少新民居。从保护文物的角度上看，新民居不宜建在这里，这是另外一个范畴的问题，姑且不论。这些由使用者自己建造的住宅，掺杂在旧民居中可以看到时代的差异，也能感到它们之间辈分不同，但基本上是入调合群的。新民居走出了木结构的框框，钢筋混凝土吊脚，小型砌块墙体，平面布局更趋合理，注意了采光通风，宜于生活。这些第二代民居仍然能具有地方气质，翘起的风火山墙是这里传统的审美观的反映。深深的出檐、宽宽的晒台和明净的玻璃窗，可以看出当地居民对现代生活的追求和思考。新旧民居之间之所以容易对话和协调，除了受地区传统的居住意识影响之外，同是手工业的产物，它不是高层次的建筑，也远不能满足城市本身对他们的要求。现代城市是工业化的结果。学会用现代工业技术手段处理的新与旧的关系，也应该慎重思考经济价值与文化价值的关系。在经济第一的情况下，文化只能退到第二位。方法论和价值观都在拆旧建新中起作用。城市中可保留的传统文化财富反映到现代生活中的扩散波应该是越来越远淡，一直到乌有。新与旧的协调问题，在中间的几圈涟漪中显得突出，做好这个区间的工作，不会影响城市现代化的进程。

五、几千年与几十年共存

当人类走进21世纪的时候，一些中小城市的设备水平和文明程度还停留在前一个历史时期中。改造、建设迫在眉睫。如果有经济能力的话，以更快速度进行全面的更新，这大概是地区社会上下一致的要求。近年来城市建设和改造更新的规模是建国以来空前的。旧城市中建筑物的质量本来就不高，历经沧桑之后早已不能使用，即便大部分被淘汰也并不违拗人情。作为社会的文化财富，保留下来的总是少数。城市和世界上一切有生命肌体一样，在新陈代谢中循环发展，新总要代替旧，新与旧也在同一个肌体上共存。只强调新，等于对原肌体的否定；只强调旧，又使肌体难于生存。新在旧的基础上发生、发展，保留历史的精华，保持城市的个性。让人能看到城市历史的演变，看到城市的年龄，进而感受到它的生命力。几千年的历史留给我们的文化财富和几十年的奋飞创造出来的物质文明都是宝贵的。然而，两者的总和方能形成真正丰富的城市生活环境。

（中国建筑学会建筑创作学术委员会1988年6月在泉州召开“建筑与城市”年会，《小城春秋》评为获奖论文，修改后载于《建筑学报》1988年第8期。本文为论文原稿）

张驭寰

古建筑上的铁花刹

在我国古代的一些建筑物上，常常出现一种庄严华丽的金属艺术品——铁花刹。它的式样和组成方式有许多变化。它是一种象征性的装饰艺术品。无论什么式样的铁花刹，它都安装在主要建筑物正脊中心或两端，作为建筑物最高部位的装饰之一，以增添建筑物的壮观和艺术效果。

汉代以前重要建筑物的屋顶，均采用凤鸟作为脊饰。佛教传入以来，塔的顶端即用塔刹。铁花刹即由刹与古代兵器相结合，发展而扩展到大殿和楼阁上，逐渐代替了凤鸟。从北魏到唐宋，“刹”这种装饰品在建筑物上一直没有间断。北魏洛阳城里的一些佛塔，塔刹很高，做得十分华丽。据《洛阳伽蓝记》卷一《永宁寺塔》记述：“刹高十丈，合去地一千尺，去京师百里已遥里望之”。“刹上有金宝鉼容二十五石，宝鉼下有承露金盘三十重”。唐代塔刹仍然做得比较高，用金属材料制作。在塔刹上，有的安装“水烟”圆光。圆光是塔刹上的一组铁花，即是圆光、仰月等，制做都非常细致。个别的砖塔塔顶部仍有凤鸟。如昆明慧光寺塔，其凤鸟遗留至今。铁花刹和塔刹中的“圆光”有着渊源的关系。铁花刹是古代兵器和塔刹圆光的影响下发展出来的。辽金时期的砖塔几乎都用金属制成的华丽的铁刹，刹的上端或下端施用“圆光”。如北京双塔寺东塔圆光安装在相轮之上，做正圆形火焰，上承仰月。辽宁开原县辽塔(图 1)及辽阳白塔，圆光均做带火焰的图案。苏州罗汉院双塔西塔亦有圆光(圆2)，做成火轮和莲纹图案。

宋、明两代继续推行祠庙建设，同时也建设寺院。这一时期最盛行铁制铁花刹。一种式样是，将刹做成中间穿一条刹杆，再用数条引链固定，形成各种图案。另一种式样是，刹杆下部用狮座固定，其上串连覆钵和数层相轮、伞盖以及圆光等等。如山西长治县南宋村玉皇观大殿、王坊村玉皇庙大殿、圣康沟崇庆院后殿等都有精致的刹楼和铁花刹，安装于正脊的中心。

铁花刹全用铁制，是经过锻压的扁铁组合而成。铁花刹图案内容丰富，常见的有器皿、动物、花鸟、日月、山川以及文字等。

图 1　开原石塔水烟(金)

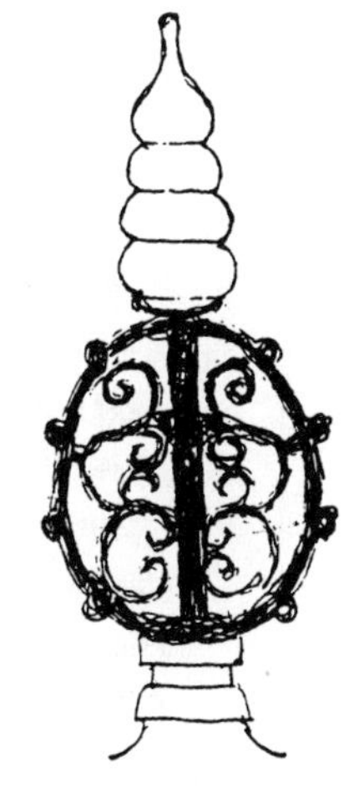

图 2　苏州双塔西塔水烟(宋)

铁花刹大多数仿兵器制成。清代嘉庆年间曾出土汉代实物。冯云鹏《金石索》和《善斋吉金录》古兵条有记述。用戟做成的铁花刹，突出“戟”。还有用戟刀、眉尖刀做成铁花刹，尖端仿照戟刀或眉尖刀的铁花刹，其式样见《古今图书集成戎政典》刀剑部详图。铁花刹还有使用戈的，一般都将锋刃向上。此外，还有的铁花刹下部做成瓶的样子。这种瓶像汉代盛酒容器或者壶。所以做成这种形状，主要是取“投壶燕乐”之意。郑之侨《六经图》，绘有壶的图形，此壶与铁花刹中的壶基本相同。另有一些铁花刹用文字作为题材，有卍、集（吉祥之意，图 3）、寿、喜等字。这些与我国古代建筑其他部分的文字装饰喜庆图案有同样意义。铁花刹使用圆光、仰月的，也不乏其例。有的组成山水画，表示宇宙、天地日月。有的做成动植物形状，如鹿、鸽子、鱼、牡丹、莲花、葫芦等等。

在铁花刹中为什么使用兵器作为图案主题，而且在图案中兵器又占数量最多呢？这是因为，人们总希望有一个“太平盛世”，认为兵器是镇压一切凶恶祸端的工具，它象征“太平”，所以用兵器组成铁花刹（图 13）。周秦以来，统治阶段将戟作为太平的象征，常列在宫门前端和庙宇里。

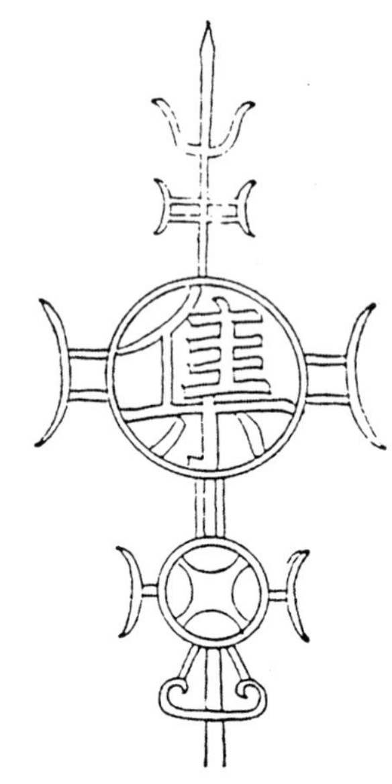

图3 运城池神庙盐池神殿铁花刹

铁花刹名称分析表

地　点	殿　名	铁 花 刹 名	部　位	备　注
辽宁沈阳	关帝庙大门	单戟刹	正　脊	带引链二条
辽宁辽阳	天齐庙大殿	四戟刀刹	正　脊	
辽宁金州	灵应宫正殿	长万字刹	正　脊	
辽宁锦州	天后宫配殿	四刀刹	正　脊	带引链二条
河北正定	天宁寺塔	四戟单剑刹	正　脊	
北　京	牛街清真寺	五戟刹	正　脊	带引链四条
山西运城	池神庙海光楼	双箭双刀刹	正　脊	
山西运城	池神庙神殿	单戟六刀刹	正　脊	
山西运城	池神庙山门	天下太平刹	正　脊	
山西长治	二仙庙戏台	万字刹	正　脊	
山西长治	祖师庙大殿	立体刹	正　脊	
山西解州	关帝庙崇圣祠	四刀刹	正　脊	
山西解州	关帝庙西辕门	单戟四刀刹	正　脊	带引链二条
山西解州	关帝庙祖堂	三戟古钱刹	正　脊	
山西解州	关帝庙献殿	六戟葫芦刹	正　脊	带引链四条
山西解州	关帝庙后殿	双戟双刀三万字	正　脊	
山西阳曲	城隍庙	大万字刹	正　脊	
沈　阳	天后宫			

官门和庙门前端列戟，其制度邕于周代，所谓“棘门”就是以戟为门。汉代沿用周代制度，将戟施于宫门外。到了隋唐，这个制度仍然沿用下来，时制三品以上门皆列戟。崔豹《中华古今注》启戟条：王公以下通用以前驱，唐五品以上皆施启戟于门。宋代也是这样，《宋史·舆服志》：“门戟木为之而无刃，门设回而列之谓之启戟。”宋朝对门戟规定很具体：京兆河南太原府都护门14戟，若中都上都护门12戟，下都督诸州门各10戟。元明时期按唐宋制度施行。清代宫殿、庙宇、大第宅、大府第的大门还沿用“戟架”，有的将戟架和围护栅栏结合在一起。这除了有列戟的意义外，还有保护塑像、塑壁、雕刻等的作用。我们至今常见清代住宅把“戟谷”的小匾镶刻于影壁墙中心。可见戟门制度影响深远。

将戟用于铁花刹中，安放于正脊上，虽然部位和形式有了变化，形象缩小，但性质与意义则是一样，借以喻“天下太平”，并美化装饰建筑物(图12)。

我国古代建筑都向纵横方向发展，无论是单体建筑，还是建筑群，都向纵横发展。在殿脊中心装设一座大型铁花刹，给人一种崇高的感觉，打破了呆板的

图4 锦州天后宫

图5 北京牛街清真寺刹

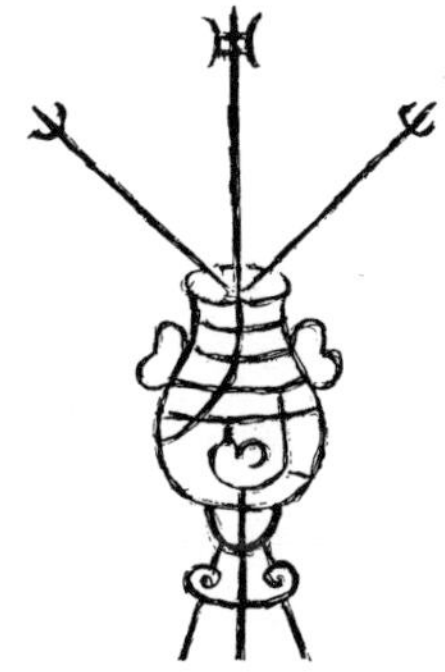

图6 运城池神庙海光楼刹

图7 长治二仙庙戏台刹

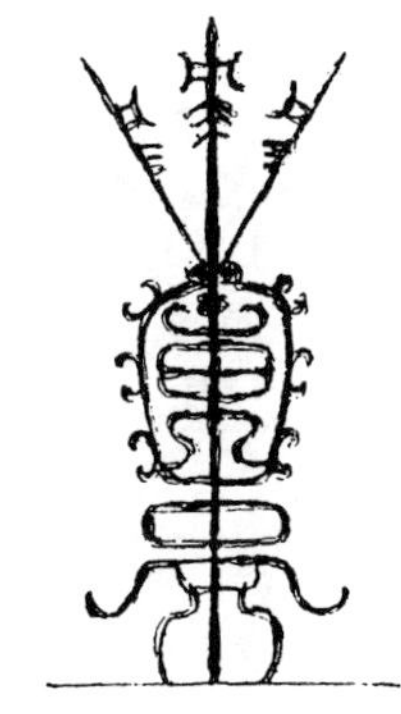

图8 解州关帝庙崇圣祠刹

图9 解州关帝庙祖堂刹

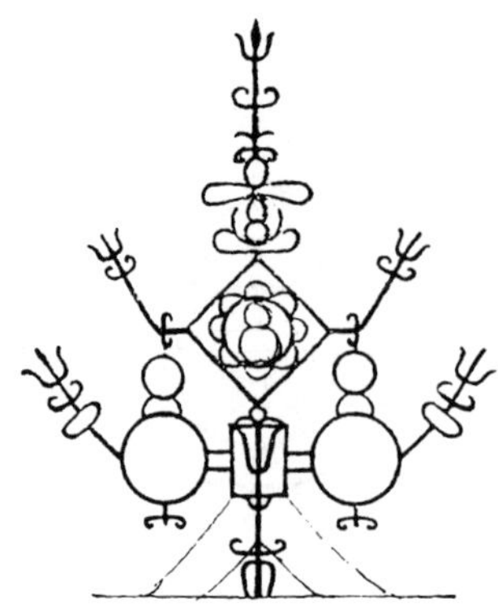

图 10　解州关帝庙献殿刹

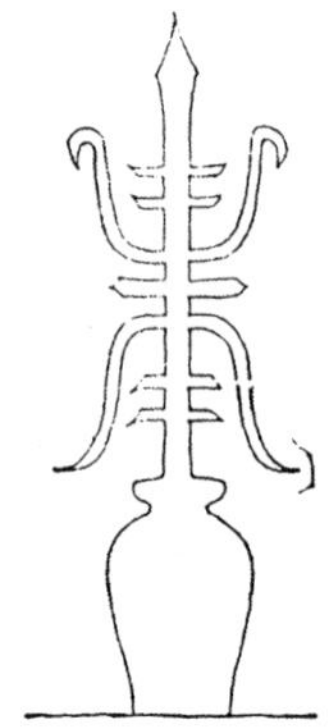

图 11　山西阳曲城隍庙刹

图 12　沈阳天后宫刹

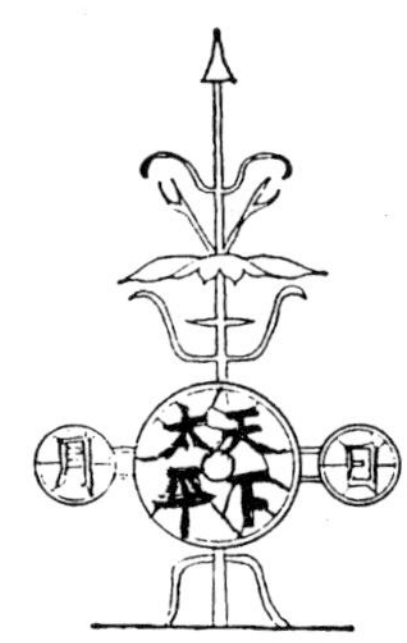

图 13　运城城隍庙山门铁花刹

横平线条。

铁花刹的式样和位置与避雷针相仿，因此常常被人们误解为古代建筑上的一种避雷针。其实铁花刹完全没有避雷针的作用。相反，建筑还因此而能导引雷电，常常使建筑物遭致雷击。这是因为铁花刹下部直接安装在瓦脊上，或者安装在檩木上，没有接地线。

（原载《古建筑勘察与探究》，
江苏古籍出版社，1988 年 6 月出版）

戴念慈

建筑学的社会因素

最近10多年，在建筑师中间越来越盛行一种思潮，片面强调建筑学的物质的一面，强调它的自然因素；不承认建筑学还包含着精神的一面、文化艺术的一面，特别忌讳提到建筑学的社会因素或社会性质。然而后者客观存在，采取不承认主义丝毫无助于使我国当前建筑学的发展更好地为两个文明建设服务，因而有讨论的必要。

事实上，不承认建筑学的社会性质，建筑学发展过程中所出现的很多现就无法解释。譬如意大利古罗马的万神庙和中世纪的米兰大教堂，支配它的自然因素基本相似，都使用石料砌筑，都采用拱券结构的技术，但两者的风格迥异，为什么？我认为只能从社会条件的不同来作解释。15世纪意大利发生的文艺复兴运动席卷欧洲，拿自然条件来说，英、法、德等地方与意大利有很大不同，但16、17世纪各国的文艺复兴建筑与意大利却有着共同的特点，其差别只是大同中的小异，为什么？也只能用社会因素来作解释。

社会因素支配着建筑学的发展，贯穿在历史的每个阶段。这是因为建筑学服务于人类的生活，其对象不仅是自然的人，而且也是社会的人。因此，社会生产力和社会生产关系的变化，政治、文化、宗教、生活习惯等等社会上层建筑的变化，不可避免地影响着、制约着建筑学——即建筑技术和艺术的变化。因此，建筑学所涉及的不单纯是自然的规律，而且还有社会的规律。

古埃及齐阿普斯大金字塔用了230万块两吨半重的石料，由10万人工作，历时30年才告完成；这种建筑技术和建筑艺术，只有在奴隶制度之下才能办得到。卡纳克神庙的两排石柱高达21m，都是用巨大的石块叠成的（石块的直径约3m多）。它的巨大粗壮的外表和镇撼人心的压抑感，也同样反映了中央集权奴隶制王国集中大量奴隶劳动力的能力，对奴隶劳动毫无爱惜之情的这种生产关系，以及政治上极端专制、文化科技上相对落后的社会状况。希腊建筑的典雅、明朗，反映了城邦制小国寡民，但经济上（商业手工业）发达，政治上实行奴隶主民主，以及灿烂的文化艺术和哲学思想。

长达1000年的中世纪，古罗马的建筑技术和艺术已经被遗忘了，它的建筑学是在封建制度的生产关系之下发展起来的。这时期的劳动力代价大大高于奴隶社会，不仅石料开采和运输的价值提高了，而且由于诸侯割据，关卡林立，运输途中还要层层收税，石料变得相当可贵。而社会对建筑的数量和规模的要求又越来越大，因而这个时期的建筑物，不仅不像古希腊、罗马（更不像古埃及）那样使用巨大的石块，而且力求用最少量的石料来建造规模宏大的建筑物。正是这个倾向，形成了代表哥德式建筑特色的尖拱券，扶壁和飞扶壁，而推动这种建筑技术和艺术变化发展的原动力，归根结蒂，正是封建生产关系这个社会因素。

从中世纪哥德式到文艺复兴是建筑史上的一个大变化，其原因是欧洲封建社会每况愈下，在意大利开始出现了像佛罗伦萨这样的城市共和国，代表新兴市民和工商业者的利益和愿望的人文主义思潮和重视科学理性思想蓬勃发展，形成了一股借助于希腊罗马古典文化来反对教会文化统治的浪潮。15世纪初，这个浪潮冲击到建筑领域，于是发掘整理古罗马的建筑技术和艺术，以进一步发展建筑学，成为一时的风尚。这个风尚席卷欧洲，影响深远，这明显地表明，这一时期是人们的思想意识以及政治、文化等社会上层建筑的发展，推动着建筑学的进步。有的现代建筑大师对文艺复兴建筑持否定的态度，实际上，文艺复兴运动虽然在表面上复希腊罗马之古，实际上却是一次突破封建束缚的思想解放运动。如果说以后的现代建筑运动是文艺复兴思想解放的延伸，这是一点都不过分的。

产业革命加速了资本主义发展的进程，建筑成为商品，机器的出现，使过去手工业方式所形成的一整套做法形制，与机械化大生产发生了矛盾，由此形成了各种学派，其中很多学派在发展过程中被淘汰了；

而充分利用先进生产力和先进科学技术，以探求新的建筑形式的“现代建筑”学派，则由于顺应资本主义社会生产发展的要求，成为这一时期建筑学发展的主流。这是社会生产力推动着建筑学发展的例证。

如上所述，社会因素影响建筑学，贯穿在整个建筑历史的全过程。但什么样的社会因素起主导作用，则不同时期又有不同的表现，有时是社会生产关系，有时是社会上层建筑，有时是社会生产力，随着时间的推移而有所转换，并不是一成不变的。到底哪一个起主导作用，有它本身的历史必然性，不以人的意志或好恶为转移。但历史事实说明，顺应者昌，符合社会需要的将得到发展，否则就会被历史淘汰。这就要求我们善于体察历史动向，把建筑发展放在社会整体发展之中来研究问题。

新中国成立以后，社会发生了巨大的变化，我们当建筑师的曾意识到一个大问题，就是我们的建筑学如何为新的社会服务，如何为社会主义服务。这个问题一直是我们这一代建筑师，还有我们的老前辈梁思成等人，所曾经努力探索的。在探索的过程中，我们走过弯路，尝过甜酸苦辣，甚至经历过很痛苦的过程。尽管我们这些人至今还没有就这方面做出像样的，足可称道的成绩，但所探索的这个问题是回避不了的。今后还需要在这方面继续努力，也许需要几代人的努力。

今天，我们的讨论题是建筑与文化。我认为如果把建筑作为一种文化，尤其不应该忌讳或回避建筑的社会因素或社会性质的问题，创造中国特色的现代建筑。新时代的中国建筑文化，离不开中国的社会因素，离不开中国的社会性质。对这个问题采取肯定态度，还是否定态度，这几年争论得很厉害。我认为只有采取肯定态度，才能使中国新的建筑文化得到充分的发展，屹立于世界建筑文化之林。

（原载《建筑学报》1989年第8期）

吴良镛

为什么提出“广义建筑学”这命题？

为什么要提出广义建筑学这一命题？我们并不认为人们通常所说的建筑学已经完全过时，也不想否定传统建筑学（这类否定说在国内或国外都听到过），然而，随着世界范围的政治、经济、社会的变化和建筑事业对国家发展、社会进步的重大作用愈被认识，我们愈可以预见建筑学和建筑事业，无论在数量上、规模上、发展速度上，以及内容和方法上，都将发生深刻的变化。从我国近十年来的实践，我们也可以深刻地感受到这一点。正因如此，对我们面临的许多问题需要有全面的分析与整体的思考。

人们已经看到，人类的居住环境是包括社会环境、自然环境和人工环境（建筑物内部和外部）的整体。建筑师的主要职责是研究和分析各种影响因素这间相互交织的关系和多种多样的生产生活活动，将美好的理想与当时的生产力条件结合起来，设计与之相适应的、具体而实在的特质空间环境，并指导其实现。因此，可以说从微观环境到宏观环境，即从个体建筑（当然个体建筑本身还可以划分为不同功能的空间）到建筑群，以至城镇、城镇群，从小庭园到大的风景区的规划设计，都是属于广义环境设计的范畴。所有这些，也都有建筑师的用武之地。虽然在近代社会中分工细密，业务实践受到一定局限，然而建筑学已不再囿于个体建筑设计的范围。当然，建筑师的主要精力还要从事房屋的建造与人工环境的规划设计，名称未变，而建筑学所包括的内容早已螺旋式地不断发展，大大超过了旧建筑学的领域。

建筑学概念必须扩大，也是人们在社会实践中得出的结论，有人提出，现代“城市设计的诞生标志着现代建筑〔运动〕的失败与传统城市规划的破产”[1]。这样说虽然不很全面，但是有一定的道理。规划和建筑设计的实践证明，人们应当以地区的概念指导城市的规划与设计，以城市设计的概念指导建筑与园林的规划设计；另一方面，反过来以微观环境的研究逐步上溯，深化规划设计的科学与艺术。如此反复不已。这样的方法，我们拟称之为广义环境设计方法（Environmental Approach）。

无论是从更高层次的系统整体出发，或是从微观的角度出发，对一些问题作较深入的探索，都不可避免地涉及到众多互相联系的学科群，对它们的了解和研究是完全必要的。同时，从这些由学科群组成的集合科学回过头来看，又可以使我们在所掌握的现有知识基础上开扩和丰富建筑学的思路，使我们有可能从其内部诸要素的相互作用、序列 、层次、秩序和整体组合方式来考虑学科的结构和功能。对建筑学方面的这一工作的尝试，初步称之为“广义建筑学”。这里只是它的初步论述。

提出和探讨“广义建筑学”的目的，在于从更大的范围内和更高的层次上提供一个理论骨架，以进一步认识建筑学科的重要性和科学性，揭示它的内容之广泛性和错综复杂性。

由于“广义建筑学”不是对传统建筑学的否定，故无庸对传统建筑学中已经明确认识的问题重新一一赘述，本文着重对聚居、地区、文化、科技、政策、建筑业务、建筑教育、建筑艺术等若干问题上对传统建筑学作一定的展拓，有些在目前也只能提出问题，弄清一点，发挥一点。最终意图是通过对方法论的探索，为广义建筑学的学术框架提出构想，以利于与同行们共同讨论和探索这一问题。

作为一个中国学者，本文对问题的讨论和立论，主要还是以中国问题为对象为重点的，一定程度反映着发展中国家的探索，因为归根到底，“建筑学是致用之学”，即使理论研究也应如此。

（本文原为吴良镛《广义建筑学》一书前言，清华大学出版社，1989 年出版。此标题是编者加的。）

[1] M. Safdie："Constraints and Opportunities"。《国际城市设计学报》，1981 年 1/2 月号。

张伶伶

建筑创作主体论

大凡建筑创作伊始，人们都是审慎地分析客观的诸多因素，对“原条件”进行考察、分析。这固然是建筑创作的重要方面，然而我们往往忽略却分析、研究、考察、创作的整个过程中一直受到创作者主体意识的支配，而且所有“客观”的分析都是建立在主体的意识之上的。因而，建筑创作的主体才是潜在的，难以驾驭的重要因素。

一、建筑创作中的主体

以往我们多是以建筑为目的，强调建筑物自身的完善，要么就是受制于物质的客观条件并以此为依据，强调的是功能的价值，主体的活动指向趋于对象主体。进而，我们开始注意业主，欣赏者的要求，强调建筑不仅仅是物质的，能量的交流，还有更广阔的深层“语义”交流和信息反馈。但我们对这些欣赏者，使用者很难把握，仅仅把他们当成抽象的，具有共性的人来考察，以“理想化”的人作为共同的尺度，以物理性效用取代了人的意识上的不同，这时主体的活动指向趋于接受主体。上述两种情况，尽管指向性不同，注重的却都是外在的世界。建筑师本人的力量却很难派上用场，也只有在形象的物态化时起作用，而心理因素尤其情感因素则被压抑，并没有完全处于较佳状态。如果主体的情感，创作意向得到发挥，主体的个性得到尊重，那么许多积极的潜在因素就会激发出来，这会促进建筑创作水平的提高，然而主体具有什么样的“能量”来得以发挥呢？这就是主体论意义所在。

现在来看一下建筑创作过程中的主体。除去建筑物，出现了两个主体。一是建筑作品的创作者本人，即建筑师，我们称之为第一主体；另一个就是作品的欣赏、使用者，我们称之为第二主体。无论对建筑主体的理解如何，建筑创作的活动一直是受到第一主体活动指向支配的，建筑创作越接近完成，第一主体的作用越随之减弱。一旦建筑落成时，第一主体的作用就完全“消失”——即当作品完成以后建筑师会以第二主体的身份来审视“建筑物”，因此第一主体具有双重身份。第二主体也是随着时间变化的，第一主体与第二主体只不过在不同的阶段所处的位置和参与程度不同，二者的交流主要以建筑作品为媒介。“建筑物”是经过第一主体的构思而建成，正是由于第二主体的介入才使建筑物富有生命力，才不是实体与虚空的组合，也不再是外在性的符号和材料。如果没有第二主体的介入，建筑仅仅是僵硬的存在物而已。本文所述的主体论涉及的主要是第一主体，对于第二主体将另文论述。

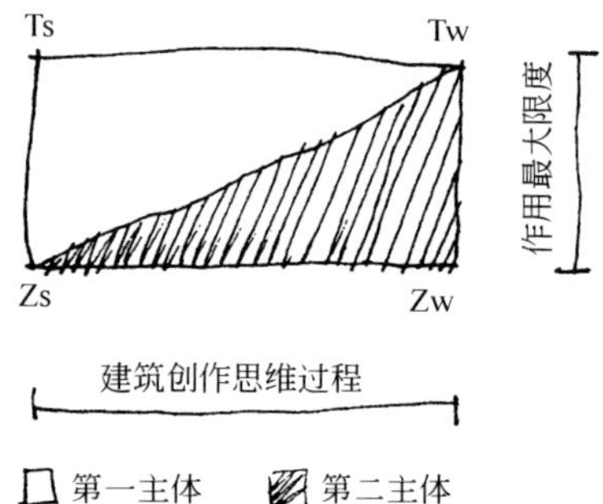

图中清楚地表明第一主体在建筑创作思维过程中作用发挥的最大限度，当建筑创作完成时其作用也趋于消失。

建筑创作的开始阶段，应该是主体发挥潜能的重要阶段。建筑创作活动之所以不同于其他的艺术活动，可能在于它一半是艺术的构思，另一半是技术的构思，更重要的是构思的过程要服从于以后的建造，因而主体不能随心所欲。

二、主体在创作中的地位

建筑创作必然涉及其他活动，这其中包含非创造性的社会活动。创作过程中会受到某个外在于主体的人、某个集团意识的限制，这种多半带有强制性的“改造”只会扭曲创造力而不利于创造力的发挥。建筑创作本身就是综合性的创造，并带有“集体活动”的特征，自然更不易把握。因此，现代建筑落后于其他现代艺术的原因除去时间上的滞后性外，主体的复杂性和异化也是重要因素。

从另一方面看，建筑创作毕竟不同于一般的物质创造，由于主体在创作过程中所处的支配地位和主导作用会潜意识的抵抗那些外来的异化因素，而且构思过程中的精神实践是外在的东西所无法介入的，主体必定会将自己的意识注入整个创作过程，运用“形势规范”将其物态化。在创作过程中主体意志和能力的发挥是必不可少的，如果某个外在的人要用自己的意志取而代之；如果创作的过程中主体完全丧失创造性潜能，那么建筑创作将无法进行。

虽然建筑创作的主体常常被异化，严重时甚至会受到侵蚀和压抑，但在很大程度上主体是能够发挥创造性潜能并实现某些意图的。在创作过程中固然有抵触的一面，也有沟通的一面，尤其在创作构思阶段表现得更为明显，作品相对完成一个阶段以后，主体的作用也随之弱化。然则主体的主导作用已贯穿在作品之中，这种主导作用是引导和改进的总方向，即使受到外在的制约，处于支配地位的仍是主体。每每听到有人在解释：我之所以这样做，是因为受到“客观”的限制，听起来这种“所以选择 A，是因为有 B 限制”的逻辑很有道理，其实不然，不同的主体可以选择 C、D 或 E。主体总在为自己的创作寻找有利的根据以证实自己的正确。其实，不必为自己的作品采用某种手法或风格而解释什么，解释是徒劳的，解释本身就说明你没有思想，应该坦然的承认。有人认为：创作本身就是选择。这种观点虽过激，也不无道理。从建筑创作的开始以至环境设计、空间组织、结构选择和形式风格都是在主体支配下进行的，因为有 A、B、C、D 和 E 的多种选择，不同的人可能会在同一条件下作出不同的选择，当然。这种选择是有高下之分的，这就是我们后面要涉及的内容。

三、主体论要素分析

从上面的论述中可以看到主体在创作中的主导作用和支配地位，也看到了主体受制于客观的异化。无论怎样，主体自身的提高是整体创作水平提高的关键，这种提高显然与主体论要素有关。

1. 思想观念

建筑师个人的生活经历及特定的社会文化传统、时代精神造就了他潜在的心理结构，形成了自己的感受方式和知觉方式，这些经验也促成了他的思想观念，主要包括认识观、审美观和伦理观。

思想观念的构成会对思维方式产生深远影响，而思维方式的差异又会影响思想观念的形成，二者相辅相成。建筑师最初的思想观念是由他从自己的活动中观察、认识得到的。思维方式定型以后，思想观念一方面来自于生活经历的概括、归纳，但更多的是受外在于主体的各种理论的影响，使之更趋复杂化。这时思想虽不一定系统，但已进入理性阶段，我们关注的是思想观念不应“定型化”，抵御这种“定型化”能使我们不断地吸收新思想、新观念。新的思想会对建筑创作起积极的作用，使思维方式更为开放。

主体的思想观念是一种“无终极设计”的过程，要求我们不断的更新观念，才有可能改变旧的思想结构，产生新的思维方式、审美心理和创作手法。我们不难看出，“超稳定性”的心理与当代观念的不协调，暴露出来的是学术上的分歧和理论上的争鸣，深层含义却是思想观念的冲突。不少建筑师和艺术家受到自己单一的知识结构的局限，思维方式仍然习惯于在已有的知识结构中寻找，而缺少思维的创造性。我们需要的是观念上、文化上的进步，虽然这要经过我们艰苦努力才能实现，但仍属我们力所能及的范围。

主体的思想观念不是对客观存在的机械摄影和简单重复，而是对客观事物再造的能动过程，其中就有主体对客观事物的认知过程。由外部移入的观念和由主体自己总结出来的思想，经常发生矛盾，尤其思维方式定型以后更为明显，但它们却是主体统一的思想观念的两个方面。共存于头脑之中。外来的成分是构成思想观念的主要部分，远远超过建筑师自己概括的思想。

2. 理论素质

主体若一味的创作而不学习理论，那么他必然会枯竭，即使能勉强维持下去，恐怕也早已是那来来去去的“老一套”了。吸收外来的东西与主体的内在理论素质有关，外在的思想除了外在于主体头脑之外，另一特点就是以抽象形态的理论出现。然而，令人遗憾的是，许多建筑师拒绝接受抽象的建筑理论，认为理论太玄、太虚，距实际太远。仅仅埋头于“平方米”和“产值”上，立足点是简单和省事，少花精力，这也是造成整体创作水平不高的重要原因。我们必须清醒地认识到理论代表了一种思想观念和思想体系，带有超前的色彩，是推动创作的动力，也是思想观念更新不可缺少的环节。另一方面，主体生活在本身就充满观念的世界中，即使你不想拥有观念恐怕他早已强行进入你的头脑，尤其眼下的"信息时代"，各种观念、理论、思潮传播很快，可能还来不及抵抗，它们就已占据了你的头脑。令人担忧的是，有的建筑师很能接受新观念，一旦觉得自己有了最新观念，就兴奋不已。然而他们不是将外在抽象形态的理论消化吸收，转化为自己内在的具体观念，而是盲目的套用、模仿，一味的赶潮流。这两种对待新观念的态度截然不同，一种是不愿意接受；一种是盲目的接受。显然，两者都不可取。在思想观念上，前者导致退化，后者导致僵化；反映在建筑创作上，前者单调，后者平庸。当然我们并不是光在抽象的理论上来说教，吸收先进的思想和理论是为了提高理论素质，说到底，是为了提高建筑创作水平。我们反对陷入"阴阳五行、八卦风水"之中，也反对沉缅于"思潮、流派"的遐想之中。就目前高校建筑师的培养看，大体也是两种倾向：一种光讲基本功，理论素质差，不利今后发展和整体提高；另一种大谈空而玄的理论，却不知如何面对现实进行创作。

学习理论的正确方式是使外在抽象形态的理论转化为主体内在的具体观念，那种原封不动地将外在抽象形态储存于头脑的做法势必会使主体的思维模式老化。外在的抽象理论只有转化成具体观念，才能成为主体的一部分，这种转化非常复杂。一般来说，首先，建筑师应该把抽象形态的理论纳入自己的领域中，使之与自己发生密切的关系，初步具体化；其次，有意识地将这种初步具体化的理论与主体的情感结合起来，染上一定的情感色彩。经过这样两个环节，外在的抽象理论便能转化为主体内在的具体观念了。大多数情况下，仅仅是进入了第一阶段，导致了片面性和"夹生感"。理论转化为具体观念后，便与主体的感受相融合、相促进，这就是理论促进创作的实质。可见，正确的理论也需要转化为具体的观念才有益于建筑创作，至于认为理论有碍建筑创作的看法更是肤浅的。

松花江 1982年

3. 艺术修养

建筑艺术修养的高下似乎是个虚的无法抓住的东西，然而它却是实实在在的，在创作中表现的极为明显。

建筑创作无论被视为艺术活动或者被视为文化现象都不可能是单一的"独立活动"，它要涉及复杂的，极为宽阔的其他领域。建筑活动本身的特征也决定了它要比其他艺术活动、实践活动复杂得多。这种"跨越特征"要求我们走出建筑领域，到建筑领域"之外"去获取灵感。这里所指的艺术修养是多方面的，涉及主体的文化素质，也难能与思想观念、理论素质绝对的分割开来。古代诗人陆游曾说过“功夫在诗外”，此话不无道理。值得注意的是，那些优秀的建筑作品大多出自那些既有理论又有实践，建筑艺术修养颇深的建筑师之手。

提高建筑艺术修养的途径很多，一般有两条途径：一是自觉实践，通过主动实践有意识的提高自身修养，尽可能地涉及相关领域，从中汲取养分。另一途径就是认真学习在建筑历史发展过程中所积累的建筑经典和那丰富有时代精神的优秀之作。这些经典是由先辈建筑师创作出来的杰出作品，具有普遍的代表意义。对这种经典作品的领悟不是一味的模仿和抄袭，重要的是“悟性”的提高。

艺术修养是潜在的表象，不易一下子明晰其作用，这种潜意识是在不断地完善过程中逐步确立的，这种修养程度的高下是指特定的活动气质，有了适当的刺激就会释放出来，这个刺激很可能就是建筑创作活动。

4. 创作个性

每位建筑师都具有自己的创作个性，对此我们不应当随意抹煞，恰恰相反，我们鼓励和培养那些有积极意义的创作个性。我们反对懒惰的、不加思索的一味的借鉴和模仿，这样的结果只能扼杀个性，造成创作水平的下降。个性表现的是一个与另一个的差别，这是独一无二的，是由主体内在因素决定的，尽管建筑师最初的精神结构影响着它的发展，但自觉的走出自己的创作之路是提高主体水平的关键。如果把创作个性与主体的思想观念、理论素质和艺术修养相联系，创作个性的差异也是极为明显的。由于思维结构的不同，即使同一事物在不同人的头脑中也会形成不同的认知图式，人们对客观的领悟是因人而异的，建筑界常常出现的设计竞赛就是一个很好的例证，同一题目会出现不同的理解、不同个性的作品。不同的思维结构决定主体的认识的深度和广度，显示出极大的差异，建筑师的创作个性是基于自己对客观事物的观察、理解而形成，是按自我的意志去探索的。创作个性的形成会避免创作中的盲目性和相互模仿，有助于探讨建筑创作的新出路和形成多元格局。同时我们必须承认，评论界还没有从建筑师的创作个性角度去分析作品的深层意义，而仅仅停留在建筑表面的评说之中。

创作个性的深化应该从两方面入手。首先，建筑师是应该在实践中逐步建立自己的个性语言——他是根据建筑师切身体验，经过提炼加工所采用的建筑语言，它能使建筑形象感染力更强，含义更深刻，能传递更新，更丰富的信息和内涵。这种个性语言的建立并不是随心所欲的，会受到许多因素的限制。建立个性语言一是要表达建筑的特殊性，这种特殊性往往是建立个性语言极其重要的因子，它来自于环境、空间、结构诸要素；二是要表达类型性，这是避免盲目追求个性的重要环节，尤其会减少那种模棱两可的程式化意味。这种个性语言的探索对提高建筑创作水平有很大价值，尽管它要在创作实践中不断完善，然而在此过程里一定会见到成效。

其次，建筑师应当在不断地借鉴，模仿乃至创作中强化自己的个性，确定自己的风格，不应该单纯地去追求某一流派或某一思潮。风格和形式有内在的关联，也自然涉及主体的差异性，差异是客观存在，无须去强求一致，合理地强化这种差异更易确立自己的风格。当然我们也不应强求每人各树一面旗帜，但只要脚踏实地不断探索，这种自觉的风格是会形成的。某种意义上，风格是内涵的外延。如果把上面的个性语言看成是内涵的形式语素，在这里风格就是这种语素的外延了，两者具有不可分割的有机联系。我们之所以在这里突出的地强调个性和风格，是因为这才是主体论最终所要表现的结果。

上面的论述，刚刚揭开主体论的表皮。至少有一点是明确的，主体论要素之间相互关联，不可分割，是他们共同构筑了一个完整的主体，主体论要素本身就是一个有趣的自环圈。限于笔者的理论水平，有关研究尚待今后的深化，并望得到同行的指教。

（原载《建筑学报》1990 年第 3 期）

王建国

关于中国古代城市研究

古代城市向为建筑史学研究的一个重点，也是一个难点。说其重点，就是因为城市为其他建筑门类提供了实存的空间背景和文脉联系；说其是难点，是因为城市整体的驾驭和洞悉比其他一般建筑更需要有一套比较完备而行之有效的分析工具和方法。

相比城市客体而言，古代的宫殿，庙宇，陵墓抑或园林在今天大都可明确归属于“文物建筑”的范畴，其概念和价值较易限定，因而常具有静态特征。一般来说，除个别例外，这些“文物建筑”在古代都有一个相对较短的建造时限和相对限定了的时空条件，随着社会的发展，时过境迁，更年易代，这些建筑有些坍塌颓败甚至荡然无存，而有些则经历了一个原先功能衰微过程而相对凝冻起来，成为下一个时代“纯粹的”历史遗存。

城市则不然，绝大多数城市乃是经历一个相当长的时间跨度累积渐进的产物。城市作为一种历史现象，各个时代的人为影响和物质印痕都在这一历史现象中积聚，交织并且互相更替。城市永远面临着新生与消亡，保留与淘汰的双重抉择，新生与衰微的社会之间和不同的建设概念之间的冲突和互补，构成了城市发展的原动力。城市客体的本质特征是动态性，它具有如同生物有机体那样的新陈代谢现象和物质形态的“合生”(accretion)“拼贴”(collage)性质。

通常情况下，即使外部时空条件改变了，城市也总是以一个平缓的过程逐步去适应。城市结构具有相当的稳定性和凝聚力。正如桢文彦所指出：“城市的结构与单体建筑不同，它的构图形态更富于传统性和习惯性，……在很多情况下，无论其表层变化多么强烈，但其深层结构却顽固地抵抗着”[1]，同时，城市界内的部分与部分，及其物质要素之间也都存在建造条件和时空背景的差异，这使得城市较一般古建筑具有更为斑斓多彩，纷繁莫测的表层征象，可以说，完全均质的城市是不存在的。这就造成了一种现象，我们可以在今天对一幢或一组基本上以历史面貌出现的建筑进行研究，但却只能在今天实存的城市现状中来研究它的历史形态，即是说，建筑可以做到是“原装的”，而城市只可能是“组装的”的时间叠合产物。

其次，城市的范围和规模比一般“文物建筑”对象大得多，建筑功能通常较为单一，概念也较易限定，而城市则是一个多功能，复合的动态演化的实体，研究者可以运用常规方法在较短的时间中去认知、理解建筑客体外显的物质、风格、材料和技术等特征。而对城市就不行，我们只能在城市的某一局部来体验、理解城市，同时须结合社会学、地理学、经济学和历史学的研究。作为人与社会互动的生存场所，有时人们一生也未必能完全理解自己所在的城市，难怪不少国外学者认为“城市是一个谜”(myth)。

迄今为止，我国古代城市研究方法尚十分匮缺，以致使进一步研究深入举步维艰。

首先，作为城镇形态史实记载的地图，至少应具备三个条件，一，外形轮廓确切：二，相对位置确切：三，比例尺度确切。而事实上，我国古代除极少数地图曾用过矩形网格制图法外，大多数地方志中的城镇地图都不具备此三条件，有时甚至是纯山水画形式出现的视觉陈述，画法几何和透视法不发达是其主要原因。用这种地图加上常常是含糊其辞的文字来说明古人的城市意象尚可，但据此作精确定量研究就很困难。甚至不亚于研究记载详尽的国外城市的难度，欧洲在文艺复兴后，便广泛运用于托勒密的定量制图法，已经具备现代地图的主要特点和科学性；莫里斯所著《城市形态史》中记载了上百个欧美城市的发展历史，其最重要的一手材料就是这些城市的古代地图[2]。

[1] 桢文彦，张在元译，朦胧的城市，世界建筑 1988 年 4 期。

[2]W. Morris，History of Urban Form，1982。

同时，古代城市研究是一个整体，城市的综合性决定了其研究途径必须要融合汲取经济学、社会学，考古学和人类学等相关学科的研究成果。如美籍著名学者张光直教授综合运用了文化生态学和聚落考古学的方法研究中国夏、商、周三代城邑获得成功。[1]。而这一点我国目前做得还很不够。

另一方面，我国古代城市研究笼罩着一个强烈的认识论前提，即认为，《考工记》"营国制度"一统中国古代数千年的城市规划建设，"万变不离其宗"。这一定论作为一家之说当然无可厚非，但以此概括几千年城市发展就显得比较武断。目前我国古代城市研究尚局限在都城及部分州府城，还远没有足够的城镇案例作为此定论的实证依据。这并非是说"营国制度"对古代城市建设没有影响或影响很小，而是说，城市这样一个社会、文化、经济和生活的复合载体，其影响因素是非常复杂的。不光是依据某种人为规范"自上而下"进行规划建设。即使在同一个城市，历史上不同发展时期的建设意匠和构思也差别甚大。简言之，中国古代城市建设决非某种单一因素的决定物，崇尚因地制宜的建城学说（如《管子》）也曾经对古代城市建设产生过重大影响。至于宋代以后出现的商业城镇更是典型的依据"自下而上"生长发展途径的产物，它们与自然条件和区域经济背景有着比政治文化更为密切的关系。笔者曾就江苏常熟案例分析了"渐进主义"(incrementalism)模式在古代城市建设中的作用[2]。

从研究视野和方法看，轻易搬套别人的结论作为认识的预设框架是危险的，先入为主的简单化研究极易导致草率的结论，而掩盖真正有个性价值的创见，致使城市建设历史研究僵化。反观发达国家的城市建设史研究，学派林立，众说并存，如 Nolli 地图分析法，Lynch 的规范模式论，Rapoport 的文化生态分析法，Van Eyck 的场所分析理论等。诸家学说的竞争并存局面，正是城市研究繁荣深化的必要条件，我国目前古代城市研究许多基础工作必须从头做起，而首先就要摆脱预成论的桎梏，迈向方法和视野的多元化。

我国目前正值城市化高潮阶段，城市物质建设正在经历一场亘古未有的巨大变化，但是我们应该看到，在没有真正认识、理解历史上城市的价值和作用的情况下，城市建设的速度愈快，则对城市威胁愈大，就愈容易将历史上城市设计和建设的精华部分连同坏死和不适应部分一起抛弃。从可行性分析，我国古代城市物质形态的真正脱胎换骨和大规模扩张是在近现代经济关系和生产方式改变之后，目前进行研究尚可能在现存城市形态结构中探寻到一些历史线索（当然不同城市之间有差别），比如通过建筑遗存、老人回忆、地名、方言以及历史上建设留下的各种物质印痕和文化生活形态等。而一旦这些线索完全中断，不复存在，那末如前述，仅凭文献记载和历史地图来研究它就相当困难了，这正是研究中国古代城市目前最需要关注之所在。

经以上分析，笔者获得下列几点认识。

第一，对于古代城市研究，可以运用结构主义（Structuralism）理论和实证方法，建立深层结构—浅表结构的层次关系，澄清思维逻辑，而这种思维又必须建立在坚实的案例研究基础上，否则只是沙基建楼。

第二，从学科建设角度看，我国古代的"自下而上"的城市（镇）研究分支亟待补阙。中国古代城市的历史形态具有丰富的多样性是一个不争的事实，不能将"大一统"思想对城市的影响作用过分夸大，城市毕竟是一个多重复合的实体，其存在既有主观逻辑，但又有自然规律的作用。

第三，城市的本质是运动发展，所以不仅要着眼于研究单个城市的静止状态，如布局、道路结构、城市空间等，更要研究它的形态演化意义及其区域性外部联系。

第四，杜绝先入为主，浅尝辄止的研究"捷径"，提倡多元方法，其成果可互为参照和充实。在这个意义上讲，本文就是这种多元视野中的一支。

（原载《建筑师》第 37 期，1990 年出版，原标题为"筚路篮缕，乱中寻序—关于中国古代城市的研究方法"。编入本书时，作者做了一些删改。）

[1] 张光直，中国青铜时代，三联书店，1983。

[2] 王建国，常熟古城的规划与建设，城市规划，1988 年第 5 期。

钟华楠

“抄”与“超”

同香港建筑师谈论国内的建筑设计，往往听到：“你看过北京某某饭店没有？你觉得怎么样？”我说：“不错”。这一来便遭到很多非议，如“你一定没有看过三藩市的某某饭店，东京的某某饭店，如果你看过，便知北京的某某饭店是抄来的?!”

我也反唇相讥：“如果你看过某市某饭店，香港的饭店、甚至办公楼又何尝不是抄的！”

这些年来，大陆的一些建筑物似乎也曾相识，很面善。在这样一个突然开放的局面下百废待兴，抄是比较快捷而且稳妥，不致“冒险”，就算有错也不会铸成大错。这样看来，抄是不无其理的。反之，香港抄了几十年，也就没有甚么道理了。香港建筑师笑大陆建筑师，不但是五十步笑一百步，而且他们还不理解大陆的“甲方”或领导人的意见是很固执的。可能某甲方或领导人去外国看过某饭店，回来便要建筑师照抄也未可料。国内向我索取现成建筑物的设计图则也有之。所以，我认为大陆建筑师抄是情有可原的。

50 年代我在伦敦读书时，大学常常请一些国际知名学者或专家到校里作学术报告。这种报告一般是由某系来邀请，校内其他系的学生可以参加。

就是在这样一种场合，我参加一个由著名墨西哥结构工程师简氏 (Felix Candella) 所作的演讲会。大大的讲堂，几百个座位通满。简氏是世界上很有名望的薄壳混凝土工程师，他的作品很受建筑师的欣赏和重视。简氏走上讲台，台下一片热烈掌声。

“女士们，先生们！我不是天才，我是抄才。在我大学毕业后，我就想成为世界上一流的薄壳混凝土工程师。但如果要我从头赶起，做到我死也不能如愿。所以我决定‘抄’。他说，他到法国去，那时候法国是这一门科技最高水准的国家。他花了 10 年的时间，一心一意的抄，从头到尾，从理论到实践，百分之一百掌握了全部有关“薄壳”资料与其施工方法，再回到墨西哥去，不到两、三年便成为世界上最著名的薄壳混凝土工程师。他这位坦白的抄才，终于“超”过了他抄的人。

日本二次大战前后，也是“抄”才，抄尽了欧美的产品，现在也在科技上、经济上超过了欧美。

学习书法必由之途不也是“临摹”吗？王羲之、张旭等也少不了“抄”前人，再用余生找出自己的风格。现在很多书法家只花 20 年时间就可以写出奇妙的不同的名家书法来。但是，其最终的评价还是要有自己的面貌。没有自己的面貌，便不能成为一个承先启后的艺术家。

我认为抄要有抄的目的，先“抄”后“超”不但是可以原谅，而且是必经之路。但一生只知抄，不知超，那就没有意思了。如果只抄不知超是愚蠢，而且自己抄又笑人家抄，那就更加愚蠢了。

（摘自钟华楠《“抄”与“超”—建筑设计与城市规划散论》，中国建筑工业出版社 1991 年出版 杨永生编“建筑文库”之一。）

王其明

北京四合院调查漫记

我生在北京，长在北京，自小到大在很像样的四合院里住过多年，长大以后，又从事建筑研究。但在我从事北京四合院住宅调查工作之前，却对四合院懵懵懂懂，很少感受，甚至还存在不少偏见。

我家过去住的那个四合院，原是清初的一个小王府，大门是三开间的，垂花门正面有"一斗三升"式斗栱。它的规模不小，有好几条轴线并列，我家住的是主轴线上的第二进院。这座宅院占地很大，房屋的质量绝佳，但即使在那时，原有的马号、花园等隙地也都盖上了住房，原来的完整格局面目已非，这大概就是我虽然居住其间却缺乏感受的原因之一。

其次是我在读大学本科和研究生时，一直在梁思成老师门下受业。梁老师对中国古代建筑极富感情，可以说贡献了毕生的心力，但在平时的晤谈话语间却流露出很不喜欢北京的四合院。他在批评一些建筑形成固定僵化的模式，缺乏创造性时，总是举北京的四合院为例。他这个观点对我也多少有些影响。

自从参与了北京四合院住宅的调查工作以后，我对这种建筑形式开始有了全面的认识，对其功能、意义才有比较深入的理解，也平添不少亲切的感受。至此我懔然有悟于自己过去的固陋疏浅，扭转了从前那些模糊笼统的偏见。近年因为专业所需，常常就北京四合院做专题讲演和讲座，不免要为四合院作些辩护，以致不时引起朋友们的哂笑。我的师弟和同事英君，每当听说我要讲北京的四合院时，总是打趣地说："老兄，别把四合院说得那么好了，你去看看，现在人住在四合院里都成了什么样了，你还有心到处演讲作画呢！"

英君的话虽然是打趣，却也包含认真的成分。他一家四口曾被挤在四合院中一间逼仄的耳房里居住。儿女大了实在住不下，只好搭一个抗震棚，顶棚比他只高三公分，这才把一家老小按性别分隔开。他和儿子住抗震棚，夫人和女儿住那耳房。英君在四合院里吃够了苦头，自然没有欣赏四合院的余兴了。但我以为，在那样狭小的空间住一家人，无论什么建筑也不会愉快的，此非四合院之罪也。此外还得承认，即使在极差的居住条件下，喜欢住平房四合院的也还大有人在。

我第一次调查和研究北京车四合院住宅是一九五八年。当时我将近三十岁，刚刚结束研究生的课业，调入建筑史研究单位。与我合作的王绍周比我年轻一些，此外还有几位不固定的助手。那时正值北京修建"十大建筑"和拓宽长安街之际，有大量的旧建筑包括众多的四合院住宅要拆除。由于工程进度很快，为了抢在拆除之前深入民宅调查测绘，我们每天一大早就到现场，挨门挨户地走访、拍照、记录，中午随便吃些东西再接着作，直到天黑无法继续室外工作时才收摊。晚上虽然累得筋疲力竭，但还要整理白天的资料，并为次日的工作做好准备。

我们开始时，主要普查在拆迁范围内内即长安街两端的延长部分，从东单、西单往东往西直抵城墙豁口东边的东西观音寺胡同，西边的旧刑部街。我们拿着五百分之一的单线图进到院中，看到格局不错的就把它的柱子、门窗、墙等标上，拍几张照片，问问住户对所住四合院的意见、感受。居民们很热情，有的人还主动向我们推荐哪儿的四合院最棒。于是在后期，我们把调查范围扩展到市区的一些胡同里。就这样从春到秋下来，收集了大量资料，使我们对北京四合院的历史渊源、建筑型制、分布情况、各种类型、工程做法、使用习俗等都有比较全面的印象和完备的认识。

第二次调查研究是一九七九年由科研、文物、规划三个部门协作进行的。我作为前次调查的"识途老马"，以个人身分参加。这次我建议调查范围为地安门东大街以北，以南锣鼓巷为中心线的左右各胡同。这里有特色的四合院较多，胡同分布均匀，与乾隆地图上所载接近，甚至与元大都考古所得相符。

从第一次调查北京四合院到现在已经有三十二年了，自第二次调查至今也已接近十年。研究的具体收获都详细地记述在调查报告中了。一九八二年我还请人拍了一部名为"北京四合院住宅"的电视片。

这里就不再赘述了。本文仅谈谈调查工作中的一些趣事花絮。

在一九五八年的调查工作中，我们是拿着从测绘局加印来的单线图，在胡同中走门串户的看，事先并不了解是谁家的住宅，不是慕名往访的。调查中也不一定问户主姓名，只画出平面、拍照片等等。但偶然遇到一些有特色的住宅，了解是知名人士的家，往往印象就深些，所以记忆中存留的常是这些人的住宅。

北京著名的建筑工程师朱兆雪购买自住的一处四合院，经过修缮改良，安装了卫生设备、暖气、木地板等，很是舒适合用。不幸这所院落正巧在拆迁范围之内。最令人难忘的是它二门上的彩画。二门没有做成垂花门形式，没有垂莲柱，但内部构造差不多，也有四扇绿色屏门，但梁枋上的苏式彩画，画的却是各式施工机械、吊车、挖土机等等，且以楼房为衬景。充满着当建筑师的房主人对建筑施工现代化的向往。

还有一位有着年轻夫人的老军官，接待我们很热情，领我们到他家，全宅上下细细观看。走到垂花门时，他指着彩画说："这是她过门儿那年画的！"夫人在旁幸福地微笑。如此看来，宅内彩书画还颇具纪事志的功能哪！

一次在调查中发现一个把屋顶开了天窗的画室，一问方知是徐悲鸿的故居。这座宅院在内城的东南隅，不是现在的徐悲鸿纪念馆。记得徐夫人廖静文女士还款款出来与我们交谈。四合院做为画家的住宅，气氛难以言喻。后来我常常想，如果当年不那么粗率、莽撞，细细体察之下，整理一批值得保留的四合院住宅给一些文化人居住——画家、诗人、作家、音乐家、中医等，他们的创作说不定会有另一番情趣。

记得当时我印象最深的还有"洁如托儿所"。洁如即是所长董女士的名字。那是一处很合格局的四合院，原是她家的住宅，用作托儿所了。那里专收六个月到三岁的婴儿，不需要太大的活动场地，每个班占一面房子。庭院中有树有花，院中放一张特别大的带栏杆的方形"床"，供那些不太会走的孩子在里边玩，大一点的就放到院子里。从室内、廊子到室外，空间层次丰富，在任何气候条件下孩子们都很惬意，看来，四合院做托儿所也挺合适。这不禁使我想起名建筑史学者刘致平的名言。他说："四合院有如中国人的袍子，适应性极强。它宽松平直，不论高矮胖瘦，甚至男女老幼都可以穿。不像西装，过于拘谨。"

在这次调查中，我们还见到不少宅园。由于取水不易，清代明令私园不准引活水，所以北京宅园池少，山石及台榭亭馆较多，构件及色彩也较江南园林建筑厚重。有水的园子也见到一些，有的是经特许引入活水的，也有的是民国以后用自来水灌池的。当时西斜街某单位花园里有很大很深的水池，那里的工作人员，休息时常下去游泳。有的园内有珍稀树木，是昔时外地作官经商带回来的。另外，北京宅园以在宅侧的为多，这是由于北京的胡同间距不过六、七十公尺，建后花园受到基地的限制。在我调查的时候，城内宅园辟有七十多处，现今已所存无几。前述的可供游泳的园子也早已填平建房了。园子最易拆除，没有住户搬迁的麻烦，山石可以送到动物园去叠猴山，池子正好用扒山的土填平。

这次调查的成果和总结，我们写了一份"北京四合院住宅"的研究报告，并提交给当年秋天举行的全国建筑史学术讨论会作为论文。会前我向梁思成老师汇报时，很担心论文的立论不合老师的观点，所以在论述有关北京四合院的平面、类型、创造、装修、设计、施工、使用等内容后，又特意增补这一段："北京四合院住宅虽然格局比较固定，但并非千篇一律，可以说各有千秋。有如中国妇女的旗袍，虽然全是立领、偏开襟、有开气儿的，但领子高低、袖子长短、开襟位置形式、身长、开气儿长等等都是有变化的。依据主人的文化艺术欣赏能力、用料、手工等等自然有不同。四合院住宅也是一样，宅基大小形状、工程优劣和宅主的素质都会使它具有自己的特色，在北京要找出两所完全一样的四合院还很不容易哪！"

我不知道梁老师是否接受了我的观点，但在学术讨论会的开幕式上，他表扬了几位年轻的建筑史研究人员，居然第一个提到我们的"北京四合院住宅"。会上我宣读了论文，并展出多幅放大的照片。前期会议对我们的成果评价很不错，不想中途忽然"大兴批判这师"，情况急转直下。我因回家侍奉患病的老母，没有参加后期会议，但听说被表扬的几篇论文，包括我们的专题都遭到挞伐。梁老师当然也做了检讨，说自己没有细看论文就予表扬，属于"官僚主义作风"的错误。那次会议受到批判较多的陈从周的"苏州住宅"，后来出版时作者只好只印图和照片而不著一字，这也可算是建筑学术史上的一段荒唐公案了。从此刚起步的北京四合院研究又无疾而终了。直到二十年后，这项研究才又被重新提起。当时我已下放到西安的建筑公司当工程师，几经周折才回到北京重理当年的旧业。至于当年在会议上散发的那本“北京四合院住宅”的油印本，我估计多数被当成废纸处理了，不过我听说清华大学建筑系资料室里还有一本，大约算是海内孤本了。据说有些外国留学生还拿它当作读本来了解北京建筑，学习北京方言哪！

一投身北京四合院的调查工作，我才深深感到自己有关知识疏浅贫乏。多年来，不少师友在这方面给过我许多指教帮助，至今难以忘怀。

当年从事调查时，著名学者单士元兼任我们研究室的副主任。他是营造学社的社员、中国建筑史的专家、又是老北京，对北京四合院如数家珍，知识很广。可以说我的整个工作过程中，始终都得到他的具体指导。他为我们启蒙解惑，讲述了北京四合院的基本知识，并指点什么地方有什么样的四合院，就连四合院内各部位的名称有些都是从他口中听来的。在以后的几十年中，每次见到他，都是小叩大鸣，虚来实往，常有以教我。在我组织拍摄北京四合院影片时，他又允诺为我们题字片头，当场一挥而就。

上海同济大学教授陈从周也给予我们不少切实的帮助。那是建筑史学术会议以后的一个夏季，陈教授把“北京四合院住宅”那本材料拿给中国营造学社社长朱启钤过目。朱老是中国建筑史研究工作的开拓者，陈教授是朱老的“再传弟子”。一天傍晚，陈教授邀上我，记得还有王世仁去朱老家。朱老住的就是一处四合院，因为天晚了没看清格局怎样，只记得院里布满了郁郁葱葱的花木，当晚正有坛花怒放。朱老当时年岁已高，带着助听器，说话比较吃力，但兴致很高。他说我写的那四合院有些地方缺少生活使用的知识，让我再来他家一趟，他要讲讲四合院是如何使用的。当时好像就指出了大门之内、影壁之前是不可以放盆景、花台等等，那时的轿子或轿车都是要进到二门前，影壁前要留有空间以便顺轿杆……

朱老熟谙中国传统建筑和礼法，又在四合院中长期居住，知识极其广博。可惜我当时见识短浅，正因挨了批判而无心再致力于此道，竟然坐失这一宝贵机会，没有去领教。不但有负陈教授的好意，从治学角度讲也是终生憾事。在调查中我曾见到一处朱老亲自擘划营建的住宅，有一条长廊贯穿全院，左右各有几进院落，属于革新的四合院，那时是外交部的宿舍。如果我去讨教，想来朱老不仅谈四合院传统，还将兼及四合院的革新。陈从周教授还写信介绍我去叶圣陶住宅看看。那所四合院很朴实，装修仍保持老式样，有支摘窗、帘架门、隔扇等等，我拍了照片。后来又去拍影片，此时已届一九八二年，院落已修葺一新，一派大红大绿，惟有庭院里海棠树枝繁叶茂。海棠是北京四合院庭院中最常见的树，取《诗经》中“棠棣之华”的寓意，喻兄弟和睦的。

杨乃济是我的师弟，也是老同事，对我们的调查工作也一直很关心。他常告诉我哪儿有所好四合院值得一看，并带我或介绍我去见一些有学问的老北京，例如著名的民俗学家常惠，就是他给引见的。谈话中常老谈及为四合院正名的事，他说：“你们总是四合院、四合院地说，那不对，应该是‘四合房’，明明白白地东、西、南、北四面房合起来的，什么四合院”。他对一些书上、文章上都写四合院大不以为然。杨乃济还介绍我去拜访著名学者朱家溍。我去见他原是为邀请他讲课，讲戏台方面的知识。谈话中提到四合院，他说：“四合院就是指由东西南北房组成的住宅。若是有两进院、有垂花门的那就应该叫宅门了。现在书刊上写北京院落式住宅的都写四合院，有点约定俗成的意思”。我信服上述二位学者的说法，但要想正名怕也非一日之功。

十年前，第二次调查对象是以南锣鼓巷的中线左右两侧胡同中的四合院住宅。有些是第一次已经测绘调查过的，但重睹之下却又有了新的认识和发现。

特别要指出的是在黑芝麻胡同一所用作单位宿舍的四合院。我见它的廊子用拍子式平顶，挂落板上的是壁形图案，很雅致。尤其是山墙上有砌得很好的烟囱。这是一般北京住房中没有的设施。我由此判断这房子可能是经过外国人改建过，最可能的是日本人。再结合我的一些印象，回来一翻书，果然是在伊东忠太写的中国建筑史书上，发现作者在说明中国建筑都是庭院式时，附图所举住宅的例子就是黑芝麻胡同的。两相对比，平面一点不差。这宅子是否伊东忠太在中国时住过？或是他朋友的家？起码他是有这宅子的平面图的。

在帽儿胡同有挨着的几个门，原是一家的，这是清朝末代皇后婉容的娘娘府。正厅的隔扇、花罩是以凤为主题的木雕。其余的木装修有浓厚的近代风味，如一排椭圆形的大镜子组成卧室的隔墙。在花厅中有一面顶天立地的大镜子，是婉容进宫以前习礼用的，从头到脚都可以照见。据说这镜子是由轮船从外国运来的，质量的确不错，这么多年了，仍然光洁如新，照出的人像一点儿不走样。

第二次调查与第一次调查相比，最突出的印象是许多东西已经荡然无存，难得再见了。如当年我们拍摄的各种式样的影壁、垂花门等等，有些是拆除了，或被棚子遮住了，有的则是门户严谨，不容易进去看了。

北京的四合院现在还有不少，有的已挂上了保护单位的牌子，有的是警卫森严的住宅，想进去看看可谓难矣哉，拍照更是不易。而可以随便进去的四合院大多已面目全非。首先是人口膨胀，原是独家或少数人住的，现在住上多户，面积不够就把廊子利用上，把外檐装修移到檐柱上来，再不够时就接出一截来。一九七六年抗震时满院搭起抗震棚，以后又在推行液化石油气时搭厨房，所谓四合院的院子已不复存在，只留下可以走人的曲折小过道。更有一项根本的破坏是文革期间大挖防空洞，把原有的排水暗沟弄断了，雨水不能及时排出庭院，造成墙脚地面潮湿、柱根腐朽。中国传统建筑不考虑冰冻线问题，基础埋深较浅，全靠雨水渲泄得快来保持地面干燥。北京四合院的泛水极讲究，砌排雨水暗沟的材料和工艺要比砌墙的要求高得多。

北京四合院住宅，从广义上说，凡是用房屋、围墙等组合成院子的都是。从狭义上说，那些只有单面，两面的或是大杂院就不包括在内了。现在有些人把属于危房的许多缺点都加在四合院的头上，这很不公平。我参加过一次会，会上多数人对北京现存的旧住房十分厌恶，认为不好管理，占地多，并指出若干毛病，如室内地面比街面低，下雨时倒灌；屋顶漏雨，外面雨停了屋内仍在下；房屋不见阳光、屋前路太窄，死了人都抬不出去……。控诉四合院的罪大恶极，大有要秋风扫落叶一般地拆除这些破瓦房，盖居民楼的气势。有人说：“谁再说四合院好，就罚他到那儿住着看。”我本来不想说话，又实在忍不住要为四合院作些辩护。我说：“四合院够对得起我们了，它原是住少数人的，现在住进那么多户，那么多人，它还能勉强容纳下，有睡觉的地方，有吃饭的地方，有堆东西的地方。那院子缓冲了多少矛盾。试想一下那个简易居民楼，人口扩充这么多，会出现什么现象？窗口外头挂着床也睡不下。有些现象是危房的问题，不属于四合院的本质。”

的确有不少人从各种不同角度不喜欢平房四合院，例如原和平宾馆的一位副主任。一九八二年我与王绍周再次去那儿考察，他陪着我们，态度是很诚恳坦率的。他对我们说：“你们别再提倡保护四合院了。我这片四合院平房若拆除建成高级宾馆，每个床位一个晚上就能收入两百美金。”我向他宣传了一下杨廷宝一九七八年九月访和平宾馆时的一席话：“为什么不可以结合实际情况，修缮一批民居四合院作为旅游旅馆呢？你看那阳光透过四合院的花架、树丛，显得多么宁静，住家的气氛多浓，还是个作画的好题材呢。”这位副主任苦笑着说：“杨先生设计的这宾馆也不行了，卫生设计不够水平，卖不上价钱。”当然今天金鱼胡同北侧这一片平房四合院包括花园全拆光了，建了高级宾馆，遂了经营业者们的心。我想，位于市中心的平房大约是难于存立了。

十年前进行的第二次调查，尽管时间短，工作也不够深入，但其影响较大，结局也比第一次好得多。它毕竟使北京市的文物保护中列入了若干四合院。

关于四合院的保护问题，著名美籍华裔建筑大师贝聿铭在北京讲演时说过：“北京四合院占地太大，卫生设备不好，将来免不了要拆除改建。但是四合院很有特色，作为历史建设，应该保留一部分。如何保留呢？如果只保留一些质量好的王府，就会显得好孤单，反映不出原来状况，最好选择一下，保留几片地方，有王府也有一般民房，把原来面貌比较完整的保留下来 。”

现在北京市有关单位都划定了一些四合院保护区或院。有些中外学者也注意到北京四合院的历史价值与现实意义。这种封闭院落式住宅形式允许有一个相对较高的建筑密度，并且包含了从城市发展角度人们获得独门独户住宅的设想。由于地皮缺乏，宅前留个小花园花费太大，那么就把它引进住宅之内来，一棵树从自己的小院内伸向开敞的天空……。一位瑞士建筑师考察了中国四合院后写了一本书，其中便有这样的设想。从报刊上得知菲律宾为一般城市居民设计了低层高密度的“四户一院”住宅群；丹麦哥本哈根有“仿四合院”式住宅群。我国的建筑学者吴良镛等也在北京菊儿胡同做了四合院的改建试点。四合院将要有怎样的未来？希望它不致成为天气未凉已捐的团扇，或秋风吹袭委地的落叶。

（原载台湾《汉声》杂志 1991 年第 28 期）

张镈

关于帽子、屋顶、亭子之我见

任何房子必须有屋顶，或平顶，或盝顶，或坡顶，或反宇向阳、四角翘飞的大中小屋顶。

这里先举数例，来说明一些问题。

不少同行认为，已故天津大学教授徐中先生在50年代初设计的外贸部大楼（位于北京东单以西，路南），比较成功。他运用水泥瓦，仿效传统的歇山顶，卷棚屋面，简化了檐口，投资较少，轮廓不错。此外，在墙身上用密排小窗，效法城门楼上的箭洞。我认为，应该说这是“中而新”的起步。

已故设计大师戴念慈于1954年设计的北京饭店新西楼，用成组的石亭子手法，三组鼎立，共有九个石亭。他采用简练的手法，仅用水刷石的横檐口，把三重檐的组亭串连起来。从而，轮廓丰富、横向展开，得传统之神韵。有人说它琐碎，我则十分敬佩。

前几年，戴念慈又在山东曲阜孔庙之侧设计了阙里宾舍。这座建设功能合理，指标经济，传统味道很浓，在规划布局上又无伤孔庙的独尊，是一部成功之作。有人说它复古、仿古。对此，我不以为然。再强调一句，我认为，这是一项杰作。

陈登鳌大师的两项杰作，都可说是顺乎了当时的口号。景山后街的东西配楼陪衬了万春亭高点，这很好，但规划红线定得不宽，退线不够，稍嫌偏狭。而国防部大楼两翼歇山顶较矮，在立面轮廓上，特别突出了主体的重檐歇山大屋顶。轮廓上高低主次对比强烈，这很好。可惜，两翼是相当长的屋面，透视上稍有逊色，较差。

以上几例都是戴了帽子的。外贸部的类歇山的大屋顶，不算小，用的是小泥瓦面，未遭非议。北京饭店新西楼用水刷石做三组九亭，用料普通，但装饰多于功能。阙里宾舍主厅用扭壳新结构，象征十字脊重檐屋顶，客房用悬山筒瓦屋面，很有创新，但仍有复古之非议。景山后街建筑及国防部大楼是按清式营造则例做的，继承传统较多，除主次宾主关系稍差外，异议不多。这些都说明，采用传统形式的坡顶，是可行的。而由我设计的北京友谊宾馆，采用了传统的歇山大屋顶一处，盝顶女儿墙多处，时逢大屋顶之风在全国泛滥成灾，造成浪费。至今我仍认为，1955年受到的批判是及时的、必要的。但“亚疗”的作法类似外贸部，也无檐口的椽子，则受到株连。从此，有人对从传统风格中找借鉴，对传统坡顶形式，噤若寒蝉，不敢问津。及至搞国庆十大工程时，万里同志号召解放思想，可用传统屋顶形式作竞选方案，有网开一面之势。

在我设计民族文化宫时，当时的国家民委主任汪锋同志敦请12位副总理到会论证，一致同意以采取明、清传统形式为主。在其造型上，取得了内容与形式的有机结合，运用井字梁的技术，节约了大厅的面积，扩大了空间。选用一主两宾小方亭及局部盝顶女儿墙和重台上竖高塔的剪影，力求形神兼似。它是十大建筑同类中面积最小、功能最多的一座。在设计中，综合了管道、线桥、风道的矛盾，解放了地下俱乐部的空间。这时，我已认识到，传统琉璃瓦屋面，造价昂贵，宜点到为止，不能大量使用。我个人有对传统形式的爱好，但认为以少用为佳，力求形神兼似。

关于亭子问题，谈几点看法。

现代高层建筑，设有电梯机房。老式慢速电梯，从最高层楼板算起，至少要有4.5m层高，上部机房至少要2.5～3m，总高为7～7.5m。高速电梯还要另加2m缓冲层，梯井高约9～9.5m。另外，消防水箱必须高于机房顶部，需再加2.5～3m。因此，全高约在12～13m之间。而楼层高不过4m，屋顶上将露出8～9m左右。减去女儿墙1m，也要露出7m以上。这是技术上的需要。在友谊宾馆的南北配楼上，把这个机房水箱高点，冠以重檐方亭，是一种豆腐块上的装饰。这个豆腐块不大不小，戴个重檐方亭的帽子是恰当的。许多人认为，应装饰一个有功能和技术要求的构件，而不要做没有内容的假装饰、假亭子。

近几年，除高层住宅上的大小豆腐块之外，为了打破单调，还出现了玻璃围廊，更有甚者还戴上北欧式的道士大帽子和同类型的盝顶女儿墙。此风来自香港，吹到深圳，北京也很流行，甚至传到东北。据说，其理由之一是新，甚至冠以“中而新”的桂冠；理由之二是说楼高，传统盝顶坡缓，下边看不见。

最近，首钢在西直门一轧钢厂原址建了几栋三叉戟式的高层公寓，为国际贸易中心服务。其隔邻主区原拟建传统形式的大型公共建筑。因此，在附属的高层公寓的机房、水箱和平台女儿墙上，都做传统形式的缓坡盝顶。远远望过去，轮廓分明，色彩绚丽。但是顶上突出的部分过高，正在研究加一层重檐。应该说，它已先行一步打破了豆腐块和骰子的形象。

北京劲松和方庄小区在处理高层住宅的机房、水箱时采取了斜角支撑的办法，打破了豆腐块的方头方脑的形象，有一定的改进。但斜撑坡陡，仍有继承北欧坡顶之嫌。四个又大又长的斜撑的造价，恐怕也不低。这也属于对有机构件的装饰。

总起来说，我对亭子有如下看法。一是亭子的外形必须有内部功能、技术上的需要。二是既然采用传统的形式，可以简化原有的繁琐做法，不能搞成粗眉、大眼、厚唇，从而失去其比较秀丽的原形。三是，有传统轮廓造型的小巧亭子设在高层住宅之上，总比豆腐块和骰子好一些。有传统味的千篇一律，撒遍具有故都风貌的首都周围，不但可以产生向心的呼应作用，似乎也比光秃秃、高体量的长豆腐块好一些。阿拉伯国家的住宅从门窗上呼应传统，不同于欧美风格。中国的首都建筑为什么不可以在生活要求使用部分，完全从符合现代生活要求出发，在顶部机房、水箱装饰有内容的构件。方亭子不是惟一的出路。但我觉得，最好是成组成团的变化，不能为了打破千篇一律，又出现杂乱无章的恶劣后果。

后现代派的艺术观点之一，是从传统建筑技术手法中找出人们熟悉的符号。自以为是在创新、在发展、在联想，把时代精神与似曾相识两者结合起来。有的搞得不错，有的非驴非马。至于舍弃功能基本要求，在门窗户壁上加以歪曲、削减、变形，多加无功能的女儿墙和突点，就有点本末倒置，走上纯形式主义的道路。总之，我认为，无功能、技术需要的外部的特殊装饰，都有点费而不惠之嫌。

（原载《建筑师》杂志第46期，1992年出版）

华揽洪

关于建筑创作的几个问题
——“小亭子”、“千篇一律”及建筑形式

“小亭子”、“假斗栱”、“大屋顶”等都不大可能解决“千篇一律”问题，也不能真正起到民族形式的作用，至少不能代表祖国建筑的优良传统。尽管我对中国建筑史的了解很粗浅，但我通过观察到的优秀古代建筑所得到的印象是功能、构造及装饰的统一，无论哪一部分都不给人一种，“附加”的感觉。

著名的唐朝五台县佛光寺大殿是如此，许多其他的建筑物和建筑群亦如此。

苏州古典园林，虽然不少项目（有的是全部）是人工的，但是各个建筑物、构筑物，以及室外布置都是自然协调的，互相呼应的，很少有令人感到是“附加”或“后贴”的。

这一切都是中国历来建筑上的优良传统，应该继承的是这种精神和做法，而不是把一个局部的式样硬搬过来，贴到现代的建筑物上。用“贴符号”的方式来代表某一个建筑物的“个性”或“民族性”是违背这个优良传统的。

当前在首都（及其他许多城市），“千篇一律”的明显表现是密密麻麻的塔形建筑。

这种作法在城市用地比较紧张的情况下确实解决了不少对住宅的需求，但同时也带来了两个问题：

1）为这些居民大楼直接服务而不便升高（反而要求绿化较多）的公共建筑（学校、托幼等等）往往与居民人数不适应，因而或多或少总感到不足。随着生活水平的提高，这种矛盾必然会尖锐化（参看注1）。

2）从形式来看，这些大楼，不管其顶部处理得如何，立面上加什么装饰，总显得“洋气十足”。这是其体形和密度所导致的。

在建筑领域中，建筑形式当然是大家所关心的问题之一，但不能就形式论形式。建造任何房子，首先是解决“住”和“用”的问题。其次，在建筑布局上，在技术和材料上，都涉及到经济问题。所以，“实用、经济、美观”这个方针，从三个因素的顺序来讲，仍是一真理，不仅适用于中国的具体情况，而且适用于任何地方，是一条普遍的真理。

但是，当前在世界范围内，相当多的建筑物正在违背这个真理。

大体上说，从60年代起，在许多国家的建筑领域里，一种逆流逐步兴起。在许多建筑中，从总体到局部都出现了一系列的与实用及经济相对立的形式。而在审美上，又往往违背起码的艺术规律。一度是“以怪为美”最时髦，后来简直发展到“以丑为美”（参看注2）。

这个潮流的实例极多，到处都有，比如在日本、美国、法国。值得注意的是这种潮流已经影响到我国不少建筑设计。

也许有些建筑师觉得，这是世界建筑最新的潮流。因而是先进的。我看不一定。有的新东西是好的，有的实际上是落后的，甚至是倒退的。

从历史来看，事物在前进的道路上往往是反复的。一切领域都是如此，建筑事业也不例外。对建筑上那种非常不健康的潮流，应当加以实事求是的分析，不能盲目崇拜，更不能抄袭尾随。

如何避免千篇一律？

人们感到，建筑单调和千篇一律，有两个方面的原因。一方面是由于采用类型不多的标准设计，建筑物的重复量太大。在这方面，看来已经有所改进，标准图的类型多起来了，在同一类型中立面改造也丰富了一些（北京月坛北街即为一例）。但是，更重要的方面是建筑物的机械排列。在这方面也需要借鉴我国的建筑传统。

北京的四合院是世界上有名的建筑组合体，由三栋或四栋很简单的平房组合而成。房子基本上只有四种：三开间、五开间、有前廊、无前廊。有的高级一些，有的简陋一些，但是格局大体相同：正立面，每开间从柱到柱有一个大窗，中间开间窗中加门。虽然，建筑形式的变化极少，但很少有两个完全一样的四合院。有的院子大一点，有的小一点；虽然都接近

正方形，但有的横向为主，有的纵向为主，有的角落空间大些（或带耳房）；有的开阔一些，有的封闭一些；院子地面处理有所不同，绿化有所不同，院子与院子的串联方式也有所不同。结果，从总体来看，从产生的环境来看，四合院并不是千篇一律，而是相当丰富。

这种布置方法可以说是"院落布局"，也可以说是"从环境观念"出发。

既然全部以平房组合的、建筑形式几乎单一的四合院能达到相当的丰富多彩，那末现在已经有多种建筑类型（虽然一定程度的标准设计仍是需要的），而房子高度也根据不同的需要有二、三层的，有五、六层的，有十几层甚至于二十几层的。在这种优越条件下，为什么许多地方还感到千篇一律呢？

原因不完全在于建筑物本身，而更多地在于建筑物的排列方式，即"总体布置"。

过去，把若干建筑排成街道（"街景观念"）这种作法较多，而把若干建筑物通过院落方式形成美好的环境（"环境观念"）这种作法较少。近几年，有不少居住区是在这后一个观念下设计的，这是一个很大的进步。但是还不够，应该在这方面进一步探索。

这不等于说要回到四合院的作法（参看注 4）。四合院只是"院落布局"的一种，还有许多其他类型的"院落布局"，特别是适合于高低层建筑搭配的布局，适合于院落互相连通的布局。

布置"院落布局"的条件之一是要安排一定数量的东西向建筑物。这是因为，为了造成这种布局，必须形成一定程度的完整空间。单一方向的（或绝大部分为单一方向的）建筑物很难形成这种空间。当然，在安排东西向的建筑时（特别是居住建筑）要非常谨慎，要使东西向的居住建筑内部格局能抵消无北房（朝南房间）的缺陷。如果在一个较大的地段上，使规划、设计、建设及分配紧密地结合起来，这种院落布局应当不致影响居民生活（具体办法见注 5）。

良好的"院落布局"是建筑领域中"环境观念"的室外表现。这个观念非常重要（这里指的"环境"只限于视觉方面的环境，不包括温度、空气、噪音等等，只包括建筑物、地面、绿化等所有物体，建筑物当然是主要部分）。

环境若是安排得好，人们就会从四周整体受到影响，并不需要特别注意这一点或那一点，这个建筑物或那个建筑物。人们不知不觉地感受到一种视觉上的舒服，也就能欣赏此环境的特定风格：空间比例（长、短、高），特性（开阔些，封闭些），气质（亲切一些，庄严一些）等等。

今天的一些"院落"，有大有小，有高房子低房子，有公共建筑，有居住建筑，有绿化，有各种地面铺装，所以比老四合院丰富得多，空间形状变化也很大，简直可以达到千变万化。

构成这些"院落"的大小高低不同的建筑物，虽然相当一部分是标准化，但其部位及安排方式的不同会带来千变万化，不会是千篇一律，而是每一个大院落都会有各自的风格。在各个建筑的立面，如果从整体出发来巧妙地加工，又可以加强这各自的风格。

"院落"式的规划布局在西方不少地方也尝试过，也有很成功的，但是在很多情况下，由于经济制度及房地产商的压力，规划师和规划机构控制不住局面，往往使很好的设计在实现的时候完全走样。在计划经济的制度下，这种情况是会少出现的。

当前在首都和其他大城市中，在规划各个区域的时候，除了进一步从实用上的合理性出发，如果更多地以"环境观念"为主导去做各个小区的详细设计，不仅可以发扬祖国在"院落设计"中的优良传统，还可以反映中国在经济上和政治上的优越性。

1992 年 1 月于法国巴黎

注 1：近期西方某些居住区把若干十几层二十几层的大楼用爆炸方式整体拆除了。原因不在于这些大楼已经无法改造，而是周围的学校、游艺场所等太拥挤，不适应当地居民人数。为了减少居住人数，并扩大福利建筑的用地，只好采取这种不合理的解决办法。

注 2：造成这种潮流的种种因素是不难分析的。有的是属于建筑领域本身，有的则与社会状况有关。有必要进一步去做这方面的分析研究工作。

注 3：这些房子往往不是专门用于朝东朝西，而是把一般用于朝南朝北的房子转过来而已。居民不愿住这种房子是可以理解的。

注 4：在北京菊儿胡同由清华大学吴良镛先生等设计的两三层"新型四合院"是个很有意义的尝试。但其应用范围较小，主要对象是需要保留古都风貌的几个地段，而在新建地区，需要的密度一般要高一些。

注 5：在东西向住宅方案中，应选用全为多室户

（下转第 118 页）

赖聚奎

四代香港汇丰银行大厦的演变与启示

香港汇丰银行新厦建成已6年，不少世界性的期刊报纸，如《建筑实录》、《先进建筑》、《纽约时报》等曾纷纷报导和介绍，我国的建筑刊物也发表过文章，并载入帕瑞克·纽金斯编著的《世界建筑艺术史》。这部史书驰骋世界、纵横人类6000年的建筑艺术发展。汇丰银行大厦以其技艺超群成为高技派在东方的建筑里程碑。“它使用了迄今最为先进的技术、通风系统，而且有最先进的通信、管理、照明和声学设施，并且其所用的材料汲取了航天技术的最新成果，这样便产生出一个完整的建筑艺术圈”。[1]的确，每项超凡的建筑技术与艺术都可以成为人类伟大的宣言。随着时间的推移，对历史上划时代的建筑，考古学家、社会学家、历史学家、建筑学家，会从不同的角度、采用不同的方法做出不同的剖析。从古埃及爱德府的霍鲁斯神庙、北京的故宫到巴黎的蓬皮杜中心、悉尼歌剧院，至今仍是人们论及的课题。每当我站在皇后广场仰望香港汇丰银行大厦，都会被它的英姿所激动；步近德辅道凝视那对“守财神”——铜狮，又诱发出很多思索。追溯汇丰大厦百年发展史，就是回顾香港社会发展的缩影，汇丰和香港社会息息相关。建筑的产生与发展离不开社会需求，同时，建筑又将冲击和变革社会形态，建筑成为人类社会文明的历史见证。

一

香港被英国占领后的第四年，东方银行第一家在香港开设，12年后，陆续开办了有利、渣打等五家银行。19世纪60年代香港已从一个荒芜沧凉的无名小岛，变成一个海运和商业贸易活跃的社会，仍无一家属于当地的银行。

1864年以财势雄厚的丹地公司的佛·康尼为筹委会主席，计划创建一家属香港的银行，得到社会热烈响应，于当年7月征集额定资本500万港元。不到半年，4万股份全部认足，一个香港人的银行——香港上海汇丰银行于1865年3月3日正式在香港开业(一个月后上海汇丰银行也开业)。当时行址以每月500港元租用“沙宣行”的维多利亚大楼，一年后购下大楼产权。该楼建于1858年，位于皇后大道中，三层行列式建筑，底层办公，上部为单身职工宿舍。它是一座19世纪早期“殖民地式”沿街楼宇，这就是第一代汇丰总行。

二

汇丰银行的第一个10年，是扎稳根基的10年。虽然遇上了银行大倒闭的惊涛骇浪，以及普法战争带给东方汇兑市场的波动，但汇丰银行几乎完全躲过席卷欧洲和印度洋的危机影响，保持住稳步上升的势头。银行资产增加将近4倍，由一个后起者变为“在所有本地公司中，居于领袖地位”。[2]

为了应付金融业急剧增长，1881年董事局决定自资重建总部，于第二年费资30万港元购入毗邻渣打银行的另一半地盘，并聘请曾任香港总测量师的威尔逊及皇家工程师贝克负责筹建，英国年轻建筑师巴马参与主管全部计划。总部大厦设计方案公布于世，使香港社会惊异。在当时人们眼中，如此庞大壮丽的建筑物成功率甚微。经过4年的建设，终于在1886年第二代香港汇丰大厦落成(图1)。

该建筑是英国维多利亚全盛时期的古典复兴风格。正门面向皇后大道为希腊柱式的外廊和山花，朝维多利亚海湾是一排宽敞的阳台。十角形圆拱下为营业大厅，砖石结构。花岗石外墙饰面，仍然商住两用，配备桌球、图书阅览等娱乐活动室，以煤气灯照明，并有冷热水设备。汇丰成为全港最华丽、最大的商业楼宇，标志着香港金融业的发展和汇丰银行社会地位的进一步巩固。

19世纪80年代末，香港社会银行存款额已达3888.2万港元，比10年前增加了5倍。1890年8月间一份《北华捷报》就是这样来描绘汇丰的：“对于在中国老一辈和现在的居民而言，几乎再也没有任何别的事情比汇丰银行建立以来的历史更能引起人们兴趣了，从它的孩提时代起，它就是远东两大商埠(指香

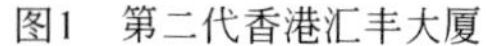
图1 第二代香港汇丰大厦

图2 第三代香港汇丰大厦

图3 第四代香港汇丰大厦

港与上海)的掌上明珠,只要说‘这家银行’或只说‘银行’毋需进一步形容,人们立即就知道说的是汇丰银行了。”汇丰银行受到港英当局的支持,从而无论在吸收存款、发行纸币、控制贸易,还是在垄断国际汇兑、为外资在华企业提供资金等方面,在香港所起的作用远远超出一般银行。

三

香港经过57年的经营,完成了基础建设。人口由开埠时不足1万增长25倍,达25.44万人。据香港商会统计,贸易总额达5000万英镑,进出船只达11058艘,载重13252733吨,香港终于成为名副其实的转口港,汇丰银行也以成年的姿态,伴随香港经济的发展而急速壮大。

到20世纪20年代,汇丰总部已无法应付业务需求,决定拆除重建。新厦设计再次由巴马丹拿获得合约。1933年旧厦拆除,1935年10月10日举行落成酒会,第三代香港汇丰银行大厦正式启用(图2)。

第三代汇丰总行高12层,平面呈“品”字形,确实是一座不折不扣的“舶来品”。不仅外观是30年代国际流行的近代西方建筑,而且自里至外无不使用国外制品,惟一例外是那对大铜狮,出自1923年的上海汇丰银行,由上海铸造外,其他建筑材料均来自英国、加拿大、意大利等国。为制作铺设管线的地面空心砖还专程由英国运来制砖机,施工管理人员更是清一色的英国人。大厦内外装修所使用的大理石、花岗石来自意大利、瑞典,楼梯扶手、栏杆、灯饰等纯系青铜铸成,可谓名贵非常。惹人注目的大堂天花壁画,选用威尼斯著名的玻璃镶嵌。为协助这幅巨大壁画的设计和制作,意大利政府特许借出一间教堂作为工作室。这幅以东西方工商业、交通业、银行业发展史和以太阳神、富裕神为主题的壁画耗时半载才镶嵌完毕,总共用了400万块防腐氧化金属玻璃,其中金银色以真金纯银制成,历久常新。大厦有最严密的保安和防灾、防盗、防暴设施,能自动启闭的保险库钢门重达25吨。第三代汇丰总行大厦成为当时“从开罗至三藩市之间最先进的建筑物”。[3]

四

也许是历史的巧合,第三代汇丰大厦像它的上代一样,在皇后大道中1号屹立的时间也是47年。惟有的不同之处是它在沦陷时期成了日军的“总督府”,守护门前的那对铜狮也成了战利品被运往日本。在日军占领期间大厦的图纸已丢失,由于建筑异常精密坚固,又处在交通繁忙、道路狭窄的市中心,没有原图建筑物难以“分体”,只能请回当年负责兴建这座大厦的澳大利亚名建筑师历奇·古勒当顾问。他怀着一种特殊的心情指挥拆除自己青年时代一手建成的重

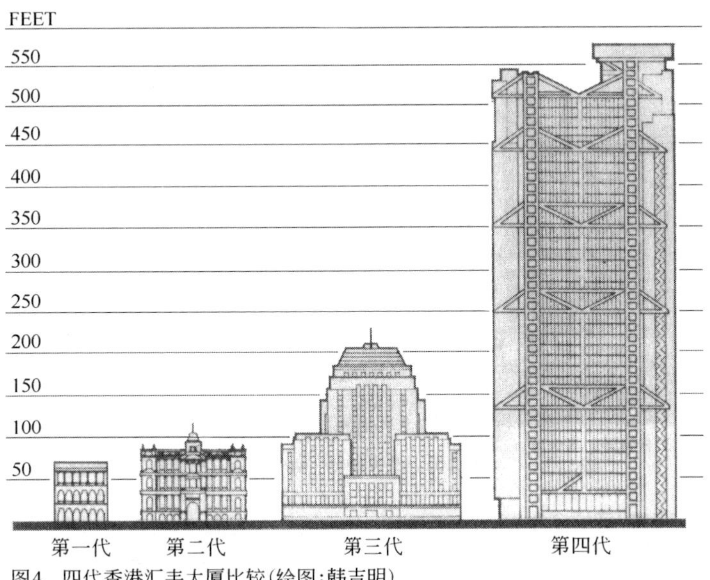

图4 四代香港汇丰大厦比较(绘图:韩吉明)

大之作。社会现实是无情的,真是每幢建筑都凝聚着建筑师的喜怒哀乐。拆卸之际,为搬动那两只直到抗战胜利才返回"家祖"的铜狮,重礼特聘名"风水"大师,挑选良辰吉日。据悉,仅移动费就达数10万港元。在高度竞争的商业社会,在一种不稳定的心理状态的驱使下,就连汇丰这类财大气粗的社会经济支柱,也得寄托"命运"以求心态平衡。

大厦拆除之前,汇丰邀请了世界七家著名的建筑事务所,呈交重新拓展计划书,最后确定由英国建筑师诺曼·福斯特负责设计。福斯特1935年生于曼彻斯特,英国毕业后赴美留学,1962年获耶鲁大学建筑硕士,就学期间受院长保罗·鲁道夫和史学家斯里尼的影响。回英后,福斯特和现今极有名望的耶鲁同学里查·罗杰斯合伙创办建筑事务所,两人风格一致,都属"高技派"。自60年代开始,福斯特已设计了不少表现结构和科技的建筑物。汇丰新厦超越时空的大胆设计,将现代技术与现代美学融为一体,而获得英国皇家建筑师学会金奖和美国雷诺斯纪念奖。这是他第三次得到由美国建筑师协会颁发给在建筑创作上获得巨大成就的建筑师的殊荣。

第四代汇丰总行从1982年7月动工至1985年11月18日交付使用,历时三载(图3)。建筑总高178.8m,52层,建筑总面积99171m^2,总投资52.277亿港元(尚不包括专业费用),是全球按平方米计最贵的建筑物。其中共有62部自动扶梯(包括目前世界最长的自动扶梯),是世界单一建筑物内数目最多者。结构由多伦多大学专家组模拟港岛独特地形,做了强台风测试。钢件3000万吨,由英预制,巨件高达二层楼。铝件4500吨,所有铝材均涂以特殊防锈漆,经华氏500度焙烘,并动用美国海军涡轮推动战斗机制造台风、暴雨,以测试防锈性能,证实50年不受侵蚀。由日本制造的设备组合件,体积庞大,运输时特请警车开道,所经之处不得不临时拆除部分路牌。供空调等用的海水经75m深的隧道,横贯城市二条繁华干道和地铁伸向海湾,全长350m。新厦内还安装一种特殊光学玻璃系统和阳光吸收器,使高达50.7m的中庭通过镜面反射获得阳光。可以说,大厦一切都以当代最先进的科技成就来装备。除旧更新、脱胎换骨之中惟有老铜狮仍按"子午癸丁"线继续守护总厦原有的"好风水"。

五

历代汇丰大厦(图4)不惜财力、物力、人力都以惊人之举更新换代,与其说是银行建筑的需要,不如更确切地说是社会的需求。其真正目的是为了显耀自身的雄财厚资和非凡的社会地位，最终达到商业目的。一个多世纪来，汇丰从一个500万港元起家的小小银行，发展到今天在海外设立了200多家分行和在55个国家开办1200多间办事机构，已经跻身世界大商业银行的第12位，成为最具竞争力之一的国际金融集团。因此，汇丰不惜代价建造它的总行大厦实质是要引起世人的瞩目，加强国际竞争力。本世纪70年代，香港社会经济飞速发展，当局为加快香港金融国际化，解除了外汇管制，开设黄金期货和白银市场，放宽外国银行在香港设行的限制。到80年代，香港已成为国际三大金融中心和仅次于伦敦、苏黎世的世界第三大黄金市场。百余家世界大商业银行就有63家在港设立分行，银行总数达143家，连同遍布港九的各银行的分支机构，超过了1400间。按人均计，在香港每3600人就有一家银行，俗称“银行多于米铺”。确实，1979年到1989年香港大米进口仅增加7400吨，而这10年间人口却增长70万。可谓十家米铺倒闭无人问津；一家银行有所波动将引起全社会的惊恐。金融市场成了香港社会的晴雨表。作为香港金融之首和香港金融市场港英代言人的汇丰，不惜巨资发展总部大厦，显然有着深刻的社会和政治背景。从这意义来说，汇丰总部大厦的社会价值远远超过大厦本身的建筑价值。四代汇丰大厦的演变正是出自同一个以最大商业利润为前提的社会需要。这也是带有浓厚国际色彩的商业社会的必然结果。

建筑始终与人类社会共存，又随着社会的进步而发展。历史上那些以极大物质财富造就的庙宇、神殿作为人类对自然现象顶礼膜拜的一种社会需求和精神寄托；而那些豪华富丽的官邸、王府则是社会物质拥有者为炫耀自己社会地位和表达自己苦乐观、美丑观、荣辱观和生死观的一种方式。社会进步、物质发展，推动建筑的新陈代谢，又带给社会日益科学与理想的生存空间。作为建筑的创作者也是社会中的成员，其建筑观自然受到所处的社会关系和形态的影响，形成自身的建筑哲理，反过来又有意与无意地注入其建筑作品之中。建筑既受到社会的制约，建筑又将刺激社会的发展，注定会留下社会的烙印。

几十年来，建筑界对“继承与革新”、“传统与现代”、“形式与功能”、“实用与美观”，仁者见仁，各抒己见。无疑，这对建筑创作和建筑理论水平的提高都是有益的，也是必要的。相信这类争鸣今后还会继续下去，然而，人类社会，却不因建筑理论家和建筑师各自的主张与喜好而一统天下，建筑世界总是琳琅满目。建筑也只能在社会实践中得到认识，加以完善，不断提高。所以任何一个建筑理论家和建筑师都应当了解社会、参与社会。无论是传统还是外来的建筑文化，只有理解其社会根源，才能使我们的建筑评论超脱风格流派之争，才能使我们的建筑创作不至于停留在建筑手法、符号的模仿。尊重国情、地情、人情，才能使我们生活的这片热土培育出自己多姿多彩的新建筑。

参考文献：

[1] 帕瑞克·纽金斯.世界建筑艺术史.顾孟潮、张百平.合肥:安徽科技出版社.1990.4

[2] 汪敬虞.汇丰银行的成立及其在中国的初期活动.中科院经济研究所集刊.北京:中科院出版社.

[3] 晨鸟. 汇丰银行的改建趣事.香港:香港出版社.

（原载《新建筑》，1992年2月）

汪国瑜

建筑与气

“气”非气，“气”也。

这里说的乃内在之气，聚散之气，升华之气，看不见、摸不着，但能感受到的精神之气，中国哲学家常指的构成宇宙万物之气。

我们的先人对“气”有独到的认识、深刻的研究、精辟的见解和广泛的应用。文学书画家讲“气韵”，道家佛家讲“气数”，哲学家讲“天地合气、万物自生”、中医讲“气脉”，方士迷信讲“气运”，打仗讲“一鼓作气”。……把它比喻人的精神状态而作为人的情操、品格、志趣、理想的境界以及心理、生理的素质要求就更多了。追求“气质”、“气量”、“气度”、“气派”、“气概”、“气节”……论讲“元气”、“神气”、“勇气”、“朝气”、“志气”、“灵气”、“骨气”等等；高兴时“喜气洋洋”，生气时“怒气冲天”，受委屈时，“忍气吞声”，得意时“盛气凌人”；朋友间讲“义气”，家庭里讲“和气”；养生之道讲“气平心静”，经商之道讲“和气生财”，烈士牺牲“气壮山河”，大河奔流“气势磅礴”；小孩“淘气”，大人“生气”；吃亏长“怨气”，不会应酬带“书生气”，不讲商德讥之为“市侩气”……把“气”用作语言中一个常见的词藻而成为一种品德和节操的象征或情化物化的比兴，在我国文化或生活流传中是道不尽、说不完的。

人讲求“气”，过去已无形中树立起一种标准或范例，贯穿着一种理想和愿望。“气”虽虚，并非无。懂得“气”，把握“气”，运用“气”去影响人和环境，于人于事都是大有好处的。

建筑也存在“气”，建筑也需要“气”。“气”能引人、动人、感人、迷人。建筑的“气”体现为体态之“气”，环境之“气”，综合感应之“气”，体现在建筑与环境的和谐与否的关系之中，体现在建筑与环境的共存共享、互借互补、相辅相成的因素上，体现出单体形象与群体环境间的“气氛”、“气势、“气韵”、“气概”和“气魄”。

北方的四合院，庭院幽深，有安详之“气”；西北窑居，拱厚墙实，有高原之“气”；皖南民居，高墙洞窗，有宦商之“气”；江浙民宅，轻盈灵巧，有士儒之“气”。傣居竹楼呈南国之“气”，江南水乡显清秀之“气”，侗壮干栏含古朴之“气”，蒙包藏房露豪放之“气”。

长城，蜿蜒腾伏，逶迤万里，有“气贯长虹”之“气概”；杭州西湖，山光水色、荷香绕堤，有灵秀温馨之“气氛”；安徽黄山，松石云泉，峰崖嶙峋，有巍峨壮丽之“气魄”；九寨黄龙，碧海藏幽，玉盘叠翠，有野朴粗犷之“气势”。楠溪、漓江，山环水抱，农舍渔歌，有田园清新之“气韵”，网师、拙政，廊连桥渡，虚阁雕栏，有颐养雅逸之“气息”。天童、普陀，梵钟磬语，香火炉烟，有佛国禅林之“气度”。青城、乌尤，深壑密林，鹤发紫衣，有福地洞天之“气派”。

北京故宫中轴线，蕴藏的“气”，表现的“气”，抒发的“气”，感受的“气”，最为突出。若按原有的布局，从永定门算起，入正阳，度中华，过两厢千步之廊，越金水桥，进天安、端门、午门、穿太和，跨金水五虹、绕玉阶三叠托起雄伟庄严的太和、中和、保和三殿，再进乾清门，经后朝之乾清、交泰、坤宁三宫。步御花园，出神武，登景山，极万春之亭，放眼北阙，鼓楼、钟楼在望，回首南顾，永定门楼已在隐约朦胧之中。这一长达8千米、全由殿堂宫楼连成的庭院序列空间轴线，屋宇参差错落，空间虚实变化，衬比掩映，深邃莫测，高潮迭起，气象万千，一种严整而庄重的“至尊无上”、“江山永固”之“气势”、“气派”扑面而来，眩人眼目，抑人心脾，称得上是举世无双，“气吞山河”。这不能不深深引起对古时经营此皇宫建筑群体的将作们“贯气”得宜、“悟气”有方的称道。

当前，各地的建筑发展都很快，日新月异，令人感到鼓舞。北京的亚运村，深圳的华侨城，出口的中国园林，新建的沿海渔村，一片繁荣景象，“气势磅礴”，“气象清新”受到海内外游人众口称赞，为我们国家的建设事业“争了口气”。这是“顺气”的一面；另一面，“泄气”的现象也是屡见不鲜的。诸如杭州西湖、桂林漓江，四周高楼林立，喧宾夺主，破坏了原有的环境景观尺度。西湖泄了“湖气”，漓江泄了“江气”；泰山开山建索道，黄山辟山修公路，山体破坏，自然景观受损，败了"山气"。风景区的树木成片遭砍伐，水土流失、林泉荒涸，伤了"林气"。江湖水大面积受污染，废液四漫，毁了"水气"，城市里广场、街道、建筑缺乏统一规划，各行其是，互不通"气"，缺乏整体空间和谐之"气"。沿海一带富裕农村，争相自力建房，规划跟不上，互比"阔气"，呈现环境空间杂乱之"气"。……真建筑需要"贯气"，假建筑也需"完气"。如今到处都在争相建微缩景区、争相搞"西游"、"封神"等游乐园宫，"热气"不减，互相攀比。稍一琢磨就不难发现，这些"游记"、"神宫"，内容雷同，形态呆滞，质量低劣，风格丑俗。有的城市一连建了三四个，效益平平，冷冷清清，令人感到"俗气"、"厌气"，浪费了"财气"，败了古典小说的"名气"。深圳锦绣中华在我国开创微缩景区，很有"名气"，由于缺少经验，也有"断气"、"泄气"现象。比如"故宫"一组，就在关键的中轴线上省掉了"端门"、"太和门"以及重要组成部分的"景山"，轴线短了就觉"气势"不够，明显地"断了气"。"颐和园"一组，制作很精细，"万寿山"有"气派"，但"昆明湖"小了，"气势"就不够；尤以"宫门"一角，少了很多东西，空空荡荡，干干巴巴，没有环境之"气氛"托映，"泄了气"也"漏了气"，也有损于"颐和园"作为皇家园林之"气质"和"气魄"。其他如"应县木塔"、"嵩岳寺塔"等建筑，孑然孤单地立在地上，丝毫没有环境的托衬辉映，本来很"壮气"、"神气"的"国宝"却淹没在"无气无力"中，使人感到十分"小气"和"假气"。相反，深圳的民俗文化村就不同了，尽管面积不大，内容又多，但街有"街气"，寨有"寨气"，"风雨桥"、"鼓楼"毗连，环境真切，尤有侗、壮族居的"乡土之气"。"石林"一区，形象逼真，环境诱人，极具路南"危石之气"。在村中信步过处，座座是竹楼茅舍、架空干栏，处处有莺歌燕舞、民族风情。民俗之"气氛"浓郁，族风之"气势"鲜明，那样一种诱人、夺人、迷人、感人之"气韵"，令人流连忘返，倍觉亲切。

由此可见，建筑之引人入胜，除其本身形态外，环境形成的"气氛"、"气势"，是一很重要因素，懂得了"气"与环境的关系和作用，是取得"入胜"成功的一个关键。"气"聚则神足，"气"散则神失。犹如文词书画，润之则"气韵生动"；就医，通之则"气顺病除"；修身，达之则"气静神安"；治学，严之则"气清品正"。道理都是一样的。

姑妄言之，备此一说，漫话而已，幸求方正。

（原载《建筑师》1993年第52期出版）

（上接第112页）

的方案，使每家既有朝东房间又有朝西房间，还需使每家都有穿堂风。再加上外墙保护措施（外墙加厚，西面设凹廊），这样的住宅不次于塔形住宅的单纯朝东或朝西户，或朝南而只有半天阳光之户。

在规划总的安排和分配上，要考虑把全部小型户（一室半，二室）及少数（或个别）三室户，放到南北向大楼中，而把绝大部分三室户及全部四室户集中到东西向建筑（如果是高级住宅，还可以考虑东西向房子比南北向矮几层）。通过这样的安排可以在一个地区内达到通常的户型比例。同时，东西向建筑即使要比南北向少得多（也许只占其一半左右），也足以形成院落布局。

此外，规划上还可以考虑把大部分非居住建筑（商店、库房及其他某些公共建筑）安排在东西向，这样更有助于产生"院落布局"。

（原载《建筑师》杂志第46期，1992年出版）

蔡镇钰

世纪之交建筑随想

我国的城市化进程将加速！现代化的城市结构由封闭趋向开放，由单中心趋向多中心，由单层次的平面展开变为多层次的立体发展。考虑生态平衡、土地利用、道路交通与创造空间形态的三维的城市规划将不断产生……。城市规划应看作是一个发展变化的动态系统和过程并在实施中不断得到反馈信息和进行修改调整。弹性规划和滚动规划的提出应是对城市规划认识观念改变的新反映。城市规划的实施应以成片开发和改造作为主要手段。必须首先搞好详细规划和加强城市设计这一重要纽带。决不能再允许以各行其是，只求各家小而全以及千姿百态各显神通的布局和造型来破坏城市整体形象的状况继续下去。城市的形态设计要运用计算机动画生成等现代化手段进行多方案比较，以形成既有共性又有个性的和谐优美、层次分明和景观丰富的城市整体环境。新区的成片开发不仅要具有现代化的城市结构和形态，同时必须考虑现代化的基础设施：如集中停车、供热以及共同沟的设置等。交通及停车问题应提到直接影响信息时代人的工作效率及安全问题的高度来认识，应该大大增加对城市交通的投资比例！

信息时代进行建筑创作者先必须站在广义建筑学的高度来重新认识建筑学。各种新学科向建筑学的交叉渗透使建筑学不断深化和走向新的领域。要创造新的建筑文化必须深化对建筑的传统与创新和科学技术与建筑文化关系的认识。建筑文化的传统与创新是一个动态的历史过程。我国历史悠久、丰富多彩的建筑文化的形成无不包含着不断吸收外来建筑文化、不断充实和更新自己的内涵和形式。同时，我国的建筑文化也向外来文化不断地渗透……。传统的特点是具有历史和现时的双重性。传统是在历史的形成中通过继承、延续而达到现时存在的过程。没有历史的存在或仅有历史存在的因素都不能称谓传统。创新的特点是与历史不一定发生必然的联系而只有现时存在的单一性。在传统与创新的相互关系中创新是第一性而传统居第二性。人类文化总是先有创新才有传统。但创新转变为传统是仅有可能性而无必然性。昨天的创新能否变成今日的传统和今天的创新能否变成明天的传统要经过历史的检验而无必然性。传统对创新是有着内在的选择功能，在历史的演变中传统也会融合创新而中止部分传统。传统能具有经久不衰的魅力是由于其经过时间考验通过继承、延续不断充实而达到现时丰富多彩的表现。创造新的建筑文化不仅要认识和运用传统，而且要不断注入新的因素去丰富传统。最能丰富传统的便是创新，而创新也包括了对传统的重新认识。在吸收中外古今建筑文化的过程中必须注意建筑的形式应是其内涵的表现。脱离了建筑的内涵其形式将是无水之源、无本之木而成为盲目模仿和搬用僵死的符号而已。

综观历史，建筑学的发展无不与科学技术的进展紧密相连。在形成和发展人类文明的潜科学时期、前科学时期、科学时期和进入的后科学时期中建筑的形态也无不反映了每个时期的科学技术特征和其相应的意识观念。前科学时期建筑形态的特征是形和面的二维形态。科学时期的现代建筑是以三维的空间作为建筑的广义特征。后科学时期的建筑则更要考虑场所的时间因素，即人的生命时间轴与建筑特征相对话。因此后科学时期的建筑具有四维的特征。建筑场所具有实体形态，它包括了人与场所的对话，人的归属感和领域感。后科学时期的建筑的特征充分说明了建筑环境中包含的时间问题、生命问题和自然力问题已经开始引起重视。建筑的最终目的是为了对人们提供生活和工作的理想场所以促进人类在世界的生存。未来世纪将是人体科学和生物科学成为领先科学的时代。生命体如何感知建筑环境，建筑环境以何种方式及因素影响人体的生命线，建筑场概念也就是建筑场包括的形态、自然力和社会文化因素引起处于特定时间和空间点上人的生命值的变化过程。建筑场可以理解为是心量、物理、社会和生命场的综

（下转第 124 页）

陈薇

如何看待和考察中国的“后现代”
——谈后现代建筑和后现代文学

“后现代”对中国意味着什么？它是一种幻象，一种真实，还是学院派的新的理论杂耍，抑或一种人类行为美学的民间通俗化版本？

不管我们对“后现代”有什么看法，中国的“后现代”随着改革开放的不断深化与扩大、市场经济的迅速发展，正以一种文化现象在我国建筑（美术）、文学界相继产生，并有扩展之势。王朔小说《过把瘾就死》的痞子语言，家喻户晓电视剧《编辑部的故事》的调侃语言，还有建筑界津津乐道詹克斯（Charles Jencks）的《后现代建筑语言》等，确在人文话语中越来越普及，这景象本身就值得注意了。它以较之传统变化了的语言，正日益冲击、影响着我国建筑和文学的创作，对此我们如何看待和考察呢？应采取怎样的文化策略呢？

“后现代（Post-Modern）”，本指现代主义之后，是在以美国为首的西方社会现代主义的地位开始动摇的情形下产生的，它体现出和现代主义的延伸关系；另一方面，西方世界经历了由工业社会在石油文明和电脑技术迅猛发展冲击下蜕变为商品消费社会（后工业社会）的过程，从而带来社会结构、人的观念、思维方式、价值取向的转变，“后现代”又体现出对现代主义的异化。这种对现代主义我的延伸和异化，突出表现在人们迫切在人与社会、人与自然、人与人、人与自我之间找寻自身的地位，是一种对商品消费社会的文化体认，从而发展成为一瞩目的后现代文化现象。

中国率先关注西方的“后现代”，是在建筑界。1981年，文丘里（Robert Venturi）的《建筑的复杂性和矛盾性》，1982年詹克斯的《后现代建筑语言》相继被翻译发表，其后，由全国各地一群中青年建筑师组成的“当代建筑文化沙龙”，以“后现代主义与中国文化”为题，进行了两次专题讨论。在建筑实践领域，二十世纪八十年代也屡有尝试，如新疆维吾尔自治区为成立三十周年而兴建的新建筑（新疆人民大会堂、昆仑宾馆、友谊宾馆等），表现出新建筑与传统形式、元素和符号（尖拱、圆拱、球顶等）的拼接。关于北京香山饭店是否中国的“后现代”代表也曾争议纷纭，然香山饭店前宅后院的布局方式、曲水流觞的历史联想、新宾馆与环境的气氛融合，确在创作手法上提供了汲取传统、老树新花的经验。1985年，美国杜克大学杰姆逊（Frederic Jameson）教授在北京大学讲授了《后现代主义与文化理论》的课程，引起文学界的注意。但至此为止，无论是建筑界的实践探索，还是杰姆逊关于后现代主义的多民族、无中心、反权威、叙述化、零散化、无深度等文化特征的理论，均未深入涉及或影响形成中国的“后现代”。因为无论是建筑，还是文学，都是由语言来表征的，而一种为人接受的新语言必定是敏感地反映社会生活、社会思想的变化的，但在当时，中国尚未形成这样的气候，在文学界，尽管也曾用“后现代”理论对“实验小说”及“先锋诗歌”进行过阐释，但始终处于边缘状态。这似乎可以证实：一种西方的理论和思想，在中国这第三世界文化中发生作用的方式和可能，取决于本土文化的土壤和对生存现实环境的抉择，而非简单地引进。

然1980年代末至1990年代，中国的社会结构和文化发生了转型。其突出特征就是在全球文化越来越被大众传媒和全球性的商业及文化活动联在一起的时代里，中国本土的文化特性只能在全球性市场化的进程中寻找自身的位置，中国经济的高速发展，又促使大众文化的滋生。如电视剧《渴望》所调用的是中国人对稳定的家庭关系的渴望，体现了传统的伦理价值，文本并无深度，却取得了引人注目的商业性成功。又如亚运村奥林匹克中心是经过精心规划和设计而成的，充满了理性的思考，但其中体育馆最引人注目，因为它所采用的变形大屋顶及鸱吻形式，似曾相识又异于首都遍地可见的“方盒子加小帽”，让平民百姓耳目一新受到青睐，在亚运会后仍成为众人浏览的好去处。这种截取片断的吸收和常识，正是当时公众普遍审美心理的反映，而此平面感、无深度感、不完整性和非连续性，也正是“后现代”的中心表征。然而这种看似和西方的“后现代”的不期而遇，却由于形成背景的不同，使中国的“后现代”蕴含令人深感困惑的一面。

首先，西方的“后现代”，正如舒尔茨(Christian Norberg Schulz)在评论格雷夫斯(Michael Graves)的建筑作品时所说：“后现代主义并不是对现代主义的决裂，而是现代主义的进一步发展”。它建立在现代主义基础之上，又是对现代主义的某种超越。而中国的“后现代”，无论是建筑，还是文学，都处在三方会谈阶段：一是正在形成中的当代自我，想弄清自己的位置何在，未来怎样，却发现自己被置于空白之上：二是传统的父亲，总以血缘亲情去感染当代自我，迫他就范：三是外来客人，如当今西方发达的经济和文化，以其富有、先进、优越和强大使当代自我自愧弗如。如此如果说中国出现“后现代”，也只是表面的部分吻合，掩盖了内在的复杂性和混杂性，是一种误认、假象和错觉。其次，就创作者而言，出现类似西方“后现代主义并不危险，它只是在没有教养的建筑师那里才有危险”的情形，当代学院教育的缺憾在不同程度上造就一批与系统的传统和现代知识相脱节的新人。而在文学界，也由于时旷日久的文化空白和恶质化，产生这样一些作家，没有任何教条，没有吃过太多苦头，看人看事以己之见一针见血，既是文化的弃儿，又是文化的逆子，注重独创、反叛和表现个人性情，却拚命躲避崇高，从而使中国的“后现代”在未来的行状，将会是相当的矛盾和艰难。

这双重困惑在部分作品中已显山露水。就文学而言，王朔的第一部长篇小说《玩的就是心跳》的主人公，对什么已经发生或确实发生，甚至什么是仅仅在幻想中出现而不曾发生的也分不清了，人生的实在性已很可疑，遑论文学的神圣与崇高？他或抡或侃，或假话、反话、刺话、痞话，无非“哄读者笑笑”，“骗几滴眼泪”，这种从题目到实质内容却是一次性消费的、用过即扔的作品，和麦当劳快餐、嬉皮士文化衫一样，具有明确的商业目的和煽情功能，其所流露的玩世不恭的态度，体现出中国的“后现代”大众文化在价值取向上的缺损和丧失生命精神的虚无观念。而王朔的《顽主》，在一连串调侃背后又可看出浪漫主义的价值理想，刘索拉《你别无选择》中则可解读出反抗权威的精神与自我的执著追求。这种剪不断、理还乱的牵制和交叉混杂，在建筑实践中也屡有表现。如曲阜阙里宾舍虽然在整体上是成功的，但其主体的重檐十字脊瓦顶用钢筋混凝土壳体来承托，檐下椽子和变形的斗栱用混凝土来塑造，却得到“一片深厚的中国文化的气息”、“令人精神为之一爽”的赞誉，似乎成为传统和现代拼接的典范。然而，这无论在技术层面，还是在观念价值层面，却体现出当代自我的无家可归状态。如果说西方的“后现代”，是现代主义执著创造的中心在自戕后不得已部分改造、部分浸溺于自暴自弃的话，中国的“后现代”则因不曾为建构中心“众里寻它千百度”，所以操作和游戏起来得心应手、游刃有余，没有悲怆意味。

基于对上述中国“后现代”的看法和考察，中国当代文化的策略仍应是弘扬文化的批判品格，并重新接续曾经开始过的现代理性的进程，使主体理性成为大众自觉追求的文化意识和审美精神。后现代主义不是人类的最后归宿，西方学者不断指出“后现代主义正在走向终结”，后现代文化的非中心化、无聊感和零散性正让位于人类精神的重建和世界文化的新格局。因此，我们大可不必在中国推进“后现代”。而西方“后现代”所蕴含的俗文化、地方性、文脉等品格，中国古今固有，不属于中国“后现代”的范畴，如何弘扬及挖掘，则另当别论了。

(原载《建筑师》第54期，1993年10月出版)

张开济

从避暑山庄的设计谈起

承德的“避暑山庄”建成迄今已经290年了。它是我国现存的少数皇家园林之一。不过它却明显地不同于其他的皇家园林。北京的颐和园、北海和中南海都是以富丽华贵取胜，而“山庄”则以雅淡朴素见长。可谓各有千秋，而且后者的格调可能还更高一些。尤其他的设计指导思想在今天仍旧不乏很值得我们借鉴的地方。

在避暑山庄里面看不到闪闪发光的琉璃瓦屋顶，和瑰丽多彩的油漆彩画，也没有连片的汉白玉栏杆和红色的宫墙等等。相反的，“山庄”建筑的风格十分朴素雅淡，它的建筑尺度更是亲切宜人。游廊宽仅1.2米，还不够现在一般普通办公楼或旅馆内部走道的宽度。它的正门虽然采用城楼的形式，可是建筑尺度非常小，跟本不能和北京天安门城楼相比，说得夸张一些，可能更接近京剧“空城计”里的布景！

康熙皇帝把他的离宫搞得如此朴实无华，当然不是因为他花不起钱，或者舍不得花钱，而是有他的意图的。首先这座离宫取名“山庄”，而不叫“××宫”或“××园”。此外在他有关的文章中还有“因山就水，布置尽其自然，意在得其野趣”一段话。他的用心所在就显而易见了。

本来建筑设计贵在因地制宜，因此必须尊重环境，在风景地区更要尊重自然。建筑要和周围的大自然互相辉映，相得益彰，而不该与自然互相竞争，试比高低！这本是建筑设计中一个基本原则。这个道理康熙皇帝懂，我们建筑师更应该懂。可是令人遗憾的是迄今为止，这个原则在今天我们的新建筑中却往往没有得到贯彻。例如在杭州西湖的周围就曾建造了不少的大刹风景的高层建筑，这只是一个比较突出的例子，但并不是一个孤立的例子！

最近全国政协副主席霍英东先生从香港去杭州访问时说：“杭州是一个美丽的城市。我的想法是一开发，二保护。保护是保护自然景观，高楼大厦不一定就是现代化。”我以为霍先生的话说得很婉转，同时却又非常对，他强调要“保护自然景观”，同时又指出“高楼大厦不一定就是现代化”。尤其后一句话不仅值得杭州市城市建设的决策者的深思，而且对国内其他城市，特别是一些历史文化名城和风景地区也都很有针对性。当然“高楼大厦不一定就是现代化。”早在80年代已经有人提出来了，可是当时没有得到应有的重视，以致近十几年来国内各城市内建造了不少原来就不必盖也不应该盖的高层建筑，结果不仅不必要的增加了建筑造价，而且在不同程度内破坏了许多城市原有风貌和尺度。其原因就是一些城市建设的决策者错误的把高层建筑看作是现代化城市的标志，把香港看作是现代城市的样板。因此总想如法炮制，以期早日实现现代化。最近几年来，国内房地产事业迅速发展，许多城市都有些合资开发的新住宅区，其规划布局往往都以梅花椿似的高层塔式楼群组成，令人看了很容易联想到香港的“太古城”和“美孚新村”。假如长此这样的“开发”下去，中国今后的城乡面貌实在令人担忧！

解放以来，我国进行了规模空前城乡建设，建造了数量惊人的新建筑，其中当然不乏优秀的作品，但是应该承认，总的来说，水平还不够高，质量还比较粗糙。其中一个比较突出的就是建筑尺度问题。尺度是建筑构图中的一个要素，一个建筑物的尺度必须结合它的环境、内容、性质等等来认真细致的加以推敲，方能做到恰如其份，恰到好处。可是迄今为止我们许多新建筑往往都在尺度上出现偏差，而且总是偏大而不是偏小。这种建筑尺度上“宁大勿小”的思想和过去有些同志在政治立场上总是“宁左勿右”有些殊途同归。解放后有一段时期内。我们强调向苏联学习，而苏联早期的建筑也是一律偏高偏大。据说其原因就是为了显示社会主义的优越性。这种倾向在当时当然也影响了国内的建筑界，助长了有些人原来就有的“好大喜高”，一味追求气派的思想。

在我国不仅一些公共建筑的尺度偏大，而且连一些小型建筑如大门之类也往往大而无当，我到过南方某地的一个公园，公园规模不大，而它的大门却宽达

7开间，高达9米，望之有如一座凯旋门！不仅新建筑尺度偏大，而且一些“复原重建”的古建筑也是如此。其中最突出的两个例子，可能要推武昌的“黄鹤楼”和南昌的“滕王阁”。这些建筑历经多次重建，现在究竟应按哪一朝代的形式来复原，可能值得探讨，但是有一点是毫无疑问的，就是现在这两座“古建筑”的尺度、体量和富丽豪华的程度肯定都大大超过了它们的前身。我想当年的文人雅士假如来重游旧地，他们看到这些宏伟壮丽、富贵气逼人的建筑可能会望而却步的。已故戴念慈建筑大师曾说过：“新建的‘黄鹤楼’的尺度至少可以压缩三分之一”。我完全同意他的意见。而稍后于“黄鹤楼”建造的“滕王阁”则变本加厉，比“黄鹤楼”更为“伟大”！因而距离它原来的面貌也就更为遥远了。

古建筑本是我们祖先遗留下来的非常珍贵的文化遗产，也是我们先辈遗传下来的十分重要的文化信息。我们这一代人有责任很好的保护它们，忠实地保持其原来的面貌，让它们毫不走样的世世代代传下去。可是重建的黄鹤楼和滕王阁却完全违反了这一关于保护古建筑的基本原则，它们既不尊重环境，也不尊重历史，而一味在尺度和体量上求高求大求气派，结果大而无当，华而不古，令人看了啼笑皆非！因为这些得了“巨人症”的“古建筑”不仅破坏了它们的环境，使周围的山水相形减色，而且还歪曲了历史，向后人传递了错误的信息！

过去由于缺乏必要的财力，以致许多珍贵的古建筑得不到应有的维修，当然更没有能力来重建已经不复存在的古建筑了。这是令人遗憾的，但却是情有可原的。而今天我们却花了大量的财力、物力来制造假古董，或者把真古董“维修”成为假古董，那就说不过去了。不过这倒也说明了一个问题，那就是金钱并不是万能的。没有钱固然不能办事，仅仅有钱，而缺乏必要的知识和文化也会把好事办成坏事的。

应该认识到这种片面的追求高大、追求气派和追求豪华的思想实际是反映了一种暴发户式的审美观念，也是缺乏文化修养的一种表现。近十几年来，广大农民的经济情况改善了，他们都自己建造了住宅，这本是一个可喜的现象，可是另一个现象却值得忧虑，那就是在有些农村里，农民住房越盖越大，越盖越高，这并不是由于实际的需要，而是彼此互相攀比的结果。城市里也有类似的情况，高层建筑越盖越多，越盖越高，有的并不是为了节约用地，而是甲方们彼此“试比高低”，都要“出人头地”的结果。据说南昌市的有关决策者就要求新建的“滕王阁”必须后来居上，比已建的“黄鹤楼”高出一头，结果建筑师只好把前者加高了一层。正是“楼高为何层层涨，只为南昌超武昌”！

“避暑山庄”虽然十分朴素无华，亲切宜人，可是环绕它四周建造的“外八庙”却非常宏伟壮丽，气势惊人，和“山庄”形成了非常鲜明和强烈的对比。这也不是偶然的，而是贯彻了康熙这位“总建筑师”的设计意图的。那就是利用建筑为政治服务。而康熙的政治目的就是“合内外之心，成巩固之业”。在对待边境少数民族问题上，他主张用积极的和睦相处来代替消极的武装对抗，用宗教建筑来代替军事工程，因此他不主张修长城，而修“外八庙”，同样地达到了保卫边疆和统一祖国的目的。这些庙宇主要是用来接待来访的少数民族的领袖和满足他们宗教信仰的需要。这些庙宇不但盖得非常雄伟壮丽，而且其中有几所庙宇还采用了西藏建筑的形式或汉藏建筑相结合的形式。例如“普陀宗乘”之庙的形式在一定程度内就是模仿西藏布达拉宫的，“须弥福寿”之庙也采用汉藏建筑相结合的形式，其富丽堂皇更令人叹为观止。其主要建筑的屋顶竟全部铺盖了鎏金铜瓦，仅此一项就用了黄金一万五千四百余两之多，所费可谓惊人！但是和建造长城和派兵远征的费用来比，则所费就很有限了。看来康熙皇帝倒是懂得既算政治账，又算经济账的。

我体会康熙把自己的离宫修建得比较朴素平淡，还不仅是为了和自然相协调，同时也是为了用“山庄”来烘托“外八庙”，以期相形之下，“外八庙”显得更为壮观，更为堂皇，使少数民族领袖们看了之后，更感到中国皇帝的谦逊克己和对他们的厚爱和尊重，从而更坚定了他们拥护中央和回归祖国的决心，所以比较简朴的“山庄”并没有降低清帝的身份，相反的却抬高了他在少数民族中的威望，从而加强了各民族的团结和中国的统一。

“山庄”和“外八庙”的对比使我联想到美国的白宫和国会大厦。这两幢建筑都坐落在华盛顿中心广场的周围。前者虽然是举世闻名，而实际上只是一幢高仅两层，面积也不大的房子，而后者则是一座非常雄伟的大厦。它居高临下，腑视着整个广场，白宫一旁相陪，就更显得渺小了。可是“白宫”虽然经过多次重建或扩建，却始终保持它原来的“低姿态”(多次的扩建部分都安排在地下层内)。这样做也不是偶然的，而是企图利用建筑形象方面的对比来标榜美国的民主政治制度。

从“白宫”我又想到伦敦唐宁街10号楼，英国首相的官邸。英国是君主立宪制的国家，女皇只是名义上的元首而已，大权都掌握在首相手里。可是唐宁街10号却又是一幢临街的伦敦最常见的联立式住宅，前面连个院子也没有。而相对的，白金汉宫和国会大厦却都是世界知名的宏伟建筑。可是迄今为止，还没有听说有任何一届英国首相打算另建一幢较为像样的“首相府”。

在我国，周总理在世时是非常关心建筑的。1959年的国庆工程中一些比较重要设计问题都是总理亲自拍板定案的。可是总理却从未同意为国务院建造新楼。总理在中南海的住所已经很破旧了，人们多次建议做些必要的维修，却都被总理拒绝了。形成对比的是现在有些地方的干部却比较热衷于建造豪华的办公楼和住宅，或者高标准地装修自己的住宅以及购置进口的高级小轿车等等。这就不能不使我们更怀念周总理了。

(原载《建筑师》第56期，1994年出版)

(上接第119页)
合，心理现象是生命现象的一个方面。物理场将外部物质空间转化成质量及能量并以人的审美信息值去度量，也是生命现象的一个方面。社会场是人为环境，对环境心理有重大影响。生命现象概括了心理、物理和社会现象。生命的场现象自然就概括了心理、物理和社会现象。生命的场现象自然就概括了前三种场。生命场是以人为中心的生命体与外界进行物质能量和信息交换的过程。后科学时期场概念从物理学转向其他科学。为研究在多种因素共同作用下的建筑场提供了一条途径。随着现代技术在相关领域的发展，对建筑场的探索一定会不断向前推进。未来世纪对建筑师所能提供的资料将不仅是一般的场地方位、日照和地耐力……，而可能是场地能吸收宇宙有益能量的各种数据……是场地影响人生命的价值。建筑造型及建筑材料将作为介质同样参与对人在建筑物内生命的影响问题……

后科学时代正在蓬勃地向前发展，作为一个当代的建筑师在世纪之交的时刻，更应站在广义建筑学的高度去认识和研究各种新兴科学技术对建筑学发展的影响。不断地从中得到启迪和丰富自己的创作思想，以便在创造跨世纪的建筑文化中贡献自己的力量！

(原载《建筑师》1993年第53期)

杨永生

由纪念建筑想起的

近年来，随着加强爱国主义教育和精神文明建筑，纪念碑、纪念馆等纪念性建筑新建的不少，利用原有名人故居改建、修缮的纪念馆也为数众多。

这些落成的纪念性建筑，被传播媒介一阵阵炒得火热，什么人剪彩啦，什么人题词了，象征什么等等，不一而足。至于是哪位建筑师设计的，他是怎样构思的，具有哪些个性，却是没人提及。这是为什么？三言两语说不清楚，且不去说它。

(一)

已故建筑学家童寯教授对纪念建筑，有过精辟的论述，诸如：

纪念建筑，其使命是联系历史上某人某事，把消息传到群众，俾使铭刻于心永矢勿忘。

要有简明的主题，只带一个含义，有高度的思想性、艺术性。

通过物质手段，满足精神要求，

体形不在庞大或布满装饰，

以尽人皆知的语言，打通民族国界局限，

用冥顽不灵金石取得动人感情效果，

把材料功能与精神功能的要求结为一体。

童老还说过："二次大战后，纪念性建筑追求实用化、大众化，提供集体聚会，文化活动场所。"

如果以这些观点来衡量我们近些年建成的纪念建筑，会做出怎样的评价呢？有哪些建筑能够达到动人感情的效果、铭刻于心，其个性又如何呢？我们的传播媒介往往用一些不恰当不贴切的赞美之词(如宏伟壮丽、别具一格等)来介绍新落成的纪念建筑，至于评论性的语言，对不起，没有。殊不知，只有经过积极的建设性的批评，才能改进提高。否则，在一片赞扬声中，只能不进则退，于建筑创作水平的提高，毫无补益。

(二)

在我国近现代建筑中，纪念建筑不乏优秀作品，诸如南京中山陵、北京人民英雄纪念碑、毛主席纪念堂、锦州辽沈战役纪念馆、南京大屠杀纪念馆、威海市甲午海战纪念馆等等。这些纪念性建筑，就其思想性、艺术性、庄严性来说，都是具备了的；在传统手法的运用上也是无可挑剔的。但是，在体现建筑的时代性和创新性方面有的显得乏力。至于那些新建的纪念碑，感动人们心灵的，却也不多见。当然，也不能如此一概而论。齐康先生创作的南京大屠杀纪念馆和彭一刚先生的威海市甲午海战纪念馆，还是有些新意的，具有强烈的个性，感染力较强。当然，这两处纪念馆，由于种种原因，在外部空间的氛围上仍有不协调的缺憾。

在设计手法上采取古典主义的，容易收到庄严肃穆的效果。但是，事实证明，像舒舍夫采取构成主义手法设计的列宁墓也不失其庄严，肃穆之魅力，令人肃然起敬。还有"1926年密斯的表现主义作品——普通红砖砌筑的清水无饰的柏林李卜克内西和卢森堡就义纪念墙是闯出羁绊、锐意创新所赋与纪念作品以新的生命"(童寯语)。同样激动人心的还有芬兰爱国作曲家西比柳斯(Sibilius)的纪念地。香港建筑师钟华楠先生告诉我，他于60年代曾亲往拜谒，令他至今激动不已。这座纪念地设在郊野，既没有纪念碑，也没有纪念建筑，是在一座半月形的小丘上摆放着西比柳斯的头像，前面竖立着一群钢管，上部开有洞口，寓意教堂里的管风琴，使人联想起他那首闻名于世的抵抗德国纳粹的交响曲《芬兰颂》，不由自主地顿时沉缅于充满爱国激情的澎湃乐章，那和谐的乐曲似乎涌出于周围的松涛和钢管的大口洞，感人至深(参见钟先生的这张徒手画的草图)。我举出这么几个实例无非是想说明，纪念建筑必须有个性，建筑师要有淳厚的创作激情。

(三)

纪念建筑，就其本身的性格还应具有永久性，要求高品位的施工质量。当今的一些纪念建筑，由于施工质量不高，永久性就显得差些，至于精雕细刻就更谈不上。施工队伍素质不高是原因之一，但更多的是由于缺乏预见性，见事迟而延误了时间，为了赶上某纪念日揭幕，而用缩短工期的办法来弥补其失去的时间，为了赶工而影响施工质量，这类实例不少。前几年，当我参观南京大屠杀纪念馆时，半地下的展览室已在漏水；山西阳泉百团大战纪念碑建成不过几年已显得斑驳残破。

(四)

上面说的都是有关新建纪念建筑的。然而利用原有建筑来纪念某人某事也不失为一条好办法。这样做，既可以节约投资，又可以在特定条件下利用原有建筑来达到任何一座新建筑所不可能达到的效果。威海刘公岛利用清末海军公所来做纪念馆，展出甲午海战实物，即是成功实例。启用名人故居来纪念名人能给人以无限的遐想，因为那里是名人生活的空间，不是后人强加给名人的空间。但需要特别加以注意的是保持故居的原貌，不得改建，不得动其一草一木，更不得加以装饰，一句话绝不允许搞“假冒伪劣”。

用反面的建筑作正面教育的纪念馆，反其义而用之，也不失为一个好办法。哈尔滨市的东北烈士纪念馆就是利用伪满哈尔滨市警察局办公楼创办的。那是 1948 年的事，当时正处于辽沈战役前夕，也许是为了节约每一个铜板支援解放战争而被逼出来的一个好主意。当时，是战争环境，一般干部供给制大食堂连高粱米干饭都不能吃上三顿。那条件是够艰苦的吧！依然作出了开设烈士纪念馆的决定，并未因财政困难而忘却进行革命传统教育和爱国主义教育。如果同当今某些人的决定(搞高级俱乐部、高级别墅区、西游记宫、龙宫之类的建筑)相比较，岂不令人怆然。

(五)

我们现在正处于两种不同的文化撞击之中，我们的建筑师也多处于这种撞击的两端，非此即彼者居多，缺少的是创新。而创新又谈何容易，既要有勇气，又要有牺牲精神；既要有建筑设计能力，又要有文化素养。

今天，传统兴时，也许是对外来文化的一种抵制情绪，而抄袭国外时髦建筑之风又可能是抵制仿古复古之风的另一个极端。说到底，传统不应一律排斥，外来的亦不应一律抵御。关于吸收外来文化问题，中国营造学社社长、古建筑专家朱启钤先生说过：“盖自太古以来。早吸收外来民族之文化结晶。直至近代而未已也。凡建筑本身。及其附丽之物。殆无一处不足见多数殊源之风格。混融变幻以构成之也。远古不敢遽谈。试观汉以后之来自匈奴西域者。魏晋以后之来自佛教者。唐以来之来自波斯大食者。元明以后之来自南洋者。明季以后之来自远西者。其风范格律。显然可寻者。固不俟吾人之赘词。”关键是创新，要从我们的实际出发，去创造新的 21 世纪的生活空间。

我以为，我们建筑学专业毕业的青年建筑师的表现能力，驾驭材料的能力都不差，令人感到稍差的是文化底蕴不厚实，即是历史、哲学、文学、社会学、民俗学等方面的学识和积累稍嫌不足。关于这个问题，朱启钤先生 70 年前说得好：“总之研求营造学。非通全部文化史不可。”

西比柳斯纪念地

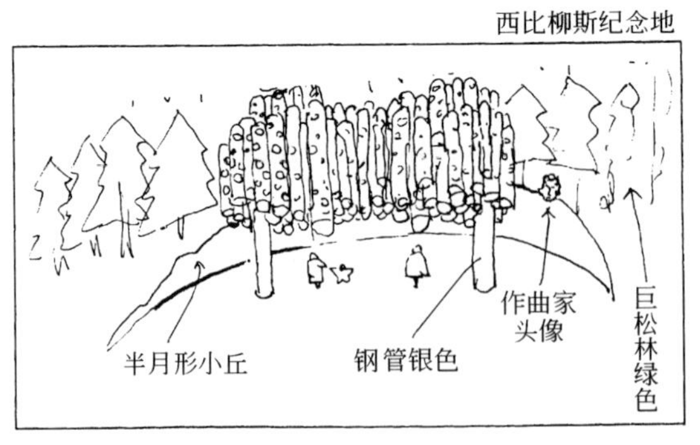

(下转第 128 页)

刘业

建筑教学模块化的思索

中国的建筑教育已经走入了它的成熟期，有了完整的教学体系，训练有素的师资与分布全国的教育基地。然而在目前市场经济时期，建筑教育原有的教学体系呈现出严重的不适应与不协调：在培养目标与办学层次上仍沿袭计划经济时期的模式，适应社会发展的教学体系机制还没有建立，缺乏有效的自我调节能力，严重影响到教育投资效益和社会效益。

一、从市场经济与社会发展看培养目标

中国建筑教育曾经取得过较大的成功，在通过评估的建筑院校中，毕业生各有千秋，但其建筑设计能力却是不容置疑的。问题在于，我们培养出来的学生究竟是建筑师还是建筑设计师，这两者在定义上、培养上是有差别的。

从培养目标看，中国的建筑师注册制度与个人事务所开业还在起步阶段，大部分建筑专业毕业生留在设计规划部门从事技术工作。这种近乎单一的毕业去向导致建筑教育的过分专门化，导致学生从学校到社会均疲于在建筑设计的专业领域尤其是在“构思与表现”的羊肠小道上奔走，有时则蜕化成效果图或造型能力的竞争，学生的创造力与学习激情被大大地束缚了。然而，市场经济的尺子是很严格的，只能按照效益评价教育质量。所以，建筑学学生在经济高潮与低潮阶段所受到的待遇往往完全不同。由于在面临多种选择时对专业的走向仍是相对单一的，所以无论在境内和境外，学生在成为有竞争力的建筑师之前，均要经过痛苦的蜕变。我们的教育并没有到位。

那么，是否有一种相对合理的教学体系，能帮助我们的学生在市场经济与未来竞争中取得较强的竞争实力？我们对此试作一些探索。

二、建筑教学模块化的思索

建筑学专业的学生一般可分成三种类型：

第一类学生爱好建筑。就像热衷于体育或娱乐活动一样，俗话讲是“玩建筑”一类，有建筑天分，智商高，完成学业轻松，但追求不够明确，如有良师指导，当能在专业上崭露头角。

第二类学生选择建筑，功利的目的比较明确。良好的工作环境与优厚的待遇吸引这部分人才涌入建筑领域，但如果条件环境发生变化，他们可能会另谋出路。

第三类学生应属精品学生。他们选择建筑学专业是自小的目标，有发自内心的灵感与专业激情，有美术训练的基础与专业素养，设计时的精神状态像宗教徒，达到如痴如醉的精神境界。这是注定能成大器的学生。

也许还有其他类型的学生，暂且不论。假定我们面对的是以上这三类学生，如何确定教学培养体系？如何使他们按建筑师的专业要求训练到位，并能适应未来的社会发展与变化？

我们目前的建筑教育中，必修课占有太多的课时，教学方式多为统一的填鸭式，很难满足各种类型的学生需要，好的学生吃不饱，差的学生吃不消，学生不明确学习这些东西毕业以后到底有多大用处，也难以调动全部学习热情。

如采用目标培养法，则可参考国际标准，结合我国传统的教学体系，提出几种类型的建筑师培养目标：①建筑师型。与国际接轨，与注册建筑师衔接，按国际通行的标准来培养。②建筑设计师型。按我国现有教学体系培养。③建筑管理师型。适合有管理天分的建筑类学生，学习业务包括建筑工程管理、可行性研究与房地产开发。这样，学生在学时期就能树立起自己的发展方向与奋斗目标，并通过努力去接近自己可以达到的目标。

在实施目标培养办法时，可以把教学内容予以分解组合。比如建筑历史课，可以分解成对应以上三种类型培养目标的不同教学内容，作为各自的必修课，其他则互为选修课。这样，可供学生在短时期内学到极其重要的知识，并增加学习的灵活程度和自我构架知识结构的能力。其他的理论也可如此类推。

我们还可以把教学体系设计成一块块集成模城，由几块主要的模块组成一台具有基本功能的机器，可以完成最基本的专业操作。当加上一块新的模块时，机器的原有功能不变，但性能与操作速度均有所改善，模块越多性能越好。模块还可自行调整与更换。教师的任务不再只是传统的讲课，而是进行模块设计，提供最基本的教学模块。每一种目标有它必需的内容模块，而每一门课程又可按目标分解成模块的组成部分。理论教学过程本身可以通过录像、录音或其他技术性设备完成。要向学生解释这个体系的基本原理与操作程序，学生则在老师指导下选择自己的知识模块与架构，通过自己的努力完成合理的目标培养过程。在整个过程中，学生是主动且目标明确的。

此外，终身教育和职业教育体系的设计也可参照这一模式，教育者可以通过各种手段、技术对前人和大师们的知识进行模块分解，提出建筑大师的终极目标的培养方式与知识模块组成，供学生在未来的生活在去形成、达到，或者干脆放弃，脚踏实地地去干一些力所能及的专业工作，开辟一片属于他自己的专业领域。而职业教育者则可据此确定专业人员培养的知识模块，拉开建筑教育的层次，有效地利用教育投资，为社会培养更多的建筑专业人才。

（原载《建筑学报》1995 年第 8 期）

（上接第 126 页）

除了这些之外，诚然还要有创新意识和利用有利于创新之大环境的能力。我们建筑师在商品经济大潮中似乎还没有学会如何去抵御不利于创新的环境条件。

创新还要有信心，不能妄自菲薄。作为独立自主的民族已经近半个世纪了，我们建筑师的正反面经验不比谁少，完全有能力创造出新的自己的建筑。

创新即使是失败的，也应予鼓励；抄袭再好，也是无能和缺乏信心的表现。

（原载《建筑师》1995 年第 67 期，用笔名勇生发表）

齐康

纪念的凝思

纪念建筑与纪念性建筑二者具有共性而又有差异。大体上分三种情况：一种是专门用作纪念历史事件的事和物，历史上的凯旋门、方尖碑、骑马铜像或是纪念人物像的雕塑和浮雕。这类建筑，有的随着历史的推移其纪念的意义消失了，但其残存的建筑遗迹仍富有纪念意义；一种则是现有的建筑物和遗址，它们大多经过了岁岁月月，当人们怀念着历史的过去，纪念它，那么这类建筑物和遗址就成为有纪念性的建筑，如淮安周恩来故居纪念馆，吴江黎里柳亚子旧居都是有意义而赋予它的性质。历史上，特别在欧洲有过一段古典主义建筑时代，那时的建筑师崇尚古典文艺复兴及古希腊罗马风，为之建筑的造型常常具有和凝聚着庄重的纪念性，永恒的特点，这种风格常常在一些公共建筑中得到了艺术表现，如政府大楼、银行、图书馆等的建筑类型，人们有时会说，这些建筑有Monumental，意即有点纪念性。虽然现代建筑的手法已不再沿用这种手法，但建筑的比例、风格却往往带出这种特点，造型虽然十分简洁但熟悉建筑设计的人们，仍是称之这样建筑有点Monumental，可见纪念性建筑有其特性和特殊的风格。第三种我们不妨称之纪念建筑的风格化，一种建筑文脉风格化的表现，一种设计的手法。

纪念建筑在城市中有其特殊意义，由于其内涵和内容，以及表现的艺术形式，往往给城市带来了文化和艺术价值。在许许多多的历史名城中，若没有众多的纪念性建筑物和构筑物是难以评价它的文化艺术价值的。为此在城市建筑群中，那种带有代表性的建筑运用纪念性建筑的手法，表现城市的艺术特征，不是不可取的。我们需要谨慎地对待它。

在纪念建筑的设计中，根据自己的实践我认为有以下几点应引起设计者重视。即：

一、创作的主题

二、建造的环境

三、结构的分析

四、文脉的研究

五、表现的手法

主题是构思的主题，也即是立意，意在笔先，立意要有意义，因为纪念性建筑艺术性强，艺术表现力强，主题的构思有直接的也有间接的，有表象的也有内涵的。由于构思主题而引起的形象表现，可以说是无止境的，永远是探索者追求的目的。研究主题，往往是对所设计的对象作出历史性的判断，对事件的经过作出深入的了解。设计者研究主题的目的往往是共通的，但各人的视野，表现手段、情趣、手法、感受很不相同，于是就会产生众多的不同形象的建筑特征。例如侵华日军南京大屠杀遇难同胞纪念馆表现的是“生与死”的悲剧；雨花台纪念馆、碑表现的是在黑暗反动统治下的历史革命志士的殉难，在北、西、东三个殉难地的山丘环境地，表达用地环境中的“轴”，表达纪念的程序和过程；而梅园周恩来纪念馆则更是表现建筑环境的和谐，历史环境的再现；苏中七战七捷纪念碑则是突出主题“战斗的一页”。作为纪念建筑设计的主题，应当允许作者强调不同的视野，更允许有不同的手法。

建造的环境，即是纪念建筑的所在地。也即是纪念活动的所在地，是纪念的场所。也即有意义的场所。场地的考察与分析，是为纪念建筑群环境设计的必备条件。场地在城市中有街区的意义，在城郊就有城郊历史风景的特点。侵华日军南京大屠杀遇难同胞纪念馆是在原大屠杀的场地，那就是悲剧的产生地。在城市的新建地区则又会增添新的纪念意义。我们不仅对地段的文化价值作出判断，还要求对地段的交通功能作出分析。

结构分析，是我们规划设计的首要的、具体的分析。这个关系是建筑物(纪念物)与基地的关系，建筑体与周围环境体和面的关系，以及流线参观活动与建筑场地的关系，由场地，流线程序给以的氛围，给人们以感染力和联想。结构关系的分析实际上是对纪念场论的分析。

文脉的研究。正是因为纪念性建筑艺术性强，具有时代的纪念意义，它既是以形象来表现，更紧要的是以形象来感染人。所谓文脉的研究，既是大的文化现象（建筑文化的总趋向），又是对纪念建筑形象的反映，要从纪念建筑的意义、社会地位、历史影响，及其本身的政治文化，社会意义入手作出分析，寻求其源泉，寻求其“根”，从而引发出形象的特征。

表现的手法。实质上是建筑形象的探求。自古以来，建筑师们对纪念建筑的设计总是致力于在纪念建筑的形象上下功夫，从形象中求得历史文化的表现，求得人们情感的表现，并求得社会约定俗成中的突破，因时因地寻求其差异。形象特征是设计者的手法和设计技巧问题。形象对现实的反映，是作者需要具有的想象力。形象的构思和想象，对一位建筑师来说，是应具备的最重要的素质。因之对形象的获得是要对形象与意义相对应，而加以提炼和升华，我们必须从共识的形象中走出来。因为每一门艺术表现都有自己的特殊用途，作为纪念建筑的形象寻求的是真、善、美（正面的，反面的）的形体来表现事态的意义。真、善、美是造型艺术的至高法则，没有创作的技巧和技法是难达到至善的境界。真正的技巧可赋予作品以高度完美的境地。

我常这样认为只有造型的特征才富于意义，而表现的技法又带有创作者的风格，只有这样，建筑创作的完美才有价值，总之一座作品要引起人们的情感的共鸣和梦幻。

想象力和技巧是我们孜孜探求的目标，是飞翔的双翅。

（节自齐康《纪念的凝思》一书，
中国建筑工业出版社 1996 年出版）。

（上接第 137 页）
创新，那么就不可否认“温故”才能“知新”，或“推陈”才能“出新”的名言。

在我们中国，儒、释、道的哲学观虽有其不同之处，且争辩激烈，但有一点，凡是它们具有朴素的唯物主义和辩证法思想之处，就正是它们的共同之点。我们的建筑学者们如在这一方面深挖细凿，边继承、边改革、边创新，则可望中国建筑的未来，日新月异，繁荣昌盛。

【附言】本文是正在编写的一本书稿摘要（并备有英文稿）。特以此奉献给《中国建筑分析与展望》的出版，以表祝贺，并以此抛砖引玉，而求得多方面的指教。

（原载《当代中国建筑师——唐璞，
中国建筑工业出版社 1997 年出版。）

周卜颐

建筑创作漫谈

建筑创作受经济因素的制约愈来愈明显了。我所说的经济因素并非一般的建筑造价。我国历来对建筑造价只斤斤计较与老百姓生活有关的实用性建筑，对所谓艺术性高的建筑则并不十分重视，一旦决定要建造，即使超出预算，也能追加。有时数十万元的预算可以追加到千万元，甚至更多，直至完工为止。这是中国建筑不顾经济效益的一个奇怪现象。

我们的建筑创作命运掌握在业主手中。因为业主掌握经济大权，自然也掌握建筑的建造和建筑的风格和形式。全国的业主千百个，大都在建筑形式上有偏爱，而且各不相同。有的爱好"民族形式"，传统复古，有的偏爱古典风格，有的喜欢绚丽豪华，也有爱简洁明快的。但绝大多数是保守的，缺乏现代意识的。有什么样的业主就有什么样的建筑风格，这话不假。

俗话说："有钱能使鬼推磨"，手里有钱是能左右建筑创作，指定建筑风格，批准建筑设计。建筑师对自己的创作，视若生命，谁不想设计出最理想、最有水平、最对社会有益、最有现代意识的建筑呢？但总是受到业主偏爱的影响不得不放弃自己的创作，违心修改自己的设计，作出终身遗憾的设计。一幢建筑批准建造，总有不堪回首之叹！在这方面严星华总建筑师是深有感触的。这是有才能、有理想的建筑师普遍遇到的烦恼。最后，建筑师被迫一步一步退回到 20 年代的老路上去了。那时，建筑创作完全为业主的偏爱服务，业主要什么，建筑师给什么。建筑师只要练好一身本领，能做各种风格的建筑，就有出路。什么英国式的、法国式的、西班牙式的、西洋式的，以及中国式的样样都会，而且做得很地道。就像大师傅炒菜，顾主点什么菜，就能炒什么，而且味道好极了，社会上也认为这样才是有才干的建筑师。结果呢！业主是真正的建筑师，建筑师却变成了实现业主偏爱的绘图员。建筑师的创作没有自己的理论观点，实践变成没有理论指导的盲目实践。建筑师对自己的创作没有发言权，一切业主说了算。建筑师没有理论，也没有社会责任，社会地位一落千丈。有理论的实践不是没有，但多属于与保守业主思想一致的建筑师，创作大都是缺乏现代意识，没有创造性的复古和抄抄搬搬的折衷主义作品。而真正有理论、有抱负、有社会责任的建筑师反而受到冷落。这就是我国建筑创作的普遍情况。

这一情况与美国的建筑创作十分相似。在那里建筑师为资本家服务，一切唯资本家之言是听。只要资本家能赚钱，建筑师就有出路，也没有什么理论，他们的理论建筑在赚钱上，只要能赚钱，就有什么样的理论，正像戴复东教授所言，当前美国建筑复古之风席卷全国，这主要是因为古建筑保护能够赚钱：一可猎取爱好文化历史的美名，二可节省大量新建资金，三可充分利用废弃空间。其次是 70 年代人们对现代主义提出了历史问题，建筑师纷纷到 60 年代以前的历史中寻找设计灵感，引起一场风格运动。在历史主义旗帜下产生了不少派别，什么新传统主义，新古典主义，新装饰主义，新理性主义，新现代主义，都带一个新字，这说明是古建筑翻新。而主义之多层出不穷，差不多一周冒出一个主义，一人一个派别。学校还设置了古建保护专业。学院派以学校为避风港，凭借它丰厚的历史书本，产生了一批新古典主义者，他们还想恢复巴黎美术学院的建筑体制，企图使上世纪末的美国文艺复兴运动卷土重来。

这阵风吹到中国，使复古主义死灰复燃，我们也跟着大干复古。建筑创作尽是些珠光宝气、绚丽豪华的复古风格，一股暴发户的气味令人窒息。说起来就是美国也主张文化历史，反对方匣子，我们讲现代建筑是不明智了。要用现代高科技搞固有形式，提倡古都风貌，维护历史名城，追求传统文脉，主张建筑装饰，以为有装饰就有文化，复古就是尊重历史，片面强调文化历史，闭口不谈技术。殊不知人家经济条件好，复古是有利可图，而我们并不富裕。搞一个不大的亚运会就力不从心，捉襟见肘，到处向人民捐助，而且多多益善，结果不得不紧缩基建，使国家迫切需要的学校、住宅、医院少建甚至停顿，这岂不是不顾国情、得不偿失么？

美国是个几乎没有文化的国家，立国仅二百年。文化浅、历史短。他们对文化历史的感情出于自卑而分外强烈，并得到保守的知识分子的支持和尊重，复古保古无可指责。而我们的文化源远流长，历史悠远有5000年之久，文化、历史、传统俯拾皆是，不足为奇。与美国比是5000∶200或50∶2。他们200年的建筑就视若珍品，当作文物加以保护，还不惜花巨额金钱到埃及去买古建筑，把它搬到博物馆当作自己的文物，他们复古保古完全可以理解。

尽管如此，80年代的复古之风到了本年代末，显得疲软起来，像冷战一样过时了。复了一阵古，也赚了不少钱，但都没有站稳脚跟。各式各样的主义——成为泡影。连盛行一时的后现代主义也在岌岌可危之中。因为具有现代意识的人们深知2000年的迅速到来，必有新的东西出现或另有方案可循，而时针决不会倒转到不再存在的时刻。文化历史固然值得尊重和怀念，毕竟是向后看的东西，是没有生命力和发展前途的。抄抄搬搬总是要比为新时代的需要创造容易得多。

毫不奇怪，80年代末，建筑发展方向又有反复；逐渐对密斯的"少即是多"恢复了兴趣，从未埋没声誉的赖特受到充分的尊敬，勒·柯布西埃百周年在世界各地隆重举行了纪念。两位现代派G·Bunshaft和Q·Niemeyer获得1988年Pritzker建筑大奖。80年代最有才华并深受欢迎的建筑师是F·盖利，他是个非历史主义的新现代派。他设计的建筑空间与房屋功能和人之间的关系奇特地一分为二，并自觉宣称，"建筑反对自身"。在这一风格中工作，总不免有结构不稳的大声吼叫，好像在打斗电影中眼看一部汽车行将解体而无能为力。这就是80年代世界建筑中出现的deco-nstructionism，难怪有人说它为解构主义，但并不确切。因为从建筑的定义看，建筑是三度空间构架起来的，解构是建筑的解体、结构解体，怎能构成建筑呢？再从形式特征看：它的结构并没有解体，也不支离破碎，而是比较松散或分散。虽不免有点杂乱但仍是坚固的结构，因此还是称它为散构主义为好。据盖利自己说："我的建筑方法与众不同。我研究艺术家的作品，并用艺术作为灵感。我排除文化对我的负担去寻找新的方法。一切都不固定，也无限制，没有条条框框，无所谓正确与错误。我向往建筑原始起源来自对动物形象及其骨架的构筑，以绘画的表达方式与构图的姿态在建筑中探索开放的结构，并用原木建造房屋。"他用材粗俗，波形金属板、胶合板、木板、铁链等都有，初看像一堆碎片，令人吃惊。细看却是研究过的有组合的结构。他设计的建筑，室内外关系暧昧不定，形式互相冲突，又不对称。自由飞舞的风格，活跃而不平静。据我看，由于当地的工业生产，受气候条件和地理环境的实际要求，无非是把通常的一座建筑化整为零，使它充分发挥各自的功能与造型作用，并不玄虚。散构主义值得注意之点在于它走出了文化历史的死胡同，具有强烈的现代意识，面对现代社会并与时代同步，对世界建筑的创作会起深远的影响。谈建筑创作不得不提到它，而不是提倡它。

（摘自清华大学《建筑学研究论文集（1946～1996）》，中国建筑工业出版社1996年出版）

唐璞

中国古建筑的哲学观

一、“阴”、“阳”论（略）

二、“有”、“无”论

“有”、“无”论是著名的古代哲学家老子思想的基本观念。如果事物的“有”、“无”不讲物质，那么它们的存在就是不可能的。

老子确切地指出了事物的“有”与“无”的关系，如下：

“三十辐共一毂，当其无，
有车之用。”
“埏埴以为器，当其无，
有器之用。”
“凿户以为室，当其无，
有室之用。”
“故有之以为利，无之以，
为用。”

——老子《道德经》第十一章

他又指出：

“天下万物生于有，有生于无。”

——老子《道德经》第四十章

在《易经》这本书中，阐明了“有”、“无”和“形”的解释：

“易起无，
从无入有，
有理若形。”

——《易经》的〈乾坤凿度〉

意即变化是由“无”开始的。只能从“无”到“有”。有了原理，才有形质。就是，原理是第一性的，形质是第二性的。

（注：其他论有与无者，尚有庄子以及中国诗家对“有”“无”的辩证看法等，在此不拟多提。）

如中国的月亮门就是一个易懂的明显实例(图1)：

门本身——“有”

但在其中——“无”

图1　中国古典园林中的月门

而门里面的景观通过门而进入眼帘——有

这就是所谓的“形”。

另外，佛学对“有”、“无”的理论与道学很不相同。如僧肇认为“非有”、“非无”才是真正的中道(《中国古代哲学的逻辑发展》第585页)。他说：

“欲言其有，有非真生；”
“欲言其无，事象既形。”

——僧肇的《不真空论》(公元384～414年)

例如：牌坊常用于佛教寺庙或十字路口作为一种标志。它具有这样一种意思：

似门非门，非门亦门(图2)。

这种理论在建筑上意味着在创作方面为了达到高的思想境界，在构思的开始时，必须只能在我们的脑子里“非有”和“非无”，那末，然后才能创作出高质量的设计。

三、“形”、“神”论

在《淮南子》这部书中，论“形”与“神”时，加上了“气”，他说“气”在“形”、“神”论中具有同等重要的地

图 2 中国古典建筑牌坊之一

位。“气”介于“形”、“神”之间，只有“形”而没有“神”，固然不可，只有“神”而没有“形”，也不可，但是有“形”有“神”而没有“气”，则更不可。如

原文(一)：“夫‘形’者生之舍也；‘气’者生之充也；‘神’者生之制也，一失位，则三者伤矣。”

原文(二)：“察，能分白黑、视丑美，而知，能别同异、明是非者，何也？‘气’为之充，而神为之使也。”

——《原道训》

[对原文(一)的解释：形体是生命的住所(即建筑)，在有生命的住所中是应该充满生命力的，因此建筑须以“神”作为生命的主宰。]

当我们读过《淮南子》时，我们就懂得“形”与“气”、“气”与“神”之间的关系。

例如：黑与白、丑与美、同与异、是与非等都是形，我们如何才能分辨它们的不同？判断和处理它们呢？这主要是贯之以气，才求得其神。

“形”、“神”在建筑上的运用：

“形”与“神”的实际意义在建筑设计方面可解释如下：

“形”是建筑物的面貌，人们住在里面，就必须充满生活气氛——生命力，而“神”必须作为生活的支配者，以表现建筑的魔力。所以，中国传统宅第的四合院在“形”、“气”、“神”方面是与西方住宅迥然不同(图 3)。

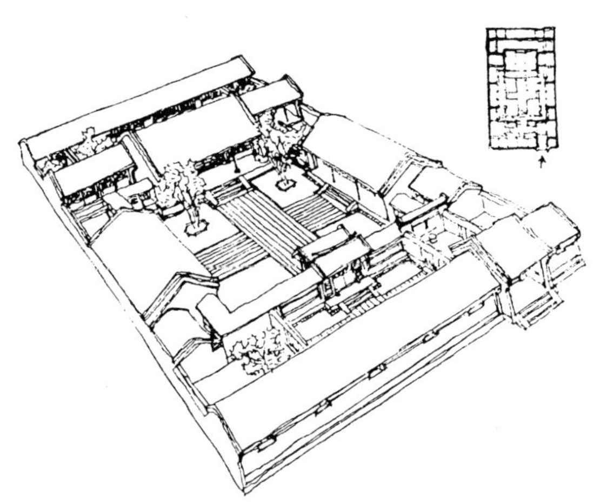

图 3 中国北方典型的四合院

1. 由外向内，不能一眼望穿。

2. 它是由一个建筑组群构成的，以廊相连。

3. 它是由大门、影壁、二门、倒座、书房、上房、厢房和耳房等，分为几个部分。由此而形成内外院的格局。

以上房为主宰的这样一个建筑组群，主次分明、高

低有别，形成一个很有生命力的整体。它是"生之舍也"——有生命力的住房，"气之充也"——充满了生活气氛，"神之制也"——确实是一座精神的生活堡垒。

除皇宫建筑由于它的尺度和豪华使人感到威严，以及寺庙建筑的偶像使人感到神秘之外，它们在哲学理论上都是和民居一样的。

四、"动"、"静"论

"动"和"静"是互相矛盾的事物。因世界上任何事物都不是不动的，不是不变的，那就是所有的事物都在动，都在变，都在生，并且都在灭。所以，我们可以说，"动"是绝对的，"静"是相对的。

关于"动"与"静"的理论有两派：

1. 道学理论，2. 佛学理论。

道学理论：伟大的哲学家老子说过，

"夫物芸芸，各复归其根。"

"归根曰'静'，是谓复命。"

——《道德经》第十六章

他又说：

"'静'为躁君"。(意即"静"是"动"的主宰)

——《道德经》第二十六章

"反者道之'动'"(意即向着相反的方向变化，是道的运动)

——《道德经》第四十章

笔者解释为：

在变化过程中，"反"字有两种意义，对立与统一。

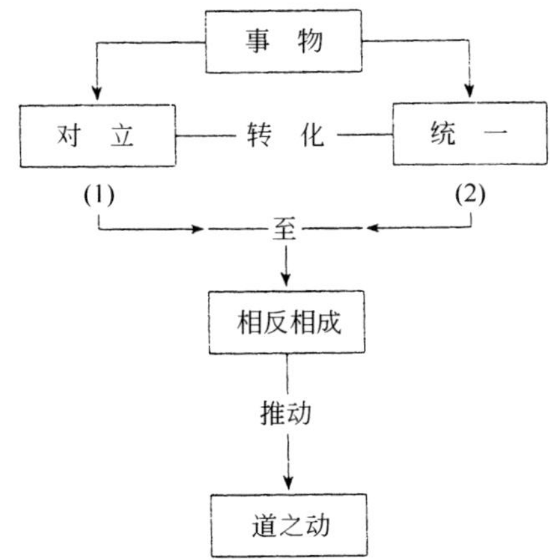

佛学理论：

僧肇说过关于"动"与"静"的理论：

"寻夫不动之作，
岂释动以求静。
必求静于诸动，
故虽动而常静。
不释动以求静，
故虽静而不离动。"

从道学和佛学两者的理论看来，我们得出了关于"动"与"静"的结论。

1. "动"与"静"可以通过转化而得到统一。

2. 从动以求解。

把"动"与"静"的理论用于建筑设计：

1. 道观的场址常选在流水之滨，或瀑布之旁，或飞泉之边。

例如：位于四川省灌县都江堰的伏龙观就是建在耸立于惊涛骇浪的河中陡崖之上，显然这是根据上述结论而选址(图 4)。

在来自流动的河水涛声中，心理上使沉寂的道观显得更加幽静。这就是"动"以求"静"的原理，而也是"静"为"动"的主宰。所谓"风静花犹落，蝉鸣山更幽"正是此意境。

2. 庙宇的建筑形式显然是根据结论(1)的。

例如：在伏龙观的对面，二王庙是建在山崖上，它的自由活泼的规划设计具有一种强烈的动感，丰富多彩的建筑形式和空间穿插得十分有味，飞檐的起伏，恰似层峦叠翠。所有这些都使人在庙观的寂"静"环境中，有一种"动"的感觉。这就是："静"为动的主宰，"动"与"静"可以通过转化而得到统一的原理(图 5)。

五、"同"、"异"论

"同"与"异"的理论主要是墨子所研究的系列矛盾之一的理论(墨子：公元前 475～前 395 年)

因为"同"、"异"与我们的创作工作有密切的关系，所以有必要提出加以讨论。

当我国战国时期(公元前 403～前 221 年)，在那些哲学家之间对"同"与"异"的理论发生了一场激烈的争议，一为公孙龙，他坚持事物只有"异"而无"同"的观念。另一位是庄子(公元前 369～286 年)他的观念正与公孙龙相反，他主张"只有'同'而无'异'"。

(注：公孙龙的《坚白论》认为："视不得其坚而得其所白者，无坚也；拊不得其所白而得其所坚者，无白也。"这就是他的只有"异"而无"同"的观点，庄子的

图4 四川灌县伏龙观

《齐物论》认为："物无非彼，物无非是(此)"，又认为彼此对立是相对的，"彼出于是(此)，是亦因彼，""是亦彼也，彼亦是也"。这就是庄子只有"同"而无"异"的观点。)

前者表现了绝对主义，而后者表现了相对主义。但是只有墨家观点是辩证的，他坚持"'同'、'异'交得"的观点，意即"同"中有"异"、"异"中有"同"(参见《墨经上》)。

佛经主张的理论是：

"一即多，多即一"

"一即一切，一切即一。"

——《华严教义》第四章

作者：法藏

可以解释为：

每个一即具多个一，

或各具一切一。

还认为：

"无有不一之多"，

"无有不多之一"。

——《华严经探玄记》卷一

作者：法藏

这里的"一"可看作是"同"的事物，而"多"则可看作是"异"的事物。如此，我们可用建筑举例：

如果建筑少一椽，那么，这个建筑就不是一个完整者，而每一个椽子也要靠其他的椽子、柱子、瓦等部件与之配合，才能构成一个完整的房子，这种关系正是"同"与"异"的关系(注：椽子、柱子、砖瓦可以构成房子，这是"同"的一面，然而椽子、柱子、砖瓦，它们本身各自不同，这是"异"的一面。所以说"同"中有"异"、"异"中有"同"。又如任何新的建筑与旧式建筑在形式上是迥然不同的，这是"异"，但它们总是由构配件组成的，这又是"同"，可依此类推)。

另外在建筑上的实例也可用下表加以说明：

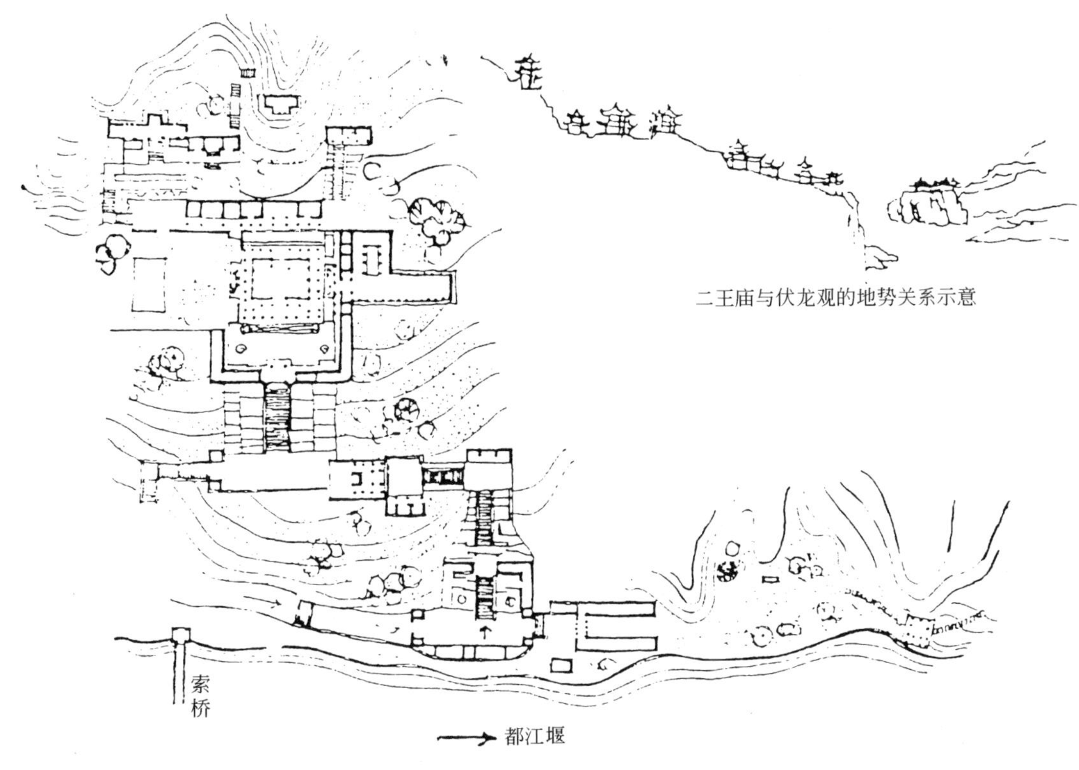

图 5 二王庙的总体布局

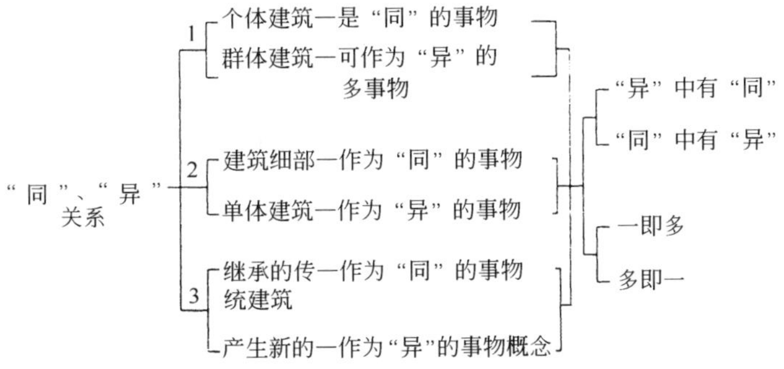

由此看来,中国的古代建筑不仅在风格上、技术上以及艺术上在世界建筑史上独树一帜,早已为广大的各国建筑师所推崇,而且由于它具有高深的哲学观念和逻辑思维,乃至意境深邃技法绝妙,可以使人百看不厌,美不胜收,甚至引人入胜,留连忘返。这种传统的宝藏,应当很好地把它挖掘出来,继承下去。当然这不等于否定改革和创新。正因为我们要改革和

(下转第 130 页)

郭湖生

谈中国古代城市

本文系由王绰于1995年12月25日提问，1996年2月12日由郭湖生回答并整理完毕成稿。王绰博士：Dr. J. C. Wang，美国弗吉尼亚工学院及州立大学建筑及城市规划学院（以下简称王）。郭湖生教授：中国南京东南大学建筑研究所（以下简称郭）。

王：几乎每篇有关中国城市的论著都引用《周礼·考工记》："匠人营国，方九里，旁三门……"这一段文字。请谈谈它对研究古代都城规划与形象上的影响及意义（其规范性、指导性和限止性、迷惘性，等等）。

郭：您提出了一个切中要害的问题。迷信《考工记》为中国古代都城奠立了模式，就使中国古都的研究陷入误区，停滞不前。《考工记》对中国都城的影响，确是有一些，但绝非历代遵从，千古一贯。其作用是有限的。其实中国古代都城的规划经验是逐代积累，许多措施形制因时因地变易，绝不是由一个先验的模式所规定。古人是很讲求实际的。都城的规制的根本要求，主要就是君权至高无上的政权统治的需要为原则。许多功能和形制的发展变化，用《考工记》是解释不了的，强为之解，终究是削足适履，不得要领。首先，谈一下《周礼》和《考工记》这两部书，《周礼》或称《周官》，应有六官（天、地、春、夏、秋、冬），传说是周公所作，据后人研究证明，已掺入西周以后的事，且与《尚书》等古籍相矛盾，说明《周礼》经后世篡改，犹如唐代《开元六典》，宋代的《政和五礼新意》，都属于虽已编纂成书但并未实施的政典。秦始皇焚书坑儒，儒家典籍散藏民间，到了汉武帝罢黜百家，犹尊儒术，朝廷贵族在天下四处搜求儒家典籍。汉武帝的异母弟刘德，后来史称河间献王（献是谥号），当时用大量金帛召揽民间献书。周官是其中之一，不过少了冬官部分，于是用搜集来的《考工记》作为冬官补入《周官》而献进朝廷。所以，古时有的学者不认为《考工记》是周礼的一部分，是分开作注疏的。

《考工记》的营国制度的影响究竟如何呢？不妨回顾历史，它成为儒家经典《周礼》的一部分而受到尊崇，自然是汉武帝以后的事，所以现存春秋战国遗留的城址虽多，但与《考工记》相合的没有一处。例如齐临淄、燕下都、赵邯郸、楚纪南等。汉长安是在秦代离宫长乐宫和汉初造的未央宫的基础上就事论事在惠帝时建成的，没有完整的计划，谈不上《考工记》的影响。到了西汉末王莽当政的时期，在长安南郊加建了被认作是宗庙和社稷的礼制建筑。王莽是有名的复古狂，样样模仿《周礼》。不过只有十几年就灭亡了。东汉建都的洛阳，是秦以前就有的，南北二宫，南垣四门，北垣二门，祖、社都在宫左，也不是《考工记》制度。自（曹）魏邺城而后，魏西晋洛阳、东晋建康都是邺城体系：官前东西大道划全城为二。宫城在北而坊市在南，自魏邺城听政殿司马门前大道排列官署，开始出现御街、御道，魏洛阳也有铜驼街，并不是《考工记》制度。邺城体系一直影响到隋代的大兴城，也就是唐长安。宫在北，坊市在南。但大兴城的旁三门，左祖右社，倒是合于《考工记》的。所以，不妨说是折衷的。到了五代、北宋的东京原是唐代的汴州宣武军，是州军级地方城市，采取当时常用的子城—罗城制度，《考工记》根本没有。改造地方城市成为都城时，御街采用州桥—千步廊—门阙的系列，对后世影响很大；原来旧城东西只有二门，有皇城、旧城、外城三重城垣；市在朝的东、西、南三面，主要在东侧，惟独北面没有，和"面朝背市"恰相反；这些都是不符合《考工记》的。南宋的临安，同样是地方城市改为临时首都，迁就现状，没有大的城市改建，也谈不上《考工记》营国之制。

最为切近《考工记》的，要算是元大都。除了北垣二门之外，旁三门，九经九纬，面朝背市，左祖右社，都说得通。显然，元大都受了宋东京到金中都三重城，以及宫前御街千步廊周桥序列的影响，又在儒学正统思想影响下采取了《考工记》布局。其后明清北京，是在元大都基础上改建的。于是主张《考工记》原则为主流的人常用北京为例，用反溯的办法证明《考工记》千古一系。他们不爱提隋洛阳，更不愿提明南京，这两座都城除了宫前的左祖右社之外，再无与《考工记》有任何相同之处。也许，要说《考工记》对历代都城形制有一贯影响的话，自魏晋以后，只有“左祖右社”这一条了。

因此，重温历史，我们可以说，中国古代都城布局方式是在一定时期具体条件下，依据以往经验，有因有革，不断变化前进的。例如宫城双门骈列，甚至宋东京御街御廊杈子，原是一时权宜之计，为后世转相因袭，成为定制，这些都不是《考工记》有了先验的规定后才有的。

王：请详细描述您近年来对中国城市研究的创见及心得（包括前人的错误及您自己的新发现）。

郭：我的第一个心得是：古代城市要从经济、交通方面分析。

首先是水资源、水运的问题。封建统一国家第一个首都就是秦帝国的咸阳，没有考虑漕渠。第二个首都——汉长安起，就有了漕渠，就是供运粮的运河。这是因为首都集中大量军队、官吏和随从及进京公务官员、商人乃至外国人（使节及随从、商贩、教士、僧侣、留学生等），形成了市民阶层，这样，必须从全国调集粮食及生活物资供应首都。自西汉以后，历代首都均有漕渠建设。或择址临近航运的河流，或人工开挖与天然河道相结合，对运粮和商业都有利，如隋代的大运河和元代的大运河，对全国的经济发展，有很大的帮助。水运远比陆运量大且经济，古代尤其如此，如无水运，耗费极大，将力不胜任，使国力贫弱。最显著的事例是北魏孝文帝把首都由代京，也就是大同，迁往洛阳。北人不习惯乘船，他亲自坐船作为表率，说：代京因为没有漕运，所以百姓贫苦，因此要移都洛阳，用河道通达四方，我坐船是为了开导大家。过去论著强调了孝文帝此举的政治、文化目的，其实经济是根本原因。在铁路开通以前，水运常是都城址的决定性因素。其次是水资源，除了航运，水是日常生活、灌溉、水碓所必须的。这方面，古代有丰富的经验。许多古代都市常有人工蓄水的湖面，形成优美的风景区，至今我们坐享其利。例如南京的玄武湖、北京的颐和园、杭州的西湖、绍兴的东湖等等，最早的人工水面，要算汉长安的昆明池，还兼有操练水军的作用。重视水资源的利用，有水平很高的水工设施结构。这是一个优良的传统。水资源包含水量和水质两方面，隋文帝舍弃汉长安旧城，一个重要的原因就是水质不宜饮用。现在西安、北京都缺水，尤其北京。长远看，要靠南水北运来解决。这是太强调都城的生产作用，耗水工业太多的后果，也是缺乏预见性的后果。

第二个心得是：研究了唐宋的州军级地方城市构成的方式，因为都有子城和罗城，我称之为子城制度。

子城、罗城的名称都是晋、南北朝史料中开始出现的。但其前的汉代是郡县制，有没有类似规定的城市形制，还没有弄清。子城制度对其后的元明清府县级城市的影响是明显的，但也有不同，还需继续研究。

第三个心得是：研究了宫城和都城的关系。

作为都城，帝王所居宫城是其核心，但宫城形制受到政权体制、礼仪要求、宫廷制度以及防卫警戒制度、宫廷功能变化等多方面因素的制约。大体上说，汉承秦制中央集权之后，又有汉武帝加强皇权，削弱相权的举措；于是有中外朝之分，最后导致尚书代替丞相九卿的职能。于是自邺城起朝廷政府并列于宫城，形成了我称之为骈列制的格局。所以魏晋南北朝的宫城南垣宫门骈立。相应有两条宫前大道。这是《考工记》时代预见不到，没有谈起的事。用《考工记》来解释终究是不得要领。又如隋唐有皇城，宋代没有，明清又有，但性质内容不同于隋唐，这里有一个内容转换的过程，皇城也不是周礼制度的要求。

我有一些心得，也有不少疑问。所以研究还得继续。

王：在研究古代都城形态及发展中，子城是一个重要的元素。请以图文将其历代的发展演变，及其经济、政治、军事、社会等等背景，作一系统性的分析。

郭：很久以前，我开始注意并收集子城的资料，子城是许多人注意到但未详加研究的一个问题，简要地说：子城是一州的政治、财力、军事的核心。在子城内，主要是州军长官及僚佐吏员们办事的衙署和生活的廨舍以及储藏物件的库房，如架阁就是档案库、甲仗库、钱库、银库、公使库、常平仓；有招待宾客的部分，往往附有小花园；有诉讼审判的司理院和拘押犯人的监狱；有练习射箭的射堂和射垛，等等。子城门称州门或军门，门上有鼓角楼，即谯楼，是一城的中心和最高点，是以鼓声和号角报时的地方，全城可闻，用以按时启闭城门和生活作息。鼓角楼也是全城最突出和最美丽的建筑。元代灭宋以后，下令销毁兵器弓矢，拆除城垣，所以子城从此绝迹，但子城门就是谯楼则保存下来，至今还有遗迹，如福建省莆田市的谯楼，也就是宋兴化军的子城门或鼓角楼遗址。明清地方志所记江南各地谯楼，其北侧就是地方衙署。但北方县城，往往是十字街口建一座鼓楼，这种形制何时开创，还需研究。全国古代地方州县级城市，尤其县级的形制演变，也缺乏深入的研究。中国封建时代样样按等级有规定形制，地方城市制度也不例外，要继续研究。

王：中国古代城市的中外论著绝大多数论述城市的实质形象，甚少从居民出发谈到"使用"上的问题如环境的卫生、安全、绿化美化、交通拥挤及便利和人民一般衣食住行方面的描述，请谈谈您的看法和意见。

郭：我同意您提出的这个看法。我们研究描述的城市，是生活中的城市，而不只是徒有躯壳，那不是我们的目的。现在许多人谈论到"回归"到建筑、城市的本源。建筑、城市的本源就是社会，就是人。我们所研究建筑和城市历史的主体也一样。当然是放在一定条件一定制度下，不会是抽象的。但是我的印象是：其实国内许多研究论著也正是朝着这个方向做的，例如徐苹芳先生的《唐代两京的政治经济和文化生活》就是谈唐长安和洛阳居民经济文化生活的，写得很好。又如华南理工大学近年组织的民居调查和城市抗灾研究是研究居住和安全方面的古代经验，已有不少成绩，仍在继续。不过总体而言较分散，不够突出，没有形成有份量的作品。向达先生的《唐长安与西域文明》描述了不少唐代长安五方杂处的繁荣场面，那时佛寺的俗讲，就是宋代瓦子的杂剧、说书、木偶戏、唱曲的前奏。唐中叶起到北宋，城市生活日益繁荣活跃，史料中有不少资料可写。例如唐长安出现赁马代步的店铺，可算是出租汽车公司的祖宗，宋代有望火楼和消防队伍，有官立惠民药局、悲田院。唐长安的天街和城门处成为市民聚集的场所，到宋代则更为繁荣，出现瓦子和大量酒楼饭铺，定期向市民开放寺观和苑囿。城市管理方面，坊里夜禁也废止了。掏渠运粪，也由官府监理。城市生活在向前发展，面貌在改变。不仅是庙堂上的典礼音乐舞蹈，也有普通百姓的生活，这才是真实的完整的城市史。当然，做到这一点，不是轻易的事，需要继续朝这个方向去努力，写出一部生活真实的城市史。我们写的城市史，虽然要生动、真实，但又要严谨、科学，要言必有据。我们不是商业行为，不能像近年某些历史题材的电视那样，全是帝王将相贵妇宫娥太监，追求豪华场面，场景的宫阙楼阁夸张得离谱，脱离历史真实面貌，用歪曲的历史误导读者。

王：研究中国古代城市对于中国现代及将来的城市规划及设计(或改造)有何直接或间接的影响？

郭：您提的问题正是当前中国面临的大问题。这要分两方面谈。第一，中国是历史古国，历史文化遗产非常丰富，多数就保存在遗存至今的古代城市中。所以，历史文化名城大多数是古城中的精华。至今已批准了九十几个，要求做历史名城规划，有保护条例。但事实是在建设高潮中，历史文物不能很好保护。文物部门常和建设部门有矛盾，相互争执。规划往往只能笼统、模棱两可，煞费苦心。历史面貌迅速被"现代化建设"改造而消失，皮之不存，毛将焉附？古城已经消失，历史文化云云从何谈起？世界上有很多保护历史文化名城的好经验，中国有关部门也没少派人出国去取经，结果是不起作用。我看过的世界级历史文化名城，保存最好的要数威尼斯，不修马路，没有汽车，自行车也不用，全是步行上桥下桥曲巷小路；路远点就用船、汽艇，名符其实的水城；建筑一律原样，圣马可大教堂有九百多年了，一般的也有好几百年了，从未听说"拆了翻新"，"改造旧城"；像我们这里这样热火朝天，弃旧如敝屣，毫不惋惜。佛罗伦萨也很好，对岸看去，一片红瓦黄墙，穹顶大教堂和市政厅广场的钟楼耸出其上，仍是文艺复兴早期原貌，并没有任何高楼大厦玻璃幕墙。博物馆里米凯朗基罗的大卫像、波提切利的维纳斯的诞生等名雕、名画原物吸引着成千上万世界各地来的欣赏者和旅游者。这正是历史、文化、名城。不是假古董，不要粉饰门面，没有扩音器，没有广告。我感到最遗憾的是苏州，"东方威尼斯"，两千多年历史，文化气息很足，书香气甚浓，加以适当的现代化技术改造(主要是水质、排污、某些危旧房的维修加固，也有不露形的改造等)，成为世界级的历史文化名城条件最好。硬是横穿了一条东西干道五十米宽，不计沿道为开发房地产而加扩的范围，把自古号称四直三横的河道网拦腰切断。四直三横被切割成零段绝流。沿路新建"现代化大厦"屏蔽了古苏州。两个威尼斯一对比，便知优劣。决定的环节是规划和决策，历史文化名城的规划和建设可比作"一失足成千古恨"，悔改不得的，所以要慎之又慎。有人就是既不懂古代城市构成，又不懂"古"和"旧"能比"新"又"亮"价值高得不可比拟的道理。这样，遗憾就不只此一处了。

另一个方面是对今后城市规划的影响，我想，也就是借鉴、学习古人经验中有益于今人的成份，所谓“古为今用”吧。古代城市建设的确有不少值得今人学习的成功经验。我想提三点意见。第一是水资源的开发利用。古代地方官到任讲究劝农桑、兴水利，秦代蜀郡太守李冰就是典范。这是好传统。一泓清泉，视为珍宝。前面举过一些属于都城的有名水利工程的例子，其实古代是很普遍的，甘肃的酒泉，蓄积了祁连山雪水，云南的丽江黑龙潭，蓄积了玉龙山的雪水，流注全城，人民赖以生存，也是著名的风景名胜，我们至今仍受其惠。尤其魏晋洛阳综合利用谷水的经验，一条谷水经过各种水利工程安排，被用作动力、生活用水、灌溉、绿化、养殖、泊船、漕运，淋漓尽致，最后流入洛水。今天科技如此发达，我们欲为水质污染、水量缺乏而成天犯愁，真是不可思议。第二是环境的绿化美化，是中国古代城市的好传统，唐长安天街的槐衙，就是行道树，宋东京御街的桃李杏梨，御沟的莲荷，“春夏之间，望之如绣”，确实是很美的。一般城市居民区，也保留大量古树成荫，绝无所谓现代化城市那样，连片高楼，连喘气的空隙也没有。第三是城市建筑的有序构图。在城门处，在州府子城门上，总是最高最美丽的城楼作为构图焦点，全城主次分明，主体建筑显著突出，是一个统一体。各地都如此。北京尤其是典范，故宫之在北京城内，不但位置突出，形体、色泽也是突出的。她的建筑艺术的成就是举世公认的。虽说它是封建社会的产物，但其有序性和突出中心这一点是值得学的。比之资本主义城市那种争奇斗胜、杂乱无序，中国古代城市在艺术上总是大手笔得多了。难道市场经济必然意味着无序？可以探讨。

（本文原载郭湖生《中华古都——中国古代城市论文集》，台湾空间出版社 1997 年出版，原标题为“关于中国古代城市史的谈话”）

王季卿

古建筑中的声学

自古以来，祭礼鬼神，喜庆丰收，必伴之以音乐歌舞。相传殷代(公元前一千多年)人们已能利用自然地形修建便于观看表演的场地。公元前五、六百年，春秋时代的《诗经》陈风篇记有："观其击鼓，宛丘之下，无冬无夏，值其鹭羽"。描述人们在四周高中央低的"宛丘"中，手持羽毛群舞，观众在四周斜坡上居高临下地看表演。这和古希腊露天剧场(Epidauros，公元前300年)颇为类似。看来这是解决视和听的最原始措施，也是比较科学的布置。

至于剧场建筑始于何时，很难查考，但知隋朝歌舞剧已较发达，剧场建筑亦已有相当规模，人们在戏场的"看棚"中看戏已很盛行。戏台为了遮蔽风雨日晒，上面有棚，称为乐棚。敦煌壁画"净土变"中可以看到唐代歌舞表演的概况。至宋代，民间戏剧很发达，演出都在固定剧场中进行。元代戏剧艺术颇为繁荣，民间戏台亦大为发展，由临时性的"露台"发展为砖木建筑的戏台建筑。形式上亦由四面观看改为背后有墙，供三面观看的戏台，进而将舞台两侧也用墙封上，甚至形成展斜形式，这些改进对于将演出者的声音向观众反射是非常有利的。山西平阳县圣母祠的金代戏台(1218年建)和山西临汾县东岳庙元代戏台(1345年建)是迄今可以查考的最早型式。

金代戏台，山西平阳县圣母祠(1218年建)

明代起各地出现了很多会馆，往往都设有戏台，供行会喜庆演戏之用。四周有耳楼(即厢座)、正厅和院落，形成一组完整的演出建筑。保存良好的有南方苏州钱江会馆、宁波福建会馆和北方天津的广东会馆。由于规模不大，又是全部室内建筑，听音条件有了不少进步。相比之下，清代宫中所筑戏台规模宏大，台分三层，均可演出，正面隔着露天院子是皇家看戏的正殿，两侧回廊供大臣观看，这种伸出式舞台，从声学观点来分析是很不利的，尤其对两侧观众。现存较著名的有热河行宫福寿园中的清音楼、北京故宫宁寿宫中的畅音阁、颐和园中德和园大戏台三处。

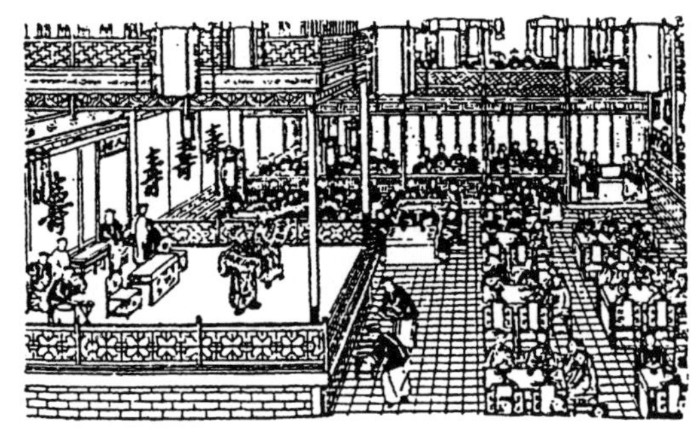

清代戏园

那时的伴奏乐队("场面")位置都设在舞台后部，在所谓"守旧"(舞台底幕)和桌椅之间，面对观众演奏。这一布置从声学上讲是合理的。它在后面起到衬托作用，不会压过演员的唱词。迄今在某些日本歌舞伎表演中还可看到这种布局。只是由于后来剧情逐渐复杂，舞台进深加大加宽，乐队不得不退至"下场门"里或舞台一侧了。舞台是普遍设顶盖的，甚至做成精致的穹顶，起到"拢音"作用，扩大演员的音量和改善自我感觉。很多舞台下设有缸或水池，以盛水深浅来调节不同演出时的共鸣效果。或者把舞台下部空着，为的是增加混响感吧！

有一个时期，戏园中只是听戏、谈天、喝茶和抽烟消遣，看戏极为次要。很难想像在那种很嘈杂的场所居然可以欣赏曲艺演唱，除了演员的功底以外，建筑声学上的配合也是少不了的。

此外，古代建筑也留下一些声学上的奇迹，久久使人迷恋。如建于明嘉靖九年（1530年）的北京天坛回音壁、三音石、圜丘等古迹，因其特殊声学效果而增添了吸引力和神秘感。近代声学解开了这些谜。直径65m的光滑圆壁，可使微弱语声沿壁传播一百多米而仍然清晰可闻，如在耳边细语。这种贴壁蠕行现象可由实验证明。顶层平台直径为23m的圜丘，四周石栏加上地面起拱，使在平台中心发声，自己会听到来自各方向的多重回声，起到"一呼百应"的效果。以附会皇帝发出"亿兆景从"的号召。

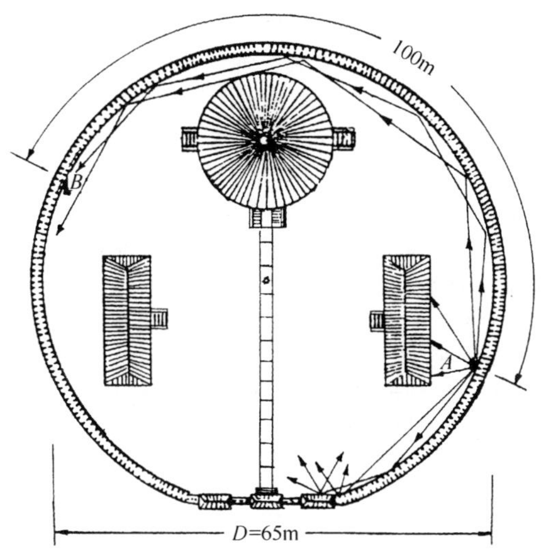

北京天坛回音壁（1530年建）

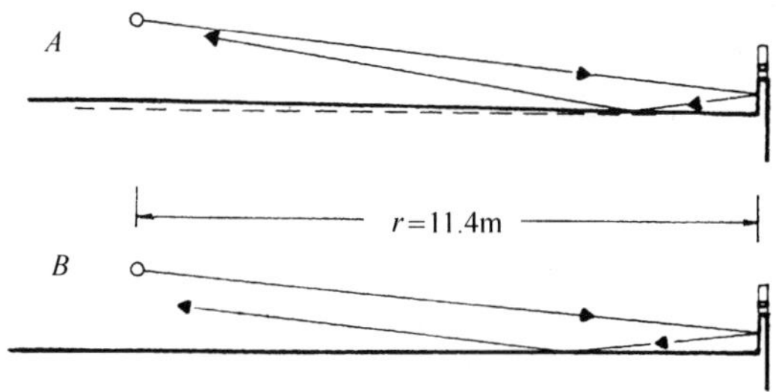

北京天坛圜丘坛的平台（1530年建）

其他如山西普救寺内的莺莺塔（初建于隋唐，1564年重建）。塔下击石于地，不远处可听到蛙叫般的回声，长期来迷惑了不少游客。如今由几何声学作图及现场声学测量分析，来自多层檐口的反射声构成了与蛙鸣非常相似的回声图。这类情况还出现在其他塔旁，如河南三门峡市宝轮寺的三圣舍利塔（建于1176年）。这些事情的发生，多半出于偶然，但是民众能及时发觉这些声学现象，况且这种现象也只有在高度精巧的建筑技术基础上才能实现。

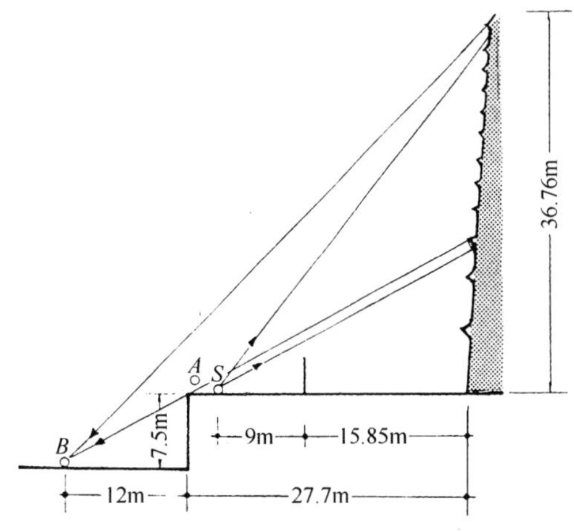

山西省永济县普救寺内莺莺塔（1564年建）

（节自"中国建筑声学的过去和现在"一文，原载同济大学《教师论文集》，中国建筑工业出版社1997年出版）

赖德霖

无题

最近参加了几次建筑学术研讨会，说起这几年北京长安街上出现的个别新建筑时，无论是专业中人士，还是专业外人士，都表现出不敢恭维的态度。大家说我是学界中人，应该从专业的角度写写评论文章，评评它们的得失，也好让社会上知道一个“说法”。

说实在的，这真给我出了一个难题。理由很简单，第一，我虽然也曾不止一次地走过长安街，多次看到过这几栋建筑，但我和大家是一个感觉，所以也就不忍多看下去。现在让我评它们怎么不好，我说不清楚，也不愿为了写文章，再特意去体验那种感觉，“吃二遍苦，受二茬罪。”再者，作为专业中人，我很清楚，每一个设计都有它的现实背景，如果不明了个中缘由就瞎发议论，既犯了治学的大忌，又无补于事，还会招来许多不必要的麻烦。

但文章应该写，议论也应该发，因为我毕竟是一名建筑学人，所谓“责无旁贷”。我想把话题换一个角度：既然这些建筑如此让人失望，那么它们怎么会矗立在长安街，我们的“中华第一街”上呢？反过来说，我们又怎么才能让好的建筑产生呢？

我想起一本书，是台湾建筑家黄健敏先生写的《贝聿铭的世界》。这本书详细介绍了贝聿铭一些重要作品的设计过程，其中关于巴黎卢佛宫扩建工程的记述颇耐人寻味。

先说说这项举世瞩目的工程的建筑主持人是如何选定的吧。1981 年，法国总统密特朗决定将卢佛宫现代化，为此他任命了一位叫毕伊米里的人担当计划主管。这位毕氏花费了 9 个月的时间环球旅行，参观各国的美术馆，同时到处征询各美术馆负责人心目中最佳的建筑师候选人。此时贝聿铭已是世界著名的建筑大师和美术馆设计专家，尤其是由他设计，在 1978 年落成的华盛顿美术馆东馆使他在国际建筑界如日中天，所以毕伊米里总是听到相同的名字：贝聿铭。真是“英雄所见略同”，这一回答也与密特朗总统的想法不谋而合，因为先前密特朗访问美国时，欢迎宴会就是在东馆的中央光庭中举行的，那立意新颖、气魄宏大的设计给他留下了强烈的印象。

按照法国的法规，所有具有一定重要性的建筑工程都必须通过设计竞赛，以便鼓励创造，并提高建筑的质量。卢佛宫是巴黎的心脏，它的改扩建是重要工程中的重点，按照法规无疑应该进行竞赛，所以在第一次会面时，密特朗便向贝聿铭表达了希望他参加设计竞赛的愿望。谁知贝聿铭却有自己的想法。早在 1971 年，他曾参加巴黎德方斯新区的规划竞赛，花费了一年时间仔细研究、精心设计，却因政治因素影响而惨遭失败。他不想重蹈覆辙，便当场谢绝。1983 年毕伊米里又向贝聿铭表示，希望他接受邀请，与另外三位建筑师竞赛。贝聿铭再次推辞。为了确保计划的成功，密特朗总统果断表示，破例不执行法律规定，直接邀请贝聿铭主持设计。

在我读到这一段故事的时候，首先对密特朗总统头脑之开放和心胸之博大而感到由衷敬佩。法国也是一个文化艺术高度发达的国家，它的建筑，无论是古典的，还是现代的，都有足以令世界敬仰和让法国人自豪的成就。然而在选择卢佛宫扩建工程的建筑师时，密特朗并不考虑什么自尊心问题而坚持要在全世界范围内选择最能胜任的建筑师。当贝聿铭表达了个人的意愿，拒绝了他提出的要求时，密特朗也没有觉得受到冲撞而不悦。身为总统，他愿意为贝聿铭让步，这不仅是对建筑师的尊重，也是对艺术、对文化的尊重。

我同时深深地敬佩密特朗总统的勇气。因为法国是一个有着很深的民主和法制传统的国家，也是一个民族自尊心很强的国家。当他要破例不执行法律的规定，并选择一位外国建筑师主持工程时，一定会受到来自社会的压力和政敌的攻击，而他却敢于把这一切置之度外，他是在用自己的名誉和政治生命去担保一项国家工程的成功。

但是密特朗并不鲁莽和专断。在他的勇气背后，还有他非凡的审美能力，有他自己对贝聿铭作品的亲身体验，也有毕伊米里征询各国美术馆负责人的参考意见。更重要的，还有他对国家建设认真负责的态度。所以卢佛宫扩建工程的成功首先应该归功于这样一位不同寻常的业主。

再让我们看看建筑师贝聿铭是如何做的。按照一般人的想法，受到总统的青睐并破例委以重任，这至少是一个值得骄傲的荣耀；更何况这背后还有着多么大的名和利的吸引，是多少建筑师梦寐以求的大好机遇，贝聿铭一定会迫不及待地应承下来。然而，贝聿铭却没有这样做。他的回答很让一般人不可思议：需要四个月时间思考，再决定是否接受这项委托。

大家可能会知道，卢佛宫最初是一座中世纪的军事城堡，16 世纪改为宫殿，到 19 世纪已经过 7 次扩建，形成了一个构图非常严整的建筑整体，它本身就是世界建筑史上的一个名作。贝聿铭面临的难题是，要把一座历史上的宫殿变成一座功能现代化的美术馆，不仅要增加图书馆、商店、餐厅、视听室、储藏库、停车场以及人流交通的大厅等必要的辅助设施，还要将原来的展览面积扩大一倍。更难的是，在解决这些问题的同时，他既不能损害卢佛宫这件历史文物的现有形象和环境特点，又必须按照国际上文物建筑保护的宪章，使新增加的部分具有时代特色，而不能模仿原有建筑，造成真假不分。这真是一个严峻的挑战，所以贝聿铭在回复密特朗时，口气非常谨慎。

在此后的几个月里，贝聿铭曾三次赴巴黎，前后花费近一个月时间，对卢佛宫进行了认真仔细的实地考察。经过深思熟虑和多方案的比较，他终于找到了理想的设计构思，这就是将所有需求的空间地下化，并在卢佛宫的中心——拿破仑广场——的地下建造一个交通中心，缩短原来冗长的参观路线。为了交通中心的采光，并为了创造一个卢佛宫现代化的标志，他选定建造一个金字塔形的玻璃罩。这首先是因为，玻璃透明，不至于遮挡和减损原建筑物的立面；其次，同样的底边，金字塔造型的体量最小，对原建筑环境的影响也最小；第三，这种造型的结构支撑不必深入地下，适合当地的地质条件；第四，金字塔是西方文明之源的象征，简洁的玻璃金字塔不仅能够衬托出原有建筑的丰富体型，还能表现出历史与未来的完美结合。这真是一位天才大师的神来之笔，它一提出便立刻得到了密特朗总统的赞同。贝聿铭这才开始了这项伟大的工程。

韩昌黎有言："夫岂有求而为哉？信道笃而自知明也。"我想，用这句话来评价贝聿铭的创作态度真是再恰当不过了。虽说让一位自由职业者"无求"而为是不现实的，但贝聿铭却能做到不以"有求"而忘记他的社会责任。尽管他已经是一位全世界公认的杰出建筑大师，但他对自己的创作依然十分慎重。他很清楚，如果没有充分的把握，就有可能使卢佛宫这一人类的文化遗产遭受无法弥补的损失。所以他要做到胸有成竹，否则宁可不干。这就是一个建筑师的职业道德和自知之明。

那么公众的态度又是怎样的呢？正像我在前面说过的那样，法国是一个有着很深的民主与法制传统的国家。所以当法国政府宣布任命贝聿铭为卢佛宫扩建工程的主持人，并将在拿破仑广场建造一个玻璃金字塔时，立刻引起了社会舆论的激烈争论：总统怎么可以违反法律规定，自行任命一位外国的建筑师？卢佛宫是法国文化的象征，让一位华裔美籍的建筑师主持工程岂不使法国建筑师大失自尊？更关键的是，贝聿铭的设计能否保证在造型、尺度上都不构成对原有建筑的破坏？1984 年 1 月 23 日，在贝聿铭第一次向法国文化部历史纪念委员会汇报方案时就遭到了严苛的责难，担当翻译的女士几乎为之落泪而无法继续工作。之后，《费加罗报》又进行了广泛的民意调查，尽管有 90％的民众赞同卢佛宫需要整修，但同样有 90％的人反对玻璃金字塔的做法。原巴黎市长，现任总统希拉克也是反对者之一。他要求贝聿铭在拿破仑广场竖立起一个实际大小的模型，让巴黎人眼见为凭，以此作为实际的鉴定依据。1985 年春天，仲裁的时刻到了，拿破仑广场上立起了金字塔的框架。在四天展示期间里，有 6 万巴黎人亲自到现场察看。终于，大家感到它不像想象的那么庞大。四天之后，反对的声浪自动平息下来。

这真是一场扣人心弦的考验。就像当年伽利略在比萨斜塔上做自由落体试验一样，我想贝聿铭和密特朗大概都会为此熬过几个难眠之夜。而这场考验的仲裁者——巴黎的市民和舆论界——也实在令人钦佩。首先，他们有着极强的责任心，能够像爱惜自己的眼睛一样地爱护国家的文化遗产，并密切关心着国家的文化建设。他们是真正的文化卫士。其次，他们有理性，有眼光，也有包容世界文化的胸怀；能够鉴别出真正的优秀设计，而不去计较它是不是出自本国人之手，和它是不是"民族风格"。我想法国人一定会为卢佛宫扩建工程能有这样的杰出设计而感到庆幸，贝聿铭也一定会为自己能够得到这样好的公众的认可而感到快慰。

最后再让我们看看这个玻璃金字塔的施工过程吧。为了使它尽量不阻挡原有的建筑物，贝聿铭要求结构框架务必要显得非常轻盈。为此，他特别设计了三维立体化的张力结构体系。该体系每一个杆件和拉索的结点都是一个工艺品般精细的构件，由美国一家专门制造赛艇的工厂生产，全部手工精制。而玻璃的质量更是一个极其重要的问题。全部675片玻璃，按照贝聿铭的要求，应该透明到让人难以看出它们的存在。然而当时法国建材市场上的玻璃却受到成分中铁的影响，或多或少呈现出不同的绿色。承造商圣高贝恩工厂是法国最大的百年老厂，最初曾表示不可能生产出建筑师要求的玻璃，但当贝聿铭事务所提供了德国工厂的处方供其参考后，圣高贝恩工厂大受刺激，认为事关法国人的荣誉，于是自行研究开发，采用枫丹白露地区所产的纯白色砂为原料，终于取得了令人满意的效果。

1989年3月20日，卢佛宫扩建第一期工程圆满完工，密特朗总统亲自为它剪彩祝贺。玻璃金字塔落成了，它像是一颗璀璨的钻石，镶嵌在古老的拿破仑广场之上，不仅给卢佛宫带来了青春的活力，也为这座人类艺术圣殿增添了一件新的无比精美的瑰宝。

这座玻璃金字塔也是许许多多的人，包括业主、建筑师、施工者，乃至公众所付心血和汗水的结晶。面对它，我们看到的是一件人类的心智和劳动的硕果。它又是一块试金石，借助它，我们和我们的后代可以检验一个社会群体的工作质量，以及一个大的建设系统运作的好坏。正像人们常常说的：建筑是一部史书。

我想，在我们今天讨论北京以及中国许多的城市和建筑的时候，卢佛宫扩建工程的历史也许能给我们提供不少的启示。

参考书目：黄健敏著·《贝聿铭的世界》(三版)
(台湾)艺术家出版社，1996年8月出版。

(原载于《装饰》，1/1997)

薛求理

再读贝聿铭

1979年，邓公小平访问美国，在侨界欢迎会的芸芸人众中，有建筑师出来致词："我叫贝聿铭……"。那时，贝氏设计的美国首府华盛顿国家艺术馆东馆刚刚落成开幕，攘扰十余年的肯尼迪总统纪念图书馆终于在波士顿海傍站起身。美国建筑师学会（AIA）授予他金奖，评论家称那一年为"贝聿铭年"。贝聿铭的名字随着大陆几近公开的《参考消息》传遍中国大陆。

乘着如此东风，贝先生设计了北京的香山饭店。并在1980年代完成了三项重大工程：巴黎罗浮宫的改扩建，达拉斯市Meyerson交响音乐厅和香港的中国银行。

四十年来，贝先生获奖项和荣誉无数，包括可类比于诺贝尔奖的普利茨克建筑奖（Pritzker Architectural Prize）（1983），日本政府帝国文化大奖（1995），法国骑士军团荣誉勋章（1993），美国政府自由勋章（1990），美国设计终身成就奖（2003）。博士教授头衔无数，香港中文大学慧眼识珠，早在1970年就把博士荣衔授予贝氏，同济、清华到了1980年代才来锦上添花，香港大学则到1990年才作此表示。

1991年，贝先生完成了三项大工程。从大公司Pei, Cobb, Freed & Partners激流勇退（据说是那些合伙人"逼宫"所致。）[1]贝随即在附近开设小型设计顾问公司。其两位公子也从父亲的大公司中退出，另行开设Pei Architects，父子兵时常互为合作上阵。贝先生继续在世界各地奔走，虽说是专注于一些"赏心悦目的小工程"，但这些项目却并不小，如日本的美秀博物馆、钟塔、柏林历史博物馆，北京中国银行总部和据说是"封笔之作"的苏州博物馆。

出身于哈佛大学格罗皮乌斯门下，与Marcel Breuer兼师友之谊，贝聿铭在设计手法上坚持现代主义原则，上世纪五、六十年代贝氏设计的那些板式公寓楼、学院科研楼完全是现代主义的正宗产物。当贝氏有机会接触到博物馆、研究中心、纪念馆这些建筑类型时，他参考了勒·柯布西埃和路易斯·康。空间和形体更讲究几何形体摆置的趣味。他所处的时代和业主均与前辈大师不同，他有更好的条件来追求一些高级材料的质感和构造做法，使得那些本来就丰富的空间更加不同凡响。

但中国建筑师、学人和普通民众对贝聿铭的兴趣远远超过了津津乐道于他建筑设计的精美，而更在于他是个在异国他乡成功的中国人。在美国的华人牙医，顾客多是老中；在唐人街开事务所的华人律师，也只能向自己的同胞打主意。学建筑的，可以为人画图，做设计，做项目经理、高级协理或合伙人，却难以自己的名义领头。美国人（白人）为什么要委托一个中国人来设计自己的房子呢？

这一点贝先生非常清楚。1950年代，贝先生在美东地产大王William Zeckendorf手下掌管建筑部，他小心翼翼地积蓄自己的力量和发展关系。到了1960年代，一些学院和公共建筑纷纷落成，贝氏已经崭露头角。但使他名声大振的还是肯尼迪总统纪念图书馆中选和随后的国家美术馆东馆夺标。参与竞争肯尼迪纪念图书馆的大师云集，Mies和Kahn当时更是如日中天。不到50岁的贝聿铭在人丛中不卑不亢地介绍着自己的方案，他锋芒不露，但却坚定自信。最终赢得了杰奎琳（Jacqueline Kennedy）的好感和信任。"不知为什么，她选中了我"。[2]

无论是面对上流社会，还是对记者、学生，无论是说英语、普通话、上海话或是广东话，贝先生都从容而优雅，显示了他极高的文化素养。

贝先生的业绩，是成功引领新成功的例证。建筑设计最需要的是业主的理解、尊重和支持。然而在这个甲方（业主），领导为尊为大的世界，建筑师多数都

[1] 见黄健敏主编《阅读贝聿铭》，台北田园城市文化事业，1999。
[2] 香港电台制作纪录片《杰出华人系列——贝聿铭》对贝参赛中奖，有历史镜头和贝之自述。

只是遵命的画图机器。年轻时，贝先生自有一套说服业主的才干能力。例如说服业主在广场上种树或放置雕塑等等。到了晚年，他享有了十分难得的业主尊重和配合。到了祖国，更是受到加倍尊重，例如北京和苏州工程的选址，选材料，日本工程的山头开挖等等。他的业主有财团、大学、宗教团体，更有总统、政府和一代名媛。

炎黄子孙在彼岸成功者大有人在，贝氏是其中的佼佼者，而他乡落魄者亦不在少数。早几年，《北京人在纽约》及其他一些"把红旗插上曼哈顿"的豪情英气，反映了一个时期特定人群的心态。贝聿铭生于广州，长于上海，学于美东，成于纽约，他的故事足以使华人振奋骄傲，高山仰止。

然而台湾学者对此心态却并不以为然。谨从夏铸九教授等的对谈录《Ⅰ. M. Pei 不是我们的》中试摘几段如下：

贝聿铭"不可能是尖锐的，而是能尊重环境的"，"你要在美国打进上流社会的文化圈，必定是一位又体贴又迷人的善于交际的艺术家"，"贝聿铭作品中的中国风格只是一种点缀。""台湾的知识分子，因为贝聿铭在美国的成就，就把他与中国文化连在一起，其实是一种虚荣的幻想。另一方面自己也从来没有勇气面对脚下这现实的土地。于是将一个大的文化包袱就推到贝聿铭身上。这只有暴露知识分子的心虚和不踏实。我们实质环境的改善工作与真正属于我们的建筑，唯有在当我们能面对现实的社会和把注意力放在使用环境的大众及彻底参与时才能跨出第一步。"[3]

上世纪 50～60 年代的台湾留学生和改革开放以后的中国大陆赴美学人，都以"胡不归"为荣。而二十世纪前半叶的中国留学生则多以"海归"为己任。贝聿铭也不例外，他一直有回国的念头，但囿于当时的国内形势，他未在毕业时一脚踏回来。他的学长好友黄作桑先生原在伦敦 AA 念本科，后又到哈佛念硕士。1942 年回到上海创办圣约翰大学建筑系（贝聿铭则是圣约翰中学的毕业生），后并入同济，解放后面对政治风浪不知所措，文革时隔离审查、劳动改造，1975 年淬然病逝。倘若贝先生真是学成归国，留在大陆，能熬得过那几十年颠三倒四的岁月已算是大幸，更遑论国际名声。贝先生之不归，对他本人、对中国、美国和世界文化都是大幸。

1980 年，我翻译美国评论家 Douglas Davis 写的介绍贝聿铭文章，发表于北京《世界建筑》创刊号。陈从周老师即寄一份给贝先生。1981 年贝先生应冯纪忠系主任（贝之中学同学）和陈从周教授之邀，来上海同济大学演讲，从周师拨开人山人海，将我带到贝先生面前，作简单介绍，握手，我看着贝大师翻阅我的文章，在上面签名，心情激动。

陈先生以后又展示贝先生用中文写的信件。他的文章和字迹有深厚中国功底。我想贝先生没有 Thomas、Peter 这类洋名，但他在美国人面前就是地道的美国文化人，在中国人面前就是中国文化人、上海人、苏州人、广东人。

以后，我在北京、香港、达拉斯、纽约、华盛顿、夏威夷追寻大师足迹，实地学习贝氏杰作，还有机会在北京、檀香山居住在大师设计的房子里睡觉吃饭。是我刻骨铭心的学习经历。

我在美国遇见一些建筑师和大学建筑系主任，他们在办公室、会议室里挂着香港中银、华盛顿东馆或新加坡莱佛士城的照片，我故意问之，这是您的设计吗？于是，他们骄傲地说，这是我（或我合伙人）当年在贝聿铭事务所时参与的项目。贝先生是中国人心中的楷模，也是美国人眼中的英雄。

谢杨前辈永生总编给我在《百家杂识录》中的机会，记下我对贝先生的点滴认识。遥祝贝先生康泰长寿，为世界建筑再续新篇。

（《重读贝聿铭》原载黄健敏主编《阅读贝聿铭》，台北田园城市文化事业出版，1999 年。本文改为《再读贝聿铭》，内容已作大幅改动。）

[3] 马以工、黄永洪、夏铸九对谈，蒋勋列席，陈惠民整理《I. M. Pei 不是我们的！》，刊黄健敏主编之书，见[1]。

吴良镛

"广义建筑学"的哲学思考

关于交叉学科，学术界在逐步开展。我觉得，其中一个很重要的方面，就是理工与人文的结合。现联系建筑学自身的特点，谈一些个人的体会。

记得50多年前，即1947年，梁思成教授曾在清华大学同方部做过一个有名的讲演，号召理工与人文相结合。他借用美国大学校长的话，认为当时（指二战及其以后）过分偏重于科学技术而轻视人文，是"半个人"的世界，有着相当的危害性；梁先生还对解放前四川广元修路时毁坏珍贵的唐朝摩岩石刻等问题提出尖锐的批评。其时，我是从大学毕业不久的年轻教师，讲演给我留下了深刻的印象，对我后来的影响也很大。

半个世纪以来，我在治学过程中一直注意涉猎一些与建筑有关的人文书藉，这于我认识事物，特别是建筑学的方法论，大有裨益。举个例子来说，季羡林先生指出，东方哲学思想重"整体概念"和"普遍联系"，这是很紧要的话。城市规划涉及到方方面面，要求从全局上考虑问题，自然离不开整体思维和相互联系；建筑学讲究"构图"(composition)，所谓"巧者，合异类共成一体也"，《释名》即将不同的内容组合在一起，其中要从根本上加以解决的，仍然是整体思维和相互联系。然而，目前西方某些新兴的理论恰恰就忽视了这一点，将视野局限在某一个方面求新、求异，虽言之成理，持之有故，也难免抓住一点，不及其余。可以说，能高瞻远瞩，集大成者，都离不开整体思维。多年来，我也是循此方向努力的，在从事"菊儿胡同"、"中央美院新校园"、"曲阜孔子研究院"等设计和研究时，重在从整体上进行思考，至于长江三角洲沪宁地区的区域规划研究，更是从建筑、规划、园林、生态、经济等多个方面着眼，通盘考虑，以求区域的整体协调发展。这些工作都以"整体设计论"(Holistic Design Think-ing)为出发点，学习从哲学的高度来分析问题、认识问题和解决问题。

交叉科学的生命力在于交叉，在于边缘性，但绝不是盲目的普遍交叉，我的体会是，应当针对面临的问题，结合专业特点和自己的思想、感受，抓住重点，到相关学科中找理论，找方法，找灵感，灵活运用，进而转化为自己的具体化的方法，为学科发展服务。建筑学是一门注重实际的技术科学，面临21世纪的发展，我们东方的建筑师宜在学术体系上，融合人文科学，就学科的交叉性、综合性和整体性，进行学科的整合和整体性研究，深化基本理论。

（原载《光明日报》1998年8月8日第5版。）

潘谷西

从“园林”到“理景”

使用“理景”一词的目的是想对景观建筑学的内容作更本质的概括，进而能更全面和更深刻地加以把握与探求。20世纪五六十年代，人们用“园林”一词来代表景观建筑学范畴的全部内容(包括城市绿化和各种公园)，这种泛园林化的倾向，不免带来某些概念上的含混。随着风景名胜区工作的开展，后来又有了“风景园林”这样一个复合名词，意在把风景区、城市绿化和各种公园都包括进去。其实，不管园林也好，风景名胜区也好，中心内容乃是一个“景”字。无景不成其为园林，无景也不成其为风景区(点)，景是它们的灵魂。也就是说，两者都以求得自然美的享受为其主旨，只是它们的营造方式不同：园林之景以人工建造为主，而自然山水风景不能人造，只能以开发、利用为主。当然，这种营造方式上的区别也不是截然分开的，造园中也有如何充分开发利用原有天然景物的问题，而风景点、风景区也有如何进行人为加工以改善景观的问题，二者互有交叉渗透。所以我们不妨将这两种景域的加工处理以“理景”二字概括之——“理”者，治理也。理的方法可有不同：或者是“造”，如造园、造盆景；或者是“就”，依山就水，巧妙布置，使山水之美得到充分发挥和利用，如风景点、风景区。

在江南理景的各个品类中，除了人们熟知的私家园林之外，下列几方面尤其值得引起我们的注意：

邑郊景点——大致在唐宋时期已十分发达，著名的如杭州西湖、绍兴兰亭、苏州虎丘、石湖、无锡惠山、扬州的平山堂等。到了明清更加兴盛，如扬州的瘦西湖、嘉兴的南湖、南通的狼山、苏州的天平山等等。这些风景点，都靠近城市，可朝往而夕返，便于市民游览，内容也很丰富，既有宗教的朝拜，又有节日的热闹游娱，再加上优美的自然风光，实际上起到了城市郊区公园的作用。

村落景点——主要是在经济、文化发达地区，如皖南的徽州、苏南的吴县、浙东的楠溪江等地。这些地区人多地狭，多经商者与为官者。巨富商官着意修饰本乡本村，兴建道路、桥梁、书院、牌坊、祠堂、路亭，修造风水林、风水楼阁塔宇，力图使故土的环境达到完善、优美的境界，因而造就了一大批村头文化中心。其性质和上述邑郊景点相似，只是规模较小，内容稍简，可谓具体而微。在艺术风格上则别具一番纯朴、敦厚的乡土气息。

沿江景点——对自然美的追求，使骚人墨客在旅途也不放过游览的机会。于是沿交通热线的风景点也发展起来，如长江沿岸有樊楚三山、石钟山、小孤山、天门山、金山、焦山、狼山以及龙蟠矶、道士洑矶、东坡赤壁、采石矶、燕子矶等一连串的著名景点出现。沿富春江有富阳鹳山、桐庐桐君山、严子陵钓台、建德双塔、新安江歙县太白楼等。沿江城市为了临眺江景和标志本城，往往在江边建造高耸的楼阁成为著名胜景，如宜昌、九江、安庆、南京、镇江等，莫不如此，其中最著名的是武昌黄鹤楼、岳阳岳阳楼、南昌滕王阁，号称江南三大名楼。

名山风景区——历朝的山川祭典使五岳五镇处于被特殊关注的地位而闻名于世，江南有南岳(天柱山、衡山)、南镇(浙江会稽山)之胜，而宗教活动的兴盛又使远处深山的佛教道场和道教洞天福地不断开发，成为广大人民游览胜地。明清时佛教四大名山中的九华山(地藏菩萨道场)和普陀山(观音菩萨道场)都在江南地区。还有齐云山、龙虎山、茅山、武当山等道教胜地。这些名山都已成为风景名胜、历史文化遗存丰富的著名游览区。

我国对于传统理景艺术的研究，长期以来局限于皇家园林和私家园林，近年又出现了对寺庙园林的探讨。但是，这三者还是远远涵盖不了我国丰富的理景艺术内涵与成就。就园林而言，除了以上三种园之外，唐宋以降还出现了大量在官衙中建造的“郡圃”，一般的书院、驿馆也都建有园林或庭景，这些园林和庭景都具有公共性质，不同于私家园林之仅供少数家庭成员使用。更重要的是，在这些园林之外，还存在着众多可朝至夕归的邑郊风景点，质朴而富有生活气息的村落景点，佛教、道教的名山风景旅游胜地以及沿长江、富春江等的沿江景点。这样历史悠久而范围广阔的风景名胜建设，在世界上是独一无二的，我们没有理由予以忽视。因此，局限于园林，尤其局限于皇家园林、私家园林和寺庙园林的研究还不能全面反映我国在景观建设方面的历史成就。

关于“寺庙园林”是指寺观中的园林而言。但是，现在很多情况下被指为“寺庙园林”的往往不是园林，而是布置得具有园林气息的寺庙。例如一些山区的佛寺，由于地形关系，采取不对称的自由布局，依山就势，一路设置山门、天王殿、观音殿、大殿、罗汉堂、藏经楼、斋堂、僧房等建筑，其间有天然的山丘、溪流、奇峰、异石、修竹、乔木穿插交错，鸟语花香，极富自然之趣，真可谓不是园林，胜似园林。但是，这种格局仍是按寺观的要求来布置，而不是按园林布置的，其本质是寺观而不是园林，我们不妨称之为“山水寺观”或“园林化寺观”，还不能称之为园林。举例来说，四川乐山的乌尤寺，确是利用地形布置建筑群的优秀实例，但它的布局完全是按佛寺的要求展开：山门—休息亭—普门殿—天王殿—弥勒佛—弥勒殿—大雄宝殿—藏经楼—罗汉堂。即使是沿山崖而建的旷怡亭、尔雅台、听涛轩、山亭等景观建筑也只是利用地势之优越，作为因借山水风景的观赏点，而并非作为“园林”来规划建设的。四川青城山的常道观，安徽齐云山的太素宫等道观也大致如此。北京的潭柘寺更是布局规整的佛寺，显而易见，不能入园林之列。当然，也有些佛寺和道观确实设有园林，这些园林可称之为“寺观园林”，如苏州西园寺（明戒幢律寺）的西园和昆明太华寺的西院、北京白云观的后院等，这些园林和寺观本身紧密相联，但仍有一定的区别，它们不是寺本身，而只是寺观的一个局部。

“郡圃”就是在州县衙后堂设置山池林木以为官吏宴集、待客及游观之所，也就是衙署园林。早在南齐时，吴兴郡衙后堂就有人工开凿的山池，吸引了隐士沈驎士前往欣赏。据《南史·沈驎士传》记载：“征北（将军）张永为吴兴（太守），请驎士入郡。驎士闻郡后堂有好山水，即戴安道游吴兴因古墓为山池也，欲一观之，乃住停数月。”利用古墓为假山，再开凿水池而成好山水，确是妙想。到隋唐间，郡圃开始多起来，现存的山西绛县“绛守居园池”就是创建于隋代的郡圃。唐代虢州刺史官邸的郡圃，韩愈曾有诗21首咏其事。据韩愈《奉和虢州刘给事使君三堂新题二十一咏》序言称：“虢州刺史宅连水池竹林，往往为亭台岛渚，目其处为三堂（按：古代官衙有大堂、二堂、三堂，三堂即后堂，亦称退思堂，是日常理事之处）。刘兄自给事中出刺此州，在任逾岁，职修人治，州中称无事，颇复增修，从子弟而游其间。又作二十一诗以咏其事，流行于京师，文士争和之。予以刘善，故亦同作。”韩愈的21首诗描绘了当时虢州郡圃的大致景色，其中有北湖、月池、竹林、流水、孤屿、花岛、渚亭、柳巷、稻畦、荷池、方桥、梯桥、月台、镜潭、北楼诸胜，规模相当宏伟开阔。诗人白居易每到一处任官，也爱在官署内开池、种树。到了宋代，在州县署内设守居园池已成一时风尚，甚至一些僻远的州县也有后园池亭，供官吏休娱宴集之用。南宋时平江府地处军事、经济要冲，郡圃更发达，除了府衙有郡圃外，吴县、长洲县以及府属的几个机构如司户厅、提举司、提刑司也都有后园。作为官办的贵宾招持所“姑苏馆”的园林则更大，包含了整个城西百花洲。建康府在南宋也是一个上府和重镇，它的郡圃在衙署东侧，规模很可观，包括了青溪的一段水面在内，亭阁花石极盛。真州（今江苏仪征市）是宋代江淮两浙荆湖发运使的驻地，设有规模达六七万 m^2 的园林，称为“东园”。宋代郡圃由于都由官办，规模都比较大，又因衙署内有众多吏属及宾客宴集活动，故楼堂斋馆等建筑数量也较多，具有显著的公共活动性质。可惜这类郡圃，随着历代衙署的不断被改造，至今未发现较为完整的遗例。

几年前，一位美国耶鲁大学的教授问我：现在海外学界有一种较为普遍的说法，中国的住宅受儒家思想支配，而园林是受道家思想影响，你对这种说法怎么看？我说这种说法有一定道理，但不完整。中国园林受道家思想影响，同时也受儒家思想影响，因为在中国古代社会，儒道是互补的。秦亡以后，道家思想曾两度在汉初及六朝占主导地位，而其他时间则大体上是儒家思想占主导地位。而且，即使一家占上风时，另一家仍在社会上流行。一般士大夫也往往兼修儒、道二学（加上佛学则是三学）。所以，在观察园林的指导思想时不能把两者机械地分割开来。更重要的是，道学崇尚回归自然，儒家也强调亲和自然，孔子的名言“智者乐水，仁者乐山”，被历代士人奉为至理，常以之作为论析风景的理论依据。二者在对待自然的态度上并无根本冲突，因此都能对发展山水园林起到推动作用。只是由于儒家着重研究经世之术，而作为个人生活环境要素的园林，却是六朝时期在道家阐发个体精神的思想影响下得以发展、升华为一种真正的艺术品类的。从这一点上说，此时的道家思想对中国园林的发展起了巨大的推动作用。但是"智者乐水，仁者乐山"是"圣人"之教，后人谁不对之尊崇有加？因而同样推动着隋唐以后士大夫们对自然山水的倾心领略与对园林的建造。没有这种推动，唐宋明清各代园林和风景名胜的繁荣是不可想象的。这是一个十分复杂的过程，需由一部园林史来作出全面回答，下面只是一个简单的历史回顾：

汉武帝罢黜百家，独尊儒术之后，儒家被奉为正统思想。但两汉的儒学已不是孔、孟儒学，而是经过改造的、渗合了谶纬迷信的儒学，经学则已流于繁琐考证和荒诞说教而走向穷途末路。汉末至六朝，中国经历了最混乱、最痛苦的时代，儒家的独尊地位也在社会大动乱中被冲垮，自由思想得到发挥，原来处于"在野"状态的道家思想重新受到士人的青睐。随着玄学和清谈的兴起，"三玄"(《老子》、《庄子》、《易经》)成了当时的热门学问，儒学相对受到冷落。通过"名教"与"自然"等问题的争论，一方面唤起了人们对个性追求的觉醒，同时也激发了倾心自然山水的热情，进而滋润、孕育了纯粹的、有独立意义的山水审美意识。虽然在先秦的诗赋中也描述山水，但那是作为兴、比的手段和背景材料出现的，它们并不具有独立的、自成一体的欣赏价值。只有到了六朝，这种独立的、自成一体的山水审美对象才广泛出现在诗赋之中。这时人们对山水的认知已从物欲享受和兴、比手段进入到"畅神"的精神享受阶段。王羲之的"寄畅山水"[1]，谢安的"寄傲林丘"[2]，都是把自身的精神追求和山水融合在一起，这已经不是一般意义上的亲和山水，而是抛弃一切功利要求而全身心地投入山水，把山水视为至善至美。这种对山水的执着追求，终于成就了中国特有的山水审美心态以及它的外化成果——山水诗文、山水画、山水园林艺术的诞生。

隋代统一中国，结束了300年分裂局面。唐代则在此基础上发展并达到古代社会的鼎盛时期。由于科举制度的实行，儒学的正统地位又得以恢复。仕宦一途，也成了儒家的专利，儒学再度盛行。虽然道、佛也常常受到朝廷提倡，但远不如儒家实际地位之巩固。一般士人也是儒、道、佛兼收并蓄，"三教"合流的倾向明显。当士人积极进取、仕途得意之时，儒家济世治国的思想占支配地位；而失意消极之时，则往往以道、佛思想作为避风港和护身符。而作为儒者，不仕而退，也要像颜回那样，一箪食，一瓢饮，居陋巷，乐而不改其志。所以司马光被黜后，在洛阳建"独乐园"，是以颜回来自勉。朱长文在苏州筑"乐圃"，也是这个寓意，他在《乐圃记》中说："用于世，则尧吾君，虞我民，其膏泽流乎天下。苟不用于世，则或渔或筑，或农或圃，劳乃形，逸乃心，穷通虽殊，其乐一也。故不以轩冕肆其欲，不以山林丧其志"。在儒者看来，造园也是一种修身养性之举。苏东坡在评论灵璧张氏园林时说得更清楚："使其子孙开门而仕，跬步市朝之上；闭门而隐，则俯仰山林之下，於以养生治性，行义求志，无适而不可"(《灵璧张氏园亭记》)。作为儒者，在家隐居治园是一种养生冶性、行义求志之举，和做官的道理是一致的。其实这是"身在江湖，情驰魏阙"的隐晦表述，因为儒者的志向在于治国平天下，居于山林江湖，那是不得已而为之。所以儒者造园的指导思想仍是入世的，和道家的出世思想有所不同。这也就是为什么唐宋以后的园林趋于世俗化，园中充满居住、待客、宴乐、听戏、读书、课子等世俗生活内容，并且形成和禅味甚浓的日本庭园迥然有异的造园风格，其根本原因就在于此。

(节自《江南理景艺术》绪论，2001年3月由东南大学出版社出版)

[1] 王羲之诗："取欢仁智乐，寄畅山水阴。清冷涧下濑，历落松竹林。"
[2] 谢安诗："伊昔先子，有怀春游。契兹言执，寄傲林丘。"

徐尚志

两点经验与两件憾事

积60年设计实践之经验教训，我个人体会最深的有两点。

体会之一：作为一个新时代的建筑师，除了重视研究建筑的技术要求以外，树立先进的设计思想是首要的问题。

这个问题在新中国建立之初就提上了建筑界的议事日程，曾经出现过关于“民族形式，社会主义内容”和“复古主义”等问题的讨论。到1959年5月，建工部在上海举行的“住宅标准和建筑艺术座谈会”将设计思想的讨论提高到新的水平。笔者在会上提出了建筑创作应当遵循“此时、此地、此事”原则，做到因时、因地、因不同的设计对象选择设计风格的观点，得到主持会议的建工部领导和同行的认同。之后，这次会议在文革中被诬蔑为建筑界周知的“上海黑会”，所谓设计思想、创作方向、方法之类的提法都受到批判，但我个人的认识却迄未改变。

余以为，建筑创作的最高境界是形成自己的风格特点。这里说的自己，不仅是建筑师个人，同时也是特定国家、民族、地区的个性，特别是它所蕴涵的文化特点。当然，这种特点在不同的时代应该有不同的表现形式。早在本世纪初叶，我国第一代现代建筑师如吕彦直、杨廷宝、童寯、陆谦受等，就曾努力把中国传统建筑文化与现代建筑技术相结合，从而创造出一种Modern Chinese Style(现代中国式)的建筑风格。不过，我以为所谓中国式绝不仅限于大屋顶、琉璃瓦等传统法式，中国的不同地区、不同民族都曾经创造出不同的建筑风格，我们说民族形式，决不能丢掉如此丰富的民间文化传统，正是它蕴藏着无穷无尽的创作源泉。为此，我在80年代初提出了“建筑风格来自民间”的思想，在建筑界引发了关于设计思想方面的争论。以后，本人在主持设计肯尼亚莫伊国际体育中心时，就亲自实践了这一设计原则。我们深入调查了马赛伊族居住的非洲茅屋(African Hut)和东非民间艺术，把握了它的气质特征和典型的符号语汇，运用到这个建筑群的设计中，从而取得了巨大的成功，为中国建筑业赢得了国际赞誉。随后有多个非洲国家相继委托我院设计体育建筑群。可以说，直到今天，奉行什么样的设计思想，如何理解和处理建筑的本土性、时代感和独创性，并在此基础上形成自己的设计风格，仍然是每一个希望有所作为的建筑师都必须面对的课题。

体会之二：一个建筑师的成功有赖于较为宽松的创作环境。

毋庸讳言，建筑师的设计从来都不可能像艺术家那样随心所欲的，他总是要在一定条件的制约下进行自己的创造。这些条件有时是客观的，诸如项目投资、功能要求、地域或空间环境、技术实现的可能性等等；有时却不乏人为的因素，诸如设计思想的束缚或时尚的左右、业主的好恶乃至长官意志的干预等等。在中国的建筑行业，所谓业主“点菜”，设计者依样画葫芦的现象还是比较普遍的。我们常常听到人们批评我们的建筑作品千篇一律，了无创意。然而这种现象不一定都出于建筑师的自愿，有时一个设计作品从初设到正式出图的过程中，往往被改得面目全非，甚至在施工过程中还可能因种种原因遭到不负责任的删改，以致使一项重大的设计最终成为相关各方妥协的产物，在建筑学的意义上却是毫无风格可言的不伦不类的作品，只能给人留下叹息和遗憾。作为建筑师，当你看到一件自己都不甚满意的作品矗立眼前之际，心中的沮丧恐怕是难以言表的。而另一种情况是有一些令人激动的设计构思或方案，却往往无法变为现实。从这个意义上讲，把建筑称为遗憾的艺术恐怕是恰如其份的。究其根源，是我们的建筑师并未真正获得对设计作品的署名权，因此，他不可能在技术和艺术上获得自主处理作品的充分权力。这也许是当今中国建筑界亟待解决的课题之一。

我个人虽然有幸在设计过程中遇到完全违心迁就业主的情况还不多，但真正能够完全实现自己设计意图的机会也是有限的。在余平生的设计实践中，在创作环境的宽松上给我留下深刻记忆的设计有两项：

一项是1946年设计重庆刘航琛住宅，业主将设计与施工皆授权给笔者之后，自始至终未加任何干预，此项设计奠定了我在建筑界的初步声誉和影响。另一项是成都锦江宾馆和锦江礼堂设计，这是建国10周年之际四川省筹划建设的重点工程项目之一。当时四川省的主要领导提出的设计要求只有一句话——"20年不落后！"设计者由此获得了较为自由的创作空间。由于设计中充分注意了建筑与城市环境的相互烘托与协调，获得了较满意的结果。在该建筑建成后近40年的时间里，它始终被视为成都地区最具影响的标志性建筑，并被列为20世纪中国最有代表性的100项建筑设计之一。由此可见，凡是能充分尊重设计者的创作意图，并发挥建筑师在设计中主体作用的工程，往往能取得更好的效果，且能经受历史的考验。

总而言之，倘若我们的建筑师多一点创作意识，少一点趋时盲从、模仿抄袭；多一点职业责任感，少一点无原则的妥协；倘若各有关方面能对建筑师的创作多一些理解和支持，少一些干预和掣肘，我国目前的建筑创作水平至少可提高一大步。反之则可能或多或少留下某些难以弥补的遗憾。

说到遗憾，余在60多年的设计生涯中刻骨铭心的憾事也有两桩。

其一：1937年夏，时值笔者初窥建筑设计门径之际，有幸到上海华盖建筑师事务所实习，直接师从我国第一代建筑大师赵深、陈植、童寯等，进行设计实践锻炼。不久"八一三"淞沪抗战爆发，余只能随着逃难的队伍返回重庆。此后，虽在抗战烽火中完成了学业，但满眼是在日寇轰炸下的残垣断壁，何来建筑师的用武之地，致使我在步入建筑业的最初10年中，很少有真正的设计实践机会。这与今天祖国建设欣欣向荣，城市发展蒸蒸日上，为新一代建筑师提供的如此广阔的创造空间和实践机遇相比，不啻天壤之别。

其二：笔者在1962年曾接受原建工部下达的任务，主持《中国少数民族居住建筑》一书的编撰工作，为此，余先后带队到藏、羌、彝、苗、傣、纳西等少数民族地区进行调查研究，并组织了全国40多个设计科研单位共同协作。三年间收集到达数尺之厚的照片、图纸和文献资料，其建筑风格之多彩，文化内涵之丰厚，资料之翔实生动，在中国少数民族建筑史上可谓空前。不料，正在我们的调研成果行将编辑出版之际，"文化大革命"爆发，倡导此项研究的建工部负责人受到冲击，项目以"宣扬封资修"的罪名受到批判，资料遭到毁损，甚至有的建筑物也被拆毁无存。数十位建筑家和学者多年的心血毁于一旦，也给我留下了终生难以忘怀和无法弥补的憾恨。此后的十年，笔者几乎脱离了绘图桌，失掉了从事设计创作的机会，而此时正值一位走向成熟的建筑师创造力最旺盛，可以为国家民族作出更大贡献的时期。

读者当不难看出，余一生之最大遗憾恰是与国家民族经历的曲折和磨难相呼应的。由此二端，我即真切地体会到：国运兴则建筑兴、民族兴，反之，国势陨则建筑必衰。一个建筑师的成长离不开国家建设事业的繁荣发展，也必然与人民大众的生存状态息息相通。

1999年10月

（节自《徐尚志作品集》自序，
四川科学技术出版社
2001年出版。
标题是编者加的）

张钦楠

历史地回顾过去　开拓地迎接未来

……根据这些认识，我想就在我国经常受到批判的几个“主义”说些个人看法：

一是“复古主义”。我认为学术上的“复古”与政治上的“复旧”要区别开来。在英语中，我找不到与“复古主义”完全相当的词汇，有 revivalism 一词，直译应为“复兴主义”，并且前面往往要加一限定词，如“古典复兴主义”、“哥特复兴主义”等，因为未见得有谁是什么“古”都想“复”的。在人类文化发展史中，既有企图使历史倒退的“复古”，也有借助历史上一些已埋没的观点来反对某些已过时的主流思潮的“复古”。中国历史上有“古文…今文”之争，前者恰恰是进步的；意大利文艺复兴用 Renaissance 一词，就是“再生”之意，是复希腊人文主义之古，来反对中世纪的神权统治，因而也是进步的。所以，我们不能把 revivalism 一律作为贬词来用，而要看它主张“复”的是什么内容。50 年代批梁思成先生为“复古主义”，把他的许多正确观点也否定了，就是一个沉痛的教训。

有人提出，今天中国出现了第三次“复古主义”高潮，指的是一些传统建筑形式被到处滥用。这种指责不是没有理由的。特别是当我们到各地一些小城镇去跑一圈，就不难看到不少不伦不类的“大屋顶”加油站、琉璃瓦商亭等，真是触目惊心。一些大中城市中许多“一条街”的处理，也很有可商榷之处。反对“假古董”泛滥的呼声，是应当听取并重视的。但我认为，沿用 50 年代批“复古主义”的做法，未见得能见效。出现这些现象，与我国当前整个文化及社会心态背景有关，不能简单地归罪于某些领导的偏好（同时，我也反对用行政干预来推行某种范式），或某些建筑师的“牵头”。在这方面，我比较赞同我国服装改革中的一些经验。在反对了蓝制服的千篇一律之后，并没有出现瓜皮帽大马褂，而是可供选择的较多种新颖款式，也不排斥“民族形式”的旗袍和中山装的“回归”。再加上种种时装表演及杂志报刊的介绍，大大帮助了“老百姓”提高鉴赏能力，成绩就比较显著。与之相比，我国建筑上可供选择的“款式”还少了些，建筑师与“老百姓”在情趣上尚有不小距离，舆论媒介的介入也少，如能在这些方面下些功夫，可能比单纯的批判效果要好得多。

总之，我认为，既要反对“假古董”的泛滥，也要防止“复古主义”一词的滥用。况且，“复古主义”一词的涵义，长期来是含糊不清的。如果说凡是新建筑中采用传统手法都叫“复古”，就不能一律用为贬词；如果要定量地划个“允许界限”，如“原封不动”叫“复古”，改改样子不算，恐怕也不现实。我建议：为了与国际惯用词汇一致，可否用“历史主义”（historicism）一词概括所有主张在创作中吸取和采用传统的观点。你可以赞成它，也可以反对它（实际上，有人认为这是区别现代派和后现代派的主要标志之一），但这个词本身是中性的，无褒贬之含意。这样，可能更有利于创作及学术之繁荣。

二是形式主义。据我所知，在当代西方的文献中，形式主义往往具体地指十月革命前后在俄国兴起的一个文艺批评学派。他们认为，文学作品的形式并不决定于它的内容。同一题材，可以写成诗，也可写成小说、戏剧。因之，需要研究的是某一文学形式所以成为该形式的自在特征。这一学派在 30 年代遭到批判后，就流入西方，与欧洲结构主义合流。到 50 年代后，在西方文论界颇受重视，又重新翻译出版了他们的许多论作。许多评论家认为，把他们的观点视为“形式决定一切”或“以形式反内容”是不公正的。这一学派的观点虽然可以引伸到建筑，但他们本人并未论过建筑；建筑界有些大师，如路易·康等，对建筑形式问题作过很深入的研究，但并未听说被称为“形式主义”者。因之，建筑上“形式主义”的具体涵义，我也一直没有弄清过。

今天，我们还常常听到对“片面追求形”的批评。我对这种提法，总是表示异议。我认为，今日中国之建筑界，对建筑形式之“追求”，不是多了，而是少了；不是深了，而是浅了。多数建筑的形式，弄来弄去就这么几种，贫乏得可以，还说“片面追求”，未免冤枉。

如果再戴上“形式主义”帽子，可能的后果是干脆不讲形式，搞千篇一律，最为保险。

有的同志可能认为，“片面追求”指的是脱离功能，牺牲功能去追求形式。和批评“复古主义”一样，在这里定量的“允许界限”是很难划定的。一些国际知名建筑，如悉尼歌剧院，就是功能服从形式的，却有口皆碑。贝聿铭的美术东馆，由于场地关系用了一些尖角，这些部位的内部功能未见得理想，但总体上是成功的。我认为，与其批评“片面追求形式”，不如正面地提“适用、经济、美观”及讲求三大效益，把形式问题留给建筑师去探索及评论家去分析为好。……

注：这是我为建筑学会建国40年征文写的，主要是试图历史地评价刘秀峰同志的“新风格”讲话。我同时对当时还困惑我的“复古主义”和“形式主义”在理论上做了些极粗浅的探讨。今天重读此文，我发现自己的观点仍然没变，甚至还有“发展”。在我看来，20世纪50年代对“两义”上纲上线的批判，危害极大。它所设立的学术“禁区”使很多人对建筑传统和形式从理论到实践都畏缩不前，严重损害了我国建筑学的发展。我们所以在建筑创作上落后于日本、印度和北欧等国，原因固然很多，但其中之一可能就是我们没有像他们那样地对自己的传统进行认真深入的再阐释。同样，我们对“形式”的理解过于简单。“建筑形式”作为对一个功能对象的空间界定，不是一个立面或一种体型所能解决的，而是应当苦心追求的。我们的建筑师经常被批评“片面追求形式”，结果“追求”了这么多年，还追求不出多少名堂，而洋人来做了个上海金茂大厦，就“有口皆碑”。北京的“古都新貌”，现在是中有“馒头”（大剧院）、北有“鸟巢”（体育场）、东有个“驼背瘸子”（电视大厦）、西有“水晶宫”（游泳馆），在形式上应当说是托老外之福，“追”出些名堂来了。下一步的文章由谁来做呢？

2003年8月

（本文原题为“历史地回顾过去，开拓地迎接未来——重读刘秀峰《创造中国的社会主义的建筑新风格》后几点体会”原载《建筑学报》1999年第8期，编入本书时由作者作了一些删节）

刘先觉

学习阿尔托

作为一位建筑大师，阿尔托以其特有的人情化思想给世界留下了广泛的影响。美国著名建筑史家斯卡利(Vincent Scully)在《建筑的复杂性与矛盾性》一书的序言中曾高度评价了阿尔托的作用，他说："路易·康是文丘里最亲密的导师，对文丘里的发展肯定作出过很大贡献。康的一套'惯常'原理是所有新一代建筑师的基本功，但文丘里却避开了康在结构上先入为主的成见，赞成更灵活的功能引导形式的方法而与阿尔瓦·阿尔托更为接近。"这位被誉为后现代主义建筑代表人物的文丘里本人也多次赞赏了阿尔托的建筑成就，他说："20世纪最好的建筑师经常反对简单化，是为了促进总体中的复杂性。阿尔瓦·阿尔托和勒·柯布西耶的作品就是很好的例子。但他们作品中的复杂性和矛盾性的特点大都被忽视或误解了。……阿尔托的伊玛特拉教堂由于重复体积组合，三个分离的平面和声学吊顶形式反映了真正的复杂性，这座教堂代表了一种恰如其分的表现主义，它的复杂是由于整个设计的要求和结构部分的暴露，并非是为了达到表现欲望的手段。"因此，必须承认功能日益发展的复杂性必然要导致建筑形象的多样化，这是事物的发展规律，问题是你能不能掌握各种建筑复杂性的内在矛盾，给予有机协调的解决。阿尔托正是这方面的能手。

在评论阿尔托的建筑中，争论较多的一点是浪漫主义还是理性主义起主导作用。瑞士建筑理论家古迪安很早就在他的名著《空间、时间与建筑》中指出阿尔托的民族浪漫主义和他所处的地理环境与历史文脉有关，大片的森林湖泊与北欧的民族风情，使它的建筑师不可避免地会继承着潇洒自由的性格。但在当代有些学者却持有不同的观点，例如出生于希腊后移居美国的波菲里奥斯(Demetri Porphyrios)就在他的论文《记忆的突然显现》中认为阿尔托的作品具有明显的规律，是个有理性的建筑师。他说："从阿尔托很早的作品中，人们就可以辨认出他类型学思想的根源，立面处理的三段法无疑是他新古典主义研究的体现。"(Architectural Design，1979/5-6)。波菲里奥斯在这里想证明阿尔托的建筑是可以从理性和历史的角度来分析的，这样可以使他的作品更明确易懂。

实际上，阿尔托的作品是一个发展的过程。他在早年时曾受到传统的学院派艺术思想的教育，喜爱意大利的文艺复兴与巴洛克风格。他的初期作品就有过古典主义的影响。当然，这种一成不变的设计手法是不符合时代要求的，很快他就断然改变了这种手法而走上功能主义的道路。1927年他参观了斯图加特的国际住宅展览会，使他耳目一新，1928年他所作的圣诺马特报社与1929年所作帕米欧疗养院的建筑都已步入现代主义的行列。功能主义在他的作品中已明显地占主导地位，但在30年代他的建筑中仍能看到带有地方特色的倾向。到第二次世界大战以后，尤其是在50年代以后，他的建筑风格又有了明显的变化。为了芬兰战后的重建工作，他曾访问过意大利，在那里他被托斯卡那的乡土建筑之美所感染，同时他也吸取了芬兰原有的建筑传统，这是从德国北部经波兰而传过来的哥特风格。他毅然放弃了在20年代借鉴德国的功能主义思想而要使他的作品重新融入到景色如画的北欧环境中，这是理性主义与有机思想的融合，不过，这时期在他的作品中已更多地是体现了浪漫主义的精神，表达了一种发展的、有活力的、有机的建筑涵意，表达了他家乡的最优秀的文化传统，也是他将人性、自然环境、地方建筑特色与现代科技结合的产物。

在分析文丘里受阿尔托的影响时，我们有必要对他们两人的思想与作品的性质作一简单的比较。虽然两个作品的构思与形式都很复杂，但文丘里的思想是混合，它像是一盘凉拌沙拉，各种颗粒分明；阿尔托的思想则是融化，它就像水乳交融一样，已分不清水和乳的界线了。因此，文丘里的建筑混合手法是一种形式拼贴，易于为人们所借用；而阿尔托的融化手法是一种浪漫与理性思想的结合，只有达到高度艺术修养后才有可能在他的作品中悟出灵性，使建筑作品升华为艺术。从这里我们可以看到文丘里就像是改译了阿尔托的建筑语言，使它更大众化了，不过，这种改译了的建筑语言毕竟不如阿尔托原来的阳春白雪那么更富有诗意。

从某种意义上讲，阿尔托和路易·康是对新一代建筑师具有重大影响的关键人物，他们两人都曾借鉴了古典建筑传统中的精华，使自己的建筑创作思想与手法更为丰富，但是细细分析他们两人的不同之处也是很有意义的。阿尔托着重于吸收意大利城镇乡土特色的生长根源，重视建筑作品的有机性，力求建筑与自然环境结合，在建筑中表现出传统的地方特色，又不失时代的功能要求和科技要求；同时，他还在将建筑升华为艺术的过程中，把抽象艺术的隐喻渗入到他的作品之中，使他的作品更富有浪漫和神秘的色彩。这种对传统和古典的借鉴，可以说是对内在规律的吸收，是一种生物学的原则，它使我们在阿尔托的作品中体会到一种古典和北欧的浪漫精神。而路易·康则基于学院派的古典思想体系，强调探求形式规律，追求建筑结构所具有的精神功能。他认为建筑中必须具有四个重要因素：整体形式构图，空间的等级性，结构和材料的特性，以及注意用光。建筑功能须服从上述四个准则，否则建筑就不再是艺术了。他力图把古典语言变成一种建筑哲学，他说："文艺复兴建筑物都有连廊朝着街道，尽管它们的使用目的并不需要这些连廊，而敞廊在这里只是告诉人们什么是建筑艺术。"因此，把两人的思想意境相比，可以看出阿尔托更具有批判的地方主义精神，它可以维持高度的批判自觉性，既承担着"世界文化"谱系的进展，又必须通过矛盾的综合，使优美的建筑作品显示出某种植根民族的意向和回归自然的天性。这也许是在当今工业化社会最迫切的希望。

（节自刘先觉《阿尔瓦·阿尔托》一书结语，中国建筑工业出版社1999年出版）

（上接第169页）

便更能触发人们的联想和情思。这里想插进一个个人体验的小故事：1996年和1999年为参加会议曾两度住进了北京西郊的香山饭店，时隔三年却先后两次去游览了附近的双清别墅，要是论屋宇、庭院，都平淡无奇，并没有多少诱人之处，只是由于1949年毛主席曾在那里小住，一方面指挥南下大军解放全中国，同时也邀请了爱国民主人士共商国家大事。简陋的房屋一经与历史事件相联系，便赋予了它以丰厚的历史文化内涵和活力，正所谓"山不在高，有仙则灵"。

看完了《五大道的故事》后，自然也会由屋及人地联想到青少年时代便略知一二的历史故事，尽管不能与双清别墅同日而语，但多少也改变了以往那种"见屋不见人"的思维方式，于是便想今后若有闲暇，最好带着这本小册子，对号入座，再次领略这些小洋楼的风采。

（原载天津《今晚报》2000年2月10日）

何镜堂

建筑创作与建筑师素养

一、对建筑创作的认识

在我国，随着生产力的大发展，尤其改革开放以来，社会经济、文化进入了一个新的转折期，在史无前例的大建设中，尽管成就很大，但在环境和生态方面也同样付出了高昂的代价。作为一个中国的建筑师，一方面遇到一个非常好的从事建筑创作的黄金年代，全世界不少建筑师也把注意力集中到中国这片广阔的市场上来；另一方面，面对巨大的建设浪潮和国际上建筑界的冲击，在心理上、综合素质上都准备不够，也深感在理论上、观念上跟不上时代发展的步伐，在大规模建设的高潮中，特别是市场经济的冲击下，面对多元缤纷的社会形态，显得力不从心，常常跟着市场导向走，比较被动，整个建筑界处于一个比较迷茫的、发展的过程。

在几十年的建筑创作中我深深体会到，建筑要有整体观和可持续发展观，建筑创作要体现地域性、文化性、时代性。今天的建筑设计已经不单单是一幢建筑的实用、经济、美观的问题，它涉及到社会经济、技术、文化的方方面面和环境、生态及今后的发展，过去的、传统的、孤立的、片面的去理解建筑和从事建筑创作，已经很难满足今天人们居住和工作环境建设的要求，可以讲我们从许许多多的教训中逐渐体会到以人为本的道理。建筑必须有生态观、科技观、社会观、文化观和经济观，要为人类创造最适宜工作和生活的空间环境。建筑不但要满足现代人的使用要求，而且要有利于子孙后代的持续发展，归根结底要创造条件，促进人与自然的协调，科技与文化的共同发展。为此，建筑师要有一个整体观念，视建筑创作为一个系统工程，要从总体上把握，把城市设计、风景园林和建筑设计整合起来，在综合中创作。建筑师又缺乏理论上的指导和提高，对如何评价有特色的建筑也缺乏深刻的理解，建筑行为的商品化常常投其所好，标新立异，造成一个城市或一个街区，每一栋新建的房子，都想当“主角”、“与众不同”，到头来，城市风格混杂，城市的肌理和整体空间序列受到破坏，城市的历史文化特色逐渐消失，这种教训在我们大规模城市化建设中是屡见不鲜的。

二、建筑的地域性、文化性、时代性

今天如何理解建筑创作？我把它归纳为建筑的“三性”，即建筑创作要体现地域性、文化性、时代性。

第一，建筑的地域性。在本世纪探讨地域性问题，自然要面对当今世界的一个主题：全球化问题。从正面看，它在经济上有利于实现世界资源的最佳配置，在科技上有利于打破地区的隔阂，进一步推动科技的发展；从负面看，全球一体化的盛行对原有的各种地域文化造成了一定的威胁和破坏。建筑作为一种文化，存在于由历史、传统、气候以及其他自然因素构成的背景中，国际化正损毁了这一基础，造成不论城市大小，从东到西，从南到北，城市和建筑一个样，出现特色的危机，乃至发生建筑文化的最终趋同。解决这个问题的有效途径之一，就是强调建筑的地域性。

建筑是地区的产物，世界上没有抽象的建筑，只有具体的、地区的建筑，它总是扎根于具体的环境之中，受到所在地区的地理气候条件的影响，受具体自然条件以及地形、地貌和城市已有建筑地段环境所制约。这是造就建筑形式和风格的基本点。建筑的地域性，从广义来讲，首先受地理气候、区域的影响。例如南方炎热地区与北方寒冷地区建筑各异，山区建筑与滨河建筑并不雷同。建筑的地域性从狭义来讲，是指建筑地段具体的地形、地貌条件和城市周围建筑环境，这是具体影响和制约建筑空间和平剖面设计乃至建筑形式的重要因素。建筑师要以生态观的角度，顺应自然地形、地貌的要求，与地段环境融为一体，要用城市的观点看建筑，尊重城市和地段已形成的整体布局和肌理，以及建筑与自然的关系，在体型、体量、空间布局、建筑形式乃至材料和色彩等诸方面下功夫，采用与地区相适宜的技术手段，结合功能，整合、优选，融会贯通，就有可能创造出有个性的精品。

建筑的地域性还表现在地区的历史、人文环境中，这是一个民族、一个地区人们长期生活积淀的历史文化传统。建筑师应在地区的传统中寻根、发掘有益的“基因”，与现代科技、文化结合，使现代建筑地域化、地区建筑现代化，这是建筑广阔的创作空间，是建筑取之不尽的源泉。

第二，建筑的文化性。大家都知道，建筑具有双重性，它既是物质财富，又是精神产品；既是技术的产物，又是艺术的创作。一座优秀的建筑，其精神内涵的作用常常超越功能的本身，大凡精品，都能传译一定的精神内涵，有很高的文化品位的建筑，历史上每一个时代都产生一批不朽的建筑作品，其文化意义和艺术感染力常常成为一个历史时期的文化标志，国家和民族的精神象征。建筑作为一种文化形态，它既是人类文化大体系的一个组成部分，又与社会经济、科学技术、政治思想息息相关，各种观念无时不在制约着建筑文化的表达和发展，随着信息社会的到来，社会生活方式、文化观念、美学观念、价值观念都发生很大的变化。在一个强调人与自然生态环境协调，科技与人文同步发展的知识经济时代，建筑文化将呈多元化的发展，但这并非各行各素、无章可循。从建筑创作的角度看，设计首先要融合城市和自然环境，表达建筑项目的性质和文化特征。简言之，建什么设计什么用途的建筑，首先就应表达该类建筑的共性和特有的文化内涵。

当今世界的发展正走向文化趋同，这是整个发展的大趋势，它体现了现代科技的发展和地区界限的打破，但不等于抛弃特色，不等于抹杀地域文化，恰恰相反，世界的文化正是由各地各具特色的地方文化组成一个丰富的整体，只有弘扬各具特色的地域文化，开拓性、创造性研究和发展本土文化，才能使整个世界文化得到发展。在现代建筑的共性中、整体设计中表现地方个性，在协调中作到丰富多彩，“和而不同”，这是当今建筑师应具有的思维方式。

中国建筑文化源远流长，有丰富深远的文化哲理，重情知礼，人为本，创作思维上强调“天人合一”的整体观。中国又是一个多民族国家，各地区地理条件、经济、科技和建筑文化有明显的地域差异，中国传统的建筑文化正是由各个地区、各个民族各具特色的地方建筑文化所组成。例如，在广东岭南地区，二千多年前源自百越文化，自秦汉以来，中原文化开始南传，并先后融入荆楚和吴越文化，共同构成了岭南文化体系的基础。随着广东沿海对外开通和与海外交往，中外文化在这片土地上交融、孕育、发展，使岭南地区既保留中国传统文化的根基，又深受外来文化的熏陶，各种方式的跨文化交流促进了岭南文化的形成和发展，兼容性是岭南地域文化的一大特色。在这个地区的建筑创作，就应吸收岭南传统文化的内涵融汇到现代建筑文化之中，好的城市是生长出来的，同样好的建筑也是生长出来的，土生土长的文化，是最具生命力的文化。在建筑创作中，建筑师应自觉地继承地方建筑文化传统，吸收精华、弃其糟粕，就能够创造出有地区文化特色和生命力的优秀作品来。

第三，建筑的时代性。建筑是一个时代的写照，是社会经济、科技、文化的综合反映。当今科学技术日新月异，新材料、新结构、新技术、新工艺的应用，使建筑的空间跨度、高度和空间品质有了更大的灵活性，信息网络技术改变了人们的空间观念和工作模式，新功能孕育了新的建筑类型，科学技术带来的变化，使建筑创作进入了一个新的时代。

当今信息技术已逐渐渗透到社会的每一角落，知识经济带来社会观念的变化和思维模式的更新，极大地影响着人们的审美观和价值观，多元的综合的观念和思维方式将逐渐起到主导的作用。随着信息时代的到来，社会生活方式也发生很大的变化，人与人之间更需要沟通、交往、交流，以人为本，回归自然已成为现代人的普遍要求。建筑作为一个时代的写照，新的知识体系，新的思维方式，新的科学技术，必然带来新的设计观念和思想。现代建筑创作自然要适应当今时代的特点和要求，建筑要用自己特殊的语言来表现所处的时代实质，表现这个日新月异的科技时代、观念、哲学思想和审美观，归根到底，是时代精神决定了建筑的主流风格，只有创新，建筑才会创新和向前发展。

强调创新和时代精神，并非排斥传统和地区特色，创作有中国特色的现代建筑，关键是要处理好时代精神与弘扬传统建筑文化的关系。弘扬的目的是为了创新，而创新又必须在原有的文化根基上发展，继承传统并非在新建筑上拼贴传统符号或部分构件的复制，而是吸收整体文化的内涵。这既有中国文化的传统，也集世界人类建筑文化的精华，还特别要重视吸收地域建筑文化的优秀传统，努力寻求传统文化与现代生活方式的结合点，不断探索传统审美意识与现代审美意识的结合方式，并融汇到新的建筑中去，才能创作出有文化品味的现代建筑。

建筑的地域性、文化性、时代性是一个整体的概念。地域是建筑赖以生存的根基，文化是建筑的内涵和品位，时代性体现建筑的精神和发展。三者又是相辅相成的，不可分割的，地域性本身就包括地区人文文化和地域时代特征，文化性是地区传统文化和时代特征的综合表现，时代性正是地域特性、传统文脉与现代科技和文化的综合和发展，建筑师应该很好地理解和综合运用建筑的“三性”，强调整体性和统一性，创作有特色的建筑。

在当前的建筑设计中，常常会涉及建筑的标志性问题，经常是甲方提出要建一座标志性建筑，50 年不落后，差不多每个任务书里都有这个要求。我觉得不是每幢建筑物都要成为标志性的，作为标志性建筑，有三个基本条件，一是内容，它应该是一个城市或地段历史文化的标志，或是一个城市或地段地域特征的标志；二是标志性建筑必须有很好的位置和环境，要选点恰当，而且要有一定的空间和视线要求；三是要精品，是优秀建筑，这是设计方面的要求。作为标志性建筑这三者缺一不可，而且还要经得起历史的考验。标志性建筑在不同的地区、不同范围的要求也不同，亦有等级之分。有国家的标志性建筑，比如澳大利亚的悉尼歌剧院、埃及的金字塔；有城市的标志性建筑，比如巴黎的艾菲尔铁塔、拉萨的布达拉宫、广州的中山纪念堂、西安的大雁塔；也有地段的标志性建筑，比如武汉的黄鹤楼、广州的海珠广场、伦敦的白金汉宫等等。欧洲城市的特色是在整体的秩序机理，个性首先服从城市整体形象，中国古建筑形象也以整体效应来表达中国传统建筑的个性特色。现在许多城市设计就因为丢掉整体性特征，去盲目追求个性，几乎每一个建设项目，甲方都提出标志性的要求，设计者也片面认为只要标新立异，与众不同，就是有个性，就是标志性建筑，加上我们对城市设计的整体性缺乏深刻的理解，这样一来，每幢新建筑都去追求标新立异的个性，每个单体都想在城市中当主角，成为标志，其结果恰恰相反，整个城市的肌理破坏了，城市变得杂乱无章，想成为标志反而使城市或地段都没有标志了。这种教训在我国许多城市建设中是很深刻的，比如在北京建国门改革开放初期建的一些建筑，论单体，都有个性和特色，都想成为主角，但缺乏城市整体设计，各行各素，结果这个地段风格显得比较混乱。每幢建筑在设计时要有一个很好的定位，有些建筑要当主角，有些建筑就应该当配角，就像一首歌有主旋律、主调，一出戏有主角、配角一样，主角只有一、二个，配角可以有一批。要服从城市整体设计要求，与城市融为一体，要很好地跟环境结合在一起，就是一幢好的建筑。像奥斯卡有最佳配角奖一样，建筑师也应该有这样的气量，对自己设计的每一个建筑都应认真的思考和定位，这样才能成功。

三、建筑师的创作思维与素养

大家知道，建筑因时间、地点和条件不同，受社会经济、历史文化、科学技术等方面的影响，这些影响，既来自纵的方面，又来自横的方面，而且是多因素，多层次的重叠，常常是各种因素互相冲突的、矛盾的。作为一个建筑师，既要有数学家一样的逻辑思维能力，又要有艺术家一样的形象思维能力；既要懂得 $1+1=2$ 的道理，更要学会 $1+1\neq 2$ 的辩证思维方法，有时许多好的主意孤立看起来都很好，但叠加起来，不一定是好的。在错综复杂的矛盾和各种因素作用底下，建筑师懂得如何取舍就决定创作的好坏。由于每个人经历不同，文化背景不同，出发点不同，对建筑的评价常常出现截然不同的结论。没有争议和引起评论的设计常常是一些平庸的作品。反过来，在争议中不断改进，这可能就是个很好的建筑。

建筑师要培养综合思维的能力，在错综复杂的诸因素中，要善于综合思维、抓主要矛盾和矛盾的主要方面。一个创作形成的全过程，正是设计各阶段不断解决主要矛盾的过程。不同时期，不同阶段有不同的矛盾重点，而且有先后顺序的关系。要思路清晰，先解决什么、后解决什么，从整体到局部，层层展开，不要颠倒顺序。如果第一步走错了，第二、第三步往往就会错，如果第一步走好了，就会为第二步铺平道路，第三步也会很顺，而且越走越顺。

创新是建筑的灵魂，但并非标奇立异。建筑师要有创新精神，要有不断自我否定的气量，要重视原创性思维的培养。目前我们相当多的建筑师任务繁重，理论学习不够，比较重视从表面上、符号上、形式上下工夫，碰到问题，往往头痛医头，脚痛医脚，不能整体地辩证地去解决问题，对国外的东西，喜欢搬用，很少分析人家为什么这样做，从中得到启发。近年来，我们国家举办了许多国际设计竞赛，虽然国外有不少方案平平，也有许多方案不如国内，但从总的来说，尤其在机场、剧院、体育场所、城市CBD区及超高层建筑方面，有许多方面值得我们学习，特别是在建筑环境、空间、城市设计理论、新材料、新技术的运用及思维方法上都值得我们借鉴，要学习他们不断创新的理念和思维方法，而不是具体方案的形式和符号。

关于建筑的多元性和统一性问题，近几十年来，国外出现各种各样的建筑理论、流派、主义，他们各自从不同的角度强调某一观点，或重技术的，或借鉴传统的，或强调地区性的，或突出文脉环境的凡此种种，风格、流派纷呈，他们各有不同的出发点，虽言之有理，持之有故，但常常是某一历史阶段的产物，关键不要随便搬用。在我国改革开放二十多年来，很多国外的东西进来了，对推动我国建筑业的发展有一定的促进作用。我们应该批判地学习和吸收其有益的养分，走自己的路，而无需跟着哪个流派走。建筑设计的基本原理是共通的，不管什么理论、流派，最终是由能否达到尊重环境，满足使用功能，经济合理和美观的要求，为人类创造最适宜创业和居住为依据，这是建筑的统一性。建筑师可以根据不同时间、地点、条件，用不同的手法、不同的途径达到建筑的目的，这是建筑的多样性，在北京召开的UIA大会上通过的《北京宪章》也谈到这个问题，所谓“一法得道，变化万千”，正说明设计的基本哲理和目的是共通的、统一的，而建筑形式的变化是无穷的、多元的。

建筑设计是一项以人为本的创造性劳动。一个好的设计，从立意、构思到方案的形成，一切从人的需求出发，以人的尺度为准则，以满足人的活动和使用为前提。在这个过程中，都需要建筑师以满腔的热情、全神倾注，在构思过程中，发挥个人的综合才能和创新灵感，不断自我否定，自我完善，才能创作出好作品。

建筑设计又是一项多学科综合的劳动，它涉及社会、政治、经济、文化、科技的各个领域，因时间、地点、条件不同，常常是多因素、多层次的综合，从构思到设计完成，从可行性研究到项目建成使用，这中间经过多少人的共同劳动，而决非一个人所能适应得了的，尤其在当今一些大型、综合性设计项目，绝非一个建筑师所能胜任的。因此无论在建筑创作的团队里，或是与社会交往中，都离不开人与人之间的联系和共事，提倡合作共事的精神是至关重要的。在团队里，彼此互相尊重，互相体谅，取长补短，是一个成功建筑师必不可少的品德。

建筑师要有高尚的道德修养与精神境界，要学会做人，把社会整体作为最高的业主。要融入整个社会中，参与建设的全过程。一个建筑师的素养，既包括他的专业技能，也包括他的创作哲理和他的人品、合作精神，这三者都一样重要。在多年的建筑创作实践中，我体会到，一个成功的建筑师，勤奋、才能、人品、机遇是缺一不可的。勤奋是要努力工作，刻苦学习，向书本学，向别人学，还要结合建筑专业的特点去学，才能既包括理论知识和设计技能，还包括建筑设计的思维方法和创作哲理，人品是做人的守则和职业道德，机遇是靠平时的积累和创造。

我们国家正处在一个经济建设大发展的时期，作为一个中国建筑师，正遇上一个从事建筑创作的黄金年代，我们应该十分珍惜这个来之不易的创作环境，不断探索、勤奋工作，我们每个人可以根据自己的经历和环境，寻找最适合自己从事建筑创作和发展的工作模式，为创作更多有中国特色的现代建筑而努力！

参考文献：《面向二十一世纪的建筑学》（国际建筑师协会第20届世界建筑师代表大会文集 1999 北京）

（原载《建筑学报》2002年第10期）

布正伟

体验与思辩

本世纪的最后20年，是中国城市化进程加快、建筑领域迅猛发展的20年，也是建筑创作显示生机且又充满困惑的20年。如何使我们创作的总体水平能适应今后中国建筑的持续发展？在世纪之交需要以冷静的眼光去审视的这个问题，也正是《自在生成论——走出风格与流派的困惑》这一研究课题所关注的问题。

应该说，《自在生成论》的研究起源于创作体验，并引伸于哲理思辩。60年代中期以来，我的建筑师生涯就是在体验与思辩中走过来的。没有创作体验，我便无法感知建筑理论跳动的脉搏何在，更不会产生要从中获取什么的渴望。同样，没有哲理思辩，我也不能跳出"画图匠"视界的小圈子，透过错综复杂的现象去看清楚外面热闹的建筑世界，更不可能从切身的创作体验中去作出抉择：要坚持什么？该抛弃什么？

体验→思辩→思辩后的再体验→调整中的再思辩……如此循环往复。也许正因为如此，我的建筑师生涯才很单纯、很艰辛。在这本著作中，我把80年代以来的收获分成了"理论研究"与"创作实践"两个部分，这也可以说是我在《自在生成论》探索过程中，"体验"与"思辩"密切相关的真实写照吧。

"建筑哲学"被视为建筑师的"灵魂"。然而，在我思想深处，更加看重的还是创作体验——唯有来自实践的这种切身体验才能使我真正贴近"建筑"，走进"建筑"，也才能使建筑哲学真正溶于自己的血肉，做到灵魂附体、思行统一。如果是从书本到书本、从理论到理论，我肯定是想不到要研究《自在生成论》的。即使是有了这个动机，那也难以扎扎实实地去完成。

体验的重要性不仅仅是使我在实践中首先能发现问题、抓住问题，而且，对来自周围的各种信息，特别是来自有影响的权威方面的理论信息，我都可以通过自身体验去加以鉴别、加以认识，这样的提高就不是一般的提高。不仅如此，体验还使我能在探索中去纠正已经发生或可能发生的各种偏差。70年代末、80年代初，我曾痛感僵化模式使我们走向封闭和窒息的巨大危害性，发出了"大家都要有自己的"呼唤，并在思辩中剖析了建筑生命的源泉——理性与情感在对峙中的亲合。到了80年代中期，我在体验与思辩中的运行轨道已由"自我表现"过渡到了"自在表现"。然而到了80年代后期，也正是在体验中对"个性至上"以及低劣的个性表现给城市建设与环境创造所带来的无法弥补的破坏深感焦虑和厌恶，继而又提出了"寻找城市"、"风格的多元化要服从城市整体美的创造"、"建筑个性艺术表现不仅仅来自类型意义的建筑形象，而且还来自城市意义的建筑形象"等一系列理论观点。

就是这个深刻的反省过程，使我对建筑表现规律的认识有了一个飞跃：建筑表现的文化底蕴与艺术魅力，决不是可以从一个简单的线性发展过程能得到的，而是必须从不同的观点高度和不同的视角去酝酿、去挖掘、去把握。因而，这是一个开放的、多向联动的叠加结果——这个结果不是别的，就是建筑作品在特定条件与特定环境中所要反映的品格、气质、表情、体态乃至建筑空间场所里里外外的整体景象所构成的综合表现力。不言而喻，这个多向联动的创作过程就是非线性的"自在生成"的过程。1987年我发表了《自在表现论》，而在其后的研究中又将命题修订为《自在生成论》，这其中的道理便是我在体验与思辩中省悟到的。

深入而微妙的体验，往往会引发颇具针对性与独创性的理性思辩，进而又会使理论带有某种鲜活的色彩，《自在生成论》的文化论就是借此受到启迪而使"外显系统"的论述得以深化的。我们可以看到，许多城市里的"门面建筑"，要论"脸蛋儿"也还算有几分漂亮，但就是不能打动人心，缺少独特的艺术感染力。其中有的甚至会使人产生"在哪儿好像见过"、"在哪儿都可以出现"的不良印象。我们也可以了解到，有不少的现场身临其境感觉很好的建筑作品，往往就拍摄不出如同这种感觉一样动人的建筑照片或建筑录像来。相反的情况是，有时候那些很"上相"的建筑作品(指从某个角度照出来的建筑相貌),在实地参观和体验之后,便会不以为然,甚至大失所望。对这一类客观存在、但又不为人们所注意的建筑审美现象,我作了较长时期的体察与思考。我逐渐地意识到,在创作中只注意到与功能性质相适应的艺术气氛是不行的。即使同时也注意到了与创作年代相呼应的时代气息也还是不够的。我们往往缺少的是与作品所处具体自然环境(包括气候条件)、人文环境(包括城市的规模、性质、文化情调)、建筑环境等密切相关的一种特有的文化气质。正是在不断深入的体验与思辩中,我强烈地感受到了建筑的文化气质乃是建筑表现(即建筑表情)之魂;只有当这种文化气质渗透于作品所要表现的"艺术气氛"和"时代气息"之中时,建筑作品才能显示出它的文化底蕴和艺术魅力。这样一条思想脉络,就使我真正从理论意义上弄清了建筑外显系统与环境意象之间的相互关系,不同层面上环境意象的生成与表达,以及拟人化的建筑文化气质决定着作品艺术气氛和时代气息具体表达时的向度与量度。

在研究《自在生成论》的过程中,我把体验——主要是创作体验放在第一位,自然,也就把创作实践放在了第一位。由于我的绝大部分时间和精力都投入到了创作和与创作有关的活动中,因而,我就只能挤出时间断断续续将研究过程中所获得的东西一部分一部分地整理出来,前前后后一直延续了10年之久。说长也长,说短也短,因为这个理论体系的容量及其充实程度、概括程度都可以在相应调节中去确立。

由于异常忙碌,所以,在完成了本体论与艺术论这两章之后,我采取了"论纲"的方式写下了文化论、方法论和归宿论。这似乎不成体统,但却也有许多好处:一是节约了读者的时间,可以在少受累的前提下一目了然地抓住《自在生成论》的基本要点;二是让研究成果反映作者的实际情况,也让这本书多一点"自在品格",少一点装门面摆架子的东西;三是恰当的概括和提炼,把要阐释的话留下不全都说出来,这样不仅可以为读者提供一些再思索的空间,而且,也有利于今后继续研究作新的修正和补充。

体验虽说是第一位的,但思辩毕竟高于体验。我之所以格外珍视体验,是因为"真实"往往来自体验。但我仍渴求思辩,渴求在寂寞与冷峻中的思辩,因为由这样思辩而得到的是升华之后的"真实"——更具普遍意义与典型意义的真实。即使是本书的第二部分(创作实践部分),我也力求通过对1980年至1998年创作的剖析而去寻找自己的一些基本点。如果将第二部分所展示的12个方面的基本点串联起来,这便可以看作是我在创作实践中去贴近《自在生成论》的运动轨迹。

从总体上说,我这个时期创作的主要着眼点还是在努力脱俗。品格高于风格——这是我在研究中得出的一个重要的结论,因而"脱俗"比"创新"更切合实际,也更指向要害。认认真真地从"脱俗"做起,那么,自然而然的"创新"(自在生成的"新")也就会不期而至。80年代以来我主持的建筑设计——已建成的也好,未实施的也好,就建筑品格而言,我大体上还是肯定的。但也勿需回避那些来自方方面面的不顺心的事情和不满意的地方,正如我在第五章中所说的那样,"自在也非自在"。在我的创作舞台活动范围内,"投入的"和"产出的"都有不少人为造成的非自在因素在起作用。而且,规模越大、社会关注面越广的工程项目,就越加难以排解。只不过,由于"自在生成"这根"神经"在不时地牵动自己,使我在各种"惯性力"的作用下,还能在不同程度上相对产生一种"偏心力"与之抗衡。可以说,这也正是80年代以来,面对种种不利条件尚能使自己的作品保持一些固有面貌特征的原因所在。

在古今中外的建筑实践中,都有与"自在生成"一脉相通的优秀之作,其中有许多还是无名之作。本来,在《自在生成论》的各章中,都可以引用古今中外这些实例来加以论证和说明,但出于篇幅的考虑而不得不割爱删去了。在有选择的图例中,我有意地偏向了东方建筑。顺便提示一下,有一些在西方被炒的新流派之作,要是用"自在生成"的眼光去看的话,无非是"广告效应"在起作用而已。古今中外建筑领域中的这种"不公平"早已是天经地义的事了。所以并不奇怪,那些真正具有可贵的自在品格的建筑,往往是默默无闻的建筑,尚未被人们所关注和爱护的建筑。

在《自在生成论》的研究中,我常为自己缺乏东方哲学思想的根底而深感自歉和遗憾。1996年在海南参加三亚南山文化旅游区总体规划评审会时,我曾与一位中国佛教文化界的资深学者就"自在生成"这一概念进行交流和讨论。他认为,建筑也和世上其他事物一样,要想看清它混混沌沌中的面目,就不能只从一点去看,而要从前前后后、上上下下各个点去看,当你看清它的本来面目之后，不管它再怎么变，你都不会被各种表面现象所迷惑了。当这位学者进一步了解到我从本体论、艺术论、文化论、方法论和归宿论去阐释“自在生成”的建筑作品所应具有的品格及其审美特征时，他很是赞同：“这样去看建筑，就会很自然地得到一些在通常情况下得不到的想法。当你进入到非常辩证的思想境界时，就像你说的那样，认识到建筑创作‘有界也无界’、‘有法也无法’、‘有我也无我’、‘自在也非自在’时，那么，你就自然而然地靠近‘禅’的境界了……”诚然，这位资深学者对我的评价有过奖之处，然而，令我深思且又颇有深刻含义的是，在《自在生成论》的整个研究过程中，我从来没有用传统文化中某种“有色眼镜”来看建筑世界，也没有在传统理念的框架内，以先入为主的方式去有意求证什么。我只是年复一年地在长期平凡的建筑体验与思辩中走过来了，竟于不知不觉中步入了东方哲学思想的神圣领地！这是我根本没有预料到的，我感到惊奇，感到不可思议。

当我在完成本书的最后一章《跨越与修炼——自在生成的归宿论》时，我仿佛开始感悟到了东方哲学思想的深奥与魅力。也可以说，是《自在生成论》的研究唤起了我心灵深处的潜在意识，并进而引导我具体而又尖锐地认识到了一个真理：中国现代建筑走向世界之日，乃是它的精神与做派回归东方之时；在东方如果没有中国现代建筑的位置，那么，在世界自然也就没有中国现代建筑的位置；中国现代建筑的精神上、气质上，以及在做派上如果总是难以找到大度、大气与大美这些大家风范的感觉的话，那么，回归东方也就只能成为一句空话了。因此，《自在生成论》在结尾时所呼唤的“东方之道”，就是惊天地、泣鬼神的还魂之道，脱胎之道！无论是从理论研究上来说，还是从创作实践方面来看，中国现代建筑所要走的“东方之道”还只是初露端倪，而要在今后的体验与思辩中去继续挖掘仍深深埋藏着的“东方之道的真谛”的话，这就要寄希望于走向新世纪的志同道合者们的共同努力了。

1998 年 3 月 30 日于北京

（本文为布正伟《自在生成论》一书的前言，黑龙江科技出版社 1999 年出版）

杨永生

我国第一代建筑大师陈植

100年前，当进入20世纪的钟声回荡在中国暗夜天空的时候，先进的人们已经察觉到腐败透顶的满清王朝即将覆灭，曙光即将复出。在先期接触西方文明的城镇乡村，伴随着这世纪钟声诞生了一批中华英才。他们拖着小辫子目睹了辛亥革命，又受到"五四"运动中"德先生"和"赛先生"的教诲，纷纷奔向西方和先行一步维新的日本，苦苦地汲取现代科学文化知识。没过几年，他们就带着硕士证书、博士证书，放弃海外生活工作的优越条件回到军阀混战的苦难的祖国，艰辛创业。及至30年代，他们当中不少人即成为我国当代科学、技术、文化、教育等领域各个学科的奠基人。

1902年出生于浙江杭州的陈植(字直生)就是其中的一位，今天，住在上海寓所里的这位世纪老人，思维依旧敏捷，仍然关心着上海乃至全国建筑界，还不时地写信、谈话，发表灼见。

陈老出身于诗书世家，从童年起就受到传统文化艺术的薰陶。祖父陈豪是清末著名画家、诗人，父亲陈汉第擅绘松竹，是杭州求是书院(今浙江大学前身)的创办人之一。1915年，13岁的陈植考入北京清华学校，念了8年，1923年毕业后官费留学美国，入宾夕法尼亚大学读建筑学。1927年获建筑学学士后，又入研究院深造，一年后获硕士学位。50年后，一位叫Roach的美国朋友还记得陈植，他说："陈植不像其他中国留学生那般拘谨内敛，陈与美国同学有较多社交，颇孚众望"。说到颇孚众望，只举一例即可印证。当年，在美国成立有中国费城留学生会，下设4个小组，其中"中国之夜"(China Night)的召集人即是陈植，建筑学家、诗人林徽因是其成员。陈老在美国留学期间，不仅建筑学成绩非凡，于1926年获柯浦纪念设计竞赛(Cope Prize Architectural Competition)一等奖，还师从费城科迪斯音乐学院著名男中音歌唱家霍·康奈尔(Horaton Connell)教授学了4年声乐，1927年他作为宾夕法尼亚大学合唱团成员在白宫受到美国总统柯立芝的接见。

1929年回国后即应梁思成之邀，到东北大学建筑系任教。除教学外，他还与梁思成、林徽因等人合作，规划设计了吉林大学。1931年辞去东大教职，到上海接受了上海浙江兴业银行大楼设计任务，并与1923年取得美国宾夕法尼亚大学建筑硕士学位的赵深合作创办了赵深陈植建筑师事务所。1931年冬，"九一八"事变后，宾大同学、东大同事童寯流亡上海，应邀加入，遂于1933年改称华盖建筑师事务所。从1931年到1937年抗战爆发，这间事务所在上海、南京一带设计了不少建筑精品，如南京国民政府外交部大楼、大上海大戏院、金城大戏院、南京中山文化教育馆、浙江兴业银行等。这些作品虽然在设计上各有其主持人，但应当说，都是华盖三巨头(赵深、陈植、童寯)精诚合作的结晶。

对于华盖的建筑创作指针，陈老1983年在一篇文章中说："我们同事务所的三人之间曾相约摒弃'大屋顶'。只在某办公楼(铁道部购料委员会大楼——编者注)的设计中，由于要与原建筑相协调，不得不沿用古典形式。"这在当时国民党政府提倡"发扬固有文化"的上海、南京是极为难能可贵的。当时，华盖的态度是宁肯不中标，也不去随波逐流，迎合某些人(包括业主和评委)。南京国民政府外交部大楼不抄袭传统古典形式，从功能要求出发，线条简捷，体形稳健，采用平屋顶，仅在檐口处运用了简化的斗栱，在民族形式与现代建筑相结合上取得了重大突破，产生了深远的影响，直到解放以后仍被沿用。1936年4月，叶恭绰在上海发起中国建筑展览会，唯有华盖的作品鹤立鸡群，突出了现代建筑风格，受到界内外人士好评。华盖的作品，比较突出的如以童寯为主设计的南京中山文化教育馆(抗战时期毁于战火)。陈植评说，这座建筑在融汇中外古今的手法上具有示范的意义；其正门两旁屹立的两座塔柱，嵌以琉璃花砖，气势宏伟，又以形传神地表达了浓厚的民族风貌。又如，以陈植为主设计的浙江兴业银行大楼，突破了当时流行的银行建筑用小窗户来封闭起来的立面，而采取柱间大玻璃窗立面，在银行建筑中独树一帜。应当说，华盖的一些精品在中国近代建筑史上占据着不可或缺的地位。

在上海滩，中国建筑师与外国建筑师之间的竞争十分激烈，华盖以其精品设计赢得了社会的信任。抗战胜利后，浙江第一商业银行本来已交由美国建筑师汤普森设计并付了设计费，但最后业主还是邀请华盖重新做设计。

解放后，陈老虽然长期担任上海规划建筑管理局副局长兼总建筑师、上海民用建筑设计院院长兼总建筑师等行政领导工作，但从未脱离图板。除参加和指导一些国内外重大工程外，还亲自主持设计了金山化工总厂生活区、苏丹民主共和国友谊厅、上海国际海员俱乐部等建筑。尤其是1956年由陈老设计的上海虹口公园鲁迅墓，给人们留下了无限的遐想。大家知道，我国传统的墓地规划是前部设祭堂等纪念性建筑，最后部才是墓室。而陈老设计的鲁迅墓则反其道而行之，墓在前，墓后以镌刻着毛泽东题字的宽阔的墓壁作为墓的背景，墓前建有宽阔的广场，左右两侧设花廊。廊下可供前往瞻仰的人们坐下来，提供了一处静静沉思缅怀的场所。长眠于地下的鲁迅先生面向广场，面向群众，充分表达了鲁迅与群众永远在一起的设计主导思想。鲁迅墓并不宏大，然而给人们留下的却是不可磨灭的记忆。

陈老80多岁退居二线后，依旧关心上海的建设。在1987～1988年这一年间，他经常是独自一个人亲临现场考察上海近代建筑，据说多达80余次，提出了上海近代建筑保护名单。最后，经上海市政府批准作为近代建筑一级保护项目的达59项。

非但对上海，对北京的城市规划和建筑，陈老也十分关心。1958年，在北京人民大会堂设计方案经批准并已动工的情况下，他与上海另外4位教授（吴景祥、冯纪忠、黄作燊、谭垣）和建筑师赵深联名上书周恩来总理，陈述他们对人民大会堂设计方案的意见。周总理见信后通过时任北京市副市长的吴晗电召六教授进京面谈。在北京，周总理亲自出席座谈会，听取他们的意见。

陈老对杭州、桂林等城市建设也都提出过十分中肯宝贵的建议。

到了90年代，虽已耄耋之年，陈老还在读书。当他看过由我主编的“建筑文库”中《杨廷宝谈建筑》一书后，给我写信，详细地谈了20年代中国留学生在美国宾大学习的情况，在该书第二版中我加了注释。去年，陈老刚刚过了96岁生日，还给我复信谈及关于编辑《建筑百家书信集》一事。

陈老一生从事建筑设计，他总结了5条设计原则：继承民族传统的精华、突出地方固有的风貌、表现建筑性质的特征、反映技术先进的内容和显示时代前进的步伐。我认为，这5条原则千真万确，值得人们深思，刻意追求。

现附上1998年11月20日陈植写给我的一封亲笔信，以志纪念。

永生同生：

久疏函矣，时至挂念，切盼百忙之中注意休息。

关于编辑建筑百家书信集，用后不胜赞同，惜我本人无法协助，因原稿颇少，在“文革”期间，毁去不少，无法供应，当请见谅

祝　健康快乐

（原载《中华锦绣》画报1999年5月合刊号）

附记：这篇文章写于1999年，是《中华锦绣》画报社为配合第20届世界建筑师大会在北京召开约我写的。当时，除了这篇外，还写了梁思成、林徽因、杨廷宝、童寯等人。那些文章并不是全面地写他们的经历或业绩，而是抓住一些历史的片断加以叙述，间或也有些个人的认识和理解。

现在，这本书即将编就，虽然通过多个渠道，想搜集陈植的文章编进来，终于未果，而我手头上确也没掌握陈老生前留下适于编入本书的文章，甚感遗憾！

再看看这本书的目录，有关于阿尔托、赖特、贝聿铭等人的文章，唯独没有关于中国建筑师的，又是一种遗憾！

幸而翻出这篇文字，为了解除上述两种遗憾，虽有充数之嫌，再三思虑，发稿在即，也只好编进来。

2003年10月7日

郑孝燮

关于历史文化名城的文态环境

历史文化名城的生态环境必须保护好，与此同时，还应当明确保护文态环境。生态环境是保护自然，文态环境，则是保护文化。自然和文化是人类生存和发展不可缺少的两条腿。文态环境是要求整体上体现物态环境的文化理性和秩序。简而言之，就是环境要有整体性的美感，就像一部交响乐在演奏时那样要达到整体的和谐与完美。不论是城区、一个街区或者是一条街、一个商店都要贯穿美的秩序。其中属于历史保护区的，要能够体现中国传统文化及其文脉。非保护区、现代化的高层建筑区也应雕造具有现代美感的、有秩序的文态环境。不论历史环境还是现代环境，杂乱无章均是不能容许的。现代高层建筑也有文态环境和整体美的问题。例如美国洛杉矶的一些高层建筑群就很美，它们和自然环境、地形、植物等结合得非常好。又如迈阿密的许多高层建筑建在海边，通过距离和空间的关系与周围的山、海相呼应形成了一种美的境界。我们紫禁城的中轴线环境，可以说就是历史文态环境的一个杰作。天安门广场又是一个美好的新的文态环境。文态环境讲谐调，讲相反相成，即统一中求变化。如果只求对比强烈，而不管和谐统一，岂不如同牛奶里边放辣椒？岂不等于戏剧现代主义中的荒诞派？川剧的荒诞剧《潘金莲》容古人、今人、洋人于一台，这样的作品很难长期占领舞台，其艺术生命力是很难长久的。我们现代有些建筑似乎也有类似的倾向，许多同行我是不敢恭维的。

文态环境要讲协调，北京已划出了25片历史文化街区，我的意见是对每片均应作好风貌的分区，定好风貌的基调，使文态环境谐调，达到在统一中求对比。

关于创造文态环境，有几个原则性的问题我想在这里提出来探讨一下。

1. 创造文态环境必须消灭城市里(包括山区)裸露的土地，把裸露的地方都变成绿地。这既是文态问题又是生态问题。这样做改善了生态环境，也就是改变了文态环境的一部分。

2. 对历史建筑的保护(不仅仅局限于文物)，应该确定有不同的层次，即有保护单位，有保留单位，有整治地区。保护、保留、整治要区别对待又要同时并举才行。不可能一个街区里所有的建筑都作为保护单位，保护的只是少数，大部分是保留单位，保留它们的外貌，而允许内部进行改造，以适应现代的生活。有一些与周围环境不协调的建筑则需要进行整治，一些卫生条件、防火条件、交通条件达不到标准的，也要整治。整治的主要目的是要达到安全、便利、卫生和环境风貌的谐调完美。整治的对象有的是建筑，有的是环境。

3. 要特别注意借景，严格掌握住“景宜借，不宜夺”。北京第二热电厂在全国重点文物保护单位天宁寺塔的边上，搞了一个很高的大烟囱，造成了建设性的破坏。我们要学会善于设计、善于规划，把好的景借过来。可现在天宁寺塔周围的文态环境更糟，被层层的高层建筑包围了。

4. 要禁止破坏性建设，同时注意改善交通，但这种改善也应该是保护性的。

总之，文化是一个民族的灵魂，而且“越是民族的越是世界的”。现在还出现一种论点，说“越是世界的越是民族的”。

(作者于2000年在浙江临海关于历史文化名城保护学术研讨会上作了学术报告，题为《历史文化名城保护三题》。本文节选自该文，是为第三题。其第一题是“20世纪早期对整治北京皇城的保护性改造”，第二题是“中国传统建筑美的基本特征”。)

彭一刚

也谈五大道的小洋楼

1952年秋，全国大专院校院系调整，唐山交大建筑系并入天津大学后，我便来到了天津，屈指算来将近半个世纪。如果要发什么"绿卡"的话，我早该就算得上是一个皖籍天津人了。初来天津时我还是一名建筑系的学生，由于所学的是建筑学专业，自然对房子最有兴趣。印象最深的有两处：一是解放路上的银行，一律西洋古典建筑形式；另一处便是今天所常说的五大道的西式小住宅。解放路离学校太远，非乘车是去不了的，而穷学生要花钱去买车票，也是一种难以承受的负担。五大道则比较近，只要出七里台校门穿过一片田畴(今广播电视台所在地)再走街串巷，便可到达成都道的西段(今体育馆所在处)，再往前不远便进入了昔日的英租界。尽管也不算太近，但当时正值健壮的青年时代，这点路还不在话下。记得在大学二年级学习建筑设计课时，就从许多外国建筑杂志上看到过不同式样的小住宅建筑，当时最热衷的是西班牙和英国式的小住宅。前者的特点是黄墙红筒瓦屋顶；墙面上常开拱形门窗，并附有一些铸铁花饰；屋顶呈缓坡形式，并从中伸出变化多端的烟囱，屋顶的顶尖处每每还设有铸铁制成的风信标。室内起居室则采用壁炉取暖，屋顶上的烟囱所对应的正是室内的壁炉。英国式的小住宅，常称之为维多利亚式的半木结构，主体构架为木材，裸露于外，从外观看很富装饰性，屋顶则比较陡峭，并有许多烟囱伸出于屋面。总之，这两种风格的小住宅不仅体形变化丰富，而且还能给人一种亲切温馨的感觉。英国式的小住宅在唐山也曾见过，但是不如天津的花样繁多。西班牙式的建筑则是到天津后才见到。于是每当假日便与三五同学徜徉于五大道上，指指点点、评头品足，浸沉于一片异国情调之中。当然，除了以上两种风格的建筑外，对其他多种形式风格的建筑也饶有兴趣，总之，对一群初涉建筑的学生来讲，真像是一个活的大课堂。

毕业之后便留校任教，随着知识和阅历的增长，再去逛五大道时，便对其中的某些建筑产生了疑问。如果用外行看热闹，内行看门道的话来评判的话，学生时代所倍加推崇的一些建筑，后来却感到不够典型，不够规范，在手法处理上似乎也不成熟。当然还有更多的建筑甚至说不上属于何种风格，往好处说即所谓的折衷主义，往坏处说便是不伦不类。关于这一点倒也不足为奇，试想，天津作为一座殖民地城市，虽然也来过一些素质较高的外国建筑师，然而更多的恐怕还是二三流建筑师。加之房主又多种多样，从逊位的皇亲国戚到落魄的军阀、官僚，乃至文人雅士，新兴的工商业家，真所谓三教九流样样俱全，这些人不仅使用要求各不相同，就连欣赏口味也雅俗悬殊，建筑师自然要多方迁就，于是在设计手法上偏离了正统的法式也在情理之中。

时至文化大革命，原房主虽早已谢世，但是他们的子嗣多为被冲击对象，一时间竟成了过街老鼠，房子虽然依旧，却挤进了许多新的住户，内部拥挤，局促，外部搭建、拆毁、破坏，从而使原来幽雅的环境遭到严重破坏。1978年唐山大地震，更是雪上加霜，以至于到了惨不忍睹的境地。

改革开放之后，人们的观念发生了很大变化，在左的思想影响下，一直把这些东西看成是帝国主义留给城市的残渣余孽，恨不得彻底地予以清除而后快。尔今却摇身一变成为城市历史文化的见证，正是它才赋予了城市以特色。特别是在当今文化趋同的潮流中，许多新兴城市都不可抗拒地走进了全球一体化的阴影之中，而天津却能保留这么一大片西式别墅区，自然可以极大地突出城市的特色。为此，市政部门也都作出规划，特别是对于某些具有历史文化价值的建筑，甚至列为重点文物保护对象，这无疑是一种颇值得称道的举措。

原来的包袱，今天却转化成宝贵的历史财富，这种观念上的改变也得益于新闻媒体。例如《今晚报》副刊曾辟专栏组织五大道的征文，后来又汇集成一本《五大道的故事》，原来我们看到的仅是作为物质形态的建筑，一旦与屋主的经历和历史事件发生了联系，

(下转第158页)

金瓯卜

略谈瓦当

中国古代的建筑，与西洋古代以石头建造宫殿城堡不同，多系土木结构，易于损朽毁坏。但是二三千年来却遗留下来不少残砖片瓦，而其中又以瓦当最为引人注目。

瓦当，是指屋檐筒瓦顶端下垂的特定瓦，起着蔽护屋檐以减少风雨侵蚀的作用，既具有实用价值，又能美化建筑，是我国古典建筑独特的装饰品。

瓦当虽然是灰暗的陶制品，没有华丽的色彩，但是在建筑整齐的椽头上，片片有着图案花纹的瓦当，排列连接着像串灰色的项链。它的朴素装饰美，另有一种深沉动人的魅力。人称建筑是凝固的音乐，那么这灰色的项链，则是乐曲中的一组奇妙的音符。

从20世纪50年代初开始，在研究我国古典建筑中，我被瓦当所吸引。瓦当上所饰有的文字、图形，其众多的变化，优美的纹饰、新颖的构思等等，不仅可提供其所在时代的有关历史、人文等方面的知识，还有它的艺术价值。

瓦当起自三千多年前的西周时代。从出土的当时的瓦当上，可以看到刻划有粗细绳纹的图案。虽然装饰的风格比较原始，但它这种“线的艺术”，有一种简单自然的朴素美。

到了战国、先秦时代，随着社会变革、思想趋于活跃，“百家争鸣”也带来艺术上的跃进。反映在瓦当的纹饰上，一方面打破了原来几何纹以线为主要特点的结构形式，进展到注重整体性的艺术形象，同时也取材于自然，对鸟兽虫鱼等的雕绘，既写实逼真，又很概括，形成一种简单明快而又神态生动的艺术形象。原来源于铜器夔纹变化的云纹、龙凤纹等的图纹，则进展为具有较固定的风格，沿用流传下来，成为人们心目中具有代表性的民族传统形式，迄今尚有用在装饰图案上。

秦汉两代处于封建社会上升发展时期，国力强盛。统治者大兴土木，修建宏伟、豪华的宫殿、皇陵等建筑群，如阿房宫、秦始皇皇陵、未央宫等等。它们虽早已荡然无存，但是在咸阳、西安、临潼等地大量出土的瓦当，除了从它们可以了解到当时巨大的建筑规模等情况，众多瓦当精美的纹饰，则充分说明秦汉是瓦当艺术发展的鼎盛时期。在此后唐、宋等再也没有在瓦当纹饰上多下功夫。因而“秦汉瓦当”也就成为代表瓦当的一个专门名词，就像商周青铜器一样，成为一个时代的特定产物。

我是因瓦当的拓片和建筑有关而在见到时随手拣集的，数量百余个。为便于翻阅，略事整理分类。

战国瓦当拓片　有饕餮、云山、双兽纹等图纹，大部为傅熹年院士所赠。这些瓦当均存陕西省博物馆。

秦瓦当拓片　动物的画像，有鹿纹、熊纹、豹纹、云鹤纹、双犬纹、双龙人纹、双鹰纹、树兽纹、伞下双兽纹等等。在艺术风格上写实与写意相融为一体，活泼舒展，自由奔放，形神俱备。

秦立国之前，是以游牧狩猎为主的部落。立国之后，戎俗犹存。在艺术上也反映了其某些特色。在动物纹的瓦当的形象上，有突出的表现。如《鹿纹瓦当》为一侧面的奔鹿，身躯矫健灵巧，奔跑和戒备机警的神态表现得十分显著。通过夸张，使鹿的颈部富于弹性，给人以一种呼之欲出的节奏感。

《飞鸿延年》是一图文并茂很典型的瓦当，能较好体现秦时在瓦当艺术上的风格和造就。它是秦始皇建长乐宫在高九十丈上所筑观宇之瓦，因皇帝曾在台上空射飞鸿而号称鸿台。在该瓦当画面上的鸿雁呈十字状飞翔的姿态，大方洒脱，而将画面一分为两半。鸿雁的颈部有意夸张加长，头一直伸向瓦当的上方作鸣叫状。“延年”两字呈方形置于两旁，显得平正稳定。这样整个画面既对称又有变化，动态与静态相结合，给人以一种美和舒畅的感觉。

秦用文字装饰的瓦当，字体和数字不一，有十二字(如“维天降灵延元万年天下康宁”)、八字(“千秋万岁与天无极”)、七字(“千秋利君长延岁”)、五字(“双鹿甲天下”)、四字(“羽阳临渭”)等，组成不同的图案。寓意在或显示秦在一统天下后，踌躇满志的心态，或以吉祥语反映了人们的企求。每一个瓦当的文字布局，在排列上匀称和谐，体现了构图者的巧思。

汉瓦当拓片　瓦当的图案纹饰至汉代达到了高峰。其艺术风格除吸收了前代精华，又融入了自己时代的特点：求朴、求拙、浑厚、凝重，在格局上丰满充实，增加了装饰感，处理手法上求变求活，有一种力的气势美。

汉代瓦当的发展变化还表现在以下几方面：1. 汉代动物瓦当与秦时写实性强不同。如“青龙、朱雀、白虎、玄武”组成“四神”一套的瓦当，多系想象中的奇禽怪兽，用于建筑的不同方向上和不同用途的建筑上；2. 形象的刻划较前代细腻但不繁琐；3. 图案具有幻想和某些浪漫主义的色彩。如云纹的图案，较秦时更丰满，动感更加强烈；4. 圆心上增加了乳钉的装饰，还增加了边栏上的变化，使瓦当更具装饰感；5. 有了动物、云纹、文字、几何纹等多种形式相组合的图案，改变了原来单一的形象。

文字瓦当在汉时为全盛时期。在瓦当“圆”的这一大小范围内，把字数不一，笔划简繁，书体变化，结合线和点及线与线的配合、交错、互补、互让，配置成均匀、疏密相间、具有动态、活泼美观、丰满充实等千姿百态的图案。这在汉代，可以说是中国瓦当文字在艺术处理上的大成时代。

从瓦当上文字的内容而言，有的是表明建筑物名称的，如“长乐未央”系汉高祖长乐宫瓦。有的是表明地名的如“长陵东当”，长陵是汉高祖的陵墓。有的是表明建筑物用途的，如“关”(用于关口门户的建筑)，“卫”(禁军官署用)，“佐弋”(佐弋官舍)，“金”(汉城金殿瓦)等等。希求吉祥的有“鼎湖延寿”、“富贵万岁”、“安乐富贵”、“延寿”、“长生无极”、“兴华无极”、“宜富当贵”等等。“汉并天下”、“大并天下”、“亿年无疆”等等，则代表了统治者的心愿。在我收集到的拓片中，有一些盖有原收藏者的印章，包括《老残游记》作者刘鹗之章。

综观瓦当的纹饰，它也经历了由简单的纹样到写实，由简到繁，由图像到图文和图案，即又由具体到抽象的艺术成熟过程。同时由于瓦当用于屋檐上，而且是灰色陶瓦，要求从远视者的视平线上有醒目的效果，因而瓦当的构图一般都是结构均匀、对称、采用辐射、转换、回旋等手法加以组织。

瓦当拓片，来自瓦当，又不同于瓦当。它用墨色在宣纸上将瓦当的浮雕图案逐层拓出，而成为有墨色变化的黑白装饰画，有一种造型的韵律感。可以说它是一种艺术的再创造，受到历代文人的爱好。

瓦当对文物考古、古代建筑、文字演变、书法金石、雕刻绘画、工艺美术、装饰造型等方面都有重要的研究参考价值。瓦当艺术更是中国古代建筑装饰艺术史上的一个组成部分。尤其是秦汉瓦当，它体现了中华民族装饰艺术的美学传统。80年代初，在国外举办中国建筑展览时，曾将我的若干瓦当拓片在裱装后展出，受到国外同行们的极大兴趣和欢迎。现在收藏研究瓦当的人越来越多，发现的新瓦当也层出不穷，这无疑是好事情。我认为在研究建造具有民族特色的现代化建筑时，我国的古代瓦当艺术具有不可替代的参考和借鉴价值。

鹿纹瓦当

（选自《金瓯卜文集》，内部印发）

傅熹年

学习《梁思成全集》的体会

今年是我们敬爱的老师梁思成先生百年诞辰，他离开我们也已有二十九年了，但他博大精深的学术著作，气度高华、从容儒雅的音容笑貌，对学生的谆谆教诲和殷切期许之情，都使我永志不忘。

1956年梁先生创办建筑历史与理论研究室，他自己的研究题目是《中国近百年建筑研究》，并先从《北京近百年建筑研究》开始。梁先生的副博士研究生王其明学长、研究室的虞黎鸿同志和我有幸作为梁先生的助手参加这项工作。1957年4月，在梁先生亲自带我们进行了一次示范性的调查后，就开始由我们三人按他的计划和要求收集文献、图纸和实地调查测绘。工作只进行了一年，到1958年初，即因研究室撤销而中断，我也调到建筑科学研究院历史室工作。虽然梁先生也兼任这个研究室的主任，常来视察，仍可见面，却再没有在清华研究室时随时可以登门请益的机会了。

那时梁先生的社会工作繁重，身体又欠佳，时间极其宝贵，我们都不敢多打扰他，主要是汇报工作进程，听他安排下一步工作。但他对工作质量与进度的严格要求和对调查研究对象的准确把握都给我们深刻的印象，实是从另一个角度给我们上课。那一年当中，梁先生在研究方法上的指导和工作态度上的示范，使我们终生受益。

但是学习梁先生的学术理论，我主要还是通过学习他的著作。开始时是随工作需要学习某些文章，除具体内容外，还领会他在研究工作中全面掌握材料、进行广泛比较和深入剖析、然后作出准确论断的科学的研究方法；也学习他举重若轻，把比较单调的古建筑论文写得引人入胜的优美文笔，从而得到很大的教益。1986年，他的《文集》四卷出版，才有了通读的条件，得以较全面地认识梁先生学术的广博精深，并专门写过一篇学习体会。今年正值梁先生百年诞辰，又出版了九卷本《全集》，把四卷本《文集》未收的论文和专著全部汇集在一起问世。这是梁思成先生毕生辛勤耕耘的足迹和留给后世的全部学术遗产，使我们有机会对梁先生博大精深的学术成果和精密、科学的研究方法有更进一步的认识。我虽尚未来得及通读，但仅就目录章节而言，已不能不惊叹“夫子之道浩博无涯”了。

综观九卷本《全集》的内容并结合撰写的时间探索梁先生学术思想的发展，突出地感到两点：一是既涉猎广博，又精湛渊深；二是能得风气之先，与时代俱进，勇于开拓新学术领域。如略去身世和时代背景，就涉猎之广博、新学术领域之开拓、研究方法之精密科学和推动学术发展之功绩而言，都有与近代国学宗师王国维先生近似之处。

王国维有深厚的国学素养，又能接受外来的新思想、新方法，二者结合，为近代学术开拓新境。他在文学方面进行戏曲、小说的研究，开拓了广阔的新领域；在史学上利用新发现的甲骨文、金文、简牍文书以考史证史，并提出“二重证据法”，主张以新发现文物与传世文献史料互证的研究方法，为以后的史学和考古学奉为圭臬；在哲学、美学上也能以西方理论与传统学说互证，别有新解。虽受时代和年寿限制，很多方面未及尽展所长，但他所开拓的一些新领域以后都成为名家辈出的显学，大大改变了文史研究的面貌，表明他在学术上的广博敏锐，勇于开拓，能得时代风气之先，无愧于一代宗师。

综观梁先生九卷本全集的内容，可以看到，他在学术上最辉煌的成就当然是研究中国建筑史，是这门学科的开拓者和奠基人。他在研究古代建筑时采取文献与实物互证的方法，精密测量各代遗物与传世的建筑术书和各种文献互相参证，理清各代建筑的特点和发展脉络，早在1944年就撰成我国第一部实物与文献结合的建立在现代建筑学基础上的科学的建筑史。虽然以后续有多家撰述，日益充实完善，但梁先生开拓之功终不可没。尤其值得注意的是，在研究方法上，梁先生自撰写《清式营造则例》和调查研究独乐寺起，所使用的文献与实物互证的方法和王国维考史所用的“二重证据法”一样，也为治建筑史者奉为圭臬，都是正确引导学术发展的理论与实际结合的科学方法。

梁先生研究中国建筑史决不仅限于技术层面，他认为"一国一族之建筑适反鉴其物质精神，继往开来之面貌"，"建筑活动与民族文化之动向实相牵连"，"中国建筑之个性乃即我民族之性格，即我艺术及思想之一部，非但在其结构本身之材质方法而已"。所以他在谈中国建筑之主要特征时，分为"结构取法及发展"和"环境思想"两大方面。前者即大家熟知的以木材为主、采用框架结构、使用斗栱、七大外型特征四点。后者则是"不求原物常存之观念"、"建筑活动受道德观念之制裁"、"着重布署之规制"和"建筑之术师徒传授不重书籍"四点。这四点谈的是古代哲学思想、价值观念、礼法制度、对工艺技术的态度对建筑的形成与发展的影响。这是在建筑史中第一次把物质和技术因素与精神和社会因素相提并论，也体现了他建筑与民族文化相关的观点。正是基于这种观点，他倾毕生精力研究中国建筑史，对于有历史、文化和科学价值的古代城市和建筑，他主张保护；对于新的建筑，他主张"中而新"，即应是有中国特色的新建筑。这表明，他研究中国古代建筑不是发思古之幽情，而是学以致用，而这却导致了他晚年的困惑。

但是建筑史研究还只是他学术的一个方面。一个学科发展到一定时期，需要拓展领域，靠边缘学科、交叉学科的配合，才能上一个新台阶。这时就需要有卓越而眼光远大的学者来推动。作为建筑学家，梁先生在这方面作出了重要贡献。他的建筑观是全方位的，并能得风气之先，开拓新的学术领域，这也和王国维有相似处。他在清华大学办系，不取通用的"建筑系"而称"营建系"，就是因为"营"字取自《周礼·考工记》的"匠人营国"，其中包含有都市规划、宫室布置及规制和若干建筑技术问题，是大范围的"建筑"。梁先生很早就重视规划问题，还在20世纪30年代初，他就与张锐共同做过《天津特别市物质建设方案》，是中国人自己制订城市规划的第一人。所以他在营建系专设市镇组，实为以后城市规划专业的前身。随后他又设立了造园组，并组织人员探讨与人日常生活相关事物的装饰美术问题。这表明早在建系之初梁先生已突破了狭义建筑概念的局限，把从宏观上的城市规划到微观上的室内陈设作为一个大系统考虑，这在当时是非常超前的。可惜，当时人未能领会梁先生的深意，1952年进行高等学校院系调整时，在设立城市规划专业的同时，却把"营建系"的名字改掉了。虽然以后牵于其他工作，梁先生在这些领域未能倾注更多的精力，但他在创设营建系时所设的市镇、造园和工艺装饰等专业以后都发展为大的学科，有的还成立了专门学院，证明了作为倡导者、开拓者的梁思成先生能得风气之先，预见到我国建设发展的新需要，果断地开拓学科新领域。他在学术上的远见卓识，表明他是建筑领域的一代宗师。

作为一代宗师，梁先生在学术上的风骨、坚持真理的精神和韧性也极值得我们学习。他是学贯中西的大学者，既敏于接受新事物，也尊重自己的传统，他认为建筑（包括城市）并非完全出于实用目的，而具有文化内涵。20世纪50年代，他倾主要精力于北京的城市规划，力主北京应是政治和文化中心，想调和新旧，把北京这座"都市计划的无比杰作"尽可能多地保留其格局和历史风貌。但在那个希望站在天安门上能看到四面都要工厂烟囱的年代，他的努力只能是无效劳动，引起种种误解和指责，陷入"有理说不清"的困惑中。但就是在这种困境下，他仍然坚持自己的观点，在写政治表态文章中以检讨的语气委婉地说，感到拆北京城砖如同揭自己的皮一样痛苦。他在这里表现出的坚持真理的勇气、韧性和学者的凛然风骨是极值得敬佩的，体现出他对历史、对当代、对后世的强列责任感。1955年以后，他在建筑方面事实上已经不能也不便发表什么意见了，而在1958年国庆工程时又不能不说几句。他巧妙地把"中"、"西"、"古"、"今"四字作排列组合，像作选择题那样，排除了谬误后，剩下来的只能是正确，以此方法提出"中而新"的观点，即应是中国的新建筑，强调了仍要具有中国特色的观点。"中而新"的问题在那时没有能很好地解决，从近年各地大量出现与KPF和SOM作品集上建筑图片看来颇多似处的大量楼宇看，现在似乎也仍处在"同志仍须努力"阶段。尽管经济全球化是当前大趋势，但我们要建设的是有中国特色的社会主义，建筑和城市在现代化的同时，仍应有中国特色，让人能感到是中国的新城市和新建筑，才能在世界建筑发展的长河中做出新中国应有的新贡献。所以梁先生在很困难条件下委婉提出的"中而新"的意见，今天仍然是很有意义的。

（下转第178页）

钟训正

我国现代的建筑文化现象

本文所指乃是我国建筑文化的非正常现象。

我国建国以来相当长的时期，受西方国家的经济封锁，基本上处于闭关状态。经济与科学技术发展缓慢，加上文明古国的自负和帝国主义的欺凌，我们民族自尊心不断高涨，这些在我国的建设事业上都有所反映。对民族传统的眷恋与现代人生活和生产方式的矛盾使我国的建筑风格几经周折，至今仍在彷徨。

一风吹

此文所述及的是西方世界中少见而在我国却屡见不鲜的“一风吹”，即全国范围内形式上的趋同性，这不是一种流派，而是简单的抄袭、模仿，相当于现代的克隆术。其实，这种现象早已有之，20世纪80年代改革开放以前，北京自从有了人民大会堂，不少省会相继出现了小人大会堂；北京有了人民英雄纪念碑，在相当时期内各地出现了不少它的嫡亲后代。再以桥梁为例，20世纪50年代修复河北赵州桥时就发现了它的非凡价值，经媒介一宣传，沉睡了千年的赵州桥复活了，恢复了青春并开始繁衍子孙；无数公路桥在预应力混凝土时代却仍用原汁原味的石造赵州桥式样。对老祖宗的技术顶礼膜拜到极致，竟不敢动其分毫。早在20世纪二三十年代，国外已利用钢筋混凝土的特性，创造性地建造了不少新型的桥梁，结构形式简洁轻盈而又刚劲有力。20世纪90年代，上海开始用斜拉桥，为简化桥墩基础，大桥墩呈“罗圈腿”形，紧接着此种形式就遍地开花，技术和形式上的一统，上了桥真令人不知身在何地。20世纪90年代在屋盖上有了新的转变，自然也刮起一阵风。上海大剧院出现了一反曲面的特大屋顶，各地也相继克隆了这类大小的屋顶，设计图上更是常见。近年出现一种飘浮式的大屋顶，对综合性的公共建筑，在其复杂的体形上加盖一个飘浮式的新结构大屋顶，以达到整体的统一，这似乎也是一种新时尚，深圳福田中心广场的主题建筑可排在先驱之列，后继者也不胜枚举。

这种屋顶除了外形上完成多体形的统一“大业”外，并无功能上的实用价值。安德鲁的国家大剧院更是墙顶一体的全罩式屋顶，如经济条件许可，看来在我国也可能传种接代。再一种现象是流行全国、长盛不衰的“欧陆风”，所谓欧陆风实际是欧陆古典风，是原始的砖石和传统的技术所形成的风格。这种古典风在欧洲早已成为历史，而现存的古典建筑只是作为历史文物来保护。奇怪的是在与这种文脉毫无瓜葛的我国广大地区倒盛行起来，有些地区似乎成为政府行为，再加上业主的猎奇心理和广告效应，益发势不可挡。云南的历史文化名城丽江，可说是与欧陆毫无一点渊源吧，竟然也在玉龙山麓的新区建了一个欧陆风格的小镇：一条宽阔的交通大干道两旁，都是统一色调的两三层楼“欧式”建筑，底层都是商店，街道宽度与低层建筑不成比例，空旷单调，既无商业气氛，也没有什么“人气”，与这边陲古城是那么格格不入，总显得无比的怪异、突兀和荒诞。

走向世界

1. 引进来

过去在有些旅游区，曾建立唐城、宋城……，从建筑、装潢、陈设、生活生产方式到服务人员的服装和礼仪都仿唐、宋。现在，开始由旅游业扩大到日常生活，由国内古代扩展到世界了。据说上海郊区将十几个镇并成九个，市政当局责成九个镇的建设都要有不同的风格，而且指令要各按荷、德、意、英、美、法等九国的风格中的一个来规划与营建。这些镇并不是旅游镇，生活在其中的都是土生土长的上海郊区居民，他们的文化背景、生活方式、风俗习惯与他国人全都是风马牛的关系。对当地人来说，居于其中无疑会有离乡背井之感；对旅游来此的老外来说，这些似曾相识、似是而非的赝品，恐怕只会使他们啼笑皆非。各个国家并不都只有一种风格，譬如说什么是美国风格，是东部殖民地式？西部牛仔式？抑或是原始的印第安式？谁说得清！每一种风格的形成，都是在特定的人文环境和自然环境，以及特有的风俗习惯、文化渊源、当地建筑材料、熟捻的营建方式等条件下，经过成百上千年的磨合而成的，岂能是浮表的模仿所能奏效。如果这一计划出自某豪富一时的畅想犹有可说，如将它列入政府的计划却是太不可思议了。

又如某市领导为了想把自己的城市增添一点异彩，并使它更富有世界意义，宣布将把此城市建为世界名桥博物园、世界名亭博物园、世界花木博物园，据说即将在并不宽敞的水道上，建巴黎的亚历山大三世大桥、旧金山海湾的金门大桥……。金门大桥是一座跨度为1280米的吊桥，这种“世界之窗”式的缩微景观，用来作城市交通桥梁，岂不滑稽可笑。

2. 走出去

国粹式的传统牌楼，在对外交流上似乎担任了一个永恒的角色，它一直是世界各地唐人街的大门，不少世界性博览会中的中国馆都是由它来站岗。在北京机场大道上的国门，也是一座失去比例的宽扁型琉璃大牌楼。在巴黎远离市中心的塞纳河畔，我国建了一座China Gora，我们自己取名为粤海酒店，它是我们中国人在巴黎的“根据地”，它也是不南不北的传统风格，在世界文化都会的巴黎，以它来代表中国的建筑文化，真使我们汗颜无地。

往“回”看——传统建筑文化的现代观

“夺回古都风貌”的大风刮过以后，北京不少高层建筑和大型公共建筑上留下一些国粹式的大小屋顶和亭阁，也留下了不少延续传统文化的败笔。值得一提的是平安大道上的明清一条街，它不是一个单体，而是城市规划的一部分，直接影响市民的生活和城市景观。平安大道分明是一条交通干道，路面宽不小于30米，宽广的道路旁尽是低层的明清式传统店面，商店进深浅，在空间尺度上与大街不成比例，空空旷旷，即使货物盈架，顾客满室，在平安大道上也形不成商业气氛，更何况这些店面只是一层皮，前无泊车空间，后无内院，店面难以租赁。至今不少店面仍然空置，街景一片凄凉，它们已成真正的“鸡肋”。

20世纪90年代末，震撼建筑界的一件大事就是国家大剧院的设计竞赛和由它引发的论战，它也显示了东西文化的差异。我们很强调建筑传统显而易见的延续性，重视与周围老建筑的协调性，甚至以趋同来换取统一协调。国家大剧院基地东边为人大会堂，北临长安街，街对面只是红墙，南面及西面都是待拆的老建筑，拆后待建的还是未知数，在小范围内需要与之直接协调的对象就只有人民大会堂。1984年在同一基地拟建的人大常委会办公楼方案就是人大会堂的翻版。1997年几乎要定案实施的国家大剧院，基本上也是人大会堂的复制品。中央鉴于上海大剧院的经验，决定发起国际设计竞赛。当时在设计原则上，要求一看就是北京的，天安门前的中国国家大剧院(大意)。如此规模庞大、功能复杂的建筑很难与天安门、故宫组群找到一个协调点。就近的人大会堂也可说是舶来品，胚子是西方古典式的，只是加了一些国产的琉璃标签。上述设计原则难倒了中外建筑大师，要得到一个圆满的设计并得到方方面面的认可，恐怕要列为世界性难题了。最后评选出的安德鲁方案，在建筑界引起轩然大波，反对者慷慨激昂，义正辞严；支持者冷静以待，静观其变。不管怎样，这次竞赛及其带来的论战，冲击了我国建筑界沉闷、狭隘的设计思想，这也可能是开放和开拓我们思路的新契机吧。

现象探源

我国自鸦片战争以来，内忧外患不断，国力衰微，经济和科技滞后，现实颇为严酷，在为未来的目标奋斗的同时，聊以自慰的只有几千年的文明史、历史盛世的辉煌和四大发明……。另外，几千年封建礼教的熏陶和约束，使我们有不忘古训、崇仰先贤、敬祖重道的习俗。因此，我们自然有往回看的习惯，有重视民族传统的思想基础，一遇现实中的困难，也很自然从先辈们的遗训遗产中找寻解决问题的秘方。我们的哲学提倡中庸之道，强调顺应自然，听命天意。全世界华人社会所崇尚的“风水学”，基本上是顺应自然和宿命论的产物。我们也曾有过征服自然的愿望，但因只有激情而无科学依据，留下不少惨痛的经验教训。

综上所述，我们在建筑设计创作思想上，总是想找依据、寻根，在传统中找灵感、找习惯做法，根据经历记忆来思考。我们也很习惯寻求与周围老建筑的趋同式协调、不轻易用对比性的创造性手法。

我国的封建礼教提倡忠孝，对祖宗的遗训、长辈或上级的训示要顺从，改革开放以前，接二连三运动的折腾，特别是反右运动的堵塞言路、无穷无尽的批判，对上级指示“理解的要执行，不理解的也要执行”，令人很难弄清是非。久而久之，养成人们思想上的奴性和惰性，不求有功、但求无过。作为知识分子的建筑师，时刻要警惕资产阶级思想的作祟；主审设计的各级领导，除了要看上级领导的眼色行事，还要两眼望着北京，凡是北京有的，而且得到肯定的，照抄照搬就不会犯错误。少自作主张，不任意发挥总不会犯忌。现在，虽然思想解放了，创作的道路也宽广多了，但这种思想不无影响。

改革开放后，国门打开了，我们与外部世界有了广泛的接触，西方的价值观、世界观也对我国逐渐产生影响，各种建筑流派理论也引入建筑界，并有一定的市场。此时，领导阶层大量更换，谨慎节俭的老一代换成勇于开拓的年轻一代。新兴的先富起来的企业家，也多少掌握了建设的主动权，他们胆大、敢作敢为，但有些文化素质的提高不及发迹的速度那么快，他们都有机会周游列国。前者因与国外结成为数不少的姐妹城或各种考察机缘得以免费出国，自然见多识广。他们有的虽是浮光掠影地考察，但对所见却是一见钟情，有的以带回的此种印象来指导建设，这就成为诸如欧陆风得以发展的主要根源之一。这股风正符合有些为官者政绩上的需要，也顺应开发商开拓商务的有力宣传，两者一结合，并作为行政命令来执行，效应更为显著，于是就形成一股声势浩大的力量，从而风行全国。

在经济衰微的年代，建设经费锱铢必较，设计者在图纸上多画几条线，或作出一个突发奇想的设计，就可能作为资产阶级设计思想的表现而遭受批判。而现在有些"大款"为了表现自己的经济实力，有些长官为显露自己的政绩。就唯恐你不会花钱，这种政绩要求往往在建设中起了主宰作用。政绩本是好事，不少领导不为私利，雷厉风行，鞠躬尽瘁，顺理成章就可得到辉煌的政绩。但急功近利的又是另一回事。毋庸讳言，政绩也是在仕途上上升的资本，如果为官者为此仅追求自己任内的短期效益，不顾前任工作与政策的延续性，也不为将来发展留一点余地，割断历史和未来，自己一意孤行，"文章"做尽做绝，这样只会给建设带来灾难性的后果。

东西方建筑文化的差异

我国几千年来在建筑形制和材料技术上，基本上没有什么变化，这就反映了因循守旧、往回看的思想。西方从古希腊到古罗马、从梁架结构到栱券穹窿，建筑就迈了一大步。以后继续发展为拜占庭式、罗马风式、哥特式、文艺复兴式、巴洛克、洛可可、古典复兴、现代主义、后现代主义等等，各时期都有其鲜明特点，产生了根本性的变革。这也说明西方着重于面向未来，向前看，不为传统所缚。他们致力于科学技术的发展，寻求技术革新，并适时地用之建筑。他们始终在寻求突破和创新、突出时代性，把传统文脉带进一个新的境界。西方对历史遗迹和文物不可说不重视，基本上全民都有保护意识，政府也采取了有效的保护措施。即使是古代留存的残垣断壁，也不轻易动其分毫，对完整的历史文物，简直令人看不出它的古老年龄，不显一点破败的迹象，也不去修旧如新。

值得特别注意的是：几乎是整个西方世界，当其在有历史意义的老建筑旁作新建筑设计时，绝不重复老建筑的形制，连细部也不重复，但从大处着眼，在形体或用材或色调或轴线关系或宾主关系上与老建筑总有那么一点呼应关系，不用趋同式协调手法，而在对比中取得一定的融和。同时，它又绝不失时代感。

在经济不景气时，建筑师难有用武之地。当建设兴旺时又竞争激烈，一有设计任务在手，必然尽力一展自己的才能，有些急功近利者更是使出浑身解数，总想要自己的作品能在大环境中争当主角。其实，不少业主与主管建设的领导何尝不是这种心理。普遍的愿望是希望自己属下的建筑成为当地的标志物，借此业绩来光耀自己。与此相对照，有些世界级的大师颇有全局观点，为了建筑群体的完整，自己的作品甘当配角，或隐藏不露。如一些大学的图书馆(哈佛、耶鲁等大学等)，按说应是校园的主角，但为了已臻完美的校园整体格局而将图书馆置于地下。它只有"里子"而没有"面子"，只有内部设计，没有外部造型。正是这种谦虚的设计，才保全了外部环境的完整统一与舒畅。这种顾全大局的设计思想是值得我们学习的。

在我国的国家大剧院竞赛中，一开始我国建筑师多半是用与周围建筑近似协调的手法，或隐喻某种传统文化的手法。外国建筑师不是完全不懂中国传统建筑文化而不敢染指，而是想创造一个不与环境冲突的新境界。在几轮方案和几次修改中，我国建筑师的思路也在转变，我不知是转对还是转错，我只希望今后在设计思想上能开创一个更繁荣的新局面，不再抱残守缺。

(原载《建筑师》第99期，2001年12月出版。)

陈世民

我们的设计理念

优秀的建筑作品依赖于新颖的创作构思，有品牌效应的设计企业需要拥有鲜明的设计理念。设计理念是设计企业无形资产的主要组成部分，是引导公司从生存竞争经营转向品牌性经营的关键环节，设计理念决定公司的发展。

从《华艺设计》一书中可以看到华艺的设计理念像公司的发展过程一样，也经历了自身的成长过程。

处在市场经济竞争第一线的华艺公司，面对改革开放初期日渐增多的公用性建筑，尤其是房地产高潮期的规模越来越大的综合性大厦及众多的超高层建筑，以及发展商们反复提出的"跨时代"、"与众不同"的要求，使我们敏感地意识到以单纯臆造形象为出发点的构思或者抄袭外国建筑片段的设计方式根本无法适应市场的需求，无法面对激烈的竞争。需要寻求和建立起自身的设计理念，增强创作的目的性，尽量避免盲目性。在发展自身设计理念的过程中，我们首先碰到的第一个难题是如何认识现代化以及作为改革开发后的建筑师如何使自身的设计作品符合现代化要求。经过多方思考、讨论，我们认为，建筑现代化并非仅指高层建筑，亦并非指尽量采用时髦的建筑材料与新技术，现代化的核心应是提高效率和效益，唯有能体现效率和效益这一时代精神的建筑才是现代化建筑。我们将这一认识作为设计理念引导了初期的创作。20世纪90年代初，华艺在设计理念发展进程中面临的第二道难题，是如何面对复杂的功能需求，和那些眼花缭乱的后现代、科技派、解构主义等等设计思潮影响，继续保持清醒的创作思路，以求把项目作快作好，符合发展商及主管部门的要求。经过仔细思考与探索，我们确立了环境、交通、空间及多变的建筑造型四项要求作为自身的设计理念，作为构思的切入点，并要求每个项目在动手之前先进行认真分析，捕捉上述方面的关键点，寻找需要达到及可能达到的目标，从而有针对性地而不是盲目地进行设计，既不追随什么"主义"，也不搞什么"流派"，更没有必要讲求什么统一的外表风格。我们还在确立这一设计理念的同时相应转变公司的经营理念：即首先加强商品意识，明确提出大量公用性建筑首先是商品。其次，加强效益意识，因为开发项目最终的投资回报效果（包括经济的和社会的），才是鉴定设计成果优劣的标准。另外，树立尊重业主与管理部门参与的意识，十分重视与他们的沟通，并尽可能将符合市场的需求融入到设计中。通过确定上述设计理念以及转变三方面经营意识，曾引导华艺公司在设计竞争中获得不少项目，并创作出一批贴近市场、实用性强的作品。20世纪90年代后期，面对市场突然转向以住宅项目为主的新课题，华艺又在追随市场、追寻"卖点"、服从老板意志的过程中，迅速提升自身的设计理念，通过数个小区和住宅项目的设计实践，摸索到环境是新的主题，扩大的环境观念应成为新的设计理念，体会到环境是新时代建筑师创作的出发点与归宿点。从环境切入，捕捉关键点，使华艺在人居环境创作方面快步走向市场前沿。最近我们再次提出以环境、空间、文化和效益四要素作为自身的设计理念与追求，并把其视为进入21世纪设计构思的出发点和评价自身设计成果的标准。即：

环境，是项目设计进行的依据与目的。为人们创造良好、舒适的劳动与生活环境乃是建筑师的历史使命。建筑依环境而生，环境因新建筑出现而得到改善与更新，未来的世纪将是讲求环境的世纪。建筑师需要树立起一种扩大的综合的环境观念，在进行每个项目时应认真分析项目周围的自然、地理、经济、施工、人文等各种环境，甚至包括即将在内活动的人的心态环境，从中寻找出项目与环境必不可少的"血缘"关系，通过充分利用环境资源，发挥其价值功能，并达到与众不同的效果。建筑师在创造环境时还须注意对自然生态环境的保护，认真寻求人与自然的共生与和谐发展。

空间，是项目设计的具体形态。一幢建筑引人入胜或经济效益显著主要在于它的空间特色。一幢建筑长期保持不落后，同样依赖于所创造的建筑空间所起的作用。建筑师应当寻求新的建筑空间作为体现建筑功能和效益的基础。不同功能、不同特色的建筑需要由不同的空间组成。空间有室内空间和室外空间。室内空间要注重,同样建筑的室外空间,包括住宅组团、小区乃至城市 的街区和核心空间都应在设计过程中思索到。空间的核心是人,以人为本是组合空间的依据。把寻求新的建筑空间,寻求高效感人的空间序列视为设计的主要关键,以空间的特色作为建筑作品的主要特色,乃是向更高设计构思层次的演变。

文化,在建筑中体现的是工程科技与造型艺术的结合,建筑是社会文化的综合反映,没有文化的建筑是不存在的。缺乏文化内涵的建筑是没有特色的。单纯讲"美观"、"风格",尚涵盖不了建筑应有的文化气质。建筑功能多样,建筑环境各异,自然建筑的造型艺术亦应有多姿的变化,建筑拥有艺术特征,不可能不受建筑潮流、市场意识、业主品位及建筑师个人的哲学观念的影响。为此对中外建筑文化进行交流,对成功的建筑作品予以研讨和借鉴,无疑对于提高自身建筑语言的新鲜敏感力和建筑文化的创造力,对于创造有特色的建筑作品都是必要的。但是,创造21世纪新时代的中国建筑文化不能单靠引进外国建筑文化来实现,需要结合现代建筑适用功能与科技应用,多途径地发掘传统建筑文化并加以提升应用于新现代建筑之中。引进外国建筑文化要当地化,同样亦应将本民族、本地区有地方特色的建筑文化现代化。

效益,应是一切建筑创作体现的最终结果。目前我们的效益观不够完备。在计划经济年代由于过于讲求经济、节约,造成不少浪费。转到市场经济也有因片面追求容积率、片面强调经济效益导致一些商品房长期成为滞销房,造成资源的浪费。经济观念不等同于效益的观念。具备商品特征的建筑无疑首先要讲求经济效益,开发成本与销售效益对设计起着制衡作用。但效益应包括经济效益、社会效益、使用效益等几个层面,偏重于任何一面都是不行的。在讲求经济效益的同时,使用效益和社会效益同样值得讲求,需要综合的效益观。

上述环境、空间、文化和效益四大要素是建筑的功能与艺术、技术与经济互为结合的关系,效益需要通过环境、空间与文化的诸多措施方能体现,同时环境、空间与文化只有通过效益才能反映出综合结果。

(原载《华艺设计》一书,中国建筑工业出版社
2001年出版,为该书前言的第三部分。)

(上接第173页)

在梁先生百年诞辰时,作为建筑界一代宗师,他勤奋治学和开拓进取的精神、广博精深的学术成果和坚持真理的学者风骨值得我们永远学习和怀念。

(原载《梁思成先生百岁诞辰纪念文集》,
清华大学出版社2001年出版。
2003年8月15日略增改数处。)

张十庆

中国古代室内装饰的特色

中国古代梁柱框架体系的性质，决定了其内部空间分隔处理的高度自由和灵活。而在给定的框架空间中，作自由灵活的二次空间再造，是中国古代室内装修最鲜明的特色。相应地依附于大木结构的非结构性室内装修形式十分成熟和发达，主要表现为两种形式，即唐以前的帐幔装修和唐宋以后的小木装修，而小木装修基本上是以帐幔装修为渊源，在其基础上发展起来的，由此形成了前后两大阶段的不同特色。古代视室内装修为大木之“衣”，十分形象。尤其是从帐幔装修起步的古代室内装修，受帐幔的影响极为深远，所谓仿帐式装修，成为宋以后小木装修的一个显著特点。

关于古代的帐

所谓帐幔装修，即汉唐时期以织物分隔、限定和装饰室内空间的基本作法。织物又以其作用、性质和位置等不同，分为帐、幔、帷、幕等形式。汉《释名·释床帐》谓：“帷，围也，所以自障围也；幔，漫也，漫漫相连缀之言也；帐，张也，张施于床上也，承尘，施于上承尘土也。”《说文·帷幕》又谓：“在旁曰帷，在上曰幕；幄，大帐也；幔，幕也；帱，单帐也。”(《古今图书集成·考式典·帷帐部》)由此可知，大致上帷与幕(承尘)一起，装饰和限定室内较大层次的空间，帷在旁壁，幕在顶上，构成大的背景和基调。而帐是最接近人体的设置，用于围合限定较小和较近的空间层次，并起装饰和突出的作用。

帐幔装修的形式及特点

帐幔装修可称是建筑室内的衣饰，与其他日常起居家具组合运用，挂于壁上，悬于顶上，张于架上，包裹梁柱等等，都是帷帐幕幔的运用形式。帐幔如衣，室内一旦撤去帷帐装饰，则只剩四面空壁，贫富贵贱亦由家居帷帐装饰可见。《史记·司马相如传》：“文君夜亡，奔相如。相如乃与驰归，家居徒四壁立。”所谓“家徒四壁”，即是对室内撤去帐幔装饰后的描述。帷帐的基本功能是分隔和限定空间，并由此派生出许多功用和变化，在室内空间再造和环境铺设上尤具特色，实用功能和装饰效果十分显著，形成独特的装修形式。具体而言，帐幔装修有如下几方面的特点：

1. 活动性和可变性。帷帐可撤移改换，开合随意、变化灵活是其最大的特色，而这种灵活性是后世固定的小木装修所不可比拟的。

2. 空间再造特征。以帷帐幔幕分隔、限定和组织空间，空间形式、尺度、层次变化丰富。也即在大木框架构成的空间中，化单一空间为层次丰富的关联子空间，形成中国建筑室内统一的一次空间和变化的二次空间的独特形式。

3. 丰富的装饰性。帐幔装修在装饰形式、手法和效果上，极为丰富多样。首先源于帐幔本身的形式、样式、色彩、质感的丰富，其次帐幔又以各种附缀为饰，如帐头盛饰垂穗缨珞、香囊彩带，缀贴金玉珠翠，帐幔缀饰相融互映，或素雅或华丽，极尽变化，帐幔的装饰手法丰富而独特。

4. 舒适性和亲近感。帐幔以织物在质感、色彩上的特点，贴近起居，如衣在身，较木作装修更感舒适亲近。

汉唐室内装饰，以帐幔装修为主要形式，并在宋以后基本为小木装修所取代，回顾一下这一演化历程，有助于增进对宋以后小木装修性质和特色的认识。

从帐幔装修到小木装修

古代建筑室内发展上的最大转变，是唐宋之间伴随着起居方式的改变，传统帐幔装修向小木装修的演化。传统帐幔的功能，大都为小木装修所替代，帐幔形式也部分地为小木装修所仿效，并有新的发展。如用以分隔空间的帷演化成小木装修中版障一类，顶上的幕(承尘)则成为小木天花部分，斗帐的一部分演变为如寺院中的神橱佛龛宝盖一类小木作，一部分演化成半透隔断等，而床帐的形式则一直沿续了下来。后世小木隔断作法的丰富,在很大程度上源于帷帐在分隔空间上的变化。《华夏意匠》称所有的中国建筑中的室内分隔方式,都是沿着“帷帐”及“屏风”的观念,这是颇有其理的。宋以后装修材料和作法虽由小木取代了织物,但帐幔传统和精神的影响仍在。

然从帐幔到小木,毕竟是一重大转折,其发展变化更为显著。古代室内装修作为依附于大木结构的非结构性成分,灵活自由的可变性是其重要的特征,而在这一点上,小木装修已不及帐幔装修。从帐幔到小木的演化过程中,室内装修逐渐由附著于结构,演变为融合于结构。宋以后的小木装修基本上固定于大木结构上。其在色彩、质感、装饰等方面的变化亦是显而易见的。从帐幔织物装修到小木装修,用材趋于单一,镶缀饰物消失,虽有彩画为饰,然在华美富丽的色彩和质感效果上,木作终不如织物。

伴随帷帐退化的是小木作的发达,其关键的转折期应是在北宋时期。其背景和原因应是多样的。由唐至宋,帷帐装饰的退化消失与起居方式的改变及高型家具的发展之间,应有密切的关联。另一重要原因是小木技术的发展及木工工具的发达。但相信最重要的还是起居方式的改变。

小木装修上的帐幔遗意

从《法式》中可知,宋以后小木作已相当的兴盛和发达,然帐幔影响及其遗意仍相当清晰,宋以后多见的“帐”式小木作即其典型表现和反映。如《法式》中的九脊帐、牙脚帐、佛道帐、截间版帐(分隔空间用的版壁)、壁帐等,其前身都是帐幔作法。《法式》轮藏作法中仍称“帐身”、“帐柱”,也是早期以帐幔装饰经藏的遗痕。《法式》小木作的大部分,都与早期帐幔装修有着密切的亲缘关系。《法式》小木作共六卷,其中帐式小木作至少三卷,占小木作卷数的一半,其份量和重要性更在此上。除门窗内容以外,帐式小木作是《法式》小木作内容中最重要和等级最高的内容,由此可知宋代小木作法中“帐”味仍十分浓厚。

此外,后世丰富的隔断作法,也基本上都是由早期帷帐演化而来,即以小木作仿帷帐而成。如变化丰富的罩上至今还多少保留有织物帐的身影和遗意,故落地罩亦有写作落地帐的(刘致平《中国建筑的结构与类型》第80页)。而小木作中所多见的欢门帐带作法,也源于仿效帐带垂落的形式,也就是说,小木作欢门作法取意于帐幔形式,模仿帐幔效果,是帐幔的替代装饰形式。这些都表现的是小木装修中的帐幔遗意。

其实帷帐从一开始,装饰和实用功能就是并存一体,不可分割的。当帐幔装修向小木装饰过渡时,帐幔的装饰功能部分为小木装饰继承,部分则转化为其他形式,如彩画等。色彩是帐幔装修最突出的个性之一。色彩艳丽,华美无比,这是帐幔装修的独到之处。即使宋代以彩画相仿所作的五彩遍装色彩,也无法达其意趣。后世的彩画或可看作是对早期织物装饰的模仿和继承。如彩画中的包袱锦彩画,很典型地表露了早期织物装饰的遗意。

(原载《室内》2001年第6期)

曹汛

希望致语

闻一多先生有诗云:"我所爱的是中国的山川,中国的屋宇,中国的鸟兽草木,和中国的人。"诗里面把屋宇和山川鸟兽草木人并列,讲的是中国人和中国人的人居环境。闻一多是伟大的爱国者,他还写了一首《七子之歌》,那时候山河破碎,有几块国土被切割出去,让人痛心流涕。我学了建筑总是要想到闻一多诗中的屋宇和土地人民,山川草木。诗人歌唱的是一个永恒的爱国主义主题,我们所作的一切,都是希望把祖国建设得富强起来。一个曾经积贫积弱的老国要富庶强盛起来,并不是一件容易的事情。卧薪尝胆,奋历教训,还要靠一代又一代人艰苦卓绝的努力。

一百多年前清朝政府腐败无能,列强纷纷入侵,我国沦为半封建半殖民地社会。一些人盼望富国强兵,学习西方,一些人失去自信,崇洋媚外的势力抬头,有识之士深为痛心。林徽因先生在上个世纪三十年代曾说,"洋鬼子的浅薄千万学不得。"饶宗颐先生前两年说:"中华文明中华文化历尽沧桑,经历无数纷扰割据,却始终保持她的连续性和一贯性,像一条浩浩荡荡的长河,流滚奔流以至于今日。""知彼未做好,知己的功夫甘自抛掷,应该是反求诸己,回头是岸的时候了。"

近些年来有一大批德高望重的学者批评当前的学风浮浅,提倡认真读书做学问。明人叶向高有言,读十年之书,天下无不可医之病,医十年之病,天下无可读之书。现在书出的很多,花花绿绿,可读的好书还是太少。"耶耶平丈我,学生满堂坐。郁郁乎文哉,学生不再来。"众所周知,建筑历史学科已经走入困境,少数学者在极端不利的社会环境下从事艰苦的研究工作。不过也就在这个时候,似乎又有了一点转机。1999年秋,北京大学考古文博学院招收了古建筑保护专业新生,台湾树德技术大学也创设了古迹建筑维护系,一下子招了百多名新生。我有着自己的经历,学的建筑从事建筑历史历史建筑的研究和教学,在省里的博物馆、考古研究所工作二十余年,自学史源学年代学考古学,八九十年代以来先后开过建筑历史,文物考古概论,以及文物建筑学、建筑考古学之类的课,北京大学和台湾树德技术大学的建筑考古学新课,于是也就落在我肩上,找我开课了。建筑考古学是考古学的一个分支,更是建筑史学的一个分支。不仅是建筑史的分支,还是她的后劲,没有建筑考古学,建筑史学科充实不起来,也支撑不下去,在我看来,不仅建筑历史历史建筑专业要开这门课,建筑院校建筑历史硕士博士生也得开这门课。当然历史系的考古专业和考古系也都应该开这门课,那是他们的问题,已在我们的话头之外了。也就在这个时候,《建筑师》杂志编辑说起要在《建筑师》上给我开个专栏,我则一再婉却。我虽然也想写一些如隋唐砖石古塔、古代石桥、古典园林、建筑考古学、台湾古迹建筑以及史源学、年代学等系列专题,只是因为历史建筑的研究常常限于条件,而无法进展,比如我发现和注意到甘肃一座北周摩崖造像上边有五铺作偷心斗栱护檐,颇疑是北周原造,但是至今未能去成。周至仙游寺砖塔据说是"经专家鉴定",便定为隋塔,吹嘘成"隋塔第一例",公布为国家级文保单位,匆忙拆除移地再建。当然它绝不可能是隋仁寿塔,我想去看,更是看不成,写信给他们,他们理都不理睬。我若是答应下来写某一个系列专题,遇上这类麻烦,就难免半道卡壳中断,继续不下去。所以只好取一种折衷的、切实可行的办法,就是写出一些论学杂著,不成系统,不成系列,不成专题但是却可以包含有成组的系列内容在内,陆续发表。我想大体上可以有这样几个方面,一是论文,如我前次在《建筑师》上发表过的六七篇那样;还有接近论文的札记,我有时宁肯把一篇论文凝缩成札记,但是从来不会把一篇札记稀释成论文,又有一部分是读书笔记,也许还会有少量的散文随笔。因为都是围绕着读书做学问,通名之为《问学堂论学杂著》。前辈学者很少讲起治学方法。古人讲"鸳鸯绣出任君看,不把金针度与人。""自从识得金针后,一任风吹满袖香。"我没有金针,读书作学问也没有固定可循的方法,只能结合实例讲一些自己的体会。史源学年代学之外，还有一些邻近和边缘学科，诸如小学、文字学、目录学、校勘学等等，也只能结合专业实例，时或介绍一些。总而言之是，我这些文章主要是建筑史建筑考古学方面，建筑学生建筑师都要学和学过了建筑史。龚自珍说“欲知大道必先为史。”我也希望大家再学点建筑考古学，尤其是建筑历史专业的研究生们。建筑历史历史建筑古建筑保护专业更属本行，一定会喜欢建筑史和建筑考古学方面的文章，那是不须多说的。我做学问一向督意于自生自发，而不是作为作致。追求真、善、美，崇尚智、情、意，因此总希望写得有根有据又娓娓动听，而最不喜欢装腔作势假大空。我先前写文章不能免俗，随手用一些堂名，如一枝堂、一木堂、问堂之类，随用随弃。其实不过是附庸风雅画饼充饥，当年连间书房都没有的，现在也不过有一间穿堂书房，两张书桌，四个书架而已。我总是记得《五灯会元》上的一则故事：

山僧昨日入城，见一棚傀儡。不免近前，或见端严奇特，或见丑陋不堪，动转行坐，青黄赤白，一一见了。仔细看时，原来青布幔里有人。山僧忍俊不禁，乃问：“长史高姓?”他道：“老和尚看便了，问什么姓。”大众，山僧被他一问，直问得无言以对，无理可伸。

因为是论学的文章，照例不宜用笔名。这个问学堂的堂名，也请不必再问。真的追问起来，我也将“无言以对”也就是了。其实这里面也没有故作狡狯，问学的本义在学在问，还有一点兼义，认真的读者在读过几多篇以后，也就可以悟出来了。

我是一名教师，教师以教书育人为神圣天职，我一向崇尚罗曼罗兰的名言“要散播阳光到别人心里，自己心里得有阳光。”我国宋代大诗人苏轼也曾说，“世间好事世人共，明月自满千家墀。”清代学人刘梦震也说，“凡暗室冥坐，各与一枝灯；喝路喘息，各与一瓯茗，功德乃不可有二。”我总好举一个试题，说一个综合大学大厅作一个回廊，要用人物雕像代表各个学科，假如雕刻一个人物代表数学、天文、化学，都好表示，要雕刻一个人物代表历史，那应该是怎样的呢?原来罗马大学雕刻的“历史”是一个瞎子，一只手拿一把钥匙，一支手斜挂一根探路的拐杖。有人问海伦·凯勒，人生最可悲的是什么？是不是没有眼睛？凯勒答道，不，不是，最可怕的是有眼睛而看不见。荷马本来是不幸失明的人，而海伦·凯勒则是失明失听又失语三位一体，但是他心中充满了光明。我强调阳光月光和暗夜中的一枝灯，学术文化的传承绝不可间断，民族的希望盖在于此，人类的希望，也在于此。不管我处在怎样的逆境困境，却总希望阳光灿烂，月色明媚，没有月亮的夜晚也要有一盏灯光照破黑暗。这正是一种希望工程，我一生都在做这个希望工程，老不自恤，永不止息，直到死而后已。

话虽然这样说，建筑史学科走到这样一个地步，虽然有了建筑历史历史建筑专业，有了建筑考古学，却已经是错失前机，桑榆恨晚。这个新专业新学科的建立，显然还面临着很多困难和很大的阻力。我不禁又想起当代新潮诗人舒婷的诗来：

也许　我们的心事
总是没有读者
也许路开始已错
结果还是错
也许我们点起一个个灯笼
又被大风一个个吹灭

但是虽然如此，我也还是知难而进，“坯土障黄流”需要有一种气概，“落日心犹壮”仍然是一种精神。我只是尽一个读书治学之人的本分，终古含情，鞠躬尽瘁而已。

希望　巴尔的摩作

（本文是在《建筑师》杂志上开出《问学堂论学杂著》专栏时所写的自序，原载《建筑师》第98期(2001年)。收入本书时略有删节，原附插图也予以保留。）

王世仁

保存·更新·延续
——关于历史文化街区保护的若干基本认识

北京是五朝古都,世界历史文化名城,又是正在高速发展的现代国际大都市,保存历史古迹义不容辞;同时除旧布新也势不可挡。但新与旧、保与改之间的矛盾是显而易见的,特别是在城市基础建设和危旧房改造快速发展的情况下,如何在发展中保护历史风貌,更是矛盾的焦点。

今年,北京市政府作了两项重要决策:一是在原有历史文化保护区基础上,将25片扩大为30片;二是编制了历史文化名城保护规划。但今年开始试点的一小片(南池子大街以东部分)遇到了许多矛盾,对该区的规划方案也褒贬不一。究其原因,主要是在认识上对"保护"所包涵的内容不够明确,甚至存在误区。我认为,当前需要明确以下几点基本认识。

一、要把保护文物古迹与保护历史街区区别开来

文物古迹是不可移动的文物,包括建筑、遗址、墓葬、石刻等。它的根本属性是文物,主要特征是个体性、纪念性和观赏性。它是历史文化的载体,与现代人的物质生活不发生直接的必然的联系。而历史街区包括古街区、古村落、古集镇等。它的根本属性是生活,主要特征是群体性、实用性和更新性。它是现实生活的场所,与现代人的物质生活紧密联系。

保护文物古迹的目标,是尽量保存其历史的真实性,尽可能延缓其变化更新的速度。而保护历史街区的目标,是在改善其实用功能的前提下有所变化更新,尽量使其历史要素得到保存延续。如果将两者混为一谈,主观上硬要把活动的街区变成凝固的文物,客观上又不可能阻止翻新改建,最后结果只能是适得其反。

二、要科学地分析历史街区构成的要素及其量化权值

历史街区不仅仅是若干古建筑的聚合,而且是若干要素组成的人文环境。在不同的历史街区中,这些要素所占的权值不尽相同,但总体上看差别不大。据我的调查,这些要素大致可分为四个方面:

一是街区肌理,主要包括街巷格局、空间形态、历史名称、重要标志物和景观画面等。其权值约为0.3。

二是历史遗存,主要是指历史建筑,也包括桥梁、河道、堤坝、遗址、古树等,时间界定在1949年以前。其权值约为0.4。

三是风貌基调,主要包括建筑尺度、色调、各时期的建筑风格特征、装饰特征、绿化特征、道路铺装等。其权值约为0.2。

四是文化内涵,即非物质遗存,主要包括名人、名事、名街、名店等。其权值约为0.1。

由于改善市政设施,拓宽道路,改造危险简陋房屋,保留已建成的永久性非传统风貌房屋,增加社区服务设施等,必然对上述权值产生负面影响。根据我对国内外若干街区考察的直观印象,正负相抵,总权值能达到0.6以上,就可以说基本上达到了保护的要求。

三、要正视历史街区面临的主要问题

北京大部分历史街区有一些共同的问题,必须正视。

一是多数老房屋危险残破,或经过多次翻修已失去了原貌。可修复保存的大体上只占30%～40%左右。

二是人口密度过大。据我统计,从清朝中期到解放初,北京城区人口一直在100万左右,居住区内人口密度约为250人/公顷,人均建筑面积约17～20平方米。而现状人口密度约为580～600人/公顷(最密的地段可达900～1000人/公顷)。在某些地区一间10平方米的平房,住四五口人并不是个别现象。

三是大部分平房区居民生活质量很差。不少住

房的水(积水、漏雨)火(火灾、酷热)隐患尚不能排除，更谈不到使居民享受现代生活。

四是许多历史街区内已插入不少质量很差的非传统风貌的永久或半永久建筑，传统风貌已经残缺不全。

总的说来，已确定为保护区的历史地段也必须进行危房改造，改善市政设施，进行环境治理。

四、要全面、综合地进行保护

历史街区的保护，绝不仅仅是保存古老房屋的问题，而应包含保存、更新、延续三个不可分割的部分。

1. 保存

保存(Preservation)，就是保存上述提到的四个要素。其中，历史遗存要素中的历史建筑，应包括能起到"历史界标"作用的古代、近代和现代有代表性的建筑，不能只看风貌是否谐调，而不顾历史是否真实。

2. 更新

更新(Renewal)，一方面要更新旧建筑，既包括改造旧建筑内部，使之适应现代生活的要求，也包括拆除危险简陋房屋，或建造新房，或改为道路、广场、绿地；另一方面就是改造、完善道路与市政设施。更新是古老街区得以生存的必要条件，也是古城发展的必然趋势。

我们常常赞赏欧洲国家拥有许多古色古香的古城古街，认为那是保存历史的典范。其实，这些古街古房大都经过多次更新。比如我们今天见到的巴黎，早已不是雨果、巴尔札克笔下所描绘的那种景观。现在的伦敦也早已不是福尔摩斯时代那种马车加煤气灯的城市环境。现在看到的欧洲古城古街，不仅拥有现代的市政交通设施，而且古建筑内部装有电梯、电视和电脑等现代化设备，完全能满足今天的使用要求。

事实上，欧洲进行古城古街更新的年代，正是盛行古典折衷主义的时期，也就是大搞仿古建筑的时期。如果用保护文物的标准去衡量，这一时期的作品绝大多数都是"假古董"。而包括北京在内的许多中国的古城古街，尽管建筑年代并不太古老(100年左右)，但其建筑材料与结构却与中世纪的房屋无大差异。就其质量和耐久性而言，比我们现在见到的欧洲古建筑整整差了一代。因此，对其进行更新改建势在必行。

3. 延续

延续(Continuance)，是指历史街区的更新应该是有条件的更新，这个条件就是在更新中延续原有的风貌特征。所谓风貌特征，其实质就是时代风格。

拿北京来说，现在有的街区还比较"纯"，保存着较完整的胡同格局和成片的四合院；有的就比较"杂"了，处处可见古今并存、中西杂处的现象。这就要作仔细研究，找到形成这些街区的历史背景，找到当初的风貌特征，加以延续。

我们要吸取过去的教训，不要一提传统风貌，就是大屋顶、垂花门、贴金彩画、琉璃瓦；更不要一提传统形式，就按照僵滞的"则例"条条，拼凑一些毫无生气的仿古门脸。延续的关键是找准时代特征，仿造、拼合、集仿、符号点缀等等手段，都可以使用。

五、要理性地对待四合院

北京四合院的保与拆，是近年来争论最多的一个话题，对保护古都风貌不力的指责，也大多由拆四合院而来。但无论是争论或是指责，都先要进行理性判断，澄清一些基本事实。

首先"北京四合院"是中国古代住宅的一种典型。不同级别的四合院有不同的规制。四座房屋围合，中轴对称的中小型住宅叫作"四合房"；三进以上，或并列三轴的大宅第叫做"宅门"；会馆则是一所或多所四合院的组合。清乾隆十五年(1750年)绘制的《京城全图》中，除去衙门、王府、寺庙、祠堂和商店，真正称得上是"四合房"和"宅门"的住宅，在内城大约只有50%～60%，外城有30%～40%，其余全是不规则的组合。我们所要保护的四合院，主要是保护那些典型的"北京四合院"，不规则的平房，保护意义不大。

其次，四合院是宗法社会等级制度的产物。无论是小"四合房"，还是"大宅门"，每座房屋里居住的人的身份都不同，居住质量也不同，上下差别很大。事实上，四合院不适合多户平等共居。作为居住场所，只有极少数人有条件享用，而不可能成为多数人的住所。或者说，它的现代居住功能已经基本丧失。

其三，现存的四合院大多数质量很差。在现存的四合院中，包括那些格局不太典型的，只有30%～40%质量较好，其他绝大部分已破旧危险到很难修复的程度。此外，这些房屋大多不具备防灾能力，也做不到每家一卫一厨，居民的生活质量很差。

其四，四合院不符合现代城市居民的生活情趣。现在，除少数条件较好的大宅门居民外，大多数平房区的居民并不喜欢住四合院。面对一座座宽敞舒适、使用方便的新住宅楼，他们的心理极不平衡。长此以往，很可能会形成不稳定的社会因素，这是一个应当严肃对待的社会问题。

其五，从合理使用资源的角度来看，平房是最不经济的。随着城市的发展，城市土地与市政设施的供求关系也日趋紧张。四合院显然无法满足现代化城市高效利用资源的要求，这在城市的经营管理上，也是一个不容忽视的问题。

此外，还有一个城市更新周期的问题，也需要我们理性地去认识。北京从金朝兴建中都城开始，历经元大都的建设、明清北京城的建设，一直到1949年解放后新中国首都的建设，总是每100年左右，便会出现一次大的城市建设高潮，每次高潮大约持续50年左右。换句话说，北京的城市面貌总是50年左右更新一次（见附表）。

附　表

城市建设阶段	大致时间	周　期
金中都废弃到元大都建成	13世纪后期到14世纪中后期	约100年
元大都始建到明北京内城建成	14世纪后期到15世纪中后期	约100年
明北京内城建成到扩建外城	15世纪后期到16世纪中后期	约100年
明北京城建成到清康熙十八年发生大地震（1679年）	16世纪后期到17世纪中后期	约100年
清康熙中期到清乾隆后期	17世纪后期到18世纪中后期	约100年
清乾隆后期到清光绪时期	18世纪后期到19世纪中后期	约100年
清末到新中国建国50周年	19世纪后期到20世纪后期	约100年

当然，影响城市更新的因素很多，有些是偶然因素，但经济水平、生活风尚、审美情趣，以及房屋寿命等变化，却是客观存在的必然因素。

还有一个更值得注意的现象，即城市中更新速度最快的是住宅。现在北京城里已见不到明代的住宅，清中期以前的住宅也已很少，但明清时期的寺庙却保存下不少。这说明，寺庙等纪念性建筑容易保存，而实用性的住宅却在以50年一个周期，不断滚动更新。

但是，四合院毕竟是北京古都风貌的重要组成部分，有着重要的文化价值。总起来说，四合院的文化价值有两条：一是认识价值，即通过它的形象可以加深人们对古代社会的认识，它是一本形象化的社会史教科书，对于提高人们的认知素质，有着其他传媒手段不可替代的作用。二是审美价值，即通过欣赏其景观的、建筑的、工艺的艺术成果，给人以美的享受。因此，对四合院的处理，或保存，或修复，或拆除，都要以它的价值为依据。

从保护方面说，应当是保典型，保重点，保群体，保景观；从利用方面说，除了少量作为纪念馆、博物馆、餐馆酒店和富商等特殊人群的住宅外，也可以有一部分作为开放的民俗游宅院，或某些宁肯降低居住质量也难离故土的居民住宅。

六、要制定基本政策

保护历史街区没有必要的政策支持只能是空谈。要取得实质性进展，至少先要规定四项政策。

第一，历史街区的危旧房改造，不能沿用房地产开发的模式，或纯商业运作机制，而应当由政府操作。在投资政策上既要考虑投入产出，又要增加公益性投入。纯商业运作必然会导致追求容积率，无异于鼓励"推平头"式改造，同时也不可能对历史遗存作细致的研究和精心的修复，以致损伤风貌价值。政府公益投入也应当有导向性，重点放在保护重要风貌遗存的方面。

第二，要下决心外迁居民，降低人口密度。有些地段可以调整用地功能，进行物业置换；有些仍然要作为居住用地。无论如何，人口不外迁，一切都无从

（下转第189页）

王小东

非功能·非形式·非建筑

引言

2001年底，我在上海参加了一次中外建筑师论坛活动。会上由保罗·安德鲁先生介绍了有争议的国家大剧院工程的情况。当安德鲁先生在大会上讲完后，我向他提了两个问题。其一是在一个大蛋壳下把三个功能不同的剧场罩在一起，会不会对剧场的基本使用(如人流组织等)带来损害；第二个问题是既然建筑艺术从某种意义上来讲是遗憾的艺术，那么安德鲁先生能否预见到建成后的国家大剧院会出现什么样的遗憾？第一个问题不知为什么安德鲁先生回避了，但对第二个问题回答得很具有感情色彩。他说，国家大剧院的设计对他来说是一种梦幻、梦想，他期待着能够实现。如果说会有什么遗憾的话，就是这一梦想不能按他的意图全部实施。当安德鲁先生讲述到这些时，其语言和身体姿势表现得非常有情感。在这一刹那之间，自己觉得似乎被什么触动了。一个曾被人称为"桥梁工作师"的人，竟然在国家大剧院这一引世人注目，激烈争论的工程中，流露出如此单纯的情感，似乎与"工程技术"严格的理性逻辑相悖。不过正是这一个引发了我想写本文的念头。

对于安德鲁设计的国家大剧院这一工程，我基本上是持赞同态度的。与其说是赞同，不如说成是对当前中国建筑创作前景的期待和对现状的一种反叛心态。尽管我不可能对此设计从功能、形式、技术手段评头品足，但该方案经过了多次评选，又经业主、专家委员会以及高层讨论决定，也绝非偶然之事，也不是某一个人的一家之言，时至今日更不可能阻止其实现。我只是朴素地觉得，它的实现有一定合情合理之处。

在对安德鲁方案的争论中，大量针对性的意见是围绕着"形式"与"功能"、"建筑"与"非建筑"而展开的。但在双方的旗帜上却有一种"共同点"，即认为形式服从功能是天经地义的"公理"。

用与形

关于功能和形式的定义以及关系，我国建筑界大部分人都直接从20世纪上半叶现代主义的言论中加以引用，到了五、六十年代遂成了"经典"，即"形式服从功能"。再加上另一个"内容决定形式"经典，功能至上遂成了革命者，而形式则成为消极的、不重要的了，"形式主义"就是明显的贬义词。在这里只是提出一个问题，即是今天人们普遍认为的形式与功能的"公理"，是否那么绝对正确？

意大利的建筑理论家布鲁诺·赛维(Bruno Zevi)在他的《现代建筑语言》一书中提到"按照功能设计的原则是当代建筑规范中基本的不变准则。"这句话可以说概括了现代主义理论的精髓。我不得不同意它基本上是正确的——至少在现代主义的革命时期是正确的。但七、八十年之前的"理论"，难道真是"不变的准则"吗？变化、变化速度的加快以及变化的不确定性是当今世界的基本特性。那么对建筑师们而言，应关注的是"功能"与"形式"的内容与关系的变化。变化的背景则包括哲学、社会的变革，对大发展带来大破坏的反思，对情感、家园的响往等等。

形式与功能这两个词是外来语。建筑学上与此相对应的英文是"Function"与"Form"，这也是我国建筑界普遍对"功能"与"形式"理解的源。但古代中国人的词语中仅有"形"与"用"的概念，却没有形服从于用的原则。被人们常来引用的"器"、"无"、"用"三者之间关系中，器＋无＝用，器为形，上面的等式可换为：

形＋无＝用

在这个等式中，说明了一个混纯原理，即形式和功能是不可分的，功能从来包括了形与无的互相转换，形式和功能不一定是两个不同的概念。因为形在创造与演绎空间，人的目光所至首先是形，把形列入建筑的从属性是不公正的。

形式和功能未必一定对抗，形式也不一定非服从功能，形式有时就是功能，而有些功能就是形式。如果我们用另一种眼光去质疑某种“公理”时，其复杂性与矛盾性就会显现出来。

人类的进步中文明与形式有密切关系，人与动物的重要差别之一就是人类对形式的追求与创造。有些甚至深埋于人类不断进化而遗传下来的潜意识之中。追求形式美是人的天性，正因为如此才会有种种纷呈各异的建筑出现。例如中国木结构的古典建筑两千多年来的变化主要表现在形式上如斗栱悬挑的大小，栏杆花饰，屋面色彩等变化上，宫殿、神庙的群体组合也并不像现代主义所要求的那样一切从功能出发，而是强调对称，中轴的形式意义（这种形式实际上就是功能）。如果功能决定形式是惟一的话那全世界的清真寺就不会有麦加、西班牙、埃及、巴格达、印度、中亚、土耳其等风格各异的伊斯兰建筑文化圈。在建筑的争论与评论中却经常出现以功能否定形式的情况（在国家大剧院的争论中可以隐约地感受到这一点）。奇怪的是，在我国相当一部分人的认知态度中，对一些早已摇摇欲坠的“公理”如“形式服从功能”，“知识就是力量”，“人类征服自然”从不去怀疑。

不能简单地把建筑划分为形式与功能、形式与平面的关系。现代主义者当时的战斗口号肯定是偏激的，但我们不能以更偏激的态度把它“公理”化。形与用互相渗透互相转化，对一个或一群建筑来说不可能有一个天平来称出功能和形式各占多少。功能和形式都是建造的目地——即需求。我在“建筑本原与形式消解”一文中提出建筑本原就是人类社会不断变化与增长的对空间的需求。这种需求有“无”的空间，有实体的“器”形（不是形式），这两者不可分割，无器也就无用，建筑也就不存在了。人既要“无”的空间供使用，也要让这个空间通过形表现情感，达到其审美的要求，有时这种审美要求就是建造的目的和需求，我们怎能武断地说人们建造建筑仅仅是为了使用“空”的那一部分呢？

对形的不断创新与追求，是人类文明的起点。历史学家在划分世界文明发展史时，把用审美观念建造建筑与城市作为一个重要的参照标准。距今5千年以上的两河流域的苏美尔、亚述、巴格达古城遗迹不正是被认为人类文明的起点吗？否则，蜗牛的壳、蜜蜂的巢、熊窝、由人工建造的简陋的猪圈、马厩、输油管道、涵洞等，按赛维不变的原则就是最纯粹的现代建筑理念了。因为它的形都是从功能出发而形成的。人类文明最根本的灵魂就是创造，岩画、图腾、原始建筑的装饰、彩陶、音乐、舞蹈，这都是人类走向文明的特征。一旦温饱基本满足后，人类的精神、感情的需要便大于物质需要。当代的人类社会更是如此。这些感情的创造物便是艺术。艺术的触角无所不至，建筑能抵制吗？能抵制得住吗？

不能分割“用”与“形”，它们都可能是建造者目的。形与用可以互相转化位置，形与用都重要，对形的创造则是人类文明进步的表志。这些基本观念和现代主义的形式与功能比较则更具有混沌、复杂、矛盾的特点——但它更接近于实际，更容易描绘建筑行为的瞬间，也就是更贴近实际。这便是当代建筑观的另一种趋势。

“形”的几种境界

首先必须划清一个界限即形≠形式。

建筑必有形，即是所谓的负空间、虚空间，也是有形的。但形和形式是有差别的。形是由既定的空间形成，它没有型制、没有类别、没有某种既定的法则与风格；而形式则不然，它带有“规则”、“规范”的含义，有一种强迫性，也有其流行性。一旦形式成教条，它将以其流行与强迫的特性迅速泛滥，甚至在建筑阵地上称王称霸。现代主义所深恶痛绝的形式就属于此类。试想人类社会从古希腊、罗马二千多年以来建造的目的和手段发生了很大的变化，而建筑的形总离不开古希腊、罗马，不革命怎么行？它革的是古典主义、折衷主义强加在现代建筑身上的形式的命，是要创造新的形，这本来是很好的初衷，但现代主义的哲学指导思想都屈从于冥冥中的“天”，在线性、理性思维的工业英雄主义的旗帜下想把他们的革命思想“公理”化，绝对化，纯而又纯。他们犯了一个和几千年人类文明史发展相抵触的错误——太轻视感性、感情、潜意识在建筑中的重要作用了，用一种形式锁定了现代主义建筑的面目。但像勒·柯布西耶，虽然是现代主义的大师，实际上他晚期的作品则着力于探求感情感性的“形”了。按赛维的定义，朗香教堂根本不会成为现在的这个样。

建筑的形有多种不同的境界：

一个工艺复杂的车间，其形完全遵循工艺流程，空间大小长短、高低等该怎么样就怎么样，这样建筑最符合现代主义的观念。近百年来在不同的时代总有应和者(包括当代),不可否认,它的确有其可取之处,也是创造新建筑空间的基础。但它毕竟很难使建筑升华到艺术境界——因为它缺少激情、感情和非理性。

在当代中国,有一种潮流即是不管是什么建筑,尽管环境并没有要求它显示欧洲古典建筑风格,但它披上了欧陆式建筑的外衣,爱奥尼、克林斯、帕拉提奥、文艺复兴、新古典主义的符号满身都是。这种形与用的根源基本上是脱离的,尽管有情感的要求,但并没有出现上升为建筑艺术的形,它不属于建筑艺术创作的形。

抄袭流行的"形",抄袭已建成建筑的"形",这在我国也是一种较普遍的作法,如KPF的圆盘轮,大大小小的飘板,只表现一种时尚。也说不上高水平建筑创作的形,属如流行一类。

建筑师在满足功能的前提下,对环境、文脉的个性,文化性非常重视,细部、比例、光影、材质等方面都处理得很好,其建筑的形既有感性,又有理性,而且具有明显的个性。到了这种境界,对于相当大的一部分建筑师来说是很不错了。其作品也属于上乘、精品一类。

以上四种情况都不属于最高境界,也就是不属于极品。那么,什么样的"形"才是极品呢?

我在"建筑本原与形式消解"一文中提到的"消解"并没有想追随德里达的意思。它可以从中国一句古语"大相无形"以及相似的"大智若愚"、"大隐隐于市"等话语中感悟到"无"的重要以及相关的"瞬间"、"度"的关系。好几年过去了,我仍然认为,尽可能的扫除各种"形式"的占据点,放松至"不知今夕何夕"的境界,在解决建筑功能的同时,在灵感的火花中和千万年遗传下来的潜在能量和厚积薄发的包括工程技术在内的综合素质结合,创造出一种形与用完美结合、彼此陪衬、相映生辉的建筑艺术新形象就可能出现,这就是建筑创作的最高境界了。在此过程中形式消解起着清道夫的职责的同时还排斥着各种诱惑。

这样,前文中形+无=用的公式,根据中国古人认为最高级的形是"无形"的指向,其公式可改为:

无+无=用

为避免被说成是故弄玄虚或文字游戏,把上述公式改为文字描述即为满足不断变化和增长的社会需求而建造的虚的空间(无)和过去没有或少有的具有原创性的,生动的艺术性很强的建筑形体(无)相结合,就形成了建筑总功能,这样的建筑物当是最高境界的极品了。

也许有人说,你这种极品不可能有。而我认为尽管不会多,但在建筑史上的例子比比皆是:

哥特式的教堂在中世纪的欧洲是人们社会活动的中心,是石头和镶嵌玻璃画的圣经。对基督的膜拜和对天国的向往,通过创造,加之于飞扶拱技术的应用,它脱离了罗马风教堂风格与形式的束缚而飞升成一种永载史册的新建筑。

罗马万神庙以43米直径形成的魅力无穷的神殿空间,经历了近两千年的风雨,其像形至今仍独一无二,其形成大跨度空间的技术记录,直到上世纪初才被打破,真可以说是"前无古人,后无来者"。

当米凯朗琪罗在佛罗伦萨洛伦佐图书馆中首创了著名的夸张、动荡曲线的大台阶时,谁可曾想到他开创了一代新风——巴洛克。

当然,令人遗憾的是这样的建筑和席卷世界的各种建筑总和相比,毕竟是少数。但天才的作品、极品必然是极少数。大部分则是一位建筑界的长辈给我说过的那样是不断重复。这种极品标准,我自问做不到,但我有权去探讨,可以用它来激励自己不断前进,可以来说明和评价、讨论当前的一些建筑现象,这就足够了。

非形式、非功能、非建筑

本文前两部从纵向说明了形与用,形式与功能的种种牵连。下面将讨论一些更含混的横向之间的关系。简单的一句话就是形式也是功能,功能包括形式,建筑与非建筑界限模糊。这也是当前世界上边缘建筑创作的一种倾向。

试以上海"新天地"(石库门区的改造)为例,人们对它的评价一般是肯定的,认为是一个成功之作。之所以"成功"的地方恰恰违背了"形式服从功能"的简单化了的"公理"。这里成为一个既是一个对二、三十年代上海的怀旧场所,又具有欧美情调的环境和现代化的休闲设施。它以其综合的"个性"满足建造的需求,这种需求就是特定条件的功能,是改造旧城区保存旧城风貌,满足新的使用情趣的总目地。在这里"用"与"形"、"无"之间的界限混淆在一起不能剥离,实际上它最重要的功能就是“展示”。

废弃的工厂可以改造成为新的公园、居住空间或工作室、办公室的例子屡见不鲜。所以如果有一个模糊的，有弹性的、可改造的“空间”结合体，倒能适应今日的千变万化。

除了社会需求的巨大变化外，满足需求的技术手段也不断发展，形成空间的手段决不是古希腊、罗马的砖石、柱、梁、拱、圆顶、券了。新的技术、材料不断出现，令人应接不暇。社会、用户、设计师们有权选择优者，选择过去从未有过的某种空间构成手段，而对这些新的“形”，经常出现“这里建筑吗?”的疑问。今天建筑与非建筑界限就如进入尖端状态的物理和化学那样，越来越含混。出格与越界成为一种新的思维方式，人们有理由相信，不同于人们固有建筑观念中的“非建筑”会越来越多，而且是一种进步。

新的生活方式、思想观念、技术手段、建造的理念的综合，加上建筑师的艺术素养与个人风格，将会出现不少人们意想不到的作品。

“解放思想”在我国的政治、经济领域中成为主题。但在建筑创作领域中还有太多太多的桎梏。对形式、功能狭隘的理解，脑子中被固有的形式塞满，对“权威”、“理论”的屈服、盲从，导致了我国建筑创作的“原创”精神低下，抄袭、平庸，甚至“欧陆式”建筑泛滥。欧陆式建筑在中国大地上每年因抄袭这些形式要多花的钱，要比一个国家大剧院多。

我也绝非是一个传统建筑的叛逆者，相反从内心对优秀的传统是十分尊重的，甚至在特定的情况下，还会使传统语言更浓烈一些。对民族、地方特色的追求也是社会的需求，但如果所有的作品去遵循这条路而不追求原创，最后还会走入困境。

今之视昔，亦由后之视今，我经常想着这句话。今天历史上的今昔时空距离也许只有几十年或更短，如果不变革对建筑的认识，真的可能会“不如魏晋”了。

我试图用一种普通的语言表达一种犹如蓝天白云中飘浮的某种思绪，这也就是听到安德鲁先生一些话之后的“触动”，它已困扰我多年了。十多年前，锺华楠先生赠我一幅“眠云”的书法作品，至今还挂在我的办公室。他说，听我作学术报告像是有一种“眠云”的意境。我倒真想这样，在建筑学术的天空中自由飘动，这是何等宝贵的瞬间！

2002年11月于乌鲁木齐

（本书编者作了一些删节）

（上接第185页）

谈起。如果按照现实条件及保护规划的基本要求，每公顷保持在300～350人，这就意味着城区要迁出一半或更多的人口。外迁人口的安置要和房改接轨，要保证绝大多数外迁民民能够买得起新房。对具有特殊困难的弱势群体，还必须提供必要的社会救济保障。

第三，要制定适合历史街区的市政技术规范。目前，历史街区的街巷、房屋状况大多数不符合现行市政规范的要求，教条地套用必将导致大拆大改。新制定的专项规范应以技术措施来弥补空间限制。另外，某些城市用地指标也要有所调整，托幼、学校、绿地、停车场及其他社区服务设施的指标，都要视保护区的具体条件而定，欠缺部分可在保护区外平衡。

第四，历史街区的管理要突出保护。要制定严格的可操作制度，在历史街区内，一切行为必须“循规蹈矩”。管理工作既要宣传教育，更要依法办事，其目标是：一保安全，二保风貌。

保护历史街区是当代世界各国城市建设中最富有人文色彩，也最具有挑战性的工作。对此，我们已经讨论了20年，城市也改造了20年。到底还有多少可供讨论的对象，还有多少可供讨论的时间，今天是该有个“说法”的时候了。我认为，这个“说法”就是对“保护”的科学判断和理性认识。

（原载《北京规划建设》杂志2002年第4期）

喻维国

关于建筑文化的保护
给李先逵先生的信

先逵先生：

偶尔读到你的大作，《我国建筑界五个方面的“第一人”》（《古建园林技术》72 期）。边读边感到困惑。是否有另外一位李先生？待看到封二照相，才恍然大悟，先生从政了。记得是上个世纪 90 年相见后，再没有见过。那次是在重庆建工学院研究生毕业答辩会上见到的。又已是十二个年头了。那年底，我去了美国。

既然知道你在建设部担任科技司司长，就想将近来有关建筑文化保护的一些想法，向你作个汇报，那怕有一点滴参考价值也好。

首先想说的是，进行建筑普查，建立“建筑保护单位”制度。

我国上下几千年，纵横几万里，有着 50 多个民族。丰富多彩的建筑，真像天上的繁星。特别是民间建筑，就像民间文学，民间绘画，民间音乐一样，是中华民族文化的重要组成部分。

随着社会的不断进步，新建筑不断涌现，对原有的建筑进行改建、扩建，以及拆除重建，都是很自然的事。作为用木材、砖瓦、土石构筑起来的建筑，更会受自然的破坏。至于战乱、社会变革对建筑的影响，那就更为严重。天灾人祸加在一起，除早已荡然无存者外，能保留下来的优秀建筑，也只是凤毛麟角，更有的是面目全非了。而且自然与人为的破坏正在进行着。特别是改革开放以来，各地都在进行大规模的建设，难免出现以建设之名行破坏之实的事。但更为严重的是，有些城市传统建筑受到空前的破坏和莫大的摧残。有的开发商为了追求最大的利润，漠视文化遗产，已经到了严重犯罪的地步。所以我们更需要及时进行建筑普查与确定建筑保护单位措施，把确定认为要保护的建筑保护起来。这是历史赋予我们的责任。假如任其凋零、没落，任其破坏，不采取保护措施，对我们这一代人来说，那将愧对于自己的祖先，也将愧对于自己的子孙。

现在被列为国家和地方各级保护单位的建筑，不少是靠历史事件、历史名人的庇护而得到保护的，仅是“殃及池鱼”而已。因此建议从建筑学的角度，从建筑功能、技术和艺术形象；从建筑的平面组合、空间处理、建筑造型、周围环境、景观以及从城市（包括村镇、山寨）街坊、建筑群、建筑单体、以及建筑局部，装修等方面着眼。保护的面要宽一些。保护面之所以要宽，一来是怕优秀建筑被遗漏，二来是因为破坏的速度实在太快，一转眼便化为乌有了。

在进行建筑普查时，请关注一下农村建筑。农村建筑，既受封建礼教，宗法思想的影响，又部分地体现了与生产劳动的结合。中农的建筑更体现了自给自足的自然经济。宗祠是农村中的氏族活动中心，是村寨的公共建筑。农村建筑简朴无华，依山傍水，充分利用地形与自然资源，应该有不少优秀的建筑实例。不管是从建筑学的角度还是从社会学的角度，它都是非常重要的研究对象，在中国文化史上应该有一席之地。

进行普查，首先要制订普查提纲，列出普查细则。对普查人员要进行必要的培训。在普查的基础上，对有较高历史，艺术价值的建筑进行分级、分类，以地方为单位编号、造册。在该建筑的一定位置做好标志。列入保护单位的建筑，必须有专门的单位负责管理，（并不是要新设立机构）并对上级单位负责。必须制订相应的法律。对有违法行为，必须追究法律责任。如因建设等原因，要加以变更时，必须通过法律手续。决不能由某个单位、某个个人说了算。同时必须确定，以就地保护为首选方案，决不允许轻易拆迁。

被确定为保护单位的建筑，应该做到保持现状，不允许任意破坏。在经济条件与技术条件不成熟的情况下，切忌大力“维修”与加以“复原”。对被确定为保护单位的危房，必须进行抢救性的加固，为以后有条件维修与复原时做最最起码的准备。

还想说的是，对被列入保护单位的建筑，进行全方位的测绘，建立档案。

记录语言靠的是文字。传为孔子删选的《诗经》，就有大量篇幅采集于民间，记录了大量的民谣。音乐靠乐谱。名典《二泉映月》，就是半个世纪前记录下来的民间音乐。建筑的生存时间很短，除原物存在外，要把它记录下来，靠的是图纸。中国有不少名建筑出现在古代文献中，但缺乏图纸，具体形象不得而知。文字记载有的与现实相去甚远，有的不知如何解读，更是不知所云。在绘画和雕塑中也有很多反映建筑的，但它们都属于各自的艺术创作，未必都与现实相符。即使古代工匠按比例绘制的图样，也不可与今天的建筑图同日而语，用投影原理，按比例绘制的现代建筑图，才是建筑的惟一语言。

在传统建筑缺乏图纸的情况下，惟一的办法就是进行建筑测绘。使应该有而没有的图纸补回来。有了完整的建筑测绘图，即使遇上天灾人祸，也可以依照图纸来修复、复原，来认识它、研究它。等于保住了这幢建筑的生命。

我国对古建筑的研究与测绘始于中国营造学社。1949年后，北京、南京、重庆等建筑历史研究室，以及文物部门都进行了大量的研究与测绘工作。各高等学校的建筑学专业，也都有以传统建筑为对象的建筑测绘实习。通过实习，获得可观的测绘资料。但就全国范围的传统建筑、民居来说，那只是冰山一角。要把被列入保护单位的建筑都能测绘存档，工作量是非常大的。这项工作必须得到领导的支持，有计划、有组织地进行。在进行建筑普查以及测绘工作时，必须戒忌“少而精”这个惯用的词汇。我们必须尽可能宽宏大量一点，不要太吝啬，太刻薄。假如以编唐诗为例，那我们现在要进行的是编《全唐诗》，而不是《唐诗三百首》。在晚于唐代约800年的清康熙年间编纂的《全唐诗》，收录唐诗48,900余首，当然遗失的就无法记数了。后来在乾隆年间，挑选唐诗中的精华作品310首，编成《唐诗三百首》，成为流传最广，最受读者喜爱的唐诗选本。有了这么个数量和质量，我们才可以得出结论：唐代是中国古代诗歌的黄金时期。编“《全唐诗》”，也不是说将所有民间的传统建筑都编进去，那是不可能的，也没有必要。但假如我们现在就强调编“《唐诗三百首》”，“少而精”，那又可能把不少优秀的民间建筑遗漏掉。所以我们要以编《全唐诗》的精神来调查，测绘传统建筑。有些看似平常的作品，不及时抢救，测绘下来，是非常可惜的。记得1982年前后，我多次带领同学到九华山进行建筑测绘。其中有一座寺院龙池庵，是唐代诗僧神颖长住的地方。虽然留存的建筑为清代重建，但尺度宜人，简朴雅致，周围景色绝佳。不管是在这里礼佛打坐，读书写作，都是最适合不过的地方。当我再次去摄影时，这座寺院不见了。在原来的基地上神速地建起了一座新的。据说，原来的寺院是因火灾毁了的。新建的寺院和原来的相比，真是没得说的。我只有摇头、叹息、拂袖而去了。

全国范围的建筑测绘工程浩大，但也不是遥不可及。全国设有建筑学专业的院校现在有几十家，它们每年均有以传统建筑为对象的测绘实习。如把这批力量组织起来，分工合作。再将已经测绘的建筑统一编目，纳入全国测绘计划之中。那若干年之后，就可以把全国的传统建筑测绘存档。包括照相、录像，以及文字资料。假如能采用现代科技，使用电脑显像技术、雷射扫描，更可以将图像储存在数位档案与电脑化资料库中，那就再理想不过了。

其次，编辑《中国建筑集成》。

在全国性的建筑普查，测绘的同时，可以立即着手编辑《中国建筑集成》。上自原始社会的考古资料，下至现代建筑，包括各种类型的建筑精华。《集成》应以建筑的语言建筑图为主，辅以文字，照相，音像资料。这套《中国建筑集成》，是可以与我中华民族泱泱大国相匹配。全面地、忠实地反映中国建筑七千年的发展与成就。同时，为中国建筑的研究工作打下坚实的基础。为建筑创作提供丰富的资料。为灿烂的中华文明提供一份扎扎实实的佐证。

第三，收集、整理具有各地区、各民族特色的营造资料，编撰《中华营造法式全书》。

中国古建筑与传流建筑，经历千百年的实践，逐步形成了一定的法式。宋《营造法式》与清《工程做法则例》都是在这基础上编撰出来的。这二部都是官书，其编写目的，主要是为了防止贪污浪费，杜绝“豆腐渣工程”。仅在客观上为我们今天的研究提供了不可多得的资料。上个世纪30年代，梁思成先生以《工程做法则例》为蓝本，到工匠中进行调查研究，在1934年出版了《清式营造则例》。这是一部以清代官式建筑为研究对象的学术著作，流传全国，影响深远。与此同时，1937年姚承祖原著，张至刚增补，刘敦桢校阅的一部江南地区传统建筑专著《营造法原》编成。因为战乱，直至1959年才出版。《营造法原》开创了以民间建筑为研究对象的路子，是一件可喜的事。1983年，梁思成先生遗著《营造法式注释（上卷）》出版。

我国地域辽阔，仅三部法式不足以反映各地区、各民族的传统营造经验和建筑特征。最为明显的，如徽州民居、闽南民居、客家土楼，傣族干栏、云南一颗印、四川吊脚楼、藏式建筑、蒙古包等等。把这些各具特色的营造法式整理出来，才是真正在总结劳动人民的建筑实践经验。我们必须将各地区、各民族的传统建筑、民间建筑进行疏理，把它们的营造经验一一整理成册。同时，将历史上有关法式的图书资料，从《考工记》到《工程做法则例》做一次系统的整理、注释、翻译工作，汇集成《中华营造法式全书》。

编撰《中华营造法式全书》，整理、总结各地区、各民族的建筑技术、艺术风格，为中国文化史增添光彩，是中国文化史的重要组成部分。我们必须把它提到文化这个高度来认识。同时，在各地区、各民族修建、重建传统建筑时，提供理论依据和技术指导，使具有更鲜明的地方的、民族的传统特色，避免千篇一律。也为新建筑的创作，特别是刻意寻求传统风格的建筑创作，提供丰富多样的可资借鉴与运用的资料。

第四，近闻内蒙鄂伦春族的居住地即将开发。鄂伦春族将迁移，有的异地定居，有的迁居城市。这当然是社会发展的必然趋势。但必须注意的是，鄂伦春族在几十年前还是带有原始公社制残余的游牧民族。他们居住的“撮罗子”建筑，虽然很简陋，但它是中国原始人的一种居住方式，在建筑文化上有着重要意义。我们经常提到五千年前的西安半坡，七千年前的河姆渡遗址。那末，“撮罗子”就是当今存在着的原始社会建筑的“活化石”。应该有重点地进行维修、保护，并整理出调查研究报告。

想到的就是这些。不当之处，尚请赐教。

专此奉达，顺颂

暑安

喻维国

2002年5月20日于美国拉斯维加斯

王天锡

呼唤“少即是多”的“归来”

笔者家住的大院门前有一家饭店，橱窗上贴有“丰俭由君”的字样。初见时，心中尚不甚明了，后来便弄明白了它的意思是说，究竟是要享受一顿豪华的晚宴，还是来一份节俭实惠的快餐，完全由顾客自己决定，无论怎样，都可令君满意而归。

这正如对待一幢建筑，究竟是利用许多装饰把建筑打扮得华丽花哨，还是努力推敲体形组合、比例关系、材料运用、细部处理，使建筑显得简洁明快，完全是由建筑师决定的。

总之，借用这一商业用语，把重点讨论建筑装饰以及它与建筑美感之间的关系的这一篇称作“丰俭篇”，以代替原来拟定的“装饰篇”，将会更具深意。理由之一，就是装饰多寡与建筑造价高低是有着密切关系的。是不是因为手里钞票多了，建筑物上的装饰，就应该像一个喜欢把自己打扮得珠光宝气的女人佩戴首饰多多益善呢？我们应该清楚地意识到这样一个事实：装饰因精神欲求而产生和发展，但还需要以物质为基础，物质基础丰厚了，有可能使对装饰的追求迷失方向。目前属于纯粹装饰范畴的东西在建筑上又迅速地多了起来，这一事实应该引起我们的高度警觉。

■ 以建筑自身构成部分装饰建筑

建筑上的任何构成部分，经过建筑师反复润色，总是能够为建筑形象增色生辉的。有的人可能会说这未必算得上是对建筑真正意义上的装饰作用，然而所以会这样想，恰恰是因为总是念念不忘以各种各样的装饰构件去装饰建筑，反而忘却了本可利用而且本该利用的既有条件，因此是颇为失算的。

对建筑多个构成部分，可以进行“常规”处理，只要审慎推敲，建筑便可以给人以愉悦；亦可以采用令人称奇的处理手法，那时将会取得出人意料的效果，以下将针对若干实例加以讨论。但在真正进入讨论之前，还需作一声明，即这种讨论的目的并不是尽可能全面地介绍各种处理手法，而是在于对它们进行美学评价的同时，也唤起人们在美学上对建筑自身构成部分的信心。

……

■ 在建筑上附加专司装饰之职的构件与纹样

可能有人会说，从屋顶到雨篷等建筑构成部分的总合便是建筑本身，建筑形象即便是美若西施，抑或是丑若东施，都是与生俱来，是离不开那些构成部分的共同存在的，根本无从谈起谁装饰了谁。

这种说法也许有它的道理。不过话又说回来，装饰的目的就是希望更美一点。而建筑构成部分的组合、处理发生变化，建筑形象也必定随之改变，因此也就有可能被人们认为更美了一点，或者相反。也就是说，必定有某个、某些甚至所有构成部分对建筑形象所起的作用有异于过去。建筑形象和美学质量提高也好，受损也好，装饰作用都在其中。

可能又有人说，即使承认功能与技术所要求的建筑构成部分的装饰作用，它也……难以表述得非常清楚。但是与此相反，建筑上有时存在着可以极为清楚地识别其作用的构成部分，那就是专司装饰之职的构件与纹样。它们与仅仅是为了装饰建筑的艺术品有一个重要的共同点，那就是既非任何功能所需要的，亦非任何方面的建筑技术所要求的。特别是纹样，它从来都是仅仅为了装饰建筑而存在的。

……

随着建筑技术水平以及高层建筑的发展，装饰便有日益减少的趋势，直到密斯式的钢与玻璃的摩天大厦成为潮流，建筑场上额外附加的装饰便几近于零。……

再后来，一些人厌倦了“玻璃盒子”，宣称要和那些执着于现代主义的“老头子们”决裂了。他们自己的建筑风格的确有别于国际式。在20世纪的后几十年里，不难发现建筑构成中又有多少不等的专司装饰之职的构件加入：图案化了的飘带附加到建筑的墙面上；哥特式的实体尖塔或玻璃尖塔出现在高层建筑上;雕象在坡屋顶的衬托下矗立在20层高的柱子顶端;维多利亚时的图案纹样又回到80年代的立面构成中……

近些年来,KPF事务所设计了不少高层建筑,一些在美国本土,另一些则建于国外,其中一些,即以蒙特利尔和法兰克福的两幢办公楼为例,顶部都有轮廓形状不同的构架,因其外观都有弧形部分,或有辐射式之挑梁,同时呈现出很强的方向性与腾飞感,笔者为其命名为"轮翼"。从美学角度来讲,应给轮翼以高度评价,初次见到时,惊叹感动不已。其影响力之大实难估计,我们中国建筑师同行中仿效者众矣!然而究其用途何在,却百思不得其解,因此,尽管它们的尺度与建筑的承重构件相当,甚至还要大上许多,也只能将其定性为纯粹的装饰构件。

除轮翼外,在现代建筑上,或者更确切地说是在许多赶时髦的现代建筑上,还可见到硕大的翼状挑出物、超常尺度的构架、晶莹剔透的玻璃与钢的装饰性造型以及包容了许多无用空间的围护结构等等,奇形异状,不一而足。有时它们确实给人以美感,但更多时候是某种怪异造作之美。初次见到时的视觉冲击过后,难免令人陷入沉思,总觉得有什么地方不甚对劲。仔细想来,原因之一就是它们并无明确的功能作用,甚至根本无用。至于如此作法究竟能否令多数人认为美妙,尚有待调查研究。

在我国也有不少建筑师紧跟某些外国同行的步伐,对国外现代建筑的某些作法多有追随。除了前述的KPF轮翼成为竟相模仿的对象之外,金属管件或杆件之构成被认为可以给建筑带来高科技之美,于是在高层建筑顶部或网架结构转折边缘,出现许多样式不同、尺度庞大、构造复杂的金属构架,企图以这种方式为建筑增添更多的美感。近年来更有典型的建筑外表满布装饰构件的实例相继问世,比如窗玻璃上复以金属构件制作、并无固定玻璃之实际作用的窗棂,大概是为了喻示中国传统的窗之划分方式;再为建筑立面上笼罩着一层由金属管件纵横交错形成的复杂网格,但不知究竟为何设置,只能说是为了获得建筑师或甲方或有关人士所期望的效果,却未必是美的效果,可以肯定的是那都是些没用的东西。对此,很多人都表示了不同意见,然而不能遏制此类作法的继续流行。在看到此类建筑时,一位年轻的美国建筑师曾经学着北京人的口吻说:"大扫除难了!"……

对此,笔者的观点也是十分明确的,用通俗得近乎俗气的话说,那就是:千万不要花钱买美,最后却落得个花钱添乱。

■ 呼唤"少即是多"的"归来"

……

应该说,在设计中无论是体现出符合密斯本意的"少即是多",还是……本着"少即是多"的精神去创出新意,都要比某些建筑师到了今天仍要依赖纯粹装饰构件装饰建筑的作法高明得多。沉下心来仔细审视密斯本人及其后继者的经典之作,便能领会那些建筑的微妙美感:简洁明确,比例优美,气质高雅,这已是极高标准的美学质量,且与建筑创作对传统与个性的追求没有丝毫矛盾的。何况建筑师运用的建筑构成因素究竟应该多"少",表现出来的美感意趣又需要多"多"并无明确限定。也就是说,"少即是多"的原则对于建筑创作的成功来说,应是只有指导作用却毫无制约的。

……

直到密斯于1969年去世,现代建筑已经成功地摆脱了那些繁琐且无任何功能作用的装饰的羁绊。其后的30年间,世界的现代建筑又有了长足的进步。然而从建筑装饰这一特定的角度来看,只能说许多人的观念、情趣又发生了很大改变。眼下的建筑时尚与古典建筑风格颇能找到共同语言,至于这是否有所前进,人们的看法将会有极大差异。即使用事物的螺旋式发展规律来解释这一现象,也只能说圈子的确是兜回来了,但向前迈进的步伐至少不大。就以洛可可风格为例,有的在密斯依然在世时出版的建筑历史论著,认为它的装饰母题"繁冗"、"娇弱",浅绿、粉红、白、金等色彩呈现出"浓厚的脂粉气",层管有时设计制作也还精巧,局部手法也很优美,但总的来说,许多作品繁琐堆砌,矫揉造作,"趣味是庸俗的"。然而在上世纪最后一年中,中央电视台播放的"世界人类共同的遗产"节目中曾说:"近来艺术家对洛可可的看法发生了变化。由过去的嫌它过于华丽,改变为艺术的最高成就。"这无疑是180°的大转弯。

有了对洛可可看法大转变的先例,便不难理解为什么不仅一般人,就连某些建筑师也那么热衷于运用专司装饰之职的构件与纹样去装饰建筑,为什么建筑师无意于潜心发展自己的精彩构思,为建筑的功能与技术要求的构成部分注入生命，使建筑自身变得美妙起来。就像美国费城的科学信息大厦，建在一个被国际式建筑所围绕的环境之中。建筑师在为它们增添一个“新邻居”时，首先设计成一个看上去仍是自己早已宣称厌恶的国际式建筑，然后采取的惟一措施便是以加入到外墙饰面中的色彩缤纷的图案去装饰它。不可否认，这也是打破单调、加强美学效果的方式之一。但与从改变形体构成、窗洞口形状、比例及组合方式上入手，使新建筑具有能与周围建筑既协调又不一般的形象的作法相比，这种单纯依赖建筑装饰的设计方式便显得贫乏无力、过于肤浅了。不过费城科学信息大厦应该说仍是严谨认真创作态度的产物。另外一些颇为知名、被许多年轻建筑师视为范本的建筑，深究起来，不免令人感到建筑师是在那里以唯我主义的态度为所欲为了。

在北京，沿老城区的主要街道及二、三环路，许多新建筑拔地而起，这些建筑展示出的一个现象颇为耐人寻味。较早时候的一些项目为京广大厦、国贸中心以及原来的工商银行大厦、中国银行大厦，方案均出自外国建筑师之手，其外观形象总的特点是简洁明快，轻松自如。倒是相继问世的一些中国同行的作品却令人看得眼花缭乱，无所适从。如果说在世界范围内，建筑上出现了纯装饰构成的回潮，我们的某些同行在这方面则是不甘后人。笔者常把上述建筑称之为“一线”建筑，也常提到更喜欢审视某些位于“一线”建筑身后或者沿次要街道而建的“二线”建筑，正是因为后者的重要性逊于前者，或者标准低于前者，建筑师并未在其构思上恁地冥思苦想、搜索枯肠。也正因为此，反而使那些建筑“因祸得福”，生就一副朴素谦和、平易近人的模样。并不是说只有这些“二线”建筑才堪称上品，但它们至少没有因为过度的装扮反而使自己的品味降低，更没有因为自己哗众取宠的外貌损害了街道景观和环境形象。

总之，当各种形式上毫无关联、尺度上杂乱不一的装饰性构成部分勉强凑和在一起时，当一些建筑师把功能和结构都不需要的构件堆砌得自以为新颖美妙却令他人心烦意乱时，当还称得上优美的专司装饰之职的构件组合移去后建筑便无任何美的意境可言时，呼唤“少即是多”的“归来”，哪怕是矫枉过正，也应该是完全可以理解的。

……

（原载王天锡著《建筑的美学评价》一书的“丰俭篇”，中国建筑工业出版社 2002 年出版）

常怀生

俄国建筑师日丹诺夫与哈尔滨

尤·彼·日丹诺夫(1877～1940)

前不久,俄罗斯哈巴罗夫斯克国立技术大学尼·彼·克拉金教授,赠我一本关于哈尔滨的近著。其中有相当篇幅专门谈俄罗斯建筑师在哈尔滨的早期活动。现将该书有关内容结合哈尔滨的实际,就尤·彼·日丹诺夫(Юний ПеТрович ЖДанов)的业绩简述如下。

尤·彼·日丹诺夫几乎一生都奉献给了哈尔滨城市建设事业。他1877年11月21日出生于俄罗斯库班省叶卡切林诺达尔。1903年毕业于以沙皇尼古拉一世命名的土木工程师学院。因为是独生子,没有服兵役,大学毕业后就直接到政府外交部门工作。当年,奉命前来中东铁路,出差。一再延长时间,直到生命终结,他都一直留在哈尔滨。在哈尔滨生活了37年,这里被认为是他的第二故乡。在这里他育有二个女儿,1940年去世他被安葬在他设计的圣母帡幪教堂墓地,葬在先于他几年去世的夫人墓侧。

1903年到1906年在哈尔滨,尤·彼·日丹诺夫服务于中东铁路,被聘入技术部门,随后的6年他直接掌管建筑工程,任职工程主持人和建筑工地管理副主任。

尤·彼·日丹诺夫在实际工作中所有的调动以及后来的发展都与其自身的专业基础,与其作为建筑工程师和建筑师相关联。总共35年他作为工程师或建筑师设计建造了大量有影响的建筑物。他是在哈尔滨移民建筑师中最活跃的一位俄罗斯建筑师。

还在1915年,在开始建筑设计生涯时,就曾获得以日本天皇名义授予的十分特殊而珍贵的四级宝石勋章,以表彰他为日本人设计与建造的日本侨民小学(今地段街兆麟小学)、谢欧得基公馆(颐园街3号)、日本俱乐部(一曼街原市图前小楼)以及其他一些设计所取得的显著成就。

1916年,日丹诺夫出任中东铁路工务段长,1921年辞职。此后5年担任哈尔滨市城市建设委员会主任,接下来的5年改任哈尔滨市政局总工程师。其间在哈尔滨设计、建造完成了很多极其复杂多样的委托任务。

日丹诺夫虽然工作居住在哈尔滨,但是并没有断绝与俄罗斯的联系。特别是在初期,还是在1910年,他参与了乌拉基卡夫卡兹铁路局办公楼工程(位于纳黑切瓦)设计竞赛,他与其合作者Н·С·涅斯切罗夫完成的竞赛方案,在顿河区罗斯托夫所有参赛的27份方案中荣获第一名,在众多拥有权威性创造性的参赛者中夺取桂冠,并获得奖金1200卢布。

1911年他与同僚合作应征参加为阿穆尔河畔总督官邸(位于哈巴罗夫斯克)工程的设计竞赛,获得第三名。

1912年日丹诺夫为远东著名茶商契斯恰考夫设计建造豪华的美丽宅邸;为建筑商包工头А·Г·哥列保夫设计住宅。据当时哈尔滨的报刊评论,契斯恰考夫宅邸是哈尔滨最宏伟最昂贵的私人住宅,底层为店铺上层为住宅,还有地下层,这是一栋沿街商店住宅。其建设工程用去了18万卢布,当时其总造价是够高的了。对于年周转贸易额上百万且商店声誉很高的契斯恰考夫来说,该设计是成功的、适宜的。

尤·彼·日丹诺夫在中东铁路工务段的工作,博得西尔科夫大公赞誉,后者经常赞赏他在工程技术上的卓越才干和行政管理上的超众能力。当时在哈尔滨恐怕没有第二个像日丹诺夫那样的人。他承担了很多时间紧迫而又特殊的公共设施任务,特别是做了南岗区(当时称新城)的街道规划,按新的技术工艺组织道路的铺装。而且这些工程质量都是最好的,并无报酬。至今在哈尔滨许多被保存下来的建筑,很多是按照日丹诺夫的设计建造的。

直到今天仍然值得一提的,在东大直街前俄侨旧墓地由红砖砌筑的砖石结构乌克兰教堂,即圣母帡幪教堂，就是他大学毕业设计的作品，27 年以后被选作为该教堂的设计建造方案。

尤·彼·日丹诺夫是一位富有经验最具权威的建筑师，他是多个委员会和理事会的主任或理事。市政当局在商讨有关哈尔滨市城市建设方面的重大问题时，都要征询他的意见，比如哈尔滨有轨电车线路的确定，就是根据他提出的技术经济合理性的主导原则而确定的。

当还在中东铁路管理局工作时，及其后在市政局工作中，日丹诺夫都获得了无可非议的崇高声望，是一位诚实正直而又有原则性的专家。当时哈尔滨有一份报纸曾这样评论他："……有时很严厉，但坦率实在，从不转弯抹角；为人诚恳真挚，在所属部下中享受到尊敬与爱戴……所有他的朋友、熟人、近人，都会异口同声地告诉你，他为人甚好，作风严谨鲜明，待人温和心地善良，举止行为完全是典型的绅士风度。"

岁月无情……最后几年日丹诺夫坚韧顽强地同病魔进行斗争，他患有心脏病和糖尿病，所以后来视力极度衰退。由于病痛折磨身体衰弱，病逝于 1940 年 12 月 19 日，享年 64 岁。人所共知和倍受欢迎的人的去世，在哈尔滨产生了深刻的影响。当时所有地方报纸都刊载了纪念日丹诺夫的文章，其中一篇这样写道："一位哈尔滨的建筑工程师尤·彼·日丹诺夫逝世了。他是一位深受尊敬的久居者、卓越的社会活动家、中东铁路著名的工程师，他的逝世使我们失去了一位辉煌一生的建筑师和绝无仅有的智慧超人"。送葬出殡的那一天，圣母帡幪教堂容纳不了所有希望参加同这位天才的建筑师告别的人，"葬礼开始，教堂人已挤满，出席的都是中东铁路有经验的活动家、逝者生前的同事、市参议会议员、工程师协会会员、圣母帡幪教堂教友、朋友、熟人，日丹诺夫的家人……"

尤·彼·日丹诺夫离去了，他身后留下来的是大批的光辉遗产，是形象美妙的建筑纪念碑，今天俨然在提示我们一位俄罗斯建筑师在哈尔滨城市建设中做出的不朽的贡献。

历史已经证明，日丹诺夫是移民建筑师中的佼佼者，他才华横溢，造诣极深，创作手法娴熟运用自如，善于以折衷主义手法，运用古典主义、文艺复兴与巴洛克元素随心所欲的融汇于一身，为哈尔滨创作出了大量的优秀作品，根据查到的资料，如道里地段街兆麟小学（图 1）、南岗原秋林俱乐部（图 2）、颐园街 3 号省委老干部活动中心（图 3）、原日满俱乐部（图 4）、契斯恰考夫商店住宅（图 5）、道里通江街土耳其清真寺（图 6）、日本前驻哈尔滨总领事馆（图 7）、东北烈士纪念馆（图 8）、东大直街东正教堂（图 9）、哈铁文化宫

图 1 原日本桃山小学，现哈尔滨兆麟小学，始建于 1909 年，建成于 1922～1923 年，日丹诺夫设计，Ⅰ类保护建筑。

图 2 原梅耶洛维奇大楼、秋林公司俱乐部，现哈市少儿活动中心，建于 1921 年，由日丹诺夫设计，Ⅰ类保护建筑。

(图 10)、和平电影院(图 11)等等都是日丹诺夫的作品,这些建筑保留至今,并被列为一类保护建筑永远保护。日丹诺夫的建筑作品,其数量之多,艺术质量之高,在移民建筑师中无人可比,至今在城市文化构成上仍然占据不可取代的时代标志性地位。是他为哈尔滨做出了不可磨灭的贡献,留下了永恒的艺术瑰宝。

(原载哈尔滨市政协内部资料《俄国人与哈尔滨》,2002 年印发。)

图 3 原谢杰斯公馆,现黑龙江省委老干部活动中心,建于 1914 年,由日丹诺夫设计,I类保护建筑。

图 4 原日满俱乐部,现哈尔滨市群众艺术馆,建于 1933 年,由日丹诺夫设计,Ⅰ类保护建筑。

图 5 原契斯哈考夫茶商住宅,现哈尔滨铁路分局工程处,建于 1911 年,日丹诺夫设计,Ⅱ类保护建筑。

图 6 原名土耳其清真寺,又称鞑靼寺,1901 年始建,1923 年重建,由日丹诺夫重新设计,Ⅰ类保护建筑。

图 7 原南满铁路驻哈办事处、日本总领事馆,现哈尔滨铁路公安局,建于 1925 年,日丹诺夫设计,Ⅰ类保护建筑。

图 8 原东省特区图书馆，伪满哈市警察局，现东北烈士纪念馆，日丹诺夫设计，Ⅰ类保护建筑。

图 9 原圣母帡幪教堂，中华东正教会哈尔滨教会，建于 1930 年，日丹诺夫设计，Ⅰ类保护建筑。

图 10 原中东铁路俱乐部，现哈尔滨铁路文化宫，建成于 1911 年，1919 年和 1923 年两次扩建，日丹诺夫参与扩建设计，Ⅰ类保护建筑。

图 11 原敖连特电影院，现和平影院，始建于 1908 年，1912 年火灾后新建，新建设计由日丹诺夫完成。Ⅱ类保护建筑。

莫伯治

我的设计思想和方法

在我的建筑创作过程中，往往涉及一个重要的思维领域，就是遵从客观因素的科学分析，如基地环境的处理（包括地势、地质、气象、建筑环境），现代功能的满足，新材料性质的体现，新技术发展的运用等等。透过这些分析，从建筑的体型、空间构造以至构图的处理，与上述客观因素固有的内在本质之间，达到形神相通，表里统一。这或者可以理解为在一定时期内，对事物内涵表达的实现。另外，还会涉及一个较为广泛而复杂的思维领域，这就是建筑美学的表现。由于建筑是人类存在的认同空间，人们在创造建筑空间过程中，会按照自己形成的意念，创造适应于自己审美观的美学表现。这种审美观，不仅仅是建筑师个人的自我表现，而是建筑师在创作过程中，着意发掘存在于人们带有一定程度认同的意义，透过其个人风格和熟练技巧，阐释成多式多样的具体建筑艺术语言，塑造出为人们所欣赏的作品。正如明代文震亨所指出，对"室庐"设计，要"令居之者忘老，寓之者忘归，游之者忘倦"。看来对所有类型的建筑来说，都应该有其相适应的艺术效果。因此，摸索具有广泛认同意义的建筑审美观，是建筑创作美学的重要课题。

我在创作过程中，联系到审美观的问题，除遵循现代功能主义的原则外，着重探索的是人们对自然的复归感和对历史文化的沟通问题。

对自然的复归感

大自然是人们生存活动的背景，人们喜爱和眷恋大自然，这是人类的本能。山水草木，自然景物，不仅能够满足人们卫生健康的功能要求，当人们接触到自然景物时，会悠然产生一种"复归"的感觉。因此，在建筑设计中，将山池树石有机地组织、融合于建筑空间，并不是可有可无，而是必不可少。这样做可以使建筑空间的层次更加深远，序列的变化更富于韵律，增强四维空间的感觉；另外，建筑与景物组合一起，透过传统的文化意识（如诗情画意），诱导人们对大自然意境的联想和对空间的感情移入，赋予建筑空间以生命力。如在白天鹅宾馆中庭设计中，厅堂空间与庭园空间互相穿插，里外渗透，上下沟通，造成了峭壁寒潭，飞瀑鸣谷，石洞山亭，蕨丛雾花的一派城市山林、家国风光。客人到此，特别是远侨归国，读"故乡水"摩崖，有较强的感染力。

对历史文化的沟通

现代文化是历史文化的发展与延续。因此，现代建筑技术，同样不能割断与建筑历史文化的衔接与联系。在一定概括性的层次上，我们可以探索古今建筑艺术处理手法的共性，从而得到沟通的途径。这种沟通，既包括对民族传统的沟通，也包括对世界古典建筑文化的借鉴和引用。如在白云山山庄旅舍和矿泉别墅的设计中，建筑体型与风格是遵循现代功能主义的轨迹，着重表达现代功能、新材料、新技术的内涵；而庭园空间是多层次的，建筑群体是由单一功能、小体量的建筑组织起来的。在这一概括性的层次上，勾划出与中国古典庭园相通的格调，人们到此，会感觉到似曾相识，富于传统文化的深意，而又具有现代功能主义的清新简练，而不会觉得单调枯燥。又如，在南越王墓博物馆设计中，参考"威尼斯宪章"原则，在构造上使遗迹与新构筑物有明显的区分，不以今损古，不以假乱真；主馆的体型与风格，遵循现代功能主义原则，同时也考虑到这是一幢带有纪念性的建筑，须透过它传绎 2000 多年前历史文化。因此，在现代主义简练体型的基础上，同时寻求中外古典纪念性建筑的庄重、浑厚、沉着、雄劲的风格；在大门外，曾回顾了传统的重台叠阶，汉代石阙，以至埃及阙门等概括性的格调；室内空间结合地形，由外而内向上延伸，以达二门，在此曾推敲过雅典卫城的前庭结构，也联系过 Elusis 的大门与二门的组织关系；保护墓室的玻璃罩是现代材料的附加结构，与墓室遗迹结构有明显的区分，但在几何形体上作汉墓覆斗形，也与历史文化取得了一定的沟通。

（摘自《莫伯治文集》，广东科技出版社 2003 年出版）

马识途

为创造新的民族形式鼓与呼

无论你走到哪一个城市，举眼望去，都是如雨后春笋般高楼林立。我们每天白天就是在这种钢筋混凝土树林里讨生活，晚上爬上那树上一个一个方块洞穴里睡觉。我们几乎找不到北了，不知是在成都，还是北京，或者在广州，甚至以为走在暴发起来的外国什么城市。面对这种千篇一律叫人气闷的水泥树林，怪不得有“平型关”、“板门店”、“积木块”、“火柴匣”之讥，这便是我们中国许多城市的风景线。

建筑和艺术是不可分的，人类从树上下来，从洞穴出来，为自己营造建筑后，便有了建筑艺术。建筑从来就不是只有实用的功能，还有美的欣赏作用。上世纪50年代，我们提出过实用、经济、美观的建筑设计方针，那时拘于经济环境，无法考虑美观，倒也罢了。延至80年代，经济环境变了，却仍然不注意美观，就是像暴发户一般，匆匆忙忙建造些积木块，火柴匣式的房子，赶快卖了赚钱。近年来注意形式的多样化了，却很少注意民族形式的美观，大多是抄袭外国暴发城市的格式。1993年我和徐尚志、庄裕光两位建筑大师应邀去南昌参加“建筑与文学”学术讨论会，到会的众多建筑大师们和作家，都呼吁这个问题，我也作了发言(登在《建筑师》杂志上)。然而我们无权无钱的一群知识分子，说了白搭。各种千篇一律的塔楼、豆腐干、火柴匣，抄袭外国的建筑，更加迅猛地在各城市建造起来，形成钢筋混凝土树林的现状。

我很奇怪，1978年我去伦敦和巴黎，在伦敦的城中心和巴黎以凯旋门为中心的放射街道群不见一座纽约式的塔楼，相反的只见伦敦把灯熏发黑的街房认真地刷洗，巴黎旧街的石块一块也不让挖，他们顽固地坚持自己的民族形式。后来在斯德哥尔摩城中心似乎也如此。谈起话来，对于在暴富下垒起来的火柴匣、高塔式的新楼，颇有微词，认为那是没有民族形式的形式。然而在中国却听说把古城中最有民族特色、文物价值的建筑一扫而光，代之以一片钢骨水泥树林，不然就是拆了古建筑，建设新古董。这到底为什么？

最近世界上正在讨论一体化的问题。许多策士认为经济全球化、一体化了，其他文化也要一体化，或者美其名曰文化的普遍化，这当然包括政治制度、文化思想、价值观念、生活方式在内，也就是所谓“资本主义市场全球化的文化同质化”。西方有的学者说，说白了，就是全球美国化。这里自然有建筑文化一体化的问题，也就是建筑也要美国化的问题。美国的新技术高明，应该老实学习，但是技术不是文化全部，更不是文化思想全部，建筑技术不等于建筑设计艺术。这是不是找到问题的根由，我不敢说，但是霸权崇尚者总想把自己的意识形态、价值观念、文化思想普遍及于其他世界，特别是经济文化落后的地区，其勃勃野心，昭然若揭。

中国是一个有古老文化的国家，有自己极其深厚的民族文化传统，现在虽然经济落后了，但其文化思想却是极其丰厚的。我们当然不要故步自封，抱残守缺，怀抱国粹主义思想，而要吸收人类一切先进文化，以发展壮大自己的新文化。我们历来主张中西方文化应该在交流、矛盾、渗透、融合中取长补短，共同发展。我们绝不可被人融入，被人一体化，做没有出息的民族文化殖民主义化的应声虫。

建筑是一种文化，建筑设计想来也该如此。只是民族文化的现代化，兼收并容最新技术和艺术，以发展自己的民族形式。民族形式绝不仅是一个形式问题，而是民族的精神，民族的思想精髓的体现，建筑的民族形式也不只是古建筑形式的抄袭，而是它的精神内涵、气质、氛围、趣味……。我们应该吸收民族形式的精华，融入新技术新材料，形成新的民族形式，所以建筑大师们都主张推陈出新，仿古而不泥古，我是很赞同的。

我正在古老城市的钢筋混凝土树林中惶惶然徜徉不知所之，喘息不安时，忽然得到成都亚林古建筑设计公司送来的材料，看了使我窃然心喜，算是于无奈何中找到了知音吧。最使我惊奇的是主持人李亚林竟是著名建筑师古平南先生的高足，而古平南正和我有一段没有对他说清的因缘，谁知古老已经作古了，在此我无妨对他的高足说一说。

上个世纪50年代，我在主持四川建设厅时，古平南是设计院的总建筑师，我特别敬重他对于中国古建筑的研究和设计运用。当时他设计了科技大学大楼，建设厅大楼和华大钟楼改建工程。我以为虽抄了大屋顶，却是体量颇佳的尝试。但是后来批梁思成时，殃及池鱼，古平南也受到冲击，我替他检讨，在领导面前过了关。谁知后来在大鸣大放时，他说了几句对支书不恭敬的话，搞运动的常务副厅长要把他打成右派，我不同意，第一副厅长王希甫也不同意，未能上报。但当我出差作民居调查时，常务副厅长去省委告了我一状，说我打脱了一个大右派，于是把古平南补打成极右派。我回来时省委工业部部长找我去，狠批我一顿，竟说出了“打脱了极右派的人很可能自己是右派”的威胁话来。木已成舟，无可奈何。我和王希甫一直耿耿于怀。直到1979年全国在右派平反时，我和王希甫都在省人大，立刻联名写信给省建设厅常委，请给古平南平反，后来听说平反了，我才心安。这段因缘我和王希甫还都未对古平南说过，他便作古了，实在遗憾。

但是我看到他的弟子如此承宗接代，把民族形式建筑发扬光大，我心之乐，非可比也。李亚林托人向我求字，我立刻答应，写了一首打油七律诗，诗曰：“满城钢筋水泥林，我在林中喘息行，继往开来何处见，亚林美奂是知音。”特书以赠之。并记述因缘如上。最后我还想告诉李亚林：“继往开来，发扬光大，百尺竿头，更进一步，推陈必须出新，仿古不可泥古”，亚林先生以为然否？

（本文首次在本书中正式公开发表）

李道增

创造性转化

(一) 城市的“灵魂”——本土文化

“文化是城市的灵魂”,“建筑是文化的表征”,建筑艺术是所有艺术门类中最贴近人们生活的一种艺术。从艺术的角度看,在一定意义上说,建筑是缩小了的城市,城市是扩大了的建筑。建筑、城市都是文化、文明的载体和象征。

1999年8月号的《国家地理》期刊主题是“全球文化”,刊载了一篇名曰《三城记》的文章,说的是埃及的亚历山大、西班牙的科多巴和美国的纽约。作者认为这三座城市中的亚历山大代表了世界第一个一千年的开端,也就是公元元年那个时代的人类文化;科多巴第二个千年,也就是公元1000年时的文化,而纽约被认为是“第三个千年的黎明”的城市。在一张纽约璀璨夜景照片的说明中,记述了一件真人真事的故事:曼哈顿的一块地皮是一位荷兰军官在1626年用24元钱从本地印地安人手中买下的。如今已成了世界“资本主义皇冠上的明珠”。原纽约市长朱利亚尼曾自豪地宣称“我把纽约视为世界的中心”,“它有无限的未来”。三座城市都是有“灵魂”的,这个“灵魂”就是充满“人性”和本土文化的历史积淀。人性是活活生生的,可以征服人心,体现理想主义和浪漫情怀对真、善、美的执着追求。

看一座城市如同看一个人一样,先把握其形态、轮廓,再观其品味,体悟其精神气质和价值取向……。每座城市都有与其自然环境相适应的历史和人文特色以及个性。“与众不同”的特色和个性,如被利用得当,在艺术层面上被发挥到极致,加上多年文化的积淀,就能让人感悟到此城是有“魂”的,“魂”意味着文化之精髓所在。中国古代艺术家所追求的“神韵”就体现在这个“魂”上。不用说本地居民对其热土有很强的认同、归属感,外地来客到此一游,除感叹景观优美外,在精神与感情上也会产生一种落定的感觉。有不少日本人到了扬州就不由自主的说:“到了这里就没事了”,意思是说心定了。浪漫的法国文化是巴黎的“魂”,正是巴黎的“魂”成就了巴黎的时尚,使巴黎成为世界的时尚中心、艺术之都。

民族文化的魅力与民族擅长的核心竞争力一定是相通的、独一无二和不可替代的,德国人擅长于做精,德国的轿车从来是物有所值、卖的最贵的;法国和意大利人长于艺术,法国、意大利的时尚用品已成为时尚的代名词;美国人善于把事业做大做全,几乎世界上最大的公司都是美国人开的;犹太人精于想出新思路,获得诺贝尔奖的犹太人最多……。

(二)“他”又不是“我”

城市的“魂”加上民族的竞争力,左右着城市文化在全球竞争中的排行名次。热衷于奔小康、现代化的中国人除少数学者外,多数人只看重经济和科技,对自已城市的文化特色尚未给予足够的重视。就建筑与城市而言,目前外国的理论和作品某种意义上已不再算是“他”学,已变成现代中国建筑和城市学科的有机组成部分,已在各个层面上和中国文化交织在一起,无论是纯理论的学术探讨,抑或是现代化的创作实践,都密切地混合在一起,多年来深度融合,分不出你我来了。外来的建筑学基本理论甚至构成了中国建筑设计、规划理念的重要组成部分,不中不西、亦中亦西、互为作用,分不清什么为“体”、什么为“用”了。

但要思考中国建筑对世界建筑的责任与贡献时,作为一种持续了五千年的中华文明,“外来的”与“本土的”是有区别的,“他”又不是“我”。因此从我们本土生长出的东西千万不能轻易丢失,本民族的独立地位、主体地位也不应被遗忘。不管我们从理论上吸取那一家思想,实践上采用那一家方案,也不管我们怎样吸取,这里面有一个选择的问题。始终是我们在吸取、是我们在选择,这是前辈学者谆谆明示我们时刻要记住的原则。文化(包括建筑在内)是一个由多种、多层文化组成的一种很复杂的结构。可形象的比喻为一根冬笋,被一层层笋皮——文化的表层裹住、可以像笋皮似的剥开来,最后那个无法再剥离的笋芯,就是我们原生文化的本位,地道的本土长出来的东西。它为我们寻求理论的"根"由、思想的源头、给我们在此基础上实行创造性转化提供启发与可能。

(三) 从三个层次上去理解"本土文化"

建筑风格的民族性和本土化曾是20世纪20年代以来许多中国建筑师一代又一代的创作追求。50年代曾出现过"民族形式,社会主义内容"的提法;80年代改革开放后改为"民族风格、地方特色、时代精神"的提法,涵盖的设计理念是力图在传统和现代之间寻求某种结合点。从"形似"的视角出发,从传统中摄取具体的图形、格局、做法、符号,用在建筑布局和造型上,或者加以形式重组,借以表达某种历史文化感。按照这一思路,虽然也创作出一些艺术水平较好的作品,但总体来说,终究显得有点原创性不足。

由于很多人对本土文化及传统文化的理解仍停留在形式的表层,眼光集中在形式风格上,这是造成思想深度不足的主要原因,我至今还认为庞朴先生早在1986年所写的《文化结构与近代中国》一文中提出的文化三层面说,讲到了点子上,他认为文化的表层是物,即人类的物质产品,是可见的;中层是心、物结合,直接指导着物的创造,可以由物感觉出来,有的已总结成文字了;深层的是心,相当于精神文化,影响着中间层次,即使与物相距较远,却是最终决定物的本质依据。要从文化深究建筑就不能停留在它的外在形式、风格和流派的层面,甚至也不能只涉及到它的创作理论,而应该更深入到决定它们的深层力量,即心的层次中去,只有这样才能更深刻地体悟到建筑作为一种艺术内在的文化含义及"神韵",一种更深刻的民族文化心态与心理表现。按照文化三层面说法去看中国传统建筑,至少可分为下面三个具体层次:

第一个层次属最表层的建筑形式和做法,都是一些最具象的东西,如屋顶曲线和翘角;木构架样式;檐梁、斗栱;围廊、墙、铺地;门窗、门洞、窗棂格;装修、彩画、装饰纹样;民居与民间建筑的通风、隔热、防寒、防潮、防水、防震、防风、防尘以及营造法等等。

第二个层次属建筑组合中的具体方法、程序和规律如:拼接院落空间的组合方法和轴线的运用;建筑实体的构图和几何关系;几何与自然形态的互补、互动、空间模式与人们行为模式的契合;城市意象诸要素的组织;空间序列的组合;园林空间的各种意境和手法;结构构造所具有的内在艺术表现力等等。

第三个层次则属于城市、建筑、环境与艺术相关的理念、话语、典籍、著述……。如老子的"当其无,有室之用"的空间说,先秦诸子的朴素生态观与对自然环境的爱惜与尊重,"天人合一"思想体现天、地、人之间的和谐共存;《周礼、考功记》阐释出中国都城的礼仪制度成为影响中国古代城邑规划布局的一条主线;秦汉的阴阳、五行、《易挂》和风水思想反映中国古代朴素自然观和东方文化之时空一体化,独特的思维模式,城市与自然山水融为一体,以获得山川之灵气。这一点与西方文化有根本差异。就中国的美学思想而言,从源头上就与西方很不一样,自新石器时代的仰韶文化开始,便注重以简单的线条语言重现出物象的"神韵"。发展到晋代美术大师顾恺之提出"以形写神"的论点,"形"并非艺术的成果,"神韵"才是中国艺术家所追求的目标,此点正是中西方艺术最大差别之所在。

中国美学独树一帜,其极丰富的内涵,深邃的哲理和智慧,有待挖掘和开发,可对建筑创作思想产生独特的启发。古人在研讨"形、法、理、意"时说过"无法中有法,乱中不乱,不齐之齐,不似之似,需入手规矩之中,又超乎规矩之外";"无层次而有层次者佳,乱而不乱者佳,应实求虚,虚中求实"。这种从艺术实践中总结出的思想,所达到的境界简直有点像20世纪三件大的科学发现之一的"混沌学"的有些论点了。

(四)"创造性转化"

"创造性转化"(Creative transformation)是哲学界先提出来的,该提法很有启发。对我国古代文化来说很需要做些"创造性转化"的工作,才能使之对我们的建筑创作实践有帮助,起更大的作用。前面一段所讲述的属于第三层次的文化内涵,几乎都源自历代文献、典籍,文简意深。当前不少青年人翻阅古籍,既很难找到刻意索求的话语,找到了也读不懂,因此很需要建筑界有识之士把这些精彩的话语整理出来,以白话文更通俗的文字形式表达、并加以新的阐释,以剖析其中蕴含的思想奥妙,与精彩之笔。将之与近代外来的先进理论作对比。这一做法我把它称为"创造性转化"。同理,结合中国国情或某地实际,将外来的思想理论因地制宜地运用到实践中去,或以通俗语言加以阐释,打个不恰当的比方,就像中国古代的唐、宋时期将外来的佛学融入中国文化的做法。这又是另一种形式的“创造性转化”。在当今建筑创作实践中也有优秀的“创造性转化”的实例,试举二例扼要说明。

例一,上海浦东金茂大厦

上海浦东金茂大厦是一座超高层标志性建筑,高约429.5米,主楼地上88层,地下3层,建筑面积289,500平方米,是国内目前最高的建筑。其结构与造型结合,反映结构美,主楼地上结构由①中央钢筋混凝土剪力墙组成的八边形核心筒、②八个钢骨混凝土组合柱外框、③八根钢巨柱和④钢梁四部分组成。核心筒内剪力墙呈井字型布置,从地下三层开始,终止于53层,都是钢筋混凝土浇筑的;在24～26层、51～53层、85～87层部位设置两层高的钢桁架作为水平刚度加强层。这一结构体系形成高效抗侧力系统,在风荷载作用与地震力作用下,位移非常小,结构形式属非常先进的钢与混凝土的混合结构。设计上没有抄袭任何中国古建筑做法中的表层形式,其手法反映钢、玻璃等现代材料构造的特性,呈现出时代精神和气质。但这座大厦的八角形平面和整体造型,特别是由底往上微微收分的艺术效果却酷似中国的密檐塔,尤其是从各个角度看它的整体轮廓、剪影时,极易形成这一联想。这种联想赋予建筑以“美称”,即以现代手法再现中国文化之“神韵”,这一评价并不过分,一般人对它的感觉就是这样的。它蕴含着一种当代中国文化的精神,古人云:“精神居于形如火之燃烛矣”。这种精神来之不易,显示出建筑师深厚的艺术功力,很高的艺术品味、与时俱进的开拓精神,牢牢地把握了“以形写神”,(中国艺术不同于西方艺术之特点所在)。该建筑从方案直到施工图均是美国SOM公司完成的,中方合作顾问单位是上海建筑设计研究院。对美国建筑师来说是卓有成效的“创造性转化”,由注重西方文化的表征,转换成对中国艺术“神韵”的扑捉与追求。

例二,“上海新天地”

第二个例子即“上海新天地”。“上海新天地”由成片石库门里弄住宅组成,位于著名商业街淮海路以南100米处,属卢湾区太平桥地区,占地约2.97公顷。由于兴业路穿过,将该地段分成南、北两个相邻街区。地段东面为黄陂南路、西为马当路、北为太苍路、南为自中路。被保护下来的里弄建筑多在靠北的街区内。该里弄原来的居民早已被迁出。改造后沿黄陂南路的里弄作为出租公寓,以维持原有用地性质不变,其他大部分租给小公司、小商舍办公用。不少沿马路或广场的改为精品商店、专卖店、咖啡屋、茶室、酒吧、特色小吃、风味餐馆等,还有一座小音乐厅。除寒冷季节外很多茶桌、座椅都放在露天小广场或里弄户外,气氛亲切宜人、悠闲自在,游人的心情会自然放松下来,与外面繁忙、喧嚣的大都市生活形成对照。该地段里还有几栋里弄住宅是具有重大历史意义的纪念馆—1921年中国共产党第一次代表大会就在此召开,房子虽小但意义深远,有许多外宾来访,使地段的重要性提高了很多。再者,成片石库门里弄住宅在整个上海也已所剩无几,所以该地段的身价更显珍贵。

该地片原属太平桥地区26个街区改造规划的一期工程,由同济大学对原有每座建筑作调查,积累了较详细的背景资料,由日建设计国际设计部(新加坡)主持进行规划设计,以该资料为依据,很快确定需要保留的老建筑,并划分出区段。首先,党的第一次代表大会会址所在的兴业路上两侧的街立面需要原样地保留下来。其次,在南地块的中央挖出一块小广场,环绕广场设置娱乐中心,把游客吸引到南街区内部来,进一步提高土地开发的商业价值。按此规划实施建成后,受到上海各界和广大老百姓的好评。在试营业时,就吸引了大量国内外观光客,逐渐成为来上海旅游的人们必到的观光点了。春、夏、秋三季从傍晚直到深夜一两点钟都有人约朋友在此喝咖啡、饮酒聊天,气氛亲切而热烈。

此例的实践已证明旧城历史文化地段,以其丰富的文化底蕴对旅游者有相当强的吸引力。在进行保护、更新时,积极利用旧城原有的历史文化资源,发展休闲旅游业不仅对本城居民具有吸引力,也将吸引外来游客,将之建成为国外称作“R. B. D”(Recreation Business District)的“休闲商务区”。这不仅有效保护了旧城内的历史古迹,提高旧城区自身的就业与税收水平,也是促使旧城经济得以复兴的一举多得的有效办法之一。

当旧城以建设R. B. D的形式进行更新时,也确立了一般新区建设中无法获得的独特性。须知有特色的文化内涵是旅游项目的基石。流行、时髦一时的时尚往往寿命短暂，被视为大路货，不能成为持久吸引力的焦点，越是民族的、有乡土气的，反而越是世界的。同时这种保护、更新的做法又积极地延续了城市的文脉，促进了城市的可持续发展。

“上海新天地”规划成功之处在于充分贯彻落实了“人性化”的原则，对新建筑、老建筑都以人的尺度为标准认真设计，在处理新老建筑的关系时，设计者认为老的就是老的，按原样保持原有风貌不变，只在使用频繁和接近人的部位，如老木门改为玻璃门。这种局部更新的做法极大地改善了使用质量，老百姓都认为是必要的。新建筑与老建筑紧贴相邻怎么办？设计者认为新的就是新的，保护老建筑的条例中规定了新的必须与老的严格区分开，让人们一看就能辨识什么部位是新的，那些是老的，防止鱼目混珠，新老不分地混在一起。这样新老之间在材料、形式上必然形成强烈反差，但两类建筑都要在尺度感上取得高度一致。新建筑的高度、体量、立面分段划分都恰如其分与老建筑能有所呼应。新的部分采用钢结构、大玻璃，个别新建筑是夹在两栋老建筑之间的，就用玻璃墙与老建筑连起来，使人感到新与老，“土”和“洋”你中有我，我中有你，相得益彰。比之那些理想主义的纯之又纯，更富人间烟火气和人情味。当你步入广场时，是周围的气氛在感染你，你所看到的也不是那些细微末节的建筑处理，而是开心活跃的人群及亲切宜人的空间环境。也许这就是所谓的“场所精神”和“神韵”吧。这又是一种“创造性转化”，由纯净转换成多元混沌，再由多元混沌中的无序转入局部有序，追求另一种所谓“无”法中有法，“不齐之齐”，“不似之似”的艺术境界吧。

结语

优秀的创造性转化实例很多，本文不可能一一列举。创造性转化的“转化”就意味着“转化”后的东西与原来的东西已大不相同了，原先不适应现代化要求的，不合乎科学原理或国情的东西已通过“转化”删除，留下的精髓已能完全适应当今和未来的需要，这就显示出“转化”本身富于创造力与想像力的可贵、可赞之处。当然，无论是抽象理念上的“再阐释”或具体形态上的“再塑造”，都是看事容易，做事难。如果真肯像《文心雕龙》里讲的“操千曲而后晓声，观千剑而后识器”那般下苦功夫去琢磨，则难又变得不难了，“有志者事竟成”。

2003 年 2 月 6 日

（此文系本书首次发表。）

陈志华

五十年后论是非

今年是2003年，半个世纪前，一些人对老北京城粗暴动手的时候，梁思成先生冒着巨大的危险，当面对北京市的主要领导人说："在保护老北京城的问题上，我是先进的，你是落后的"，"五十年后，历史将证明你是错的，我是对的"。差不多在同时，马寅初先生在铺天盖地的批判浪潮中写道："因为我对我的理论有相当的把握，不能不坚持，学术的尊严不能不维护，""为了真理，即使牺牲自己的性命也在所不惜。"

两位大智大勇的学者，被逼得说出这样无可奈何的话来，该伤心的不是哪个人或哪些人，而是我们整个的民族。

人口问题，虽然徒劳无益地以发表伟大人物的光辉指示来护住面子，但毕竟客观上证明了在无声无息中老去的马先生的正确。梁先生却没有这样的运气，在政府用专政的力量雷厉风行地推行"计划生育"的时候，当了几年"反动学术权威"的梁先生等来了以"人民内部矛盾"的结论"落实政策"，患着肺气肿的梁先生住进窗玻璃被砸破的房子里受着严寒的煎熬，终于病情恶化，在极度孤独中去世了。现在，距梁先生说历史将证明他是正确的那句话已经将近五十年，他究竟正确不正确呢？看看老北京城还在不断遭受着有计划的破坏，似乎结论仍旧不清楚。

难道梁先生是错了吗？当然不是，他提出来的保护"整个北平城"的主张，确实如他自己所说，正是世界上最先进的思想。但是，在他老人家去世之后的三十年里，至少有两件事是他万万想不到的。正是这两件事，使他的主张看上去似乎并不正确。

第一件是，他想不到在我们这个坚持社会主义又经过一浪高过一浪"反资反修"洗礼的国家，房地产开发的经济利益会成了城市建设的主导力量。

第二件是，在现实的困难面前，竟会有那么多有关的人放弃原则，搞出偷换概念的伪饰之词，迎合了开发商对老北京的大规模破坏。

作为一位杰出的教育家，如果梁先生地下有灵，最使他"困惑"的肯定是第二件事。

第二件事里包括着一大堆杂乱无序的东西。由于言之者经常概念胡涂，逻辑失范，又不断地自我矛盾，所以很难一一理清它们，作为讨论的对象。

对老北京城的破坏，大体说来，有三种力量。一种是纯政治的，一种是技术和经济的，第三种则是房地产利益的驱动。

最初的冲击来自政治，例如，梁思成先生参考世界各国的经验教训，和陈占祥先生一起提出了在西郊另建新的中央行政中心而保护老城的主张，伟大人物知道了之后说：现在有人要把我们赶出北京城呀！那罪过可就大了。于是，新的行政中心就只好放在老北京城里。硬把一个现代大国的中央行政中心放进一个十五世纪封建帝国的皇都里，这就决定了老城非毁灭不可，以下的事就顺理成章地发生了。

比如说，"节日游行阅兵时，军旗过三座门不得不低头，解放军同志特别生气，"于是，没有人能阻止拆掉长安左门和长安右门。

又比如1953年11月北京市政府的一份文件里说：北京古城"完全是服务于封建统治者的意旨的。它的重要建筑物是皇宫和寺庙，而以皇宫为中心，外边加上一层层的城墙，这充分表现了封建帝王唯我独尊和维护封建统治、防御农民'造反'的思想。"于是，首先得把城墙拆除。拆掉城墙是"今后彻底迅速地改建旧城的一个良好开端"。虽然细品起来，这几句话和当时"定鼎"古都中心并且改建故宫的决定有微妙的差异，但都从政治角度着眼则是一样的。

决定把行政中心放在北京城里之后，便不可避免地引起了一系列的技术和经济问题，首当其冲的是交通堵塞。梁、陈二位先生提出的方案，本来就是为了避免这类问题而争取最大可能地保护老城。但这时候，惟一可行的办法便只有拆老建筑了。于是，拆牌楼、拆地安门和西安门、拆金鳌玉蝀桥、拆大高玄殿的习礼亭和牌楼，接着又把外城和城门楼子拆光。

和技术问题相关联的是一些所谓经济问题，例如，拆城墙可以得一批砖，填护城河可以得一片地之类。

政治和技术的冲击,梁先生在生前都亲身看到了,对立双方阵线分明,他虽然无力阻挡,但他知道是什么人犯了历史性的错误,他能坚信自己的正确。

但是,在他身后发生的第三种冲击就很不一样了,房地产开发利益和政府利益发生了直接的联系,于是,一批似是而非的说法出笼了。

例如,把在古城里进行房地产开发等同于“发展”,而“发展是硬道理”。把剃光头式的拆除古城机体的“旧城改造 ”说成是为了提高居民生活水平,给老百姓“办实事”。

更有一些人,把拆除原有的真正的古建筑,例如四合院,再造新的“仿古”四合院,叫做“保护历史文化街区”。只把旧皇城里6.3%的建筑“保护”下来,号称“整体”保护皇城等等。

再加上“风貌保护”、“有机更新”这样的“理论”,显然,当今关于老北京城残存体素的存废争论,阵线不分明,是非比过去更难明辨了。

要想理清是非,当前得紧紧抓住两个问题。第一是,老北京城的定性定位;第二是,什么是真正的文物建筑保护。

老北京城的定位定性是最根本的。

老北京城不是一般的“旧城”,它是我们国家法定的“历史文化名城”之首。我们国家有三千多座将近四千座“旧城”,其中只有一百来座被列为“历史文化名城”。“历史文化名城”,就是说它涵有丰富的和独特的历史和文化信息,具有丰富的和独特的历史和文化价值,它“非同一般”。古老的北京城有什么样的历史文化价值?它是明、清两代世界上最大的封建帝国的首都,而且还保存着一些金、元时代的遗迹;它又是世界上有完整的总体规划的古代城市中最大的;它是中国两千年都城建设的最高成就;它集中了中国传统建筑中最成熟的、最多样的精品。梁思成先生把老北京城叫做“都市计划的杰作”,毫无异议是世界上独一无二的历史文化珍品。

对待这样不一般的旧城,惟一正确的原则是加以保护,在严格保护的前提下,精心设计,适当改善,稳妥地逐步提高它的居民的生活质量。自从中国政府法定老北京城为“历史文化名城”之后,就是向民族、向世界、向子孙后代做出了承诺,承诺要保护它。如果不保护,而把“非同一般”的老北京城混同于一般的“旧城”,加以“改造”,那么,这个“历史文化名城”的招牌岂不是儿戏?给它挂上这块牌子的中国政府岂不是言而无信?如果不加以保护,请问,挂上“历史文化名城”的牌子是为了什么?

既然做出了保护的承诺,当然意味着要付出代价,甚至不惜付出很沉重的代价。但对于这样一个举世无双的老北京城来说,对于一个蕴含着极其丰富、极其独特的历史文化信息的老北京城来说,对于一个有很高艺术价值的完整统一的老北京城来说,付出巨大的代价是值得的、是必要的,这是中国对世界的责任。而且,是早晚会有回报的。

“旧城改造”,这几年叫得最响的“实事”,是完全弄错了对象。对于全国三千多近四千座旧城中的绝大多数来说,“旧城改造”是合适的,而对作为“历史文化名城”之首的北京来说,是犯了概念淆乱的大错误。它不是一般的“旧城”,因而不能加以大规模的“改造”。

“发展是硬道性”,当然对。发展是一百多年来中国的志士仁人的理想,不惜为它赴汤蹈火。但这是高度浓缩、高度概括了的政治性的话语,隐去了一些重要的限定。如果展开来说明白,至少应该说“可持续发展”,或者说“全面的、综合的、均衡的、健康的发展”。像1958年“大跃进”那样的“发展”,大炼钢铁那样的“发展”,决不是硬道理,这本来是不言自明的。如果我们牺牲了世界绝无仅有的老北京城的历史文化价值去“发展”它,代价大于所得,那就是“大跃进式”的、“大炼铁铁式”的“发展”,那是罪过,现在只有唯利是图的房地产开发商才会这样做。一个有远见的、负责任的政府,就会制止这种“开发”而不是只图分一杯羹。

但是,紧接着就出了新的问题:什么叫保护?怎样去保护?其实这问题的答案在原则上很简单,保护就是采取措施把一件历史文化遗产保存下去。这句话里有一个自然而然的含义,那就是,保存下去的当然是历史遗产真实的本身,不是复制品,不是仿制品,更不是毫无根据假冒的赝品。这一点本来是很明确的,不应该有什么争论。但是现在恰恰在这一点上,出现了一些“理论”,偷梁换柱,把改造冒充为保护,以保护之名,行改造之实,而最终的目的是谋房地产开发之利。

保护老北京这样的特大型城市,必须要有人继续居住在城里，而北京城里老房子的基本质量都偏低，不可避免地要在保护的前提下对它们进行一些必要的、合理的、有限度的改善。这种改善在技术上并不太难，改善之后可以达到相当满意的居住水平。这从有很多地位颇高的人士乐于住在四合院里而不想去住高楼大厦便可以得到证明。但这种做法，包括外迁一部分居民在内，工作要非常细致、非常复杂，很有些难度，更重要的是无利可图，于是，便发生了谁来投资的问题。

这样一来，事情就和上面的一个问题有了牵扯："旧城改造"是可以依靠房地产资本的，而"历史文化名城保护"却未必完全可能。政府本来应该负起责任积极去设法解决，可以认为，这是在确定老北京城为历史文化名城的时候便已经承诺了的。但是，政府也想在房地产开发上捞点好处，利之所趋，义便丢到了一边。于是，有些怪事怪说便应运而生。

在各方面舆论压力之下，2001 年 3 月，北京划出了二十五片历史文化保护区，后来又增加了十五片，一共四十片。但是，怎么保护它们呢？

2002 年下半年北京报纸上发表了其中一片南池子的保护规划。这个号称保护的规划真是天大的笑话，它把南池子的老房子彻底拆光，完全重新建造。新建的是两层楼房，布置成整齐划一的方格子，房子是单元式的，完全外向。中外古今，人们找不到这种做法和"保护"两个字有什么关系。人们也没有足够的智力看出它和老北京的"历史文化"一丝一毫的关系。听说其他各片的规划也有采取这种做法的。后来南池子出了点荒唐事，这件规划的下场如何便没有人提起了。

今年 2 月 21 日至 3 月 6 日，北京公示了三眼井胡同的保护实施方案。三眼井也是四十片保护区之一，但 3 月 6 日报纸和电视在报导中所用的却是"改建"两个字。各种媒体用同样的话给这个方案作了概括："将三眼井胡同改建成北京市第一个充分体现四合院的原有风韵和格局，具有仿古民居建筑特色的历史文化保护区。"恐怕没有谁能理解仿古民居怎么能构成历史文化保护区。也没有谁能理解，报导中所说的"为三眼井历史文化保护区注入传统历史文化内涵"是什么意思。既然是历史文化保护区，为什么还要"注入"历史文化内涵？怎么注入，像给猪肉注水那样吗？

过了几天，南池子重新又出现在报纸上了，这次说的是作为历史文化保护区之一的南池子的"改造工程"已经开工，"改造旧四合院 17 所，每个院……地下 2 层，地上 1 层"。看来大约写稿的人忙中出错，好像应该是地下 1 层，地上 2 层。但这样把南池子贵族化的全新"改造"，怎么能施之于历史文化"保护区"呢？又怎么能施之于首都北京呢？

老北京究竟还要不要当"历史文化名城"？要，就保护，不要，就摘牌子，实话实说，不要挂羊头卖狗肉。报纸上夸赞三眼井要变为"仿古民居的历史文化保护区"的时候，有一句很有意思的话，说这种做法"全面更新和提升了城市改造理念"。这简直是无理搅三分了：你不赞同这样的保护吗？那是你没有与时俱进，改造你的保护理念。但保护理念岂是什麽人想改造就能改造的。

三眼井和南池子的"保护"或者改造，从报纸新闻上看，显然是依据了所谓"风貌保护"的理论，这是一种不要"刃"却要"利"，不要西施却要西施之美的理论，很难理解。如今竟成了这么"与时俱进"的新"理念"的依据，真教人莫明其妙。

1949 年 3 月，梁思成先生应周恩来的托付，编制了《全国重要建筑文物简目》，其中第一项文物便是"北平城全部"。这就是说，梁先生设想的是对老北京城实行"整体保护"，这在当今确实是很先进的思想。正是从整体保护的构思出发，梁、陈二位先生才建议把中央行政中心放到西郊去的，如果仅仅保护故宫、天坛之类几个大型纪念性建筑，那就无需做这样的建议。不幸的是，梁陈方案被打了政治棍子，在那个年代，政治棍子打下来便成"绝杀"，没有讨论的余地。这个招数一出，新的行政中心便放到了封建皇都的中心里，北京城的整体保护就再也没有可能了。

梁先生的第一位目标失败之后，20 世纪 50 年代的苦苦谏诤，就只好限在牌楼、城墙、金鳌玉蝀桥等等个别项目上了。于是，我们，我们这个民族和全人类，终于失去了当时世界上惟一还保存得相当完整的封建帝国的都城，永远地失去了。

一座中世纪封建帝国的都城，有什么价值呢？欧洲人有一句名言，说的是"建筑是石头的编年史"，在一座建筑上可以很直观、很真实、甚至很细致深入地读出一段历史来。那么，老北京城就好比一部集大成的丛书，另一部《永乐大典》。作为京畿之地，它拥有一个大国首都全部的功能，包括朝仪、礼制、祭祀、行政、文化教育、宗教、后勤保障、作坊、仓储、警卫、娱乐、家居、市井商贸、金融与服务业等等各种系统，所有这些功能系统都有相应的建筑系统，每个建筑系统里有相应的生活。正是这些建筑系统构成了老北京城的机体，在这机体之中蕴藏着不计其数的历史文化信息，包括整体的艺术价值在内。眼下关于老北京的书可以说已经“汗牛充栋”，可是对于老北京城的历史文化遗存来说，只写了九牛之一毛，而且，不论怎么写，不论写多少，都赶不上老城本身的蕴含那么丰富、那么生动、那么真实。可以说，老北京城的历史文化价值简直是不可穷尽的。

早在1949年之前，老北京已经失去了一部分很重要的建筑系统，例如旧皇朝的六部行政系统和翰林院等。当然不必去恢复它们，但还可能保存下一些痕迹，包括遗留在地名里的。

历史文化信息，作为信息，它们是中性的，有真假之分，有轻重之别，却不能用“政治标准”来区别好的和坏的，定下信息的价值。表现地主阶段头子“唯我独尊并维护封建统治”的故宫，不是“坏”东西，而是无与伦比的文物，因为它蕴含着太多太多的历史文化信息和太高太高的建筑艺术价值。老北京城整体的价值也同样是无所谓“好”与“坏”，它是不可替代的。

个别建筑物，在孤立状态下去考察，历史文化价值可能不高，但它位于一个功能建筑的系统中，它就能提高整个系统的价值。所以，不能轻易从北京城整体中去掉“那些价值不高”的建筑。系统中出现空白，系统的整体价值就会降低。

例如，2月27日的“北京晚报”有一篇关于“保护”老北京皇城的“深度报道”，里面说，整个皇城里只有6.3%的建筑或四合院是“具有一定历史文化价值的”，“对于这些明清四合院和近代建筑，也将按照文物的保护要求进行保护”，那么，就是说还有93.7%的建筑或四合院是不受保护的了。这样的大规模“更新”，不论“有机”还是“无机”，都不能说是保护了皇城。要知道，除了一流的四合院之外，北京还有二流和三流的四合院，这是历史的真实，保存了它们，才是保存了一座真实的、完整的老北京城，才传达真实的历史信息给后代。何况皇城里二、三流的四合院，只要下功夫修缮，使用质量完全可以提高到适应普通老百姓的生活水平。虽然可能达不到某些人和开发商把城中心变为“贵族区”的愿望。这种只保存6.3%老建筑的做法，莫非又是“全面更新和提升城市改造理念”了？

“整体保护”这个词语近来在报纸上出现了几次，但是，说的是什么呢？是呈现老北京城“凸”字形轮廓，是加强中轴线，是开挖几处前些年填掉的河渠，是提高明城墙公园里的残墙，是复建永定门等等。这些工作，并非毫无意义，做了比不做好。但是它们至多不过增加了几个文物点而已。有些，例如复建的永定门，连文物都算不上。要说做了这些工作就是对老北京做“整体保护”，那是根本谈不上的了。目前的这种做法，号称保护老北京的“结构”，这也是很新的说法或者“理念”。这个“理念”的要害也是回避对老北京原有体素的保护。

说起老体素，马上有人会说它们是破破烂烂的“危房”。其实呢，被认为危房的，有很大一部分并不很危，非拆不可，而且，所以会破破烂烂，正是几十年没有认真维修的结果。不认真维修，是因为早就不打算保护它们。

整体保护老北京城的时机已经失去了。许多关键性的体素已经没有了，要整体保护老北京城已经不可能了，这是铁定的事实，不论再写多少新闻报导，再提出多少“理论”，都无济于事，自欺可以，欺人办不到。还是老老实实承认现状，做点力所能及的工作为好。

有人说，错批了一个马寅初，中国多生了几亿人口。看看中国一些农村里有多少剩余劳动力日日夜夜打麻将，真教人心惊胆战。错批了一个梁思成呢？我们失去了多少珍贵的历史文化遗产，愧对子孙，愧对世界。看看大型推土机轰轰隆隆地推倒一条老街、半座古城，看看多少“仿古文物”冒充古董，看看那些丧失原则去为现实的错误辩护的“理论”，我们也胆战心惊。

失去的已经无法挽回，暂时还没有失去的也可能不久就会被“旧城改造”或者“仿古保护”的奇异举措毁掉，那么，我写这许多话还有什么用呢？就因为梁思成先生当年说过“五十年后，历史将证明我是对的”，现在到了五十年。我们要拨开实践的和“理论”的阴霾，说一句，历史已经证明了您的预言，安慰他，也安慰尊敬他的人，如此而已。不过，证明梁先生的正确的，是五十年来全世界文物建筑和历史城镇保护的潮流，不是北京城本身的实践。就好像人人都知道马寅初先生当年坚持的确实是真理的时候，中国人口已经到十三亿一样，怎么办呢？

但愿当初批判他们以及其他智者的那种力量，能够变得聪明一点。

（原载《建筑史论文集》2003 年第 2 辑）

补记

终于，2003 年 8 月 14 日，《北京日报》和《北京晚报》都发表了关于南池子的改造“成果”的报导。日报的标题是“古都民居重现历史风貌”，晚报的标题是“南池子历史风貌再现”。两篇的内容完全一样，显然出于同一个文本，只在文字上做了很少一点区别。值得注意的是两篇的标题都用了“重现”或“再现”“历史风貌”的提法，充分利用了一些人在历史文化名城保护上的“理论”的混乱和谬误。更有意思的是，晚报的一个小标题竟是“修缮改建夺回历史风貌”，“夺回派”在久违之后竟又露脸了。所谓“风貌”说的是“斜坡式屋顶，青砖灰瓦，朱漆大门，”报导说是：“严格按照北京民居样式新建的二层小楼”。看照片，都是钢筋混凝土结构的。

第二天，也就是 15 日，《北京日报》又发了一段讲话，里面说：“我们一定要坚定不移地推进危旧房改造，坚持与时俱进，在建设规划、融资方式、政策指导、管理模式、工作方法上大胆创新，拿出时代智慧。”但这个讲话没有一个字提及对待历史文化保护区应该有什么样的态度和原则，尤其对北京这样一个世界上绝无仅有的帝国故都皇城里的历史文化保护区。要说“大胆创新”，也谈不上，二十年前的琉璃厂早已经做过一轮了。

15 日的报导说，南池子的工程是“本市第一片历史文化保护区的修缮改建试点，文化保护专家和社会各界对试点工程给予充分肯定。”看来，这南池子方式将会推广到其他 39 片历史文化保护区去。果然，8 月 25 日，《北京晚报》又发表了“烟袋斜街复古”的消息。电视节目上也有两位“专家”出现，“充分肯定”了南池子的改造“好得很”。不过，我不知道他们是哪一路的专家，因为他们也都没有一句话提到关于历史文化保护区的问题。而这是一个十分专业、十分严肃的问题，即使暂时不提这个问题的正确答案，至少，不应该如此草率、如此简单化、如此专断地动手做这样的“试点”，而应该仔细、认真地反复探讨以免万一试点有毛病造成永远不能挽回的损失。合理的程序，是要在动手之前先得到保护专家和社会各界的充分肯定，而不是事后要他们来捧场。南池子 1076 户居民的生活水平当然要提高，但未必就一定要把皇城里的历史文化保护区改得面目全非。这问题的处理是要向历史负责，向世界负责的。衡量这问题的是非有国际公认的准则，不是什么人“拿出时代智慧”来一口咬定，再动员媒体起哄造势就可以了的。五十年来我们已经见识过许多这样弄出来的赢得一片叫好之声的“伟大成就”最后化成了笑话；当年红卫兵大破“四旧”的时候，也是“伟大的成就”、“好得很”，如今已被公认为野蛮的恶行，并且为它们付出了沉重的代价。我们已经不需要再等五十年才来判断是非了。

一个五千年历史的国家，如此缺乏文化意识，唉！

2003 年 9 月 15 日

吴焕加

建筑理论是什么?

常听人说,建筑理论重要,没有好的理论出不来好的作品。我忝居大学里的建筑历史与理论教研组多年,听到这样的话本该振奋,但我反倒惶悚。因为不知道到哪里去找好而正确的、放之四海而皆准的建筑理论贡献给学生。

实际上,我老是发现建筑理论中有大量似是而非,似非而是,昨是今非、昨非今是的东西。有些观点正确了许多年,忽然正确不起来了,而有些"死"了几百年的东西,后来又活了起来。至于众说纷纭的言论更比比皆是,拿形式与功能的关系来说,有人讲"形式跟从功能",可又有人说"功能跟从形式","形式启发功能",云云。多与少的关系,一阵子盛行"少即是多",过后有人出来大加挞伐,说"少不是多","多才是多","少是枯燥乏味",云云。大的问题,如什么是现代主义建筑,都模模糊糊,甚至现代主义建筑今天是死是活,都没有一致的看法。至于建筑评论,你说这个作品成功,他大呼失败;你说好看,他说丑得要命;你说有了进步,他大嚷倒退。意见是那么分歧,评价是那么对立,口诛笔伐,党同伐异,厉害的时候,几乎不共戴天。

我要上讲台,避不开那许多公案,需在学生面前表态,要给个说法,因此常感烦难。我渐渐觉得建筑理论(除开关于建筑科学技术的那一部分)太不科学了,干脆说,不是一门科学。我后悔自己没去搞真的科学。

有一天,我买到一本书,书名叫《经济学为什么还不是一门科学》,21位洋经济学家抱怨经济学不科学(中译本,北京大学出版社,1990)。看到这本经济学著作,我好像遇到了同病相怜的难友。

等到我读了一点现代解释学的书以后,我觉得自己才算清楚了一点。

解释学的核心概念是"理解",而理解具有相对性、历史性和开放性。

人在进行理解之前总是已经有了"前理解"(先见、成见、偏见),它决定一个人的视角及视界的广度与深度。前理解状态不同,理解就有差异。理解对象不可得到一致的完全的复原。理解又是在"间距"中进行的,存在着空间的、时间的和语言的间距,间距影响人的理解,使理解带上不确定性。现实世界也不是给定的,而是不断生成和变化着的。因而理解是一个无限进展的过程,不可能在一个时代或一个人那里最终完成。

美国解释学者大卫·霍伊主张用开放性的"解释"概念替代传统的排他性的"理论"概念,他说:"说一个解释是好的,并不意味着它是惟一的"。在非自然科学领域中,不存在惟一正确的解释。

我想,我们可以写建筑历史,讲建筑理论,但由于从前理解、间距以及其他认识条件的制约,我们不可能完全准确地重构和复制历史上的建筑现象。古往今来,世界各地的建筑现象千差万别,又在不断地生成演变着,一切关于建筑的观念、思潮、主张、理论、方针政策都是历史的、相对的、不可能一劳永逸,放之四海而皆准。

建筑理论是什么?是人对建筑现象所作的理解和解释。这理解和解释具有相对性、历史性和开放性,从不是绝对的、凝固的和终极的。

这本是老生常谈的道理,但在我是困而知之,算是一点心得,"家有敝帚,享之千金",此之谓也。

1998年6月

(摘自吴焕加《中国建筑·传统与新统》一书,东南大学出版社2003年出版)

费麟

北京城市规划的三个“不”

北京城市规划需要关注三个问题：

首先是城市形态问题，北京不能再“摊大饼”！目前已逐步形成了一环到六环的综合道路骨架。如果按照这个同心圆不断扩展，在城市边缘地区，就会逐渐变成卧城、死城，徒然加大交通的压力，也迫使交通路网更为无序化。

反过来看，北京城区的支路密度是偏低的。按我国规范，城市支路道路网密度是每平方公里3～4公里，如果是一般商业集中地区应为每平方公里10～12公里，如是市中心区的建筑容积率达到8时，宜为每平方公里12～16公里。支路道路网密度低于这个指标，堵车是必然的。再宽的主干道、再多的快速路和立交，也解决不了堵塞问题。

我的建议是：少建或不建环路，省下这笔钱去解决城市支路路网密度问题。环路之间不要填满，应保持必要的农田、湿地、自然植被，不能仅仅靠房地产开发去建人工绿地。快速路两旁的建筑要有序控制，要合理解决高度、密度、景观、人车联系、噪声污染、空气污染以及建筑类型等问题。

其次是城市园区问题。北京不能存在多中心，北京CBD只有一个，在朝阳区。不能把西城金融街、海淀区中关村西区、亦庄经济技术开发区都建成各区的CBD。各区要建各区的办公商业中心，是可以理解的，但不能都按CBD的模式来建。

对北京CBD，我最担心的是交通问题，担心将来在上下班高峰期，车子进不去，出不来。

一是支路路网密度不够（上面已说过，不再重复）。二是停车位太多。现在按每万平方米65辆，据说还要加大到每万平方米80辆。三是绿地率很难保证。

我的建议是：要严格控制CBD的建设范围。CBD要严格控制住宅、公寓的比例（实际上住宅、公寓的比例高于25%）。CBD要发展公交优先的原则，加大支路密度建设。CBD的车位计算要合理调整，车位不是越多越合理。CBD的绿地率要算大账。应由城市建集中绿地，每个地块不必都按30%～35%绿地率建设。要鼓励屋顶绿化。绿地不能都按种植乔木的3米最大覆土厚度来计算。

第三是城市住区问题。住宅小区不是惟一模式。目前许多开发商进行圈地造城运动，单纯地将一个居住区规模按比例扩大，以为就是建立“新城”了，其实住宅小区和城镇建设是两个概念。小区可由开发商去建设，而建新城却是政府职能范围的事。如果在三、四环路内再成片开发居住小区，势必造成“肠梗阻”，打乱城市道路网的合理布局，增加交通的堵塞；如果在五、六环路绿化带附近大片开发低密度住宅，势必变成“羊拉屎”。不仅有悖于节地和公平原则，而且这些孤立的小区各自为政，势必带来交通、市政、公建、管理、节能、环保、健康等隐患。

对此我的建议是：在住区建设上，要改变小区开发这单一的模式，重视城区街坊建设（包括旧城改造），要重视卫星城建设，北京亦庄经济技术开发区即将成为40平方公里、40万人口的卫星城，这是很好的成功经验。要合理引入国外TOD的经验，即以公共交通为导向的发展模式。城市住宅建设的定位应是大多数工薪阶层，要花大力气解决好这批普通住房的环境、健康、节能、管理、服务、造价等老大难问题。

（2003年6月19日在《2003北京规划建筑研讨（译论）会》上的发言，原载2003年7月9日《中国建设报》）

吴焕加

莫为巨变心作痛
——也谈北京的旧城改造

许多专家学者对北京旧城改造发表很多很好的见解。不过，在我看来，在北京的旧城改造问题上，有的同志把继承旧的遗产这个方面提到了不适当的高度，这对城市现代化的进程可能产生消极的影响。

有的同志十分强调旧北京城是“都市计划的无比杰作”，因此，他们一方面正确地指出旧北京是封建的城市，可是同时又主张今天还要把旧北京城的“总的体系”维护下来。他们虽说并不主张一切原封不动，可是又强调旧日北京城的“封建传统城市布局艺术的种种特色”是“有完整体形秩序和互相结合的，具有内在规律的。如果孤立地只承认它某一点，是不全面的、害事的”。这种看法当然包含着正确的见解，不过，由于过分强调遗产继承的一面，忽视改造革新的一面，会教人对新的东西缩手缩脚，忧心忡忡，而对旧的东西则产生这也要保，那也不能碰的心理。这种思想对于加速旧城改造是不利的。

大家都说城市是一个有机体，这是正确的。既然如此，我们就得承认，每个城市都处于不断的新陈代谢过程之中。既有新陈代谢，城市的格局和体形哪能不变化呢！一个蓬勃发展富有生命力的城市在某个时期中它的变化会相当快，今天的北京就是处于急速变化的时期。而北京的旧城改造，如果只强调遗产的继承而忽略改造更新的必要性，那显然不符合北京这样的城市的客观发展规律。

诚然，北京城集中了中国封建传统城市布局艺术的许多特色，问题则在于中世纪奠定的北京城今天是否能完美无缺地满足人民共和国首都的现实需要。这个问题不需要理论论证，事实早已做了回答。1900年，铁路通到北京，就在外城墙上打开了3个缺口。1911年，清王朝刚刚被推翻，人们马上打通东西长安街和景山前街，因为先前北京城内从城西到城东从来是不方便的。1914年，当时的内务总长朱启钤在正阳门左右各开一个门洞，拆去瓮城，改造了箭楼，这样才稍为改善了内外城之间的交通来往，原来的皇城范围之内也开辟了南河沿、府右街等街道。民国初年的这些例子表明在13世纪奠定基础、15世纪定型的北京城，在封建王朝刚一覆灭，就不能适应当时现实生活的要求了。一个城市不论当初怎样完整精致，也不可能长久地“以不变应万变”。1947年在北平市都市计划委员会编印的《北平市都市计划设计资料第一集》中说道“北平城市之规划，虽有伟大艺术价值，光荣之悠久历史，然以建筑年代遥远，今古异宜，已不能完全适应近代都市之需要，乃渐呈没落之象。”这段话讲得很中肯。

从辛亥革命到现在，70多年过去了，前前后后北京经过了很多的改造，发生了不少的变化，这中间有些改造措施很使一些人摇头叹息。的确，并非每一项改动都是完美的，其间大有可以商榷之处，可是总的看起来，大部分的新变化还是反映了城市生活发展的需要。拆除北京城墙，现在许多同志还觉着可惜。可是，我们看一看现世界大城市之中，哪一个还保存着中世纪的城墙呢。罗马的城墙大部分拆掉了；巴黎前后筑过六道城墙，统统拆去了。难道这里面没有一点规律性吗？当然，保留城墙的个别段落，多保存几个城门楼也许是可取的，但中世纪的城墙，继续完整保持下去，对于今天的城市生活有很大的妨碍是毋庸置疑的。

北京改造到今天，是否还要进一步改造呢？这应该是肯定的。可是有不少同志确实在担心如果继续再改造下去，北京可就面目全非了。北京城区内的建筑面貌在最近几十年中有了相当大的改变，可是，解放以前留下来的老房子还有上千万平方米。这些老房子中有200万平方米质量较好，其中包括故宫和一些旧王府。有800多万平方米暂时还可以维持使用，另外的就是破旧危房，亟待改造。那些老式低矮房屋，虽然在昔日北京城的“城市主体轮廓高低错落的节奏”中扮演着重要的角色，可是也不能让它们长久存在下去了。因为那些祖传老式四合院房屋尽管被一些人描绘成是同土地结合密切，富有人情味，却大多是一些残破可怜的大杂院。观光者可以用惊叹的口气赞美它，那里的住户却并不留恋它。把少数老式四合院作为文物保留起来是可以的，毕竟，作为一种城市住宅型式，旧式四合院的时代已经过去了。

随着我国现代化建设的进展，北京城必然要经过进一步的改造，城市更新的速度将高于以往，我们应当欢迎这种变化，促进这种变化。梁启超在戊戌变法时写过一篇《变法通议》，他写道："凡在天地之间者，莫不变，故夫变者，古今之公理也"，他斩钉截铁地说："大势相迫，非可阏制。变亦变，不变亦变"。国家如此，社会如此，北京城也不能例外。同时与发达国家大城市相比，北京城的改造更新来得太晚了，我们不必为此叹息，但更不要反而觉着庆幸，真以为北京城能够以不变应万变。缺课总是要补上的，把中世纪留下来的北京城变为中国现代化的首都，不经过剧烈的改建是不可能的。

（原载 2003 年 7 月 14 日《建筑时报》）

（上接第 220 页）

界以用外国建筑师贴标签为荣；建筑系的学生，则为西方与日本建筑师而迷狂；建筑市场往往被一些粗劣的末流作品所充斥；职掌建筑创作生杀大权的业主们，或者鼓噪欧陆风，或者频频向外国建筑师递送秋波。

事实上，这些年来中国建筑界并不乏理论思考，不乏真知灼见，第 21 届世界建筑师大会在北京的成功召开，在大会上中国建筑界的理论阐释，以及大会形成的《北京宣言》，都提出了非常深刻的理论问题，但是，相当一些中国建筑师却并没有静下心来思考这些问题，他们罔顾左右，一往直前，继续在创造面积、创造容积率上下功夫，至多是在新材料的使用上，多了几分留意。

在前所未有的大规模建设时期，中国建筑师中，没有能够出现引起世界瞩目的建筑作品，没有产生引领国际潮流的创作理念，这不能不说是一件令人遗憾的事情。归根到底，我们还应该从建筑师自身找原因。建筑不只是一堆物质的实体，建筑不仅仅是解决技术的难题，建筑师要多一点历史感，多一点民族感，多一点时代感，多一份人文关怀，多一点对于宇宙终极的体验，从而也多一点对于环境的关注，多一点民族文化的浸润。从而，在建筑的精神维度上多一点张力。

人们企盼着在当代世界建筑史上，中国建筑师能够书写上重重的一笔，而这既要靠由经济与技术力量支撑的建筑物质之维的勃发，更要靠由建筑师思想与艺术内涵孕育的建筑精神之维的彰显，这一道理应该是显而易见的。

2003 年 9 月 21 日
于清华荷清苑
（此文为作者专为本书撰写的）

曾昭奋

《世界建筑》情结

1978年12月23日，离开中国大陆43年之后重访大陆的国际知名建筑师贝聿铭，在北京清华大学建筑系的一个教室里演讲，介绍他设计的一些作品，包括刚落成不久的华盛顿国立美术馆东馆。

1979年3月15日，《世界建筑》杂志试刊第1期面世，介绍了欧、美、亚三大洲70年代里的十多个新建筑。

这两件事可看作中国建筑界对外开放之初的两个小动作。随着时间的推移，开放之门越开越大。在我们的《世界建筑》上，几乎无论哪个国家哪个建筑师的任何类型的设计，或哪个流派的观点，都可以摆到读者的面前。

但也有令编辑们踌躇难决的时候。

1981年，华裔美国学生林樱（璎）（Maya Ying Lin，Lin或作Lam）的"越战纪念碑"设计方案在参赛中独占鳌头，成为实施方案。当这个位于美国首都华盛顿中心区、靠近林肯纪念堂的纪念碑落成时，国外许多中文报刊齐声为林樱的成就发出了阵阵欢呼。但我们只能从进口的美国建筑杂志中得知有关信息。

能向中国读者介绍林樱—林徽因的侄女的这个作品吗？

"越战纪念碑"——显然是一个带着浓浓的国际政治和意识形态意味的"烫手的山芋"。对越战如何评价？对在越南战死的美国人抱何种态度，站在哪个立场？当前中越关系？向读者推出这个作品是否是一种政治错误？等等。此等顾虑非属多余。想当年，就有反对资产阶级自由化和清除精神污染之说，只是没有形成一个"运动"。

时间已经到了1988年，纪念碑落成已经过去四、五年。我决定在《世界建筑》上作一次简要的报导。

为此，真的夜不成寐，左右反侧。向谁请示，肯定不会有什么满意的结果。我开始埋怨自己几年来没有广泛注意国内各种报刊是否刊出了有关纪念碑的消息，并且开始狂乱地翻查一些过期的报章杂志。终于在1987年的一本《新观察》上，看到了对纪念碑的简要报导。我如获救命稻草，人家已经报导了，大概不会算是政治错误。若追究起来，可以拿《新观察》当挡箭牌。林樱的这个作品，终于以一个页码的篇幅，四幅小照片和三百余方块字，在《世界建筑》1988年第一期刊出。（《新观察》杂志及后被停，大概不会是因为曾经刊发了这个纪念碑的消息）

2000年9月22日，在我已从《世界建筑》杂志社退休5年之后，获有机会来到越战纪念碑面前。

我在美国短住，参加一个华裔美国人带领的旅游团。一辆旅游大巴，游客直接来自香港、台湾、泰国、新加坡和美国各城市，除两个印度人外，全是华人。导游用英语、普通话和广州话作简单讲解。在华盛顿中心区，有半天多时间。导游指定要参观国会大厦、林肯纪念堂、航天航空博物馆和越战纪念碑。华盛顿纪念碑和白宫只能顺道欣赏一下。除进入国会大厦因参观者多需一起排队外，其他三个地点，都由游客自由支配时间，各自为政。

华盛顿中心区的这些建筑物，对我们建筑学专业出身的人来说，都已耳熟能详。但对于旅游团这些来自各行各业的客人来说，则还有一个如何理解、如何欣赏的问题。我不清楚，导游先生为什么不安排我们参观贝聿铭设计的国立美术馆东馆。我在匆匆看了航天航空博物馆之后，独自一人进入了东馆。

在越战纪念碑前，旅游者、瞻仰者络绎不绝。一些专程前来的美国人，有白人也有黑人，在碑前献花，或将死者的遗物——鞋子、课本或其他用品——放在碑前。光亮如镜的碑身，把瞻仰者的身影与碑上的人名叠印在一起。有人用双手轻抚着死者的姓名。有人用纸笔拓下了亲人的名字……我想，随着岁月流逝，50年后，或者100年后，亲朋们逐渐故去，如此场景将会慢慢消隐，而归于沉寂。

当大巴已经驶出华盛顿的时候，我突然心血来潮，跟导游先生建议，由我来对今天参观过的建筑作点讲解。我说，我会广州话和潮州话（来自泰国、新加坡的客人多讲潮州话），掺和着讲，保证大家都能听懂。导游先生欣然同意。

……在华盛顿中心区，在国会大厦和林肯纪念堂之间这些建筑物中，有两个著名的建筑，是中国人设计的。我们中国人到这里参观，感到无比骄傲，自豪！

一个是航天航空博物馆对过的国立美术馆东馆，江苏人贝聿铭先生设计，贝先生出生于广州，今年已经83岁高龄。东馆于1978年落成时，卡特总统和美国各界都给予极高的评价。卡特总统还亲自剪彩。可惜今天没有安排参观。我建议大家下次来华盛顿时，一定要来补一补。（这时，有人用潮州话说我，你怎么不事先提个醒，好让我们也开开眼。）

另一个是我们最后参观的越战纪念碑，福建人林樱女士设计。林樱是中国著名诗人和建筑学家林徽因的侄女，梁思成是她的姑丈。林樱的父母于1949年以前离开中国来美。她曾到丹麦念书，一次在公共汽车上，因为她是黄种人，横遭歧视，愤而回到美国，在哈佛呆过，又转到耶鲁。林樱参加越战纪念碑设计竞赛时只有21岁，是耶鲁大学建筑学系四年级学生。在1421个参赛设计方案中，林樱方案胜出。这个纪念碑就是按照林樱的方案建成的。建设过程中，有人想强行修改设计方案，增加一些内容，遭到林樱的坚决反对。对越战，大家可能不太了解，了解了也可能会有不同的评价。我这里只读读林樱的设计。按照林樱自己的解释，好像是地球被（战争）砍了一刀，留下了这个不能愈合的伤痕。纪念碑向两个方向各伸出200英尺，一边指向林肯，指向林肯纪念堂，一边指向华盛顿，指向华盛顿纪念碑。它的体量不高，也不大，而是紧贴着大地，整个设计与周遭环境十分协调。林樱的这一创意获得设计竞赛评审委员们的特别赞赏。大家刚刚看过，纪念碑上刻着5万多在越战中战死者的姓名。到目前为止，经过调查核对，名单还在不断增加。对于碑的形式，美国有的建筑评论家说它像一个倒栽葱的“V”字，喻示美国在越战中的失败，而绝不是胜利。在我看来，整个纪念碑就像一个大写的“人”字。林樱是中国人。只有我们中国人才看出它像个“人”字，是不是。这说明林樱在设计这个纪念碑时，是想表现一种人性，表现一种人情，表达对战死者的一种同情与感念。唐朝诗人杜甫，对“开边”（开拓疆土，进攻邻国）战死的士兵，寄以深深的同情。古代云南边民，对战争双方战死的士兵，不分敌我，一律予以收埋，设庙祭祀。这就是云南丽江地区现存的山鬼庙。战争是大人物发动的。赢也死人，输也死人。“一将功成万骨枯”。战死在战场上的人，他们原是无辜的。我们看到，他们的父母、妻儿、同窗、朋友，到这里来“寻找”他们，悼念他们。林樱的这个设计，正表现了人之常情，表现了一种女性的、母亲的情怀。谁都是母亲身上掉下来的一块肉！……

我讲完了，车里响起了热烈的掌声。一位香港老人问我，“你是不是也开了则师楼？”一位来自台湾的妇人紧握我的手说，“我的儿子就在大学里教Architecture，你到了台湾，一定要到我家来坐。”

做了多年的《世界建筑》杂志编辑工作，对它向读者推介的每一个名建筑，对它的读者们，都有一种感情在。我真的把同车的旅客们也当成《世界建筑》的读者了，自然地流露着同样的感情。我把这种感情，叫做《世界建筑》情结，未知当否。

世纪之交，美国建筑师协会（AIA）在费城举行年度大会，投票选出了美国20世纪最受欢迎的十个建筑，其中第9名是贝聿铭的国立美术馆东馆，第7名是林樱的越战纪念碑。由于越战纪念碑设计的巨大成功，林樱被《生活》杂志评为“20世纪100位最重要的美国人”之一。

2003年8月追记

（此文是作者特为本书撰写的）。

王贵祥

建筑的精神之维

建筑是一种多维度创造的产物。首先，建筑的创造及其发展，受到经济的、技术的、材料的制约，同时，建筑要满足使用的功能，建筑要解决健康、卫生的问题，因而需要有良好的照明、供排水系统，垂直交通系统、防火系统，等等，诸如此类与建筑的建造与使用有关的方面，都属于建筑的物质之维。

同时，建筑的创作与实施，是一个艺术创造的过程，有造型、比例、权衡方面的推敲，有色彩的选择，有细部的装饰处理，有空间的起承转合，这些关涉建筑艺术的方面既是物质的，又是精神的，或者说是要以建筑物的物质性表现，唤起建筑观察者精神上的审美情趣。

此外，建筑还与其所处民族、地域、时代的文化背景相关联，建筑是每一文化背景下整体文化现象的一个环节，这种文化的表现，已经进入了建筑的精神范畴。建筑是民族的，其中蕴含着民族精神，建筑也是时代的，其中焕发着时代气息。建筑具有象征性、纪念性等品格，使建筑与建筑的观察者之间，产生某种精神的互动。

建筑还与特定人物或人群的思想有关，一个统治者，一位思想家，一位建筑师，都有可能改变或塑造一种特定的建筑潮流。一个民族或一个时代的建筑思想，可以是变化的，是丰富多样的。文化与思想的层面，以及建筑的艺术审美层面，构成了建筑的精神之维。

在建筑历史与理论的研究领域中，当谈到有关建筑的历史发展问题时，困扰人们最久的一个问题就是：推动建筑发展的动力究竟是什么？按照习惯的思维方法，人们可能会不假思索地回答：建筑的发展是由社会生产力的发展，尤其是经济与技术的发展所决定的。这就是说建筑的物质之维，相对于建筑的精神之维，具有某种决定性的作用。

但是由历史事实来看，这样一个具有“历史决定论”色彩的答案，并没有那么肯定，因为，如果说社会生产力达到某种水平，建筑在艺术与技术上，就会发展到某一程度，那么，在古代中国的唐、宋、元、明时期，社会生产力在总体水平上，几乎达到了当时世界上的最高水平，直到清代的康雍乾时代，中国在经济总量上，仍然居于世界的首位，但在这一千余年中，中国建筑的发展，并没有出现像欧洲那样从中世纪罗马风建筑到哥特式建筑，从哥特式建筑到文艺复兴建筑，再从文艺复兴建筑到巴洛克建筑，以及后来的古典主义、复兴建筑、新艺术运动，直到现代主义建筑的跳跃式发展。这一千年中，中国经济与社会本身，也有了巨大的发展，但中国建筑无论在技术上，还是在艺术风格上，都没有出现发展上的飞跃。依然是坡屋顶、木结构，依然是亭台楼榭、曲院回廊式的空间组群，尽管在艺术上，有着无尽的令人寻味的创造，但在建筑体量、结构方式、空间形态上，都没有出现任何突变。

当然，从哲学的角度来看，如果说，建筑的发展是由经济与技术的发展所决定的，无疑是一个正确的回答，因为建筑是一个巨大的物质体，建筑的创造活动也是一个物质性的过程，人们对于建筑，首先是物质性的。物质问题与技术问题不可分离，建筑的每一步发展，都与人类社会的物质进步分不开的。无论是19世纪铸铁在建筑中的大量使用，还是20世纪钢与玻璃在建筑中的大量使用，或者是中国明代以来砖结构在建筑与城池建筑中的大量应用，都是建筑发展之经济与技术等物质性推动力的有力佐证。

但是，如果我们得出这样一个结论：经济与技术的发展达到某种水平，建筑在造型与艺术风格上，就会出现相应的自然发展与跳跃，这样的说法就不十分肯定了。从中西建筑发展的特征来看，技术与经济只能是建筑发展的必要条件，却绝不是建筑发展的充分条件。建筑的发展，还有远为复杂的多的因素在起作用。

抛开技术与经济的因素不谈，仅仅从艺术的角度来看，建筑也不是呈直线发展的，从古代希腊的坡屋顶神殿建筑，到古代罗马的穹隆顶神宙，或规模巨大的坡屋顶巴西利卡，再到将两者结合在一起的罗马风教堂建筑，之间是有着某种风格上的连续性与逻辑性，但中世纪哥特式建筑的出现，就有一点突如其来，而哥特建筑之后，又突然出现了向古典的回归，形成了以经过创新的穹隆顶为特征的文艺复兴建筑。这其中无疑有着技术上突破的因素，如尖拱技术的出现，或穹隆技术的发展，也有着经济上的因素，如中世纪城市商业上的成功所带来的经济与精神动力的催动。但导致其风格突变的主要原因，恐怕还应当向当时人们的艺术趣好、审美趋向，甚至神学思想、人文思想等等的变化中去寻找。

建筑艺术具有其自身的发展变化，这也是人们所熟知的事实。西方建筑的艺术风格，一直处于不断的变化之中。不仅在大的历史时段中，艺术风格有着巨大的差异，在某一历史风格发展的不同阶段，也有明显的差别，如古代希腊与希腊普化时期的风格变化；早期哥特与晚期哥特，尤其是火焰纹哥特的差别，都是十分明显的。文艺复兴建筑甚至没有一个特定的风格，而是一个时代诸多建筑艺术大师们的艺术创作的总称。

中国古代建筑艺术也是这样。从结构形式与造型基本特征上看，古代中国建筑确实具有惊人的持续性。至少在二千年间，没有发生根本的变化。但是，仔细观察古代中国建筑艺术的发展，就会发现汉魏建筑、隋唐建筑、宋金建筑、蒙元建筑、明清建筑，在艺术风格上，可谓各领风骚。如唐代建筑与宋代建筑，虽然在结构方式上十分接近，但唐代建筑与唐人固有的豪放、雄劲的艺术取向；宋代建筑与宋人特有的端庄、秀丽的艺术好尚，两者之间的区别是十分明显的。明清两代、清代的前期与后期，在艺术风格上也有细微的差别。这些差别与变化，很难简单地归结到这些时代的经济与技术的发展原因上去。

中国古代的先哲孟子曾经说过："居移气，养移体，大哉居乎！"说明建筑所具有的精神作用，可能会影响到居住于其中之人的精神气质。建筑艺术作为一种精神性的东西，原本就是超然于建筑的物质基础之上的。在同样的物质基础，即同样水平的经济与技术条件上，不同文化的建筑之间，在艺术情趣与造型风格上可以是大相径庭。如同样的砖石材料，及由砖石技术所创造的穹隆拱券技术，中国人仅仅用于陵墓与城池的建设中，至多外延到塔幢建筑，而西方人则广泛用之于神殿、教堂、剧场、陵庙、城堡的建筑中。这其中的原因并不能找到符合逻辑的解释方式。惟一的答案是，由两者之间巨大的文化差异所使然。

文化的差异，为建筑在造型、结构、功能、艺术风格上的千变万化找到了一种十分坚实的理由。在相近的经济与技术发展水平之下，文化是影响建筑发展的决定性因素。如大约相同时代的西方、伊斯兰、印度、中国、日本，在建筑结构、建筑造型、建筑空间、建筑艺术中所表现出来的各自不同的特征。在一个大的文化背景之下，如传统中国文化中，则北方建筑的浑厚、质朴；江南建筑的秀美、雅丽；岭南建筑的绮丽、繁缛等，都是各具特点的。在地方文化的滋润下，建筑表现出了充分的地方化特征。正因为如此，建筑理论界才会有"文化决定论"的说法，以对应于我们习惯的"历史决定论"。"文化决定论"在很大程度上，突显了建筑的精神之维在建筑发展中所起的作用。

然而，这只是建筑精神之维的一个方面，因为无论是技术与经济的驱动，还是艺术与审美的趋向，抑或文化与传统的力量，都只是建筑发展复杂过程的一个方面。建筑是由人创造的，人关于建筑的理论思考，始终居于建筑创造的主动方面。因而，建筑发展的另外一个重要的因素是建筑思想的变化。建筑思想的变化，体现为某种建筑理论的范畴，并对建筑的发展起到某种促进、促退，或停滞作用。

以西方 18 世纪以来的建筑发展为例。在 18 世纪的西方历史中，主导的思想是启蒙运动，是关于社会进步的思想，弥漫在建筑创作领域的是科学与考古学。建筑师们纷纷到古代希腊、罗马的遗迹上去考察、测绘，把经过考古测绘获得的建筑比例，建筑造型特征，建筑细部处理手法等，加以整理研究，运用到新的建筑创造之中。在这样一种氛围中，主导的建筑风格是新古典主义建筑。这种建筑潮流，往往将希腊建筑与罗马建筑的因素综合在一起，并且强调柱式与比例，建筑作品的比例严谨、造型肃穆，十分富于纪念性品格。如巴黎的万神殿就是一例。用科林斯柱式装点的希腊山花与罗马式穹顶，完美地结合在一座纪念性建筑之中。

启蒙运动使城市与公共生活得到了刺激，18 世纪的法国，大规模兴建的是城市广场与歌剧院。几何形的城市广场，方整、开放，一扫中世纪广场中宗教与商业交易的氛围，大型歌剧院，成为人头窜动的热闹场所。社会文化氛围也趋于开放。同时,在启蒙运动的影响下,东方文化,尤其是中国文化也渐渐渗入了西方社会,一股中国风在欧洲大陆与英伦三岛上回荡,在中国园林影响下的西方景观园林的建设,也在这一时期得到了长足的发展。中国园林中诗情画意(Sharawadgi)的艺术品格,也在一定程度上影响了在英国一度占主导地位的"如画风格建筑"(Picturesque)与英中式花园的建设,并为后来的英国式自然园奠定了基础。这些说明思想的交流,精神的发展,会对建筑产生巨大的影响。这也可以说是建筑精神之维,对于建筑发展所产生影响的一个例证。

另外一个由启蒙思想影响建筑发展的例子,就是著名的18世纪法国建筑师布雷与列杜的设计,他们是两位理性建筑师,在启蒙运动的时代,理性高于一切。布雷与列杜的设计作品,如牛顿纪念堂,通过简单而光洁的几何球体,将建筑的理性层面,表达的淋漓尽致。

在启蒙运动的推动下,主要的法国大革命时期所产生的革命性建筑,也是当时法国建筑发展的一大景观。在革命性建筑中,建筑变成了某种宣传,如在杜朗设计的平等之殿(Temple of Equality)中,圆形的柱式变成了方形的柱子,六棵立面柱上分别篆刻了表征共和主义者理想的价值观:智慧、经济、劳动、和平、勇气、审慎。在革命建筑师看来,建筑本身就是一件宣传品。这可以说是建筑之精神维度的极端表现。

20世纪建筑发展史上,建筑的精神之维所起的作用显得更为突出。无论是新艺术运动,芝加哥学派,抑或现代建筑运动:无论是"装饰就是罪恶",还是"少就是多",抑或"房屋是居住的机器",这些蛊惑人心的思想与口号,都影响了一个时代的建筑。莱特的有机建筑理论与宽阔尺度城市理想,苏联建筑师的构成主义思想,意大利人的未来主义狂热,都曾成为一个时期建筑讨论的热点。直到比较晚近的后现代主义、解构主义、生态建筑、地方主义建筑等等,无一不是某种对建筑加以深刻思考的结果。进入现代与当代社会以来,建筑的精神之维表现的异常活跃,这也是现当代建筑中流派纷陈的原因之一。

谈到这一点,我们不仅对当代中国建筑的发展感到了几分忧虑。中国的相当一部分建筑师,热衷于创作实践,耻于在思想上的开拓,因而也缺乏建筑作品在精神维度上的深思熟虑。如果说建国以来,中国建筑师曾经围绕建筑的民族形式与现代化问题,有过一些理论上的探讨,但随着批判复古主义与批判崇洋媚外思想的高潮迭起,中国建筑师的理论思辨能力变得越来越孱弱。即使在中国建筑创作的黄金时代——20世纪的最后10余年中,本来应该是中国建筑师在创作思想上,最能够迸放火花的时代,却又从思想束缚的牢笼中走入了经济诱惑的陷阱。许多建筑师们无暇去思考、去探索,建筑创作中充满了"漫不经心的重复"(Mindlessly repeated)。甚至,一些人们感觉还算差强人意的建筑作品,或许只是在重复与模仿西方人既有建筑形式与空间上显得比较接近而已。

在20世纪的西方建筑史上,曾经是大师迭出的时代,在20世纪后半叶,日本建筑也跻身于世界现代建筑的前列,如日本建筑师的"新陈代谢"思想,也一度引起了世界建筑理论界的关注。马来西亚建筑师在生态建筑方面,印度建筑师在地方主义建筑方面,都创造了令人瞩目的成就。而中国建筑师,在这样一个千载难逢的建筑创作黄金的时代,却甘于寂寞,默默无闻地在创造建筑面积,增加容积率上下功夫。中国建筑界,眩人眼目的不是丰富的建筑思想,更不是活跃的建筑创作灵感或新颖的建筑理念,而是风行大江南北的贴面砖,是高潮迭起的赶风潮,更遑论长城内外的玻璃幕墙,令人眼花缭乱的欧陆风。从中我们时常感觉不到建筑师们的理论思辨,也体验不到中国建筑的民族气质与时代精神,更探寻不到建筑师的奇思异想。建筑的精神之维,被建筑的物质浮躁所掩埋。继而,一些业主转而求助于洋建筑师,以邀请外国建筑师为自己的房屋进行设计为荣。更使得一些建筑师手足无措,怨声载道。

面临这种境况的中国建筑师应该深思一下,这一切究竟是由于我们的技术条件,还是我们的经济力量不足所造成的,或是我们缺乏思想的内涵,没有理论探索的氛围?记得在10余年前,在英国的一份报纸上,看到了一篇文章,大意是说中国目前正面临着建筑创作的大好时机,但遗憾的是,中国建筑师都缺乏良好的素质(poor educated),文章的作者鼓动西方建筑师,赶紧抢滩中国的建筑设计市场。当时,身在英伦的笔者,对于这篇文章中流露出来的民族歧视,表现了极大的义愤。然而,10余年后中国建筑界的现实又是如何呢?建筑理论界几乎偃旗息鼓;建筑创作

(下转第215页)

庄惟敏

关于建筑创作的泛意识形态论
——“实验的作品”与“商业的产品”

现时的中国建筑创作正被人批评为向文化荒芜方向滑去。“……这么快地摧毁历史，却又创造不出新的历史，一个个毫无个性的建筑，一个个毫无个性的城市。诚然，是新的城市，是新的建筑，但是缺乏的是文化的灵魂。”（王明贤《重新解读中国空间》）

建筑师作为人类文明世界中高尚职业人群的一部分，正愈来愈标榜为人类文化的创造者和卫道士。对建筑师及其作品，“没有文化”的指责是当今建筑师所最不可承受的批评语。无论你设计什么，功能配置如何，空间组织怎样，倘若被归为“没文化”一类，那么一定就是你的作品“没理念”、“不深刻”和“缺乏修养”的概括。

好在在中国建筑发展的这样一个重要时代，我们有一批被称为实验性的建筑师破土而出，他们对城市空间和建筑空间重新进行诠释，执着地进行着建筑新文化的建构。无疑在这一大环境下，他们的产生和发扬光大的理由是充分的。他们的确向世界打开了一扇中国现代建筑创作面向世界的窗口。作为走向世界的中国建筑，他们是不可或缺的。

但我们也必须看到，建筑的历史不仅仅是记录实验的历史。这不由使我们重新反思和审视建筑的最本原的东西是什么？

现时的建筑创作往往给建筑师带来更多的功能与空间以外的负荷。信息社会，建筑已成为传媒的一部分。作为大众媒介的建筑，业主或建筑师希冀以建筑形象彰显文化理念，进而张扬个性，这已变成一种时尚或潮流。大凡创作似乎不谈理念，不提文化就被视为低能儿。建筑师的创作过程也由最基本的空间功能的研究，异化为所谓文化理念的发掘和加载的过程。建筑的创作过程因之变得怪异和有那么点儿癫狂，向所谓文化性方向的进军已经做到令人发指的地步。在现代旅馆中以“福、禄、寿”造型表现中国传统文化，在公园规划中以龙形构图体现中华民族精神，如此等等。建筑师也在其中异化为诗人、哲学家、甚至画家、书法家、雕塑家和时装设计师。建筑方案的阐述和解析的过程也更像是一场哲学的讲演或散文诗歌的朗诵。

很显然，建筑师在这样一个大舞台上，都竟相扮演着自己的角色。在诸如此类的表演中，他们自然而然地淡忘了自己作为一名建筑师的最基本也是最单一的任务，那就是建筑作为人类活动于其中和使用于其中的功能。泛意识形态论的思潮正令人担忧地蔓延开来，其后果则是导致产生大量所谓文化理念至上的躯壳下的一堆非功能化空间组合的垃圾。

房地产开发的泡沫使建筑界躁动不安，每年一次的房展大会上一篇篇印制装潢精美的售楼书，都不约而同地打出文化牌，文化成为了时尚的标签，而对建筑内在功能的表述却遮遮掩掩，这不能不说是建筑创作“理念化”的误区。说到房地产开发，就不能回避产品这个概念。房子，作为房地产开发活动提供给社会的一种特殊的商品，其具有商品的所有属性。它应该具有满足功能的使用价值。根据马斯洛的人类需求的层级理论，人们对环境和产品的需求是由低级向高级，由物质向精神逐级发展的。建筑作为一个社会产品在传达文化信息之前首先应满足作为使用功能的物质需求。

建筑创作的泛意识形态论确有将“文化理念”的外衣随时尚的节奏和鼓点披上脱下做秀的嫌疑。

随着建筑学的发展，建筑的内涵和外延变得愈来愈宽泛。建筑被赋予了愈来愈多的含义。因此相关的建筑师的责任也变得愈来愈大，既要创造人类新文化，肩负人类传统文化的复兴和继承，又要通过城市、建筑和环境的营造创造人类新生活，彰显和传播地域和民族文化，如此等等，建筑师真的变成了救世主，推动人类文明发展的主角，其肩上的包袱不胜其重。事实上，建筑也罢，建筑师也罢当被赋予了过多的含义和责任时，必将导致其承载力所不能及，因之而导致虚假，有人称其为“建筑的失语”。

纵观历史，环顾左右，建筑创作的精髓显然不是源自形而上的文化或理念的释意。柯布西耶在《走向新建筑》一书中说过，建筑与各种“风格”无关。密斯也说过，“……形式不是我们的目标，而是我们工作的结果。……我们的任务是把建筑活动从美学的投机中解放出来”(《创作》1923/2)。

实验性的作品也好，商业性的产品也好，对社会来讲，建筑师只是一个实实在在的造房子的职业，文化固然重要，理念固然重要，但作为一个社会的角色，为社会提供产品，恐怕还是少些虚假为上。更多地关注和研究一块砖的砌法，梁与柱的交接，材料界面的过渡，窗洞的比例，檐口的收边，选材表面的肌理和质感等等，或许作为建筑师，我们会感到更实在，更愉快。

(原载《建筑学报》2003年第2期)

(上接第224页)
影效果使人产生一种空间“迷惑”的效应，其空间具有某种“失真”性。而他为1980年的威尼斯双年展设计建造的“漂浮剧场”(Teatro del Mondo. 1979)，在双年展期间起到临时改变城市景观的作用。该剧场在船坞建造完毕后，沿海上拖到一个被罗西称为“建筑消失，而想象甚或非理性开始出现的地方”[3]。在被拖到指定地点的路上和在指定地点，该剧场与威尼斯当地景观一起构成了一系列的临时景观。该剧场与其运输过程和整个设计思想的重点都不在空间的创造上，实际上它并没有构成任何确定的空间，因此它在空间观念上并没有意义。相反，它的成功在于强调景观和图像，其意义在形象和画面上。在这里，空间的概念和空间自身虽然消失了，但瞬间景观和其图像和画面效果达到了。也就是罗西所说的“空间消失想象和非理性出现”。

最近，迪拉和斯考福弟欧(Diller + Scofidio)为2002年举办的瑞士博览会(Swiss Expo. 02)所设计建造的装置“模糊”(Blur)为空间的消失作了新注解[4]。普林斯顿大学的建筑教授迪拉和库帕联盟的建筑教授斯考福弟欧所设计的这件装置仅用钢架和雾构成。在他们的原始草图和构想中，这件装置具有如下的性质：无尺度、无形状、无体积、无色、无味、无重量、无特征、无深度、无意义、无表面、无空间、无时间。这件装置当浓雾笼罩时，也就是所谓空间消失(无空间)的时候，雾里雾外都显得神秘和神奇。而当大雾散去，构筑浮现，剩下的便只是一堆缺乏想象力的钢结构了。

海扎克、罗西，迪拉和斯考福弟欧的设计和实践说明在设计上对“空间的消失”的研究、使用和强调都可以使城市、建筑和空间更加丰富，使它们具有神秘和变化莫测的色彩。

(此文为本书首次发表)

[3]Rossi, Aldo, Aldo Rossi Buildings and Projects (New York: Rizzoli 1985)
[4]Diller + Scofidio, Blur (New York: Harry N. Abrams 2002)

沈克宁

消失的空间

空间会消失吗？当然，我们在这里所要讨论的不仅是物理学意义上的空间，而是生活和居住领域的空间，文化的空间。生活和居住的空间随时都在消失，过去的、历史上的空间的消失是今人可以从史籍、文献、文学作品中得知的，但却是体会和感受不到的。文献中描述的秦皇汉武的离宫壮室着实令人目眩，那“殿屋复道周阁相属”的咸阳北板，那“渭水灌都，以象天汉；横桥南渡，以法牵牛”的咸阳宫虽然都使人神思遐想，但却只能使人扼腕。消失的空间还可以从历史遗存和文物古迹上表现出来。汉魏官阙的遗存、唐宋坊肆之图录虽能显现消失了的历史空间的凤毛麟角，但却无法使人们真正体验到“消失的空间”中的生活感受。消失的空间的在历史上也有很多记载，而且多是与城市相关的，许多成为千古恨事。例如汉魏洛阳经北魏末年的永熙之乱便是“城郭崩毁，宫室倾覆，寺观灰烬，庙塔丘墟，墙被蒿艾，巷罗荆棘”了。今日若踏访昔日汉魏洛阳故城旧址，面对那几与田野相齐的三两处若隐若现的墙基，便徒生“此地千载空幽幽”的感觉了。

而人们对自己所处的生活环境中消失的空间的感受则是切身和实在的。不同的人对同一空间的消失的感觉会完全不同，这要取决于个人在该空间中的生活经验。一条街道的变迁，一爿店铺的迁拆对很多人来说只是无关痛痒的一则新闻，对一部分人来说是方便与否的事情，对另一部分人来说也许是改变生活习惯的问题，对更小一部分人来说则是有关生活质量的大事，因为那条街道以及街道两侧的点点滴滴—门廊、墙裙、窗扇、阶梯、地砖、屋檐、招牌、店铺、树木、阴影、阳光、积水、玩耍的孩童、乘凉的老人、仲春隔墙飘来的丁香、夏日透雨过后的清爽、秋风习来的凉意，寒冬枯枝带来的呼啸组成了他们的生活，是他们生活质量的标志。失去了这些便意味着生活质量的下降，意味着生活中缺少了美好的事务，意味着生活在一种异化的环境之中，意味着生存状态的变化。这虽然没有肌肤之痛，但却是感情的失落。

消失的空间也许仅对一小部分人的生活状态有着影响，但这种影响通常是深刻的。又由于每个人都与特定的场所空间有着独特的关系，因此空间的消失对社会生活的影响是广泛的。既然消失的空间对人们和社会的影响是既广泛又深刻，对它的重视便是情理之中的了，尤其是对具有历史和文化传统城市的大规模改造更需值得人们的重视，因为它牵涉的是邻里、社区和城市中的人们，以及那里的人们与他们的生活空间、街道、邻里之间千丝万缕的联系。大规模地将邻里和社区推平重建的方法使得在历史中积存下来的复杂、精致、实用的空间在瞬间消失。这种大面积、大规模地消灭传统城市空间的做法不仅使居民的情感受到冲击和伤害，而且造成人们对城市空间记忆的消失，使得传统中留存下来的经过历史考验的空间处理方法和手段消失，使得处理邻里和城市空间的技术与经验从此消失。瑞士建筑师博塔曾将传统城市和社区比作森林，他认为将成片的社区推平就如同将一片森林砍尽。森林消失的同时，森林中各种动物、植物也将与森林一起消失。与城市中传统社区和邻里一起消失的便是城市的文化和历史，经验和技术，情感和记忆。虽然空间的消失并不一定导致文化的彻底消失，但是空间的消失通常便是文化消失的过程。大规模的城市空间的变化和消失必然导致文化的变迁。

导致空间消失的手法无非如下几种：封、堵、拆、焚。拆与焚是强力的手段，其目的和结果便是空间的永久消失，中外古今的实例数不胜数。封与堵的手法是一部分人，通常是极少数的人为防止大多数人对该空间的使用而采取的手段，例如陵墓和皇室禁囿。但是，以这种手法消失的空间仍然有重见天日的机会，陵墓的发掘、园囿的开禁的实例便是其典型。其实，囿字本身便有意思，看上去像是“圈而有之”。圈而有之实为“封”，古今中外使用的是同一种方法。

空间的消失是具体的，消失的空间对人们的心理状态的影响也是实在的。那些历史上著名的消失的空间具有迷人的神秘色彩，给人们留下无限的遐想：古罗马的庞贝城、南美的玛雅古城、爱琴海岸的亚特兰底斯城、楼兰古城都具有这种特征。空间的消失和再现的性质使得空间自身具有了神秘性。空间的消失有时又纯粹是心理和精神领域的，英国小说作者JT. LeRoy在比较欧洲和美国城市时认为欧洲的城市空间给他的感觉是被测量过的、是已知的、都在掌握之中，而美国的城市则具有一种"神秘"的性质，因为它的城市空间好似能够消失。他所说的这种现象大概属于心理和精神的空间范畴。在很多情况下，心理和精神上空间的消失与否是因人而异、因景而异、因情而异的。景情关系与个人的独特经验和记忆有着紧密的关系。JT. LeRoy早年在英国当面首，那里人口流动率较低，有着相对稳定的社会组成和与之相关的城市空间。这与在美国那种高流动率的人口组成的社会中生活，城市社区中的人们行同路人的城市空间截然不同。JT在英国那样的城市空间中所经历的那种社会经验，与他成名后在美国出入沙龙时所感受的城市空间自然不同。因此，在这种情景中讨论的"消失的空间"实际上是心理和精神上空间的"消失"。心理上空间的消失通常又与对空间有着陌生感有着一定的关系，对空间的"陌生"感常会使人们体验到空间的"消失"性。所谓"陌生"就是有着距离，距离通常导致神秘感的出现，而"消失"自身便很具有"神秘"性。此外，"距离"又是美学中的重要概念，戏剧中的"间离效应"便是使用"距离"来产生"美感"的典型。莱斯大学建筑学院的Lars Lerup在他的《After the City》[1]一书中认为美国与欧洲在城市和建筑上的不同在于美国的城市建筑中总是保持着"一定的距离"（A Certain Distance）。他认为在美国"美式距离"无处不在，无论是在主体还是客体上，物理还是心理上，心际还是人际间。它就像基因密码，这些密码是通过与住宅，实物等具体物件的互动在社会层次上构筑的。在欧洲，"距离"是变化、模糊的，甚或根本就不存在的，而在美国的城市建筑中"距离"的存在是特定和肯定的。那种主导欧洲城市生活的整体、统一、凝聚、向心的"城市性"虽然在美国城市中存在着，但却是那样的虚无飘渺。有机、紧凑、具有历史的社会，通常是城市性的保障。而离散的社会必然产生有"距离"的城市空间和组织。因此可以想见美国城市中存在的这种"距离"便是JT感受到的城市空间"消失"的原因。

"消失的空间"的概念由于其历史上的原因大多具有负面和消极的内涵和外延。但是，"空间的消失"这个概念在设计上却能够具有潜在作用和影响。其原因在于在设计中对"空间的消失所进行探索，实际上是对空间的"神秘性"所进行的探索。使空间在某种程度上"消失"的常见设计手法有：尺度的变化，韵律和节奏的变化，空间设计上对使用者在视角上的选择，对光线的控制，隔断和屏障的使用，对通透度和透明度的设计与调控，利用色彩和材料的选择来调节空间通透性和透明度等。与此相应的诸如迷宫、黑暗空间、模糊空间、奇异空间、变形空间、通透空间都与"空间的消失"有着或多或少的关联。

库帕联盟的海扎克（John Hejduk），其作品充满了神秘性、隐喻性和叙述性。在他的早期作品系列"墙宅1"到"墙宅3"中，那片具有原型和神话意义的"墙"，就充分表现了墙前墙后空间消失的效应。海扎克是卓越的神话创造者，他的丰富想象力表现在他在二维图形上衍生出永恒的神秘空间。他使用几何和图像的语言，但这种几何语言同时是有关空间和时间的，从而他在图像中表达的就远远超出三维空间（同时也包括三维空间）所描述的内容。在他作品中所出现的圆形、方形、三角形、十字形、线形、波浪形虽然仅是简单的几何图形，但它们却创造了永恒的空间，他的几何图形并不是简单的"形状"的形式，而是观念和思想的形式。在海扎克的作品中图像代替了空间，从而空间在图面上消失。但其图像所具有的魅力远远超出空间所表现的魅力，这是因为其图像包含着空间和时间。海扎克在他的《SOUNDINGS》[2]一书中的一幅图"日月星辰的揭示"（The Unearthing of Sun Moon Stars）便表现出他是如何将"空间"消解（日月星晨）成"图像"的。在这里，茫茫宇宙、朗朗乾坤都转化为一己之见，彻底的空间消解。

意大利建筑师罗西（Aldo Rossi）的作品在使用连续和重复的要素时，其作品通过重复的建筑要素和光

（下转第222页）

[1]Lerup, Lars, After the City (Cambridge, Mass.: MIT Press 2000)

[2]Hejduk, John, Soundings a work /by John Hejduk (New York: Rizzoli 1993)

常青

从建筑性格看上海城市精神

一、建筑的风格与性格

建筑文化是一个地域、一个时代的风俗、时尚及技术条件在建筑上的反映，往往被首先看作某种建筑风格。建筑风格有着两层含义：建筑样式和建筑性格。建筑样式犹如人的穿着打扮，诉诸于外在的形象，且随着时代的变化而变化；建筑性格却像人的性格，是内在的，相对稳定的，取决于一个地方所特有的环境特征、文化"基因"以及价值取向。因而建筑性格其实也内在于人的心灵，是集体无意识中被认同的，属于精神领域的东西。确实，不同的建筑空间会使人产生诸如拘束、放松，优越、卑微，肃然、轻快，脱俗、平庸等截然不同的自我感受。说到底，建筑性格关联于文化的性格，不同文化背景、不同阶层的人总是各循其所，而这正是建筑之于人的性格所在。可见建筑性格具有明显的场景性质。

如今，传统意义上的建筑"样式"时代早就一去不复返了，因为视觉上的审美尺度或审美愉悦早已多元化、多样化了。然而，对于今日的都市人来说，一座建筑或一组建筑景观是否具有吸引力，是何样式虽不再重要，但对建筑空间的感受与看法仍与内在的建筑性格有关，也即对适合自我表现的空间场景的追求，仍是建筑性格表达的首要依据。而一座城市必有某种特殊的文化特质会在典型的建筑性格中表现出来，此即"城市精神"之所在。比如上海"新天地"，将传统和时尚碰撞在一起，既满足了外籍绅士和观光者对上海石库门的好奇心和泡吧的习惯，又为沪上的高级白领和文化商人提供了怀旧与赏新的场景。无论是趣味、身份的表露，还是附庸风雅的做作，这样一个阶层、这样一群高档消费者的文化认同和空间感受，正是"新天地"的建筑性格所在。这是由来已久的、上海所特有的一种建筑性格，尽管这与普通大众的文化消费毫不相干，甚至与其概念来源——香港兰桂坊的多阶层性也相去甚远。而这也就喻示了，其他地方要再造"新天地"，就得先问问这与那里人们的传统习俗、空间感受和文化消费需求有关联吗？换言之，能够形成被某一社会阶层所认同的建筑性格吗？显然，在"搭置"场景前，需要先考察一下有无"表演者"和"观赏者"。

二、理性的文化"基因"

长期以来，几乎所有关于上海文化的评论都可归之为"实用、实惠、实效"和"求新、求变"这 10 个字。回顾世界近代史，似乎可以略带夸张地说，世界上没有一座城市能像上海这样以如此开放、理性的心态，从容地接受外来的新事物。这或许是因为上海从来就不像香港或孟买等中外城市那样，经历了彻底的殖民时代，比之后者，社会文化在心灵上被降格和扭曲的程度要小得多。因而上海一开始虽被动无奈地接受了西方的"文化移入"(ACCULTURATION)，但终究演变成了主动选择式的海纳百川，这是合乎历史和情理的。

自开埠起，上海人对包括建筑在内的外来文化，经历了从鄙夷、好奇到欣赏、模仿以至进行中西混交的过程。这一过程的背后，是外来文化"基因"深深地进入到了上海社会的集体无意识层次。历来的文化学者都注意到，上海人骨子里的确有一种与中国传统文化截然不同的理性特质，要看清这一点，就必须首先从商业文化发展的历史脉络中去观察。

一般认为，《清明上河图》中所描绘的商业街市是宋代才出现的，而事实上，江南同类商业街的产生，至迟却可追溯到唐代。鸦片战争后，已非常发达的江浙地区商品经济汇聚上海，使这里成为地方封建宗法势力比较薄弱的地区，加上广商、晋商等的介入，决定了上海商业文化的多源性和兼容性。但是本土异域文化间的渊源关系并不足以说明上海城市精神的特质，而外来资本主义的生产方式也必须借助某种精神的东西方能触及人心。

随着上海的开埠通商，近代西方文明进化的重要推动力量——欧美的新教文化，也一并移植到了上海。新教即推崇理性、宽容世俗的基督教，新教文化的核心精神是“合理牟利、合理消费，有益者取、无益者忌”。由此树立起了一整套有关敬业、诚信、高效、优质的商业文化价值观和职业生活守则。在被称之为“外滩源”的外滩33号原英领馆所在地段，可以看到这一影响从上海开埠初到20世纪30年代的历史印记：基督教青年协会和女青年协会所在的两座建筑里，既向教徒，也向非教徒的公众传布新教文化的理念；广学会大楼里是上海最早的西文报馆和出版机构；亚洲文会拥有深受西方学术影响的东方学图书馆；真光大楼里的沪江商学院走出了20世纪初中国土地上培养出的商界白领和企业家。从商业文化的角度看，外滩源地段也可以说是近代上海的城市精神之源。

总之，这一外来的理性文化“基因”，通过社会的运作与交往，潜移默化并深入骨髓地影响了上海所特有的社会文化心理，并迁延至今：既追求实惠实效的品质，又极重精制雅观的“卖相”。这种看似矛盾的文化特质，确能说明上海城市精神的形成脉络并涉及到了上海的建筑性格。

譬如里弄石库门住宅是公认的上海居住文化象征，一方面引入了西方城市房地产的高效开发方式，使TOWNHOUSE与沪上三合院完美结合；一方面创造了一种中西合璧的雅致外观。因而西味浓郁的上海石库门决不是以盲目抄搬外来建筑形式为目的，而是追求实用、实效的城市生长进程的结果。这种因果关系可以说明上海建筑性格的理性本质，也是当时城市精神的一种体现。

石库门住宅如此，西方泊来的外滩商业建筑群又是怎样的情形呢？

三、外滩“款式”的由来

外滩是中国近代史上的“华尔街”，这条风景线及其周边地带集中了一批当时上海最重要的商业、金融建筑。这些建筑大多是高层。要了解外滩的建筑风格及其内在的性格，先得弄清楚这些建筑的样式或曰“款式”来自何方？

在19世纪的欧美，尽管以铁、玻璃和混凝土为代表的新建筑材料和新结构已先后问世，资本主义仍是以复古主义风格作为建筑的躯壳，包括古典复兴、浪漫主义、折衷主义和新古典主义。到了20世纪初，在欧洲探索新建筑的运动之外，深受新教文化影响的美国仍以复古主义作为主要的建筑风格。这是因为，在资本主义高度发展的这一时期，尽管新的功能需求不断产生，建筑技术日新月异，但美国上层社会对于纪念碑般的历史建筑形式依然倚重，表现了强烈的保守主义态度，这种状况直到二战后才发生了大的变化。不过，介于传统与现代之间的一种建筑风格却在20～30年代的美国高层建筑中出尽风头，并迅即折射到了太平洋彼岸的上海。

除去功能和技术因素，欧美高层建筑形式在20世纪前半期受到了浪漫主义的重要影响。19世纪的浪漫主义发展到后期主要表现为“哥特复兴”，以新教国家的英国建筑为代表（如英国国会大厦）。所谓“哥特复兴”，即在新的技术条件和功能需求下，从外观上模仿中世纪后期西欧哥特式教堂建筑气韵。这种向上升腾的动势，于神秘莫测中充满了浪漫的想象，不仅可以表达中世纪对天国上帝的向往，同样也可以象征资本主义对人间财富的崇拜。马克斯·韦伯在《新教伦理和资本主义精神》一书中，对哥特式建筑的拱券结构赞赏有加，认为其代表了一种无与伦比的创造精神。建于1913年，高度超过240米的纽约沃尔华斯大厦（WOOLWORTH BUILDING），是一座著名的哥特复兴风格摩天大楼，其钢结构的骨架和上部收分的形体，浪漫中带着理性，有利于高层建筑之间的日照和通风，成为了有关市政法规出台的起因。1925年后，这种竖向划分并向上收分的高层形体，与一种不排拒几何化装饰的现代简洁造型（装饰艺术风格）相结合，形成了风靡美国东西海岸的装饰艺术风格的高层“摩登建筑”时尚，建于30年代高达380米的纽约帝国州大厦就是其中的巅峰之作（“911”恐怖袭击事件后，重新成为纽约的城市制高点）。由于其与哥特复兴多少有些形和意上的关联，而且构成了当时的都市“摩登”生活场景，因而我们完全有理由将装饰艺术风格称为“浪漫的摩登”风格。

也就是在这一时期，求新求变的上海也为自己的商业空间找到了两款“外衣”，其一是“折衷的复古”，不拘于照搬某一种旧形式，而是在多种历史元素中选取，进行精到的叠合与创造，如外滩的汇丰银行、海关大楼等，可称之为“新古典主义”或“商业古典主义”；其二即是“浪漫的摩登”。在20～30年代的上海，就如当时的电影对好莱坞的模仿一样，一大批高层建筑都采用了从美国引入的装饰艺术风格，如外滩的沙逊大厦(今和平饭店)、中国银行大楼、上海大厦等。其中沙逊大厦还带着浪漫主义的绿色铜皮的金字塔顶。特别值得一提的是，外滩源地段上的圆明园路一线，在这一时期出现了一片装饰艺术风格的街区建筑，如亚洲文会大楼与中国银行大楼出自同一家设计洋行(公和洋行)，真光大楼和广学大楼出自著名匈籍捷克裔建筑师邬达克之手，从中可以看出他设计哥特复兴式摩尔堂(沐恩堂)的某些元素。随后他才设计出了装饰艺术风格的经典之作——国际饭店大楼。此时，中国的建筑师也参与了装饰艺术风格建筑的设计，如圆明园路上的基督教女青年会大楼，采用了中国古典宫廷的图案装饰；中国银行大楼用了中国传统的攒尖顶和檐下的斗栱装饰。这两款"外衣"之下，有着当时世界上最先进的铁框架、钢框架，甚至轻钢框架结构。

折衷的复古和浪漫的摩登相交织，形成了外滩在世界上独一无二的滨江景观线。无论是复古还是摩登的哪一款，都有整体到局部的细微变化，都表露出了外滩建筑对浪漫和典雅的理解和创造，以及对技术水准和文化象征双重作用的完美表达。

四、浦江两岸的因缘

星移斗转50年，当以小陆家嘴建筑群为标志的新上海崛起于浦东时，中国现代建筑早已错过了追随二战后国际现代建筑潮流(常常被贬称为"国际式方盒子")的时机。在我们这个一切事物都呈现出表层化和平面性的时代，过去所有的形式和风格都已经无法满足社会快速变化的文化消费欲望。因而我们看到，一方面是大量的"平庸"建筑在无奈的复制和抄袭中个性愈来愈趋于弱化；另一方面是所谓"标志性建筑"在追求形式变化的歇斯底里中极度夸张地表达着"个性"。从这个角度或许也可以理解，"历史的终结"这一断言对上海这座城市尤为恰如其分。

自上世纪后期上海开始腾飞以来，从物资短缺时代相对落后贫乏的建筑观念和环境中走出来的人们，看到了天外有天。整个社会为渴求变化、追求卓越的欲望所驱使，上下都有再造老上海昔日辉煌的紧迫感。这同时也使某些盲目攀高的"暴发户心态"获得了天时地利。在"有容乃大"的胸怀下，既出现了一些国际水准的建筑精品，也产生了不少品位不高的"蹩脚货"。许多问题都出自刻意于外表形式上的光怪陆离。如今从外滩东望，满眼都是弄姿作态，个性鲜明的建筑图景，或许只能以"新现代"、"后现代"、"后现代古典"这样一些似是而非的风格标签来辨识。从小陆家嘴再联想到上海全城，似乎可以说，世界上没有一座城市会像上海这样，在城市多个商务或金融中心地段冒出一组又一组形态各异，变化万千的标志性建筑群。这是否表示上海建筑在性格表达上已经矫枉过正，失却了理性的文化基因？一些中外评论家因此认为这种图景反映的是紊乱、失序和浮华。

现在上海与发达国家的大城市相比，在物质上感觉距离小了，有人跑到纽约转了一圈就觉得上海比它还"卓越"，因为上海的高楼大厦比纽约更时兴，以为把大量金钱堆在建筑表面上，拿泛光灯一照，就是一等国际大都市了。就此而言，物质层面上引起的自豪感或可理解，但在第二个层面——制度层面上，比如城市建设中的依法管理制度、公众参与制度、建筑遗产保护制度等等，还有不小距离。更深的还有观念层面，差距更大，国外建筑上那些先进的东西，比方说那种很生态的想法，包括如何看待建筑上的节约能源，保护资源，探求空间塑造极限等等，这些实质性的"卓越"因素，我们好像都还没有学到。显然，上海得头脑清醒些。

尽管如此，从城市演变的历史脉络来看，似乎仍可以说，小陆家嘴建筑群所反映出的矛盾与问题，正是上海这座城市特殊的文化"基因"和价值取向所定，即便有极端的推崇或批评，整个社会，从政府官员、专家、业主到社会大众，还是有意无意地接受了这样一幅图景(即便有诸如"地球仪"、花哨过头的商业广场一类的遗憾)。这难道是偶然的吗？如果我们换一个角度，再从浦东回望一下老外滩，那些在"折衷的复古"和"浪漫的摩登"总称之下的建筑群，何尝不是姿态各异、争奇斗艳的同一类图景呢？由此可见，浦江两岸的两组建筑群虽时代背景与建筑风格完全不同，但却在骨子里有着一种十分相似的商业建筑性格：个个欲求新求变、栋栋想卓而不群。这也反映出了两组跨时空景观间的因缘关系，从中可以看出上海城市记忆和集体无意识中对这一建筑性格的认同。无论这些建筑是由外国还是中国建筑师设计的，上海的历史选择就是如此，而上海的城市精神在很大程度上也就是这样显露出来的。

五、简短的结论

综上所述，笔者以为，上海当代建筑之于城市精神，应有以下几点关及全局：

第一，突出开放性，勇于并乐于直面一切外部的新事物，并通过理性的分析，有目的、有选择地吸纳其中的精华；第二，注重原创性，在外来影响下保持上海的特色和创新点；第三，追求高品位，即强调先进技术支撑下的内在品质和雅致外观。对此，毋庸讳言上海当代建筑在总体上还需反省和提升。

首先，上海要以更加开放的心态和理性的选择对待外来的建筑文化与技术，同时创造条件，使国际水准的中国建筑师作品涌现在上海滩上。因为无论从历史还是从现实看，上海都应该率先拉近与国际同行的距离，甚至赶上他们（不少发展中国家的优秀建筑师早已做到了这一点）。

其次，上海当代建筑绝不能陷入盲目抄袭或模仿欧美建筑形式的窠臼，而是要在都市发展的矛盾冲突和社会需求中（如级差地租、人口膨胀造成的高层泛滥与环境质量的矛盾，旧城区改造中的经济与文化矛盾，建筑舒适性与资源有限性的矛盾等等），创造出有上海特色的建筑文化，其中最关键的一点，是探求具有事件性和场景性的建筑性格。

再次，建筑艺术依然是全社会对建筑学的认同基础，而浪漫和典雅的建筑形式也依然是上海都市口味的无意识追求。如何运用当代先进的设计理念、技术手段和艺术手法来满足这一追求，也是以建筑来表达上海城市精神的重要方面。

上海就是上海，上海的魅力不可抗拒。希望上海建筑的性格特征在升腾的动势中，再多一点蕴含理性的浪漫和典雅，少一点“暴发户式”的造作与浮华。

钱锋

从包豪斯到圣约翰大学建筑系
——现代建筑教育在中国发展史系列研究之一

引言

近代中国早期建筑教育创始人所接受的多是西方"学院派"教育，因此中国近代建筑教育史上占主导地位的一直是"学院派"的教学思想。与此主流思想有所不同，上海圣约翰大学建筑系较早采用了现代建筑教育体系。该建筑系于1942年由毕业于美国哈佛设计研究院的黄作燊先生创办。黄作燊曾追随现代主义大师—格罗庇乌斯从伦敦建筑联盟学校(A. A. School of Architecture，London)至哈佛研究院，深受他的现代主义建筑思想影响。在黄作燊的精心组织下，圣约翰建筑系的建筑教育，与当时国内广泛采用的"学院派"教学方式不同，明显具有现代倾向并体现出德国包豪斯学校的一些重要特点。

圣约翰建筑系的教学特点与格罗庇乌斯的建筑思想和教学方法的发展有着密切的关系。格氏的教育思想最初形成于他在德国执掌的包豪斯学校。来到美国哈佛大学后，他根据新的社会环境，对其教学方法进行了一定的调整，因此哈佛建筑系的建筑教学既有部分包豪斯的传统，又有面对新情况的新发展。受此影响，圣约翰大学建筑系的教学兼有了包豪斯和哈佛大学的特点。同时，面对中国当时与西方的不同背景，圣约翰教学自身也有着适应特殊情况的一些新变化。

第一节　德国包豪斯学校

德国包豪斯学校的出现，是现代建筑历史上一个重要的事件。它直接推动了包括建筑在内的实用造型艺术的全面变革，促进了现代建筑的成型，同时也为相关领域教育变革奠定了基础。

(一) 包豪斯产生的背景(从略)

(二) 格罗庇乌斯领导下的包豪斯学校教学特点

包豪斯在不同的发展阶段呈现出不同的特点，其中格罗庇乌斯领导下的阶段强调两点。

(一) 包豪斯的教学同时注重艺术理论教学和工艺实践。每一门工艺都由美术家出生的"形式大师"和工匠出生的"作坊大师"共同带领学生进行探索和创作。为了彻底纠正长期历史传统业已形成的美术学院的优越地位，格罗庇乌斯明确反对学院习气，甚至在一段时间内不愿用"教授"这个他认为"散发着学院臭气"的称呼，而改用"大师"、"学徒"和"熟练工人"等一类更接近于中世纪行会中的称呼，抵制艺术教学中越来越脱离现实生活的学院气息。"形式大师"以抽象的视觉艺术分析实验来训练学生的新型形式感，帮助学生自己形成独到的形式语言；"作坊大师"教会学生掌握工艺的方法和技巧。学生通过两方面的共同作用，可以将新型造型理论带入包括建筑在内的日常生活用品的形式创作方面，实现艺术的生活化和大众化。

(二) 包豪斯学校教学中也强调工艺设计与工业生产协同的观点，这一点在包豪斯后期尤其受到重视。后期的包豪斯转向"新客观性"倾向，与早期的浪漫主义的、表现主义倾向相比，更加侧重于实用性和平常性，以及和工业时代相结合。格罗庇乌斯在文章《魏玛包豪斯的理论和组织》中，强调了工艺设计及工业生产协同的观点："手工艺教学意味着准备为批量生产而设计。从最简单和最不复杂的任务开始，他(包豪斯的学徒)逐步掌握更为复杂的问题，并学会用机器生产。"于是，为工业化生产提供实验性作品以及标准模具成为后期包豪斯的明确目标，更加体现了工艺设计与工业生产相协同的特点。

包豪斯具有独创性和重大影响力的是它的"基础课程"(Vorkurs)。学生在进入各个工作室进行核心课程学习之前，都必须进行6个月的基础课程的学习。这门由约翰·伊顿(Johannes Itten)提议开设的课程，逐渐成为包豪斯训练课程的基础，使得该机构在艺术教育的历史上具有十分独特的个性，并由此对后来全世界的艺术、建筑教育产生了重要的影响。设置这类课程的目的是"解放学生的创造力，培养他对自然材料的理解能力，使他熟悉视觉艺术中所有创造性活动都必须强调的基础材料。"伊顿让学生们把玩各类质感、图形、颜色与色调，做平面和立体练习；还要求用韵律线来分析优秀的艺术作品，试图让学生们把握原作品精神与表现内容。

包豪斯的这些教学特点，十分具有独创性。随着格罗庇乌斯来到哈佛大学，这些特点便部分地整合进哈佛的建筑教育当中。正在哈佛学习的黄作燊接受了这些思想，从而影响了他后来在圣约翰大学建筑系的教学工作。

第二节 格罗庇乌斯到来后的哈佛设计研究生院

1933年，包豪斯被纳粹遣散，原学校成员纷纷前往他国寻求庇护，包豪斯及现代建筑思想也被他们传播到了世界各地。随着一些欧洲大师的到来，现代建筑思想在美国得到了迅速接纳和发展。格罗庇乌斯也被聘请接管哈佛设计研究院，由此开始了美国现代建筑教育的新篇章。

（一）美国采纳现代主义建筑思想的背景（从略）

（二）哈佛设计研究生院建筑教学特点

格罗庇乌斯来到哈佛后，将包豪斯的部分教学方法带进了哈佛的建筑课程。但是，"他并没有打算在哈佛重建一个包豪斯，而是根据美国的实际情况，采用了一种全新的实验。"在修改后的课程中，除了"基础课程"沿袭了包豪斯的做法，其余课程都作了一些调整。针对美国最迫切的社会需要，将教学重点放在教会学生如何找到一个解决各种问题的办法。

1. 对包豪斯学校"基础课程"的沿袭

哈佛的建筑课程中，直接来源于包豪斯的是它的"基础课程"。因为格罗庇乌斯和很多追随他的早期包豪斯的成员一样，认为"基础课程"是教育建筑师的理想方式。他认为仅仅靠传统的纸、铅笔、水彩等绘画的方法，对于形成空间的感觉是远远不够的，应该让学生学会用线、面、体块、空间和构成来研究空间表达的多种可能性，因为空间是以自由表达为核心的。利用这种方法，他企图引导并充分发挥学生潜在的创造性，使学生能够逐渐摸索出各自具有独创性的空间形式，而避免受历史上业已形成的传统建筑观念及形式的影响。因此，"基础课程"在哈佛的建筑教学中得到了延续和发展，而且主要是延续了包豪斯后期的"基础课程"特点，更为强调材料效果探索和三维构成训练等，更具技术和现实性倾向。

2. 教学重点放在寻找综合解决各种问题的办法

格罗庇乌斯一直认为欧洲的现代建筑不是固定的程式或方案样式。面对美国呈现的诸多冲突的社会状况和多方面的要求，他强调教学重点放在如何通过研究协调解决多方面的问题，而不同于包豪斯阶段"为工业生产提供实践性典型产品，以达成手工业和工业结合的根本目标。"

他指出："我的目的不是介绍一种从欧洲砍来的，干巴巴的'现代风格'，而是要介绍一种研究方法，可以让人们根据其特定的条件，解决一个问题。我要求一个年轻的建筑师，无论在什么环境中都能找到他的方法；我希望他能独立创造出超越技术、经济、社会条件的真实而诚实的形式……"在这里，他强调方法比结果更为重要，而且他认为解决问题的方法应更大范围地考虑建立在团队协作的基础上，能够综合协调来自社会各方面的力量。

之所以有这样的变化，是由于他的探索工作处于不同的发展阶段。"在包豪斯的日子里，他（格罗庇乌斯）的全部工作集中于钻研一种新的设计方法，以破除折衷主义文化的矛盾。"而当这一研究已获得理论上的基本成功之后，他于1928年离开包豪斯，企图将这一成果进一步运用到实践中去"。而就在这时，他发现这种概念与实施的结合比他所想象的要困难得多。实践中"忽视具体问题的任何一个方面，都会把缺陷带到结果中去"。格罗庇乌斯在欧洲的这些经验，在美国更为复杂的情况下，更加强化。规模之巨大、经济发展节奏和紧迫、环境的变化以及更多的冲突因素要求格罗庇乌斯保持更大的灵活性，以便从整体控制复杂的现实，这便促成了他关注点的转变。

他除了在自己的建筑研究和实践中，针对美国特殊情况进行新解决途径的探索，在教学中也不断贯彻这种思想。一方面，他要求学生分析新问题，解决新问题，并在问题的解决过程中探索建筑创作之路；另一方面，要求学生注重对社会问题和社会力量的理解，有助于在现代社会更加复杂的局面下，根本而有效地解决各种存在的问题。对他来说，建筑师的任务是"综合建筑工作中出现的许多社会、技术、经济和程序问题"，因此全面的认识能力和协调能力对于建筑师的培养是至关重要的。

第三节 上海圣约翰大学建筑系

1941年，黄作燊于哈佛大学毕业，回国后第二年在上海圣约翰大学内创立了建筑系。当时，中国建筑教育正处于“学院派”教学方法占主导地位的时期，深受美国宾西法尼亚大学的保尔·克瑞特(Paul P. Cret. 当年摩登古典的创始人之一)等教授的影响。

(一) 圣约翰大学建筑系概况

位于极司非而路(今万航渡路)的圣约翰大学是一所教会学校，在近代上海十分著名。

圣约翰大学早在1920年代之前就已经开设了土木工程系。1942年，黄作桑应当时工学院院长兼土木系主任杨宽麟邀请，在土木系高年级开设了建筑组，后来建筑组发展为独立的建筑系。

开始时，教员只有黄作桑一人，第一届的学生只有五个人，都是从土木系转来的。1945年抗战胜利后，选读建筑的学生越来越多，也有更多的教师应黄作桑邀请，参与到教学工作中来。教师中有不少是犹太人、白俄、德国人、法国人等等。其中就有包豪斯毕业生鲍立克。他曾在包豪斯任教，其教育思想直接来源于包豪斯。二战时因为他夫人是犹太人而遭迫害，包豪斯遭纳粹解散后他们来到了上海，留下了不少作品。曾设计了沙逊大厦新艺术运动风格的室内装饰，并在战后开办了“现代家庭”(Modern Homes)事务所。

同时在圣约翰大学任教的还有英国人A. J. Brandt，美籍华人李锦沛(Poy Gum Lee)、Chester Moy、留美回国的王大闳、还有程世抚、郑观宣、钟耀华、陆谦受、陈占祥、程及、机构工程师Nelson孙等。

圣约翰大学培养了不少具有现代思想的建筑师，如李德华、王吉鑫、李滢、白德懋、王雪勤、罗小未、樊书培、翁致祥等。其中的一位学生李滢，经黄作桑介绍，于1946年从圣约翰大学毕业后到美国留学，先后获得麻省理工学院和哈佛大学两校建筑硕士，并在1946年10月至1951年1月跟从阿尔瓦·阿尔托(Alvar Aalto)和布劳耶等大师实地工作。她当年的外国同学们都对她有很高的评价，公认她是一位“天才学生”。

圣约翰的早期毕业生有不少留下作为该系的助教，协助黄作桑共同发展建筑教育事业。这与包豪斯的情况有些类似。

(二) 圣约翰大学建筑系教学特点

圣约翰建筑系由于创办的时间不长，一直处于教学的探索之中，加之开始时教师和学生都不多，因此，教学内容十分灵活，每个学期，每个老师讲的课都在不停地变化，不做同样的事情。但是根本的教学思想和基本方法始终是一致的。这些思想和方法显示了不少包豪斯和哈佛的教学特点。

1. 继承了从包豪斯到哈佛一直发展的“基础课程”

圣约翰的建筑教育十分重视“基础课程”的训练。黄作桑开设的“建筑初步”课程，即是“基础课程”的再现(有些介绍包豪斯的书直接就将“Vorkurs”翻译为“初步课程”)。他让学生通过对不同材质的操作来体会形式和质感的本质。他曾布置过一个作业是让学生在A3的图纸上表现“Pattern & Texture”，可以采用任何材料。学生有的是将带有裂纹的中药切片排列贴在纸上；有的是将粉和胶水混合，在纸上绕成一个个卷涡形等等；他还布置过“梦”这样的意象题目，让学生用各种方法自由表现这一主题。利用这样的方法，黄作桑试图引导学生自己认识和操作材料，将学生们内心沉睡的创造性潜能解放出来。这也正是伊顿在包豪斯所独创的在艺术教育史上具有重要地位的教学方法。

同时“建筑初步”课程中，还要求学生通过三维模型进行空间构成训练。这一训练，更多体现了包豪斯后期以及哈佛大学时期“基础课程”的特点，更加具有构成主义、工程技术特点。由于三维模型构成训练比较适应建筑设计教学的要求，后来得到了更广泛的推广。

该课程中还开辟了手工陶器制作、垒砌砖墙实验等多种实践方法来让学生体会手、脑互动的感觉，理解“形式”、“图案”、“质感”、力学原理等多方面因素的相关性。在这里，黄作桑将“基础课程”的训练原理和目的深刻理解后加以灵活运用，有针对性地培养学生对于建筑设计所需要的基础认识和感觉，为进一步的设计学习打好基础。

2. 重点教会学生如何自己提出问题、解决问题的方法

黄作桑把设计的过程看成是一个不断发现问题，不断解决问题的过程，这一点与哈佛大学时受格罗庇乌斯影响有关。

格罗庇乌斯面对美国诸多冲突的社会状况和多方面合作的要求，重视如何通过研究协调解决多方面的问题。受格罗庇乌斯影响，黄作桑也将“问题”看成创作的线索，体现了严格的理性主义态度。在教学中他往往引导学生自己独立思考，从问题开始、分析问题本身并逐渐解决问题，将“问题”作为设计入门的线索，使长期以来一直靠学生悟性的设计教学过程能够

通过更加逻辑的方法来展开。

与此相应，设计课的训练目的不仅仅是教会学生如何设计某一种特定类型的建筑，而是让学生在设计过程中更多地去思考“什么是建筑”，“如何进行设计”等一系列问题。例如，他曾布置过一个设计题目：周末别墅。学生在设计之前，要根据周末别墅的特点，思考如何解决它所特有的问题，如：安全问题、设施问题等等。又例如有一个题目，是设计产科医院。黄作燊除了请产科医生来给大家作有关医院内部如何运作的讲座之外，还让学生们去医院现场了解。学生们需要向医生、护士作调查，并每人在一定的岗位上协助实习半天，回来后交流汇报。然后在充分了解医院运行方式的情况下，自己提出设计要求，针对这些要求进行设计。这些都是培养学生如何以问题着手，作出合理设计的很好的方法。

3. 圣约翰教学注重与社会密切联系

黄作燊作为一个深受现代主义思想影响的人，“具有强烈的社会责任感”这一现代主义的突出特征在他身上有明显的体现。他在1940年对英国文化部官员所作的题为“如何培养建筑师”的演讲的书面稿中写道：“今天我们训练建筑师成为一个艺术家、一个建设者、一个社会力量的规划者……最重要变化是重新定位建筑师和社会之间的关系。今天的建筑师不该将自己仅仅看作是和特权阶层相联系的艺术家，而应将自己看成改革者，其工作是为生活在其中的社会提供环境。”

正因为具有现代主义的合理组织城市秩序的理想和责任感，他积极参与了1947年的大上海都市计划的讨论和制定工作。这一思想也使他在后来1952年圣约翰建筑系并入同济大学建筑系时积极支持系中城市规划专业的单独设立。

他注重社会问题和社会力量的组织的思想也体现在圣约翰的建筑教学之中。圣约翰教学十分注重培养学生的社会责任感。黄作燊曾带领学生们参观拥挤破旧的贫民窟，去体会社会下层生活的悲惨境遇，以此来触发他们对社会平等的追求并将这些思想反映在设计和规划之中。黄作燊在高年级设置了规划原理的课程和大型住宅区规划的毕业设计内容，另外，他还倡导学生应有一些在政府部门工作的实践经历，以便更好地了解现代政府管理的具体情况，帮助城市建立合理的秩序。在这里，现代主义运动中建筑师对于社会具有重要责任和作用的信念得到了充分展现。

4. 对于理论引导教育的重视

为了更加迅速地将学生引入门，使他们建立正确的设计思想，同时增强学生的综合理解能力基础，圣约翰的教学中创造性地采用了适应不同阶段的理论课的形式。这一点是圣约翰教学不完全相同于包豪斯和哈佛之处，体现了新特点。

一年级在“建筑初步”课程之外，还开设了一门建筑概论课，讲述建筑的概念、建筑与生活、建筑与技术的关系等等，让一无所知的学生对建筑有一个基本的认识，对于以往建筑教学一直要靠“悟”的局面有所改善。

以后设立的建筑理论课，总称“Lectures”，由黄作燊以及他所邀请的客座教授共同讲授。课程除了主要介绍现代主义建筑大师的建筑思想之外，也有不少与现代精神相关的内容，例如文学、美术、音乐、戏剧等各个方面，大多和现代艺术相关，让学生对于现代主义运动有一个全面的了解。另外，为了让学生了解现代社会的科学和技术特征，甚至有不少讲座是有关喷气式发动机、汽车等先进的工业产品的原理，用这样的方法使学生更好地把握时代的变化和动向，从而更加理解现代建筑的思想。

除了上述几点以外，圣约翰建筑系的教学还有其他一些重要特征，如对建筑技术的重视以及注重和实践的联系等等。

结语

起源于现代主义运动中的德国包豪斯，通过哈佛大学这个中介而影响了中国上海的圣约翰大学建筑系的教学，使得在当时中国建筑教育界“学院派”一统天下的局面中，有了另一种声音的发出。

包豪斯开创的“基础课程”以及注重技术、工艺的思想，经过哈佛而影响了圣约翰的教学，而格罗庇乌斯面对美国的新情况而采取的新方法也对圣约翰建筑系产生了重要影响。圣约翰建筑系的教学一方面显示出这二者的共同作用，另一方面也根据自身情况有了新的调整和发展。它的一些思想和方法，对于我们今天的建筑教学，仍有一定的启示。

（本文是作者特为本书撰写的，
编者作了一些删节并删掉大量注释。）

丁沃沃

对“中国固有形式”[1]建筑意义的思考

背景：

今年上半年，我赴美国圣姆大学（University of Notre Dame）建筑系工作一个学期。作为工作的一部分，我应选一门课进行考察，因此，我完整地听了一门西方建筑史。建筑史的主要部分是分析1400年以后至十七和十八世纪之间的社会变革对建筑的影响，以及建筑形式语言变更的社会的和政治的因素。虽然我对西方古典形式的兴趣不大，但是这门课的内容吸引了我，同时也引起了我对中国近现代建筑发展中“中国固有形式”或“民族形式”的思考，对其和中国古建筑之间的必然关系产生了怀疑。

一、“中国固有形式”的来源

在中国古代建筑几千年的发展史中，并没有建筑师这个角色。建筑师在中国真正出现是在十九世纪后叶和二十世纪初[2]。最初在中国从事建筑设计活动的是外国建筑师，“中国固有形式”最早的作品也都出自于美国建筑师之手。对象多为教会系统的学校、医院和教堂。[3]以当时的民国首都南京为例，金陵大学（现南京大学）和金陵女子大学（现南京师范大学）是教会学校，其建筑形式都选择了“中国固有形式”，而设计者也都是美国建筑师。

南京金陵大学创建于1910年，其校园规划由美国纽约的考蒂·X·克瑞考利（Cody. X. Crecory）完成，建筑设计由美国芝加哥的帕金斯和哈米尔顿设计事务所承担，建筑形式为“中国风格”。[4]

帕金斯事务所采用的所谓“中国风格”是以北方官式建筑的屋顶式样为中国正宗的建筑风格象征，并在屋顶之下用简化的中式细部装饰，这种做法成为以后其他教会大学以及三十年代的“中国固有形式”运动的建筑式样的基本趋向。[5]

在总平面上处于构图中心位置的北大楼采用了钟楼作为建筑的重心和焦点，中国式歇山屋顶的中间竖起了一座高耸的十字歇山屋顶的钟楼，从中国木构建筑角度来看非常奇怪，而用西方古典建筑的构图原理来解释这种情形实属正常。

东、西大楼的设计在主楼歇山屋顶上另附加一个小歇山屋顶，这样使得正立面的屋脊形成了三段式，中间高两边低，更加接近西方古典的原则。

教堂是一个更有特点的例子。平面采用了巴西利卡形制，并坐西朝东，但在形式上还要遵循建筑屋顶主脊东西向安排。为了解决山墙上设主要入口的问题，建筑师从北方四合院住宅上选取了一些形式，并将此手法分别用于南北立面。这种选用已是形式构件的组合方式也是西方古典建筑的惯用手法。

二十年代初，美国纽约的摩菲—达娜建筑事物所承接了金陵女子大学的校园规划及建筑设计[6]。金陵女子大学建筑在“中国固有式”建筑形式的选取与组织上将西方古典建筑构图原则运用得更加彻底和

[1]“中国固有形式”的提法来源于《中国建筑史（教材）》（南京工学院建筑系1980年7月版P182），特指在二十世纪的二十年代、三十年代以中国古代官式大屋顶为基本形象特征的建筑形式。它以“民族形式”的面目出现，对中国建筑影响很深远。

[2]中国近代土木工程技术人员和建筑设计人员来自两个方面：一是在国内或国外经过专业教育培养的，另一是在国内洋行打样间或建筑师事务所等设计机构中，通过设计实践逐渐成长的。《中国建筑史（教材）》，南京工学院建筑系1980年7月版P178。

[3]同上，P183。

[4]《Hallowed Hall－Protestant Colleges in old China》P48。

[5]董黎：《中国教会大学建筑研究—中西建筑文化的交汇与建筑形态的构成》P108。

[6]《Hallowed Hall-Protestant Colleges in old China》P41。

成熟，如将“中国固有”的大屋顶形式和西方 A. B. A 的柱式韵律相结合。当时主要建筑师是 H. K. 墨菲，他来到中国大陆不久，对中国建筑的了解只有外观形象之认识。然而这对多年来受西方古典建筑观念教育的美国建筑师来说，凭借其敏锐的对形式的观察力和摄取形式的能力，从事以建筑形式组合为主的建筑设计是不成问题的。

以南京中山陵为起点，中国建筑师开始了“中国固有形式”的建筑设计活动。[7]这批建筑采用新的平面布置来适应新的功能，采取钢、钢筋混凝土或砖石承重的混合结构，而外观大体采用了官殿形式，特别是宫殿的屋顶和台基的形式特征。以金陵大学图书馆为例，它的设计沿用了帕金斯事务所的设计手法，仍然采用了歇山屋顶、青砖墙面和传统细部处理。但在构图上，可以看出建筑师对中国古代形象的理解较美国建筑师要好得多。

尽管第一代中国建筑师们在建筑形式上付出了种种艰辛的尝试和努力，但本质上并没有逃脱用西方古典建筑构图原则来组织中国古建筑形式构件的设计手法。他们观察中国传统建筑的视角和外国建筑师的视角基本相同，这和他们所受的建筑教育有着直接的关系。

二、美国的建筑教育的影响

二十世纪初叶到二十年代，中国近代先后不少留学生赴国外学习，他们中的大多数前往的国家是美国。[8]

1890 年至 1939 年是美国资本主义发展中一个极有特点的时期。[9]美国的建筑教育从开始起就不可避免地效仿欧洲的范例作为他们的基础，来源主要有三个模式：巴黎美术学院(Parisian Ecole des Beaux—Arts)，伦敦的皇家学院式皇家建筑协会(King's College or A. A in London)以及柏林建筑学院(Bauakadem'e in Berlin)。[10]由于法国巴黎美院的教学体系所设定的形式原则不但能被普遍接受而且具备了可教性，因此 1890 年之后，法国巴黎美院的学院派教学模式成了美国建筑教育的统治工具。当时由帕尔·克瑞和他的另三位同事一起创立的宾夕法尼亚大学建筑系就是杰出的学院派建筑院校。帕尔·克瑞主管建筑设计教程，他是一位训练有素的学院派建筑设计师和教师。帕尔·克瑞并不重视历史对建筑理论作用和它在对设计影响中的角色，他所重视的是怎样用历史建筑的构件去做设计。[11]我国派往美国的建筑留学生中多数去了宾大，因此，宾大的培养方式对中国的建筑师影响很大。[12]尤其是帕尔·克瑞的思想方法和设计方法，可以从多数在宾大接受建筑教育的建筑师的设计作品中反映出来。

然而，1939 年以后，也就是中国大批留学终止以后，美国的建筑思潮再次受到欧洲的影响发生了翻天覆地的变化，中国近代建筑的发展与这次变革则没有关系了。

虽然中国建筑师从西方带回了建筑学学科和建筑教育模式，但并没有系统地带回建筑学领域里一个非常重要的组成部分即建筑理论与历史的研究体系与方法论，这样建筑形式成了一个可以随意搬弄的空架子。在三十年代的建筑创作中，除了“中国固有式”的建筑形式外，也有美国乡村别墅似的建筑，还有欧洲当时正流行的早期现代建筑。这些不同的建筑形式的背后原本有着不同的历史、社会以及政治的意义，然而在引进中国后也仅作为形式对象放在一起。这种现象的实质是：建筑形式被理解为单纯的“外形”或冠以“风格”的外形，除了象征意义外没有实质性批评标准。这种对建筑学的理解和对建筑形式来源的理解，从一开始就为中国建筑学的发展留下了一个难以弥补的缺陷。

[7]《中国建筑史-教材》，南京工学院建筑系 1980 年 7 月版 P183。

[8] 参见：赖德霖：《中国近代建筑史研究》，清华大学建筑系博士研究生论文，1992 年 5 月，P2-20。

[9] Kenneth Frampton，and Alessandrar Latou：“Notes on American architectural Education—From the end of the nineteenth century until the 1970s”—Lotus27(1980)P5。

[10] Gwendolyn Wright：History for Architects—《The History of History in American Schools of Architecture，1865—1975》P14。

[11] 参见：赖德霖：《中国近代建筑史研究》，清华大学建筑系博士研究生论文，1992 年 5 月，P2—18—19。

[12] Gwendolyn Wright：“History for Architects”—《The History of History in American Schools of Architecture，1865—1975》P25。

三、学院派“建筑学”与中国传统建筑

建筑学由西方传来，基础是巴黎美院的建筑学教育。深入研究一下可以看出，巴黎美院的建筑教育是把建筑学抽象到形而上学的层面上去施教。巴黎美院是学术型机构，因此，对建筑学的要求也要把它纳入可以接受的学术规范。从一开始在皇家建筑学院占统治地位的优秀建筑的概念是一个好的形式，且这个好的形式要基于固定的审美原则，同时这些原则又必须具备两个特征：一是被专业人士普遍接受；另一是这些原则具备可教性，即“可言性”。[13]

巴黎美院关于设计理论的研究是探索真、善、美的研究。在皇家建筑学院占统治地位的理论最初源于西方古典理想主义哲学，尤其是受亚里士多德的理想主义和新柏拉图主义的影响，而不是柏拉图的影响。[14]因此，艺术（包括建筑）中，对称、韵律、和谐、比例成为形式美的抽象的原则，这样就把美术从工艺中区分开来，使得不受地点和时间及需求和材料的限定的绝对的真、善、美只有在学院里才能学成。建筑这个制作工艺很强的一门学问在学院派体系中被抽象成形而上学的学问，这和中国古建筑的本质恰恰相反。回到中国古建筑本身，有几点是可以肯定的特性是：1. 木构及其建造方式是中国建筑形式之源，这个形式不是“艺术家”设计出来的，而出自于工匠之手。2. 中国古建筑美是建造方式和功能需求所带来的自然美或工艺美，建筑装饰表现的是结构构件而并非装饰本身，也就是说中国古建筑厅堂内的彩画和米开朗琪罗的室内壁画有着本质的不同。

值得一提的是，西方建筑学的理论基础是美学，和西方哲学始终紧密相连。在当时学院派教学体系中一直存在着学术争论，即关于设计理论的旧式（Ancient）与现代（Modern）的争论。[15]旧式派坚持把设计理论建立在意大利文艺复兴典型时期的作品之上如帕拉蒂奥等。而现代派的一伙人拒绝接受普遍通用美的提法，并不认为美是不受时间和地点限制的。在现代派中，一组崇尚设计是一个艺术工作，充满了创造性，表现了艺术家个体的心灵，并非是一个普遍意义的美；[16]另一组则认为好建筑应直接反映材料与结构技术的特性、建筑用途的特性以及时间和场地的特性，这种观念是哲学上唯物主义的反映，包括功能主义的思想。当然这一派的思想在法国学院派中没有影响力，但为欧洲后来的现代建筑的产生奠定了基础。

如此在欧洲经历了几个世纪的争论与思想演变，不但奠定了法国学院派建筑形式的基础，也隐含了欧洲现代主义运动的必然到来。这种以美学理论为基础，以建筑形式表现出来的建筑学发展脉络，不幸地在我们的学习中被简单地描述成“形式”或“风格”的更替，成了真正的“形式主义”。在“形式主义”的概念之中，建筑设计直接索取任何一种形式都会变得理所当然。因此，就理论基础而言，中国的建筑学教育的“只可意会不可言传”论和真正以可传授的理论为基础的学院派教育模式也不完全一样。

四、思考

综上分析可以看出，无论是美国建筑师还是受到美国学院派教育的中国建筑师，由于接受的建筑思想基本一致，所以出自他们之手的“中国固有式”建筑的本质并不是中国固有的，是按西方古典建筑学的方式与方法去理解看待并操纵建筑设计的。在“中国固有形式”体系中，尽管构图的载体是中国古代建筑的形式，但这个形式已经失去了原生的意义，只是符号。这种现象的本身与中国古建筑的精神并不一致，因此是否可以认为是“中国固有形式”或以后所称的“民族形式”值得疑问。

中国近代建筑学的基础源于美国式的学院派建筑学，所不同的是美国的学院派基本上全面接受了巴黎美院的学术体系，包括理论与设计。但传到中国之后，建筑学学术体系中关于历史与理论的研究和关于形式美的基础理论研究并没有等量的引进，因此建筑学的基本概念是西方的，并没有构成完整的学术体系。正因为学术体系的不健全加之意识形态方面长

[13] Donald Drew Egbert：《The Beaux－Arts Tradition in French Architecrure, Illustrated by the Grands prix de Rone》P99。

[14] 同上，P100。

[15] 同上，P101。

[16] 这种思想源于意大利文艺复兴中的手法主义，后发展为巴洛克建筑艺术。参见：《The Beaux－Arts Tradition in French Architecture, Illustrated by the Grands prix de Rome》，P101－102。

期的禁锢，长期以来有意义的建筑学学术争鸣并没有真正展开，这样导致了作为一门学科的建筑学不能得到正常的发展。因此，建构在西方建筑学的基础之上的中国建筑学从一开始就脱离西方的轨道按着自己的方向发展，“风格”脱离理论基础成为“形式”的主体。

由于最初对建筑学理解的偏差，导致了思维方式和认识论上的偏差。以这样的视角看西方建筑学的发展历程，就很容易理解成是一部“风格”变换的历史。用同样的视角去看欧洲的现代建筑、后现代建筑以及美国的后现代建筑等等，只能感兴趣其形式的差异，或从形式的差异去理解名词的差异，并不能认真地去研究其根源。现在建筑形式在中国建筑学的意义里基本上已经符号化了，有时是政治符号，有时是商业符号，甚至有时是“创作”的符号。

虽然“中国固有形式”的提法已经过去，现在的建筑设计早已不受是否“民族”的限制，解放思想，提倡创新的口号深入人心，但是自“中国固有形式”来的“极度形式主义”已成为中国建筑学根深蒂固的思维模式，在“形式主义”的思维模式上的创新将会导致更加地形式主义，尤其是在信息充斥的今天，选取建筑形式就如同在超市里购物一样简单。当然这样的建筑学既不是西方的，也不是“中国”的，更不是中国固有的。事实上“中国固有形式”恰恰终止了中国古建筑本质的延续，即务实的建构的精神实质。

实际上繁荣的建筑创作机遇，也应带给建筑师和建筑学者们更加多的认真思考的机会。以繁荣的建筑创作为基础，建立建筑学的思想体系和理论框架，是发展中国建筑学的必由之路，只有这样才能为中国的建筑创作带来更大的空间。

（此文是作者专为本书撰写的。）

参考书目

《外国近现代建筑史》，同济大学、清华大学、南京工学院、天津大学，中国建筑工业出版社，1979年10月

《中国建筑史一教材》，南京工学院建筑系，南京工学院，1980年

《杨廷宝建筑论述作品选集 1927－1997》，王建国主编，中国建筑工业出版社，1977年10月

《杨廷宝建筑设计作品选》，韩冬青、张彤主编，中国建筑工业出版社，2001年10月

《中国教会大学建筑研究一中西建筑文化的交汇与建筑形态的构成》，董黎，珠海出版社，1998年5月

《1955～1957 建筑百家争鸣史料》，杨永生编，知识产权出版社、中国水利水电出版社，2003年8月

《Hallowed Hall－Protestant Colleges in old China》，Edited by Deke Erh，& Tess Johnston，Old China Hand Press，Hong Kong，1998

《Western Architecture》，R. Furneaux Jordan，Thames and Hudson Ltd，1998

《A History of Western Architecture － Third Edition》，David Watkin，Calmann & King Ltd，London，2000

《Architectural Principles in the Age of Historicism》，Robert Jan van Pelt & Carroll William Westfall，Yale University，1991

《The History of Histoty in American Schools of Architecture，1865－1975》，Edited by Gwendolyn wringht & Janet Parkc，Princeton Architectural Press 1990

《The Beaux-Arts Tradition in French Architecture，Illustrated by the Grands Prix de Rome》，Egbert，Donald Drew，Princeton University Press，Princeton，New Jersey，1980

《Book of the School - Department of Architecture University of Pennsylvania，1874-1934》，Edited by Architectural Alumni Society，University of Pennsylvania Press，Philadelphia，1934

"Notes on American architectural Education- From the end of the nineteenth century until the 1970s"，*Kenneth Frampton，and Alessandrar Latou*，Lotus 27(1980)P5-39.

戴复东

感受“建筑与文学”

感受之一

斩不断，理还乱，物与情

建筑与文学乍看是两种互不相干的专业，但是只要我们深入地探索一下，就会发现在它们之间早已存在了先天的、千丝万缕的联系。

建筑的一项根本任务就是在各个时代的经济和社会条件下，建筑师和各种工程技术人员运用当时代的科学技术条件、艺术理解能力和对人类的关怀，为当时代的人们创造出美好的生存与行为环境。

文学是各个时代的作家和文学工作者抱着一颗对人类的爱心，运用他(她)们敏锐的观察力和丰富的想象力，以及语言文字的组织能力，为时代过去和未来歌颂并启示人们去追求并创造出美好的生活、情感和氛围。

人们的美好生活、情感与氛围最终离不开生存与行为的环境。在这一点上，二者是密切相关，互相支持，相辅相成，互为因果的，所以建筑与文学在这方面有着同一意愿并殊途而同归。

具体说来，建筑与文学的结合有着不同的方式和不同的层次，有直接的、间接的，有表象的、深层的。

最为直接的一种方式是利用建筑物的某些界面，以文字的形式来抒发人们的思想感情和行为意愿，但这里却有文野之分，美丑之别。

有这样一个笑话：某土财主贪而狠，乡里恨绝，以各种谩骂文字及图画涂满院壁。财主以白垩复压洁白如新后，于其上书五大字：

此墙不准画！

当日相安无事，次日财主出院，见墙上新添五字：

为何你要画？

财主怒极，又书五字：

我墙我自画！

次日财主启门出院又见赫然五个大字：

要画大家画！

老财气厥！

这是一种将建筑界面作为发泄的物具，是一种破坏建筑的现象，也是一种对人类环境的破坏行为。我国各地建筑与自然物体上被涂刻的“×××到此一游”和歪诗，全世界普遍存在的男厕所文学，国外尤以美国地下铁道或城市中部分地区墙面、雕塑上的GRAPHITTE(涂鸦)，“文革”中涂在墙上的大字报、“批判”标语也都属于这种行为，这是我们现在和将来都绝不希望再发生的现象。

然而利用建筑物的界面，用一些经过巧妙构思安排的文字等方式来表达人们对环境的描述、赞颂和希望等等，则是一种建筑与文学结合的好现象，这在中国和外国从古以来都已有之，特别在我国早已有了高度成就。

在《岳阳楼记》一文中，范仲淹一开始就写道“庆历四年春，滕子京谪守巴陵郡，越明年，政通人和，百废俱兴，乃重修岳阳楼，增其旧制，**刻唐贤、今人诗赋于其上**，属予作文以记之”。这就说明了在北宋或以前，文学的内容就已经被深深地**铭刻**在建筑物的界面之上了。这就从文学结合建筑的角度对环境丰富了情趣、增强了感受，渲染了氛围，一般说来是相辅相成，相得益彰的。

在中国传统建筑中这种方式应用得最多的是匾额和楹联。一景、一厅、一堂、一室、一轩、一斋、一门、一户、一亭、一台、一楼、一阁、一榭、一桥、一洞、一井……等等、等等，往往根据它的使用性质，地理地区特点，使用者的感受、爱好和要求，亲友们的祝愿和希望，取上一个名字，制成匾额，置于其上。这样就定了它的属性，打上特殊的印记，使观看者可以得到强烈的感受和愿望。例如西湖的《平湖秋月》，《三潭映月》，使人们知道湖与月的关系，向人们点出了空间与环境的特点与优点；苏州拙政园中西部有一扇形小亭，取名《与谁同坐轩》，它隐喻了李白的：“与谁同坐？清风、明月、我”的佳句，给人以一种时空渗透感；西湖三潭映月中，在长满藕花的水中步廊上有一座三角形平面的亭子，取名《亭亭》，既赞美了亭廊下荷叶亭亭如盖的丰姿，又讴歌了亭本身犹如凌波仙子亭亭玉立的美态。颐和园的谐趣园中有一座小轩，临水而筑，夏日来时，青树碧荷，水光山色，绿意盎然，取名《绿饮》，使人心旷神怡。……等等，等等，这是动用了文学中语言文字的魅力，促进并提高了环境的实用价值与审美情怀。

此外，有一些建筑物或建筑群体，经过设计者和/或使用人的精心布局安排和经营，做到了物与神游，天人合一，将自然与人工有机结合互相渗透，使得其内外空间环境上具有引人入胜的佳意，能够激发起人们产生感情上一定的共鸣与激动。这种激动可能是从眼前的环境中得到一种美的享受，是属于对于“景”，也即是空间的激动；另一种是由眼前的景和环境联系到过去、现在，以致于未来，激发起人们追思、怀念和憧憬……，这是属于对于“情”的，也是时间的激动。这些既是建筑的感染力，也是文学的感染力，而文学是通过人们可以直接理解的语言文字来诠述环境与空间的，在这方面楹联往往是一种较好的诠述方式。例如，当人们站在济南大明湖的湖心亭中，向四周看去，湖光山色尽入眼底，动人异常，这时人们在这一特定环境中受到了感染，产生了激动，往往会情不自禁地发出感叹，说道：“真好呀！真美呀！”可是究竟好在哪里，美在哪里却又说不清说不透，但当人们猛抬头看到亭柱上挂的楹联上写到：“四面荷花三面柳，一城山色半城湖”。就会使人豁然开朗，将这种激动提高到一个理性的高度。

杭州西湖孤山西泠印社有一座《四照阁》，在这里可以四面观看美丽的山色湖光，墙上有一付对联：“面面有情，环水抱山山抱水；心心相印，因人传地地传人”。将环境的景与观者的情逐层地有机地结合并表达了出来。前面提到过的三潭印月内《亭亭》亭上的一付楹联“两岸凉生菰叶雨，一亭香透藕花风”。好一个雨字风字，把凉和香的温暖和气味环境表达得淋漓尽至。杭州孤山南麓有一付楹联：“水水山山，处处明明秀秀；晴晴雨雨，时时好好奇奇”。既很好地描述了环境，又作了很好的文字游戏。在济南大明湖的历下亭中有一付对联：“历下此亭古，济南名士多”。立刻可以使人联想到历下其他不及此亭古的亭子，而对此亭另眼看待，此外，从亭子的古又想到济南在历史上和今天的很多风云人物，从而对这一古城肃然起敬，就将时空引入到更大的深度。

笔者不才，1963 年在杭州吴山书场和茶室的设计中曾在这方面作了一些肤浅的尝试。对书场取名《新音阁》，演出厅取名《漱玉厅》，并在台口拟了一付楹联：

西子、钱塘，遍历千年苦乐；

铜琵、铁板，讴歌万代繁荣。

想使听书的人从吴山联系到西湖、钱塘江，又想到苏、辛，从而联系古往今来。可惜由于种种原因设计受到更改，这些当然不可能实现。

70 年代末，学校给我分配了新的住房，大中小三室加厨卫，一条走廊相联，空间很局促，但那究竟是“文革”后属于我自己的窝。为了使自己生活得开心些有趣些，我在走廊中的各扇门上各贴一中黄色纸条横幅，上面取上不同的名称和语言。我和妻子的房间取名《益壮室》，鼓励老当益壮；儿子的房间取名《业勤轩》，鼓励业精于勤而戒荒于嬉；我们的书房取名《万斛珠斋》，表明我们对书的珍爱；为厨房写了“酸甜苦辣咸香臭，柴米油盐酱醋茶”表示有七味七事；厕所取名为《推陈》，这些虽然水平不高，但我感到在我们的住宅中惟一的这样一条联系各个房间重要的狭窄单调空间里，这样一来却有了灵气和光彩，能自得其乐。

以上这些都是一些直接的方式，既可以是表层的结合，也可以是深层的结合。

另一种是间接的结合方式，当然同样也存在着表层的结合和深层的结合。在《岳阳楼记》中范仲淹又写到：“予观夫巴陵胜状在洞庭一湖，衔远山，吞长江，浩浩荡荡，横无际涯，朝晖夕阴，气象万千，此则岳阳楼之大观也。”从文中我们可以知道，岳阳楼的选点、布局，使登楼的人可以饱览洞庭景色，这就是岳阳楼的主要景观作用。然后又深深地触景生情，最后谈到那时一个真正有知识有良心的人：“处江湖之远则忧其君，居庙堂之高则忧其民，是进亦忧，退亦忧，然则何时而乐耶？其必曰：先天下之忧而忧，后天下之乐而乐！”写出了惊天地，泣鬼神的伟大格言来。这样因楼而得名文，因名文而得名楼，相辅相成，相得益彰。

此外，在建筑创作中的一项核心内容是构思，构思是建筑创作者对于一种尚不存在的，但已在他脑海中逐步蕴酿成熟的，对于具有一定特色的环境的塑造依据，他必须除用图形或模型来表达外，还需要用文字和语言给予生动、精炼和恰如其分地描述，这就是一项从思想到形式不折不扣的文学活动。

此外，文学与建筑的关系中，何者为先何者为主并不是绝对的。在《中庭建筑——开发与设计》一书的第四章一开头便写到：“约翰·波特曼的第一座中庭旅馆建成后，人们就注意到它的室内，使人缅怀起科幻电影中的装置。很多设计者应用一种时尚的概念……他们是某些作家、艺术家和建筑师们在两个多世纪以来所共同具有的一系列思想的体现：这是一种方式，事物看起来在‘未来’之中。在二十世纪早期和中叶，……在插图期刊……风俗画得到了繁荣。在这里，作家的与插图作者的思想走向为发展未来而工作，城市将成为巨大的，但也更为集中：当代的摩天楼没有任何东西能与之相比。”等等，等等。从这里我们可以看到，文学并不仅仅是作为建筑的陪衬，由于它只是思想和文字的活动，没有具体事物和现实条件的约束，因此文学可以张开幻想之翼，在思维无边无际的领域内，纵情任意欢快地翱翔，给建筑以启迪。

所以，总的说来我的看法是：

建筑创造环境，文学讴歌景情。

文学憧憬景情，建筑实现环境。

斩不断，理还乱，物与情。

这就要求建筑工作者也要热爱文学，去努力提高文学素养，做到在建筑中与文学结合，并追求文学的呼唤；而文学工作者也要关心建筑、了解建筑，并注意随时随地观察环境，领悟环境，追求景情。这样就会对提高建筑大有好处。

（原载《建筑师》第54期，1993年出版。）

感受之二

情真意切·画意诗情

人类从最早利用自然条件和自然物质，为自己营造挡风避雨、遮雪御寒、蔽晒防兽的“家”开始，就出现了建筑的活动。这一个看似简单而实是艰巨的行为，就给人类带来了“安全”和“放心”。由此，人类对属于家的建筑及环境，会打心底里产生极为深刻的“爱”之情。由于这种情的激荡，就会产生对自己的家庭讴歌赞美的文学创作愿望。在人类的思维中，这二者是共生共发，相辅相承的。

家的建筑是一种特殊的环境。对每一个人来说，无论是家徒四壁或是家财万贯，都是与他人家的建筑和环境不一样的，是自己的所属。用下里巴人的方式来描绘就是：“金窝、银窝，不如我的‘狗窝’！”在英美有一首脍炙人口的歌曲——HOME，SWEET HOME（家啊，甜蜜的家！），其中有一段唱词是：THERE'S NO PLACE LIKE HOME！（没有一个地方能像家一样）。在中国，阳春白雪的描述可以借用一个唐代诗人刘长卿的名诗——《逢雪宿芙蓉山主人》，诗是这样写的：“日暮苍山远，天寒白屋贫。柴门闻犬吠，风雪夜归人。”多么深刻感人！情真意切的诗情画意！

随着生产的进步，人类社会发展了，经济发展了，科学技术发展了，建筑和生存生活的环境发展了，人类逐渐地使建筑更好地适应了自己的生存生活的需要，做到了各种各样生存生活环境的美化、净化。人类也就用文学的方式来赞美自己创造的建筑与环境。中国唐代诗人常建的诗《破山（今江苏常熟虞山）寺后禅院》写道：“清晨入古寺，初日照高林。曲径通幽处，禅房花木深。山光悦鸟性，潭影空人心。万籁此皆寂，惟闻钟磬声”。是一个精彩的例子，其中一些名句至今仍被人当作经典之语来加以应用。

人类用画意诗情创造了为很多人应用的不同的美好环境，以其物质和人类各种活动形成的氛围展现出使人感到各种酸甜苦辣的心境，文学用情真意切的语言文字表达出人类在不同建筑及其环境中爆发出的深切的物质与精神情感。剪不断，理还乱，建与文！

编者注：收到此文时，全书稿件已发排，故未能按发表时间编排。

（原载《建筑创作》刊中刊《建筑师茶座》试刊第4期，2003年7月出版）

吴庐生

关于同济大学逸夫楼设计的对话

同济大学逸夫楼(同济科学苑)地处校园东大门南侧,是校前区的重要建筑和景点。功能使用上能高质量满足国内外学术交流和现代化教学要求。外立面采用白墙面、灰眉线、蓝玻璃的色彩对比,再加上体、面、形的精心处理,清新醒目。四个立面虽各具特色,但又浑然一体,给人深刻印象。室内空间在学术会议中心部分,采用"小中见大、一厅多用"手法,加上建筑与雕塑有机结合,二个面积不大、风格迥异的中庭,融汇贯通地构成了一个多变化、多用途、多层次的功能艺术中心,创造出高格调、高品位的气息,很吸引人。室内装修用料和色彩上,重视材质、材色,崇尚自然,协调和谐,低材高用,突出重点,富创造性,起教育与激励人心效果。自建成以来,受到校内外师生、建筑同行、领导部门、国际友人的一致赞赏。该楼使用频繁,经济效益很高。

同济大学《时代建筑》副主编支文军先生曾就有关建筑设计思想和逸夫楼设计问题,对吴庐生作了探索性访谈,现摘录有关部分如下:

支: 您创作中的个性特征主要体现在什么地方?

吴: 根据具体设计题目变换方法,没有固定的形式,使人没有老调重弹的感觉,或某某人的风格说法。

支: 您认为优秀建筑的标准是什么?

吴: 表里基本一致,不矫揉造作,不故弄玄虚,手法简洁,层次丰富,表现明快,当前不算"新",过时不嫌"老",经得住时间考验,富时代感,但又有中国韵味。

支: 在您设计的众多建筑作品中,您认为哪个作品是最满意的?

吴: 我的每项工程,都会有自己的特色,但时代在前进,经验在积累,应该是长江后浪推前浪,一个更比一个强。

支: 您对建筑理论界流行的风格、流派有什么看法?同济逸夫楼应属什么风格?

吴: 我的态度是博采众长,不盲目抄袭某派,不拘一格虚心学习。

支: 您认为同济逸夫楼最难处理的问题是什么?处理得最成功的地方是什么?

吴: 最难处理的问题是钱少、面积小、要求高。我的处理方法是不追求豪华、避免贴金挂银庸俗和暴发户式的做法。重视材质、材色,协调和谐,低材高用,做出特点,创造出与建筑物本身身份相匹配的、朴实、典雅、高层次、高格调的建筑风格。

支: 同济逸夫楼给人感觉典雅、文静、飘逸,富有浓厚的文化气息,这是否是您设计中所追求的品质和境界?是通过什么途径获得这种效果的?

吴: 改革开放以来,给予建筑创作广阔天地,这是我们这一代建筑师的幸福,但经济高潮之后,随之而来的是文化需求,人们越早醒悟这点越好。另外,我国许多地区尚处于经济落后状态。我们做建筑师的不要忘记世界上先进的东西,跟上形势;同时要立足于自己的土地,不脱离现实。这就需要建筑师发挥才能,在设计质量上狠下功夫,努力在经济不富裕的情况下追求高品位,而不要单纯追求设计费。

支: 精心的设计才会产生精品建筑,创作灵感固然重要,但更需全身心的投入和精心的创作。同济逸夫楼处处见精心和新颖,您认为创作灵感在此起多大作用?

吴: 一个成功建筑的产生,不容否认建筑师的设计起主导作用,但不仅限于设计质量高、图纸详尽仔细、对各种材质熟悉程度这些范围,更重要的是取得建设单位和施工单位的理解、支持和配合。逸夫楼是在我校基建处大力支持和配合、浙江诸暨建筑安装工程公司的理解和合作下,才能取

四 平 路
逸夫教学楼
教学部分
学生入口
自行车停放
西入口
汽车停放
16.16
18.5

总平面图△

空调机房
水泵房
自行车存放
350人报告厅
弱电控制
强电控制
60人中会议室
60人中会议室

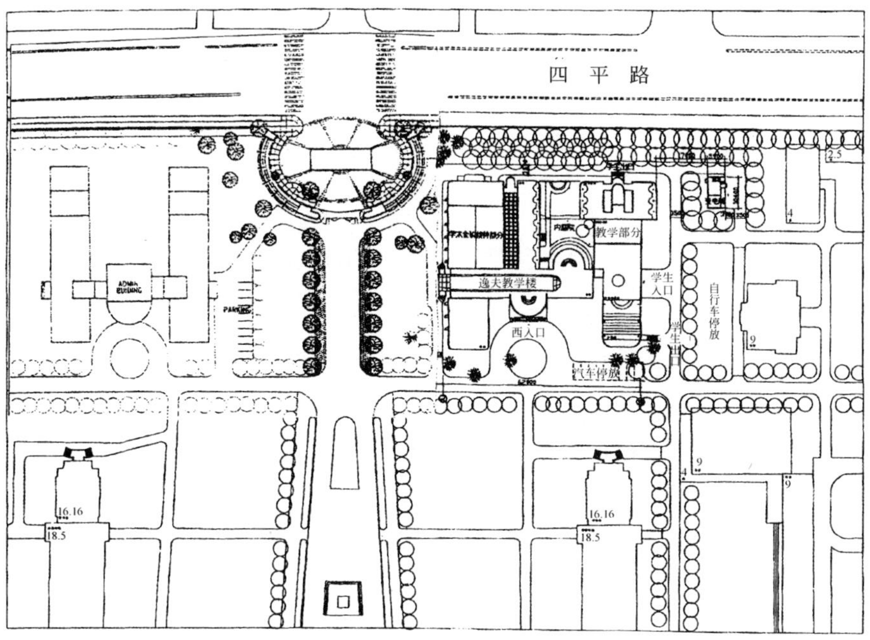

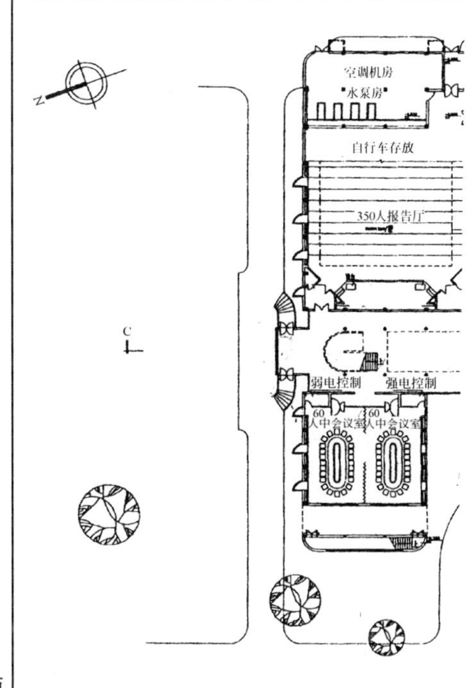

一层平面

得圆满结果。建筑师除本身业务精良外，尚须善于合作，使建设、设计、施工三股力量扭成一股绳，向优质工程目标迈进。

支：您最近在进行什么项目的设计？有何特征？

吴：目前我正在浦东三环大厦工程组奋力完成施工图。地处浦东新区金桥出口加工区的三环大厦，是一幢现代化多功能的建筑综合体。主楼采用三角形单元组合方式，结构简洁统一，使用面积大，分隔灵活，采光面大，造型独特丰富。其外形变化充分体现玻璃幕墙的轻巧新颖和光影效果；其造型不同于目前国内外高层建筑的做法，是一次高层建筑造型"新"和"稳"的创新。但是能否如愿以偿，尚须看建设、设计、施工三方面的配合协作结果。

有关资料：

设计人： 吴庐生

建造地点： 同济大学校园东大门南侧

结构形式： 钢筋混凝土框架结构

基地面积： $3575m^2$

建筑占地面积： $2435m^2$

总建筑面积： $6828m^2$

建筑层数： 2－5层

建筑高度： 21m

建筑密度： 68%（基地面积/建筑控制线范围）

容积率： 1.9

停车数量： 露天50车位

设计单位： 上海同济大学建筑设计研究院

施工单位： 浙江诸暨建筑安装工程公司

竣工时间： 1993年11月30日

获奖情况：

1. 获邵逸夫先生第五批大陆赠款项目工程一等奖第1名

2. 1994年获上海市优秀设计二等奖（建筑专业一等奖、弱电专业二等奖、空调专业三等奖）

3. 1995年获国家教委优秀设计项目一等奖

4. 1995年获建设部优秀建筑设计一等奖

5. 获全国第七届优秀工程设计银质奖

编者注：收到此文时，全书稿件已发排，故未能按发表时间编排。

（原载《时代建筑》杂志，1993年出版。）